全国高职高专机电类专业规划教材

水电站继电保护

主　编　李付亮　周宏伟
副主编　高汝武　刘海燕
主　审　路文梅

黄河水利出版社
·郑州·

内 容 提 要

本书是全国高职高专机电类规划教材，是根据全国水利水电高职教研会制定的水电站继电保护课程教学大纲编写完成的。全书共分两篇共13章。第一篇常规继电保护分为6章，分别是常规继电保护装置的基础元件、电网相间短路的电流电压保护、电网的接地保护、电网的距离保护、电力变压器的继电保护、水轮发电机的继电保护；第二篇微机型继电保护分为7章，分别是微机继电保护概述、微机继电保护的硬件原理、微机继电保护的软件原理、微机线路保护、微机变压器保护、微机水轮发电机保护和微机继电保护装置运行管理。为配合教学，每章附有习题供学生加强理解。

本书除作为小型水电站及电力网、电力系统自动化技术、水电站机电设备、供用电技术等专业的教材外，还可供其他学习继电保护和从事继电保护工作的人员参考。

图书在版编目(CIP)数据

水电站继电保护/李付亮，周宏伟主编．—郑州：黄河水利出版社，2008.9 (2017.11 重印)
全国高职高专机电类专业规划教材
ISBN 978-7-80734-499-5

Ⅰ.水… Ⅱ.①李…②周… Ⅲ.水力发电站-继电保护-高等学校：技术学校-教材 Ⅳ.TV734

中国版本图书馆 CIP 数据核字(2008)第140830号

组稿编辑：简群 电话：0371-66026749，13608695873 E-mail：931945687@qq.com

出 版 社：黄河水利出版社
地址：河南省郑州市金水路11号 邮政编码：450003
发行单位：黄河水利出版社
发行部电话：0371-66026940、66020550、66028024、66022620(传真)
E-mail：hhslcbs@126.com
承印单位：河南承创印务有限公司
开本：787 mm×1 092 mm 1/16
印张：19
字数：439千字 印数：8 101—10 200
版次：2008年9月第1版 印次：2017年11月第4次印刷

定价：35.00元

前 言

本书是根据全国水利水电高职教研会组织的机电类第二轮专业教材编写工作会议精神,按照小型水电站及电力网、电力系统自动化技术等专业水电站继电保护课程大纲编写的。

本书立足高职教育的需要,在“必须、够用”原则的指导下,体现了如下特点:

(1)注重实用性。高职学院培养人才的规格定位在高级技能型,对于这一类人才的培养要注重面向工程实践,培养学生理论联系实际、解决实际问题的能力。因此,在教材的编写过程中,注重引用工程中的实例,培养学生的工程意识和工程应用能力。

(2)加强课程内容的整合。本书在编写过程中,将常规保护与微机保护两部分内容进行了有效整合。另外,不专门介绍线路的纵差保护,把有关内容穿插到变压器的纵差保护中。

(3)体现新颖性。更新教材内容,跟进时代,加入一些新的实用的知识,同时淘汰一些陈旧过时的内容。

(4)院校合作交流的成果。教材由来自全国几所不同水利水电高职学院的教师共同编写而成,反映了参与编写院校的好的经验和做法。

本书由湖南水利水电职业技术学院李付亮编写绪论及第二篇的第一、二、五、六、七章;马威编写第一篇的第三章;四川水利职业技术学院周宏伟编写第一篇的第五、六章;福建水利电力职业技术学院高汝武编写第二篇的第三、四章;三峡电力职业学院刘海燕编写第一篇的第一、二章;云南农业大学水利水电职业技术学院来倩编写第一篇的第四章。全书由李付亮统稿。

本书由河北工程技术高等专科学校路文梅教授主审,在审阅过程中提出了许多宝贵意见和建议,在此表示深切感谢!

本书在编写过程中得到了湖南大学周有庆教授的大力指导,在此一并表示感谢。

限于编者水平有限,编写时间仓促,书中难免存在错误和不妥之处,恳切希望广大读者批评指正。

编 者

2008 年 6 月

目　录

第一篇　常规继电保护

第二篇　微机型继电保护

绪　论

教学目标　通过教学，使学生掌握电力系统为什么要装设继电保护装置；掌握对继电保护装置四"性"要求的内涵及其相互关系；掌握继电保护的一般组成与基本原理；了解继电保护的发展史。

教学重点　继电保护的作用；对继电保护的基本要求的内涵及其相互关系；继电保护的一般组成。

教学难点　对继电保护的基本要求的内涵及其相互关系。

第一节　电力系统继电保护的任务和作用

一、电力系统的正常工作状态

电力系统是电能生产、变换、输送、分配和使用的各种电力设备按照一定的技术与经济要求有机组成的一个联合系统。一般将电能通过的设备称为电力系统的一次设备，如发电机、变压器、断路器、母线、输电线路、电动机及其他用电设备等。对一次设备的运行状态进行监视、测量、控制和保护的设备，称为电力系统的二次设备。当前电能一般还不能大容量的存储，生产、输送和消费是在同一时间完成的。因此，电能的生产量应每时每刻与电能的消费量保持平衡，并满足质量要求。由于一年内夏、冬季的负荷较春、秋季的大，一星期内工作日的负荷较休息日的大，一天内的负荷也有高峰与低谷之分，电力系统中的某些设备，随时都有因绝缘材料的老化、制造中的缺陷、自然灾害等原因出现故障而退出运行。为满足时刻变化的负荷用电需求和电力设备安全运行的要求，致使电力系统的运行状态随时都在变化。

电力系统的运行状态是指电力系统在不同运行条件（如负荷水平、出力配置、系统接线、故障等）下系统与设备的工作状况。根据不同的运行条件，可以将其分为正常状态、不正常状态和故障状态。电力系统运行控制的目的就是通过自动的和人工的控制，使电力系统尽快摆脱不正常状态和故障状态，并能够长时间在正常状态下运行。

在正常状态下运行的电力系统，以足够的电功率满足负荷对电能的需求；电力系统中各发电、输电和用电设备均在规定的长期安全工作限额内运行；电力系统中各母线电压和频率均在允许的偏差范围内，提供合格的电能。一般在正常状态下的电力系统，其发电、输电和变电设备还保持一定的备用容量，能满足负荷随机变化的需要，同时在保证安全的条件下，可以实现经济运行；能承受常见的干扰（如部分设备的正常和故障操作），从一个正常状态和不正常状态、故障状态通过预定的控制连续变化到另一个正常状态，而不至于进一步产生有害的后果。

二、常见的不正常工作状态及其危害

介于正常运行状态与故障状态之间的电力系统工作状态,称为不正常运行状态。例如,因负荷潮流超过电力设备的额定上限造成的电流升高(又称过负荷)、系统中出现功率缺额而引起的频率降低、中性点不接地系统和非有效接地系统中的单相接地引起的非接地相对地电压的升高以及电力系统发生振荡等,都属于不正常运行状态。

过负荷将使电力设备的载流部分和绝缘材料的温度超过散热条件的允许值而不断升高,造成载流导体的熔断或加速绝缘材料的老化和损坏,可能发展成故障。电压的升高有可能超过绝缘介质的耐压水平,造成绝缘损坏,酿成短路;照明设备的寿命明显缩短;变压器和电动机由于铁芯饱和,损耗和温升都将增加。频率变化将引起异步电动机转速变化,使由此驱动的纺织、造纸等机械制造的产品质量受到影响,甚至出现残次品;电动机转速和功率的降低,导致传动机械的出力降低;工业和国防部门使用的测量、控制等电子设备将因频率的波动而影响其准确性和工作性能,甚至无法工作;频率降低还可能导致系统不稳定,甚至出现频率崩溃。

因此,必须识别电力系统的不正常工作状态,并通过自动和人工的方式消除这种不正常现象,使系统尽快恢复到正常运行状态。

三、故障状态及其危害

电力系统的所有一次设备在运行过程中由于外力、绝缘老化、过电压、误操作、设计制造缺陷等原因会发生短路、断线等故障。最常见的同时也是最危险的故障是发生各种类型的短路。

电力系统中发生短路故障时,可能会产生严重后果:①数值较大的短路电流通过故障点时,引燃电弧,使故障设备损坏或烧毁;②短路电流通过非故障设备时,发热并产生电动力,使其绝缘遭受到破坏或缩短设备使用年限;③电力系统中部分地区电压值大幅度下降,将破坏电能用户正常工作或影响产品质量;④破坏电力系统中各发电机之间并联运行的稳定性,使系统振荡,从而使事故扩大,甚至使整个电力系统瓦解。

短路包括三相短路、两相短路、两相接地短路和单相接地短路。不同类型的短路发生的概率是不同的,不同类型的短路电流的大小也不同,一般为额定电流的几倍到几十倍。大量的现场统计数据表明,在高压电网中,单相接地短路次数占所有短路次数的85%以上。2002 年我国 220 kV 电网共有输电线路 3 884 条,线路总长度 150 026 km,共发生故障1 487次,故障率为 0.99 次/(100 m · a)。表 0.1 给出了 2002 年我国 220 kV 电网输电线路各种类型故障发生的次数和百分比。

表 0.1　2002 年我国 220 kV 电网输电线路故障统计

故障类型	三相短路	两相短路	两相接地短路	单相接地短路	其他故障
故障次数	17	28	91	1 319	32
故障百分比(%)	1.14	1.88	6.12	88.7	2.16

电力系统中发生不正常运行状态和故障时，都可能引起系统事故。事故是指系统或其中一部分的正常工作遭到破坏，造成对用户少送电或电能质量变坏到不能容许的程度，甚至造成人身伤亡和电气设备损坏。

系统事故的发生，除自然因素（如遭受雷击等），一般都是由设备制造上的缺陷、设计和安装的错误、检修质量不高或运行维护不当引起的，因此应提高设计和运行水平，并提高制造与安装质量，这样可能大大减小事故发生的几率。但是不可能完全避免系统故障和不正常运行状态的发生，故障一旦发生，故障量将以近似于光速的速度影响其他非故障设备，甚至引起新的故障。为防止系统事故扩大，保证非故障部分仍能可靠地供电，并维持电力系统运行的稳定性，要求迅速而有选择性地切除故障元件。切除故障的时间有时要求短到十分之几秒到百分之几秒（即分数秒），显然，在这么短的时间内，由运行人员发现故障设备，并将故障设备切除是不可能的。因此，只有借助于安装在每一个电气设备上的自动装置，即继电保护装置，才能实现。

四、继电保护装置

继电保护装置是指安装在被保护元件上，反映被保护元件故障或不正常运行状态并作用于断路器跳闸或发出信号的一种自动装置。继电保护装置最初是以机电式继电器为主构成的，现代则已发展成以电子元件或微型计算机或可编程序控制器为主构成。“继电保护”一词泛指继电保护技术或由各种继电保护装置组成的继电保护系统。

五、继电保护装置的基本任务

继电保护装置的基本任务如下：

（1）自动、迅速、有选择性地将故障元件从电力系统中切除，使故障元件免予继续遭到破坏，并保证其他非故障元件迅速恢复正常运行。

（2）反映电气元件不正常运行情况，并根据不正常运行情况的种类和电气元件维护条件，发出信号，由运行人员进行处理或自动地进行调整或将那些继续运行会引起事故的电气元件予以切除。反映不正常运行情况的继电保护装置允许带有一定的延时动作。

综上所述，继电保护在电力系统中的主要作用是通过预防事故或缩小事故范围来提高运行的可靠性。继电保护装置是电力系统中重要的组成部分，是保证电力系统安全和可靠运行的重要技术措施之一。在现代化的电力系统中，如果没有继电保护装置，就无法维持电力系统的正常运行。

第二节　对继电保护的基本要求

对于动作于跳闸的继电保护，在技术上一般应满足选择性、速动性、灵敏性和可靠性四条基本要求。这四条基本要求紧密联系，既矛盾又统一，必须根据具体电力系统运行的主要矛盾和矛盾的主要方面，配置、配合、整定每个电力元件的继电保护。充分发挥和利用继电保护的科学性、工程技术性，使继电保护为提高电力系统运行的安全性、稳定性和经济性发挥最大效能。

一、选择性

选择性是指继电保护装置动作时，仅将故障元件从电力系统中切除，保证系统中非故障元件仍然继续运行，尽量缩小停电范围。

图 0.1 所示为单侧电源网络，母线 A、B、C、D 代表相应变电所，在各断路器处都装有继电保护装置 1～7。当线路 A—B 上 K_1 点短路时，应由短路点 K_1 最近的保护装置 1、2 跳开断路器 QF_1 和 QF_2，故障被切除。而在线路 C—D 上 K_3 点短路时，应由短路点 K_3 最近的保护装置 6 跳开断路器 QF_6，变电所 D 停电。故障元件上的保护装置如此有选择性地切除故障，可以使停电的范围最小，甚至不停电。

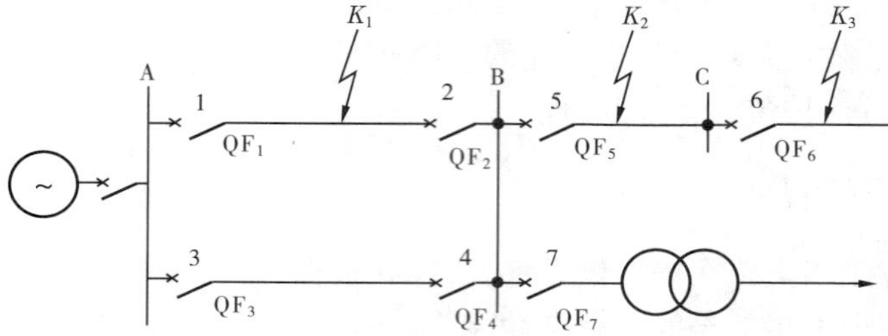

图 0.1　单侧电源网络中有选择性动作的说明图

对继电保护动作有选择性要求时，同时还必须考虑继电保护装置或断路器由于自身故障等原因而拒绝动作（简称拒动）的可能性，因而需要考虑后备保护的问题。如图 0.1 所示，当 K_3 点发生短路时，应由继电保护装置 6 动作跳开 QF_6，将故障线路 C—D 切除，但由于某种原因造成断路器 QF_6 跳不开，相邻线路 B—C 的保护 5 动作跳开断路器 QF_5，将故障切除，相对的停电范围也是较小的，保护的动作也是具有选择性的。

一般地，被保护元件同时装有主保护和后备保护。把反映被保护元件严重故障，快速动作于跳闸的保护装置称为主保护，而把在主保护拒动或断路器操动机构失灵时备用的保护装置称为后备保护。

后备保护又分为近后备保护和远后备保护。把下级电力元件的后备保护安装在上级（近电源侧）元件的断路器处，称为远后备保护。装在本元件断路器处的后备保护装置称为近后备保护。由于远后备保护是一种完善的后备保护方式，它对相邻元件的保护装置、断路器、二次回路和直流电源引起的拒动均能起后备保护作用，同时，它的实现既简单又经济，因此应优先采用。只有当远后备保护不能满足要求时，才考虑采用近后备保护方式。

值得指出的是，为了改善保护的性能，有时还在主保护和后备保护的基础上装设辅助保护。辅助保护不是一种独立的保护，不能单独使用。

二、速动性

快速地切除故障可以提高电力系统并列运行的稳定性，减少用户在电压降低的情况下的工作时间，以及缩小故障元件的损坏程度。因此，在发生故障时，应力求保护装置能迅速动作，切除故障。

动作迅速而同时又满足选择性要求的保护装置，一般结构都比较复杂，价格也比较贵。在一些情况下，允许保护装置带有一定时限切除发生故障的元件。因此，对继电保护速动性的具体要求，应根据电力系统的接线以及被保护元件的具体情况来确定。下面列举一些必须快速切除的故障：

(1)根据维持系统稳定性的要求，必须快速切除高压输电线路上发生的故障。

(2)使发电厂或重要用户的母线电压低于允许值(一般为0.7倍额定电压)的故障。

(3)大容量的发电机、变压器以及电动机内部发生的故障。

(4)1～10 kV线路导线截面过小，为避免过热不允许延时切除的故障等。

(5)可能危及人身安全，对通信系统或铁路信号系统有强烈电磁干扰的故障等。

故障切除的总时间等于保护装置和断路器动作时间之和。一般快速保护的动作时间为0.06～0.12 s，最快的可达0.02～0.04 s；一般断路器动作时间为0.06～0.15 s，最快的为0.02～0.06 s。

三、灵敏性

继电保护的灵敏性是指对于保护范围内发生故障或不正常运行状态的反应能力。满足灵敏性要求的保护装置应该是在事先规定的保护范围内部发生故障时，不论运行方式大小、短路点的位置远近、短路的类型如何以及短路点是否有过渡电阻等，都能敏锐感觉且正确反应，即要求不但在系统最大运行方式下三相短路时能可靠动作，而且在系统最小运行方式下经过较大的过渡电阻两相或单相短路故障时也能可靠动作。

所谓系统最大运行方式，是指发生短路故障时，系统等效阻抗最小，通过保护装置的短路电流最大的运行方式；系统最小运行方式是指发生短路故障时，系统等效阻抗最大，通过保护装置的短路电流最小的运行方式。

保护装置的灵敏性，通常用灵敏系数(K_{sen})来衡量，它决定于被保护元件和电力系统的参数和运行方式。在《继电保护和安全自动装置技术规程》(GB/T 14285—2006)中，对各类保护的灵敏系数的要求都做了具体规定(见附录2)。关于灵敏系数问题在以后各章中将分别进行讨论。

四、可靠性

保护装置的可靠性是指在其规定的保护范围内发生了它应该动作的故障时，它不应该拒绝动作，而在任何其他该保护不应该动作的情况下，则不应该错误动作。

继电保护装置误动作和拒动作都会给电力系统造成严重的危害。但提高其不误动的可靠性和不拒动的可靠性措施常常是互相矛盾的。由于电力系统的结构和负荷性质的不同，误动和拒动的危害程度有所不同，因而提高保护装置可靠性的重点在不同情况下有所不同。例如，当系统中有充足的旋转备用容量(热备用)、输电线路很多、各系统之间以及电源与负荷之间联系很紧密时，若继电保护装置发生误动作使某发电机、变压器或输电线路切除，给电力系统造成的影响可能不大；但如果发电机、变压器或输电线路故障时继电保护装置拒动，将会造成设备损坏或破坏系统稳定运行，造成巨大损失。在此情况下，提高继电保护装置不拒动的可靠性比提高不误动的可靠性更加重要。反之，系统旋转备用容量较少，以及各系统之间和电源与负荷之间的联系比较薄弱时，继电保护装置发生误动使某发电机、变压器或某输电线路切除，将会引起对负荷供电的中断，甚至造成系统稳定性的破坏，造成巨大损失；而当某一保护装置拒动时，其后备保护仍可以动作，并切除故障。在这种情况下，提高保护装置不误动的可靠性比提高其不拒动的可靠性更为重要。由此可见，提高保护装置的可靠性要根据电力系统和负荷的具体情况采取适当的对策。

许多学者称不误动的可靠性为“安全性”，称不拒动和不会非选择性动作的可靠性为“可信赖性”。安全性和可信赖性属于可靠性的两个方面。为提高可信赖性可采取二者取一的双重化方案，但此方案降低了安全性。为同时提高可信赖性和安全性（例如大容量发电机组的保护），可采用三者取一的双重化方案或双倍的二者取一双重化方案。

可靠性主要针对保护装置本身的质量和运行维护水平而言，一般来说，保护装置的组成元件的质量越高，接线越简单，回路中继电器的触点数量越少，保护装置的可靠性就越高。同时，正确的设计和整定计算，保证安装、调整试验的质量，提高运行维护水平，对于提高保护装置的可靠性也具有重要作用。对于一个确定的保护装置在一个确定的系统中运行而言，在继电保护的整定计算中用可靠系数来校核是否满足可靠性的要求。在国家或行业制定的继电保护运行整定计算规程中，对各类保护的可靠性系数都做了具体规定。

以上四条基本要求是分析研究继电保护性能的基础，也是贯穿全课程的一个基本线索。在它们之间，既有矛盾的一面，又有在一定条件下统一的一面。继电保护的科学研究、设计、制造和运行的绝大部分工作是围绕着如何处理好这四条基本要求之间的辩证统一关系而进行的。在学习这门课程时应注意学习和运用这样的分析方法。

选择继电保护方式时除应满足上述四条基本要求，还应考虑经济条件。应从国民经济的整体利益出发，按被保护元件在电力系统中的作用和地位来确定其保护方式，而不能只从保护装置本身投资考虑，因为保护不完善或不可靠而给国民经济造成的损失，一般都超过即使是最复杂的保护装置的投资。但要注意对较为次要的数量多的电气元件（如小容量电动机等），则不应装设过于复杂和昂贵的保护装置。

第三节　继电保护的工作原理、构成及发展史

一、继电保护的工作原理

为了完成继电保护所担负的任务，要求它能正确区分电力系统正常运行状态与故障状态或不正常运行状态。因此，可以电力系统发生故障或不正常状态前后电气物理量的变化特征为基础构成继电保护装置。

电力系统发生故障后，工频电气量变化的主要特征如下：

(1)电流增大。短路时故障点与电源之间的电气元件上的电流，将由负荷的电流值增大到大大超过负荷电流。

(2)电压降低。系统相间短路或接地短路故障时，系统各点的相间电压或相电压值均下降，且越靠近短路点，电压下降越多，短路点电压最低可降至零。

(3)电压与电流之间的相位角发生改变。正常运行时，同相的电压与电流之间的相

位角即负荷的功率因数角，一般约为 20°；三相金属性短路时，同相电压与电流之间相位角即阻抗角，对于架空线路，一般为 60°～85°；而在反方向三相短路时，电压与电流之间相位角为 180°+(60°～85°)。

(4)测量阻抗发生变化。测量阻抗即为测量点(保护安装处)电压与电流相量之比值，即 $Z=U/I$，以线路故障为例，正常运行时，测量阻抗为负荷阻抗；金属性短路时，测量阻抗为线路阻抗；故障后测量阻抗模值显著减小，而阻抗角增大。

(5)出现负序和零序分量。正常运行时，系统只有正序分量；当发生不对称短路时，将出现负序和零序分量。

(6)电气元件流入和流出电流的关系发生变化。对任一正常运行电气元件，根据基尔霍夫定律，其流入电流应等于流出电流，但元件内部发生故障时，其流入电流不再等于流出电流。

利用故障时电气量的变化特征，可以构成各种作用原理的继电保护。例如，根据短路故障时电流增大，可构成过流保护和电流速断保护；根据短路故障时电压降低，可构成低电压保护和电压速断保护；根据短路故障时电流与电压之间相角的变化可构成功率方向保护；根据电压与电流比值的变化，可构成距离保护；根据故障时被保护元件两端电流相位和大小的变化，可构成差动保护；高频保护则利用高频通道来传递线路两端电流相位、大小和短路功率方向信号的一种保护；根据不对称短路故障出现的相序分量，可构成灵敏的序分量保护。这些继电保护既可以作为基本的继电保护元件，也可以通过它们做进一步逻辑组合，构成更为复杂的继电保护，例如，将过流保护与方向保护组合，构成方向电流保护。

除了反映各种工频电气量的保护，还有反映非工频电气量的保护，如超高压输电线路的行波保护和反映非电气量的电力变压器的气体(瓦斯)保护、过热保护等。对于反映电气元件不正常运行情况的继电保护，主要根据不正常运行情况时电压和电流变化的特征来构成。

二、继电保护装置的构成

一般继电保护装置由测量比较元件、逻辑判断元件和执行输出元件三部分组成，如图 0.2 所示。现分述如下：

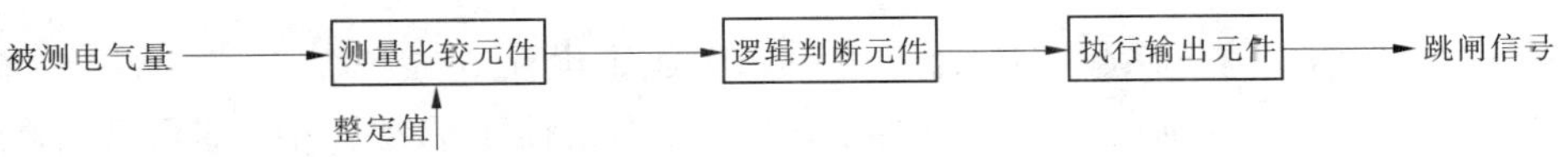

图 0.2　继电保护装置的组成方框图

(一)测量比较元件

测量比较元件通过被保护的电力元件的物理参量，并与给定的值进行比较，根据比较的结果，给出"是"、"非"、"0"或"1"性质的一组逻辑信号，从而判断保护装置是否应该启动。根据需要继电保护装置往往有一个或多个测量比较元件。常用的测量比较元件有：①被测电气量超过给定值动作的过量继电器，如过电流继电器、过电压继电器、高周波继电器等；②被测电气量低于给定值动作的欠量继电器，如低电压继电器、阻抗继电器、低周波继电器等;③被测电压、电流之间相位角满足一定值而动作的功率方向继电器等。

(二)逻辑判断元件

逻辑判断元件根据测量比较元件输出逻辑信号的性质、先后顺序、持续时间等,使保护装置按一定的逻辑关系判定故障的类型和范围,最后确定是否应该使断路器跳闸、发出信号或不动作,并将对应的指令传给执行输出部分。

(三)执行输出元件

执行输出元件根据逻辑判断部分传来的指令,发出跳开断路器的跳闸脉冲及相应的动作信息、发出警报或不动作。

三、继电保护的工作回路

要完成继电保护的任务,除需要继电保护装置外,必须通过可靠的继电保护工作回路的正确工作,才能最后完成跳开故障元件的断路器、对电力系统或电力元件的不正常运行状态发出警报、正常运行时不动作的任务。

在继电保护的工作回路中一般包括:①将通过一次系统的电流、电压线性地转变为适合继电保护等二次设备使用的电流、电压,并使一次设备与二次设备隔离的设备,如电流、电压互感器及其与保护装置连接的电缆等;②断路器跳闸线圈及与保护装置出口间的连接电缆,指示保护装置动作情况的信号设备;③保护装置及跳闸、信号回路设备的工作电源等。图0.3以过电流保护为例,展示了一个简单的保护工作回路的原理接线。

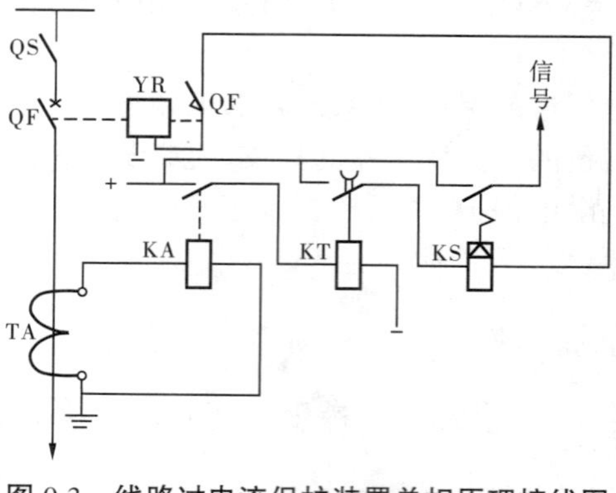

图0.3 线路过电流保护装置单相原理接线图

电流互感器TA将一次额定电流变换为二次额定电流5 A或1 A,送入电流继电器KA(测量比较元件),当流过电流继电器的电流大于其预定的动作值(即可调整的整定值)时其输出启动时间继电器KT(逻辑部分),经预定(可调整)的延时(逻辑运算)后,时间继电器的输出接通断路器的跳闸回路,同时使信号继电器KS发出动作信号。在正常运行时,由于负荷电流小于电流继电器的整定电流,电流继电器不动作,整套保护不动作。当被保护的线路发生短路后,线路中流过的短路电流一般是其额定负荷电流的数倍至数十倍,电流互感器二次侧输出的电流线性增大,流过电流继电器的电流大于整定电流而动作,启动时间继电器,经预定的延时后,时间继电器的触点闭合,由于断路器QF处于合闸位置时,其位置触点QF是闭合的,跳闸回路接通,使断路器的跳闸线圈YR带电,在电磁力的作用下使脱扣机构释放，断路器跳闸，故障设备被切除，短路电流消失，电流继电器返回，整套保护装置复归，做好下次动作的准备。

四、继电保护的发展简史

继电保护科学和技术是随着电力系统的发展而发展起来的。电力系统发生短路是不可避免的，伴随着短路，电流增大。为避免发电机被烧坏，最早采用熔断器串联于供电线路中，当发生短路时，短路电流首先熔断熔断器，断开短路的设备，保护发电机。这种保护方式，由于简单，时至今日仍广泛应用于低压线路和用电设备中。由于电力系统的发展，用电设备的功率、发电机的容量增大，电力网的接线日益复杂，熔断器已不能满足选择性和快速性的要求，1890 年后出现了直接装于断路器上反应一次电流的电磁型过电流继电器。19 世纪初，继电器才广泛用于电力系统的保护，被公认为是继电保护技术发展的开端。

1901 年出现了感应型过电流继电器。1908 年提出了比较被保护元件两端电流的电流差动保护原理。1910 年方向性电流保护开始应用，并出现了将电流与电压相比较的保护原理，促使了 1920 年后距离保护装置的出现。随着电力线载波技术的发展，在 1927 年前后，出现了利用高压输电线载波传送输电线两端功率方向或电流相位的高频保护装置。在 1950 年稍后，就提出了利用故障点产生的行波实现快速保护的设想，在 1975 年前后诞生了行波保护装置。1980 年左右反映工频故障分量（或称工频突变量）原理的保护被大量研究，1990 年后该原理的保护装置被广泛应用。

与此同时，随着材料、器件、制造技术等相关学科的发展，继电保护装置的结构型式和制造工艺也发生着巨大的变化，经历了机电式保护装置、静态继电保护装置和数字式继电保护装置 3 个发展阶段。

机电式保护装置由具有机械传动的部件带动触点开、合的机电式继电器，如电磁型、感应型和电动型继电器所组成，由于其工作比较可靠不需要外加工作电源，抗干扰性能好，使用了相当长的时间，特别是单个继电器目前仍在电力系统中广泛使用。但这种保护装置体积大、动作速度慢、触点易磨损和粘连，难以满足超高压、大容量电力系统的需要。

20 世纪 50 年代，随着晶体管的发展，出现了晶体管式继电保护装置。这种保护装置体积小，动作速度快，无机械传动部分，无触点。经过 20 余年的研究与实践，晶体管式保护装置的抗干扰问题从理论和实践上得到了满意的解决。20 世纪 70 年代，晶体管式保护在我国被大量采用。集成电路技术的发展，可以将众多的晶体管集成在一块芯片上，从而出现了体积更小、工作更可靠的集成电路式继电保护装置，成为静态继电保护的主要形式。

20 世纪 60 年代末，已有了用小型计算机实现继电保护的设想，但由于小型计算机当时价格昂贵，难以实际采用。由此开始了对继电保护计算机算法的大量研究，为后来微型计算机式保护的发展奠定了理论基础。随着微处理器技术的快速发展和价格的急剧下降，在 20 世纪 70 年代后期，出现了性能比较完善的微机保护样机并投入系统试运行。20 世纪 80 年代微机保护在硬件和软件技术方面已趋于成熟，进入 90 年代，微机保护已在我国大量应用，主运算器由 8 位机、16 位机，发展到目前的 32 位机；数据转换与处理期间由模数转换器（A/D）、电压频率转换器（VFC），发展到数字处理器（DSP）。这种由计算机技术构成的继电保护称为数字式继电保护。这种保护可用相同的硬件实现不同原理的保护,使制造大为简化,生产标准化、批量化,硬件可靠性高;具有强大的存储、记忆和运算功能,可以实现复杂原理的保护,为新原理保护的发展提供了实现条件;除了实现保护功能,还可兼有故障录波、故障测距、事件顺序记录和保护管理中心计算机以及调度自动化系统通信等功能,这对于保护的运行管理、电网事故分析以及事故后的处理等有重要意义。另外,它可以不断地对本身的硬件和软件自检,发现装置的异常情况并通知运行维护中心,工作的可靠性很高。

20 世纪 90 年代后半期,在数字式继电保护技术和调度自动化技术的支撑下,变电所自动化技术和无人值守运行模式得到迅速发展,融测量、控制、保护和数据通信为一体的变电所综合自动化设备,已成为目前我国绝大部分新建变电所的二次设备,继电保护技术与其他学科的交叉、渗透日益深入。

习 题

1. 什么是正常运行状态、不正常运行状态和故障?
2. 什么是继电保护装置?
3. 继电保护的基本任务是什么?
4. 什么是主保护?什么是近后备保护?什么是远后备保护?
5. 对继电保护的基本要求有哪些?各基本要求的内涵是什么?举例说明各基本要求之间的关系。
6. 继电保护装置由哪些基本元件组成?各元件的作用是什么?

第一篇　常规继电保护

第一章　常规继电保护装置的基础元件

教学目标　通过教学,使学生了解电流、电压互感器的极性和工作特点;掌握电流互感器的10%误差曲线及选型;掌握对称分量滤过器的作用;掌握常用电磁型电流、电压、中间、时间、信号继电器的结构、工作原理、整定方法和作用;掌握测量变换器的作用、工作原理和特点。

教学重点　电流互感器的10%误差曲线;对称分量滤过器的作用;常用电磁型继电器的作用、整定值调整方法;测量变换器的作用、工作特点。

教学难点　电抗变换器的工作特点分析。

第一节　电流互感器和电压互感器

一、电流互感器

在继电保护回路中,电流互感器用来将二次电流回路与一次电流的高压系统隔离,将系统的一次电流按比例地变换成二次电流。另外,利用电流互感器可以取得保护装置所必须的相电流的各种组合,还可以扩大仪表、继电器的使用范围。通常电流互感器的二次绕组设置安全接地,其二次额定电流为5 A或1 A。

(一)电流互感器的极性

为了最简便、最直观地分析继电保护的工作,判别电流互感器一次电流与二次电流间的相位关系,应按规定标示电流互感器绕组的极性。

电流互感器一次、二次绕组的极性习惯用减极性原则标注,即当一次、二次绕组中同时向同极性端子加入电流时,它们在铁芯中所产生的磁通方向相同。如图1.1.1(a)、(b)所示,L_1 与 K_1(或 L_2 与 K_2)为同极性端;也可以用“＊”号表示同名端。当系统一次电流从同极性端子 L_1 流入时,在二次绕组中感应出的电流应从同极性端子 K_1 流出,按照上述原则标注电流方向,并忽略励磁电流,铁芯中的合成磁势应为一次绕组和二次绕组磁势的相量差。

$$\dot{I}_1 W - \dot{I}_2 W_2 = 0$$

即

$$\dot{I}_2 = \dot{I}_1 W_1 / W_2 = \dot{I}_1 / n_{TA} = \dot{I}'_1 \tag{1.1.1}$$

式中 $\dot{I}_1$、$\dot{I}_2$——电流互感器的一、二次电流；

$\dot{I}'_1$——换算到二次侧的一次电流；

W_1、W_2——一、二次绕组的匝数；

n_{TA}——电流互感器的变比。

由式(1.1.1)可见，$\dot{I}'_1$与$\dot{I}_2$大小相等、方向相同，见图1.1.1(c)。

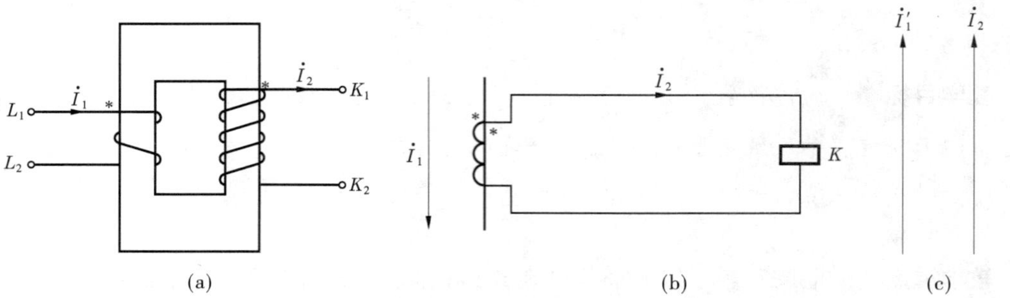

图 1.1.1　电流互感器的极性标注

(二)电流互感器的误差

电流互感器是变压器的一种特殊形式，其等值电路可用T形等值电路表示。由于电流互感器二次侧所接负载是测量表计和继电器的电流线圈，这些线圈的阻抗很小。另外，电流互感器的一次绕组匝数很少，而二次绕组的匝数相对较多，这样把二次侧的负荷阻抗换算到一次侧后，与系统阻抗相比是极其微弱的，因此电流互感器是工作在二次侧接近短路状态下的，相当于一个电流源(这是与普通变压器不同的)。当所有参数都换算到二次侧，按图1.1.1规定的正方向，考虑励磁电流，可作出电流互感器的相量图。从图1.1.2可以看出，由于励磁电流的存在，电流互感器的一、二次电流相量$\dot{I}'_1$和$\dot{I}_2$大小不相等，相位不同，说明电流转换中存在误差。电流互感器的误差主要有电流误差f_i和相位误差δ_i两种。

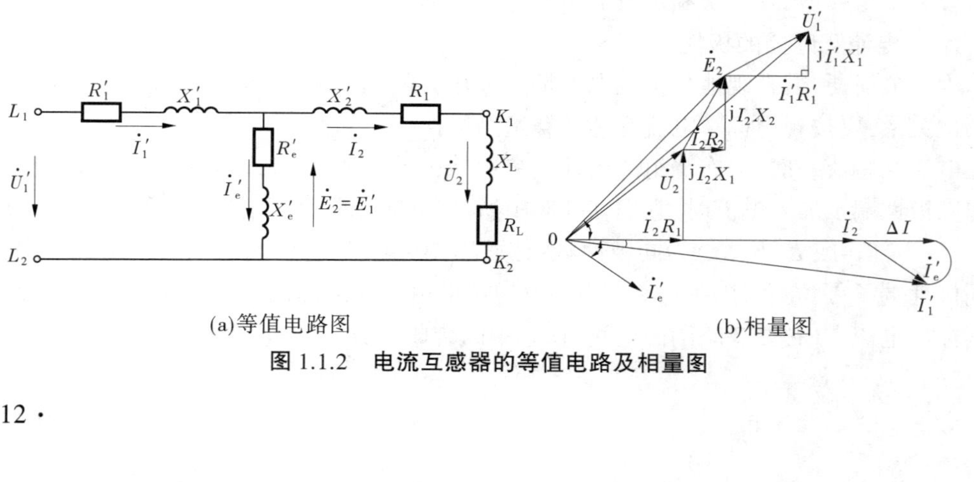

图 1.1.2　电流互感器的等值电路及相量图

电流误差又称变比误差，等于二次电流 I_2 与一次侧换算到二次侧的电流 $\dot{I}'_1$ 有效值的算术差（相量图中的 ΔI）。

$$f_i=(I_2-I'_1)/I'_1\times100\% \tag{1.1.2}$$

相位误差用 I'_1 与 I_2 相位差角 δ_i 的大小表示，δ_i 数值很小，习惯上规定 $\dot{I}_2$ 比 $\dot{I}'_1$ 超前时，δ_i 为正。

对于继电保护用的电流互感器规定：电流误差不得大于 10%，角度误差不应超过 7°。

（三）电流互感器的 10% 误差曲线

从相量图可以看出，电流互感器的误差主要是由于励磁电流 I'_e 引起的，从等值电路得到

$$\dot{I}'_e=E_2/Z'_e=\dot{I}_2(Z_2+Z_L)/Z'_e \tag{1.1.3}$$

所以，$\dot{I}'_e$ 与负荷阻抗 Z_L 和二次电流 I_2 成正比，与励磁阻抗 Z'_e 成反比。Z'_e 不是一个常数，与铁芯的磁化特性有关，电流互感器在不同负载阻抗下，其 I_2 与 I_1 的关系曲线如图 1.1.3 所示，图中直线 1 是按额定变比计算的 I_2 与 I_1 的关系曲线；随着 I_1 增加，铁芯饱和 Z'_e 迅速减小，而 $\dot{I}'_e$ 急剧增大，故二次电流 $\dot{I}'_2$ 比理想值 I_2 下降许多；曲线 3 和曲线 2 不同之处是 Z_L 较大，铁芯饱和更快，因而二次电流 $\dot{I}''_2$ 更小。由此可知，产生电流互感器误差的主要原因是二次绕组所接负载阻抗和一次电流。后者一般用一次电流倍数 m 表示，所谓一次电流倍数，是指一次侧实际电流与额定电流之比，即：$m=I_1/I_{1n}$。为便于校验电流互感器的准确度，制造厂家把每一种电流互感器的电流误差定为 10%，角度误差不超过 7° 时，允许的一次电流倍数和相应的允许二次负载绘制成一条曲线，这条曲线称为电流互感器的 10% 误差曲线，如图 1.1.4(b) 所示。如实际的一次电流倍数（纵坐标）与二次负载（横坐标）的交点在这条曲线之下，则电流互感器的误差就不超过允许值。

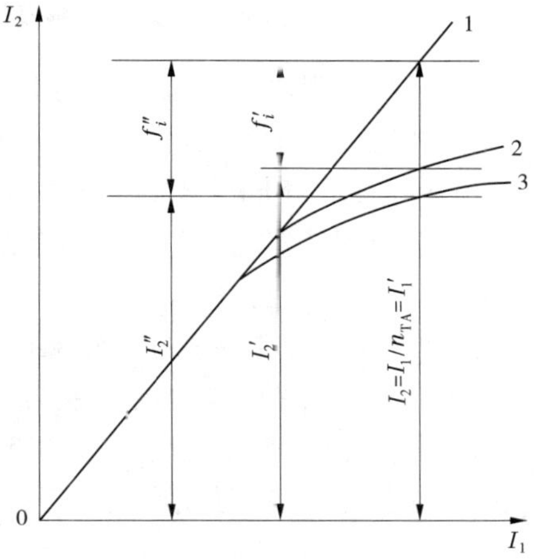

图 1.1.3 电流互感器在不同的负载阻抗下 I_1 与 I_2 的关系曲线

应该指出，在 10% 误差时电流互感器就工作在磁化曲线的弯曲点，见图 1.1.4(a)，即达到饱和的起始点，对应于该点的一次电流及一次电流倍数分别叫电流互感器的一次饱和电流 $I_{1.sat}$ 和饱和电流倍数 m_{10}。为了利用 10% 误差曲线来校验电流互感器的准确度，必须先求出实际的一次电流倍数和负载阻抗，对于不同类型的保护，在计算一次电流倍数时，不一定都按实际可能出现的最大短路电流计算，而二次负载与保护接线、故障形式有关，所以在具体计算中应根据实际情况采用最严重的计算条件。

（四）解决电流互感器 10% 误差的措施

（1）增大二次回路中控制电缆的截面。因为大多数情况下，电流互感器的负载主要

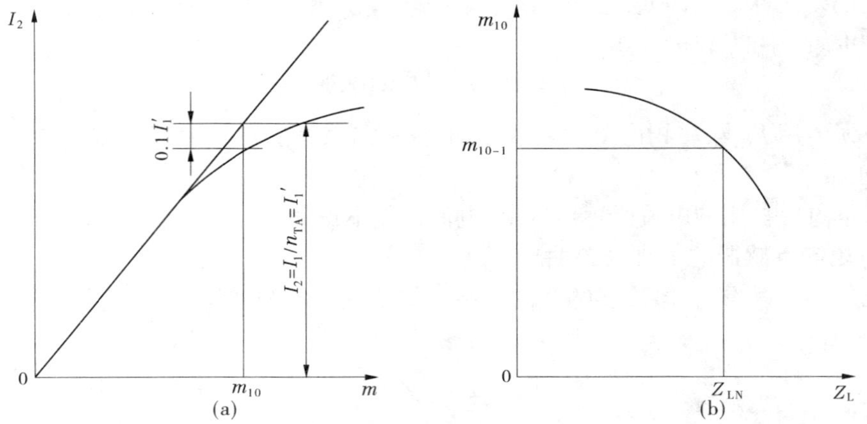

图 1.1.4 电流互感器二次电流与一次电流倍数的关系曲线

由控制电缆的电阻决定。增大控制电缆的截面,以减小电流互感器二次绕组的负载,达到减小电流互感器误差的目的。

(2)串接 1 台相同变比的备用电流互感器。将 2 台同变比的电流互感器串联使用,可以提高电流互感器的容量,使电流互感器允许的二次负载增大 1 倍,从而减小电流互感器的误差。

(3)改用伏安特性较高的二次绕组。当使用的二次绕组不满足误差要求时,可以使用伏安特性较高的二次绕组,使电流互感器的饱和电压提高,相应地减小了电流互感器的误差。

(4)增大电流互感器的变比。由于变比增大,二次电流成比例地减小,在相同的负载下,二次线圈感应电势也成比例下降,磁通将按变比的平方下降,使励磁电流减小,从而减小电流互感器误差。

二、电压互感器

电压互感器的作用是:将一次高压系统与二次设备的低压系统隔离;将系统的一次电压按电压互感器的变比变换为数值较小的二次电压。电压互感器二次侧的额定相间电压一般规定为 100 V。电压互感器不同于电流互感器,二次侧所接入的负载是继电器的电压线圈,其阻抗比较大,二次侧接近开路状态,相当于一个电压源。系统短路时电压降低,电压互感器不存在铁芯饱和问题,能真实地反应一次电压的突然变化。另外,电压互感器的二次侧都应保安接地,以防止互感器一、二次线圈间绝缘损坏时,高压对二次设备和工作人员的危害。

电压互感器一、二次绕组间的极性与电流互感器一样,按照减极性原则标注。如图 1.1.5所示,用相同注脚表示同极性端子,当只需标出相对极性关系时,也可在同极性端子上以“ * ”表示,电压互感器一、二次绕组各电量的正方向习惯上与电流互感器相同。从图 1.1.5 可见,在不计互感器的误差,将各电气量归算至同一侧时,U'_e 与 U_2 大小相等、方向相同,故接在二次侧的负载 Z_L 犹如接在一次系统中一样,非常直观。

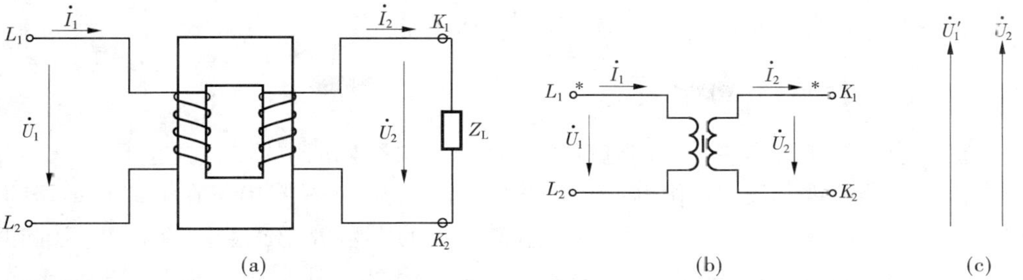

图 1.1.5 电压互感器的极性标注及相量图

第二节 测量变换器

整流型和晶体管型继电保护中，常常需要将互感器二次侧的电流、电压按一定比例线性变换成交流电压，这就需要采用测量变换器。它包括电压变换器 UV、电流变换器 UA 和电抗变换器 UR，其原理接线如图 1.1.6 所示。

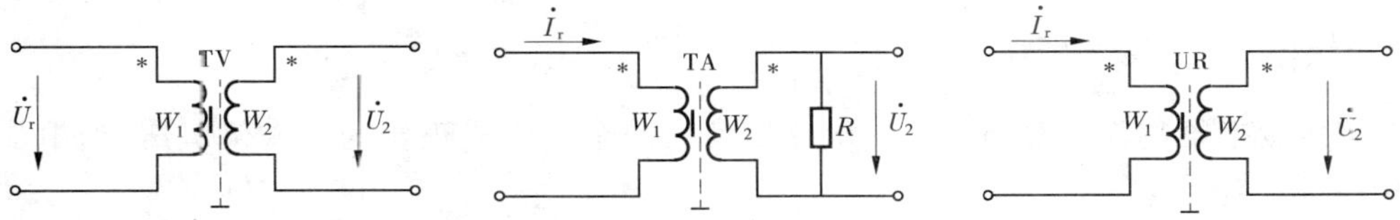

图 1.1.6 测量变换器原理图

测量变换器在保护中的作用归纳起来有：①抑制谐波分量；②定值调整；③电气量变换；④电路隔离；⑤比较电压的综合。三种变换器都是具有铁芯的电感元件，可以用图1.1.7所示的 T 型等值电路表示。图中 $\dot{E}_s$ 和 Z_s 分别为等效电源的电势和内阻抗，Z_1' 和 Z_2 分别为变换器一、二次线圈的漏阻抗，$\dot{Z}_e'$为励磁阻抗，Z_L 为变换器所接的负荷阻抗，但工作特性有很大差异，分述如下。

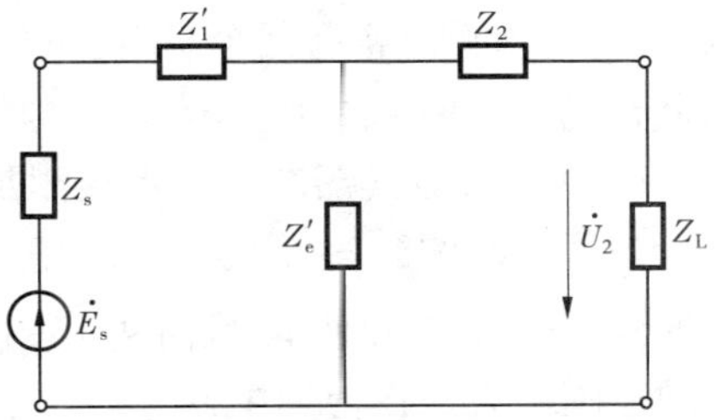

图 1.1.7 测量变换器的等值电路

一、电压变换器(UV)

电压变换器的作用是按比例降低输入电压的幅值。

电压变换器的铁芯不带气隙，励磁阻抗很大，UV 的一次绕组接电压互感器的二次侧，因 UV 的一次侧是电压源，$Z_s=0$，UV 的二次侧接继电器电压回路，等值阻抗很大，因此 $Z_L \gg Z_s$、$Z'_e \gg Z_s$，这样 UV 相当于小电压互感器，当输入电压为 $\dot{U}_r$ 时，在二次侧得到的电压为

$$\dot{U}_2 = K_{UV}\dot{U}_r \tag{1.1.4}$$

$$K_{UV} = W_2 / W_1$$

式中　K_{UV}——UV 的变换系数。

输入量与输出量的相位相同,二次侧可视为恒压源。

二、电流变换器(UA)

电流变换器的作用是将一次侧电流变换为一个与之成正比的二次侧电压。

电流变换器的铁芯没有气隙,励磁阻抗很大,UA 的一次线圈串接在电流互感器的二次侧,是电流源,Z_s 极大,二次侧并联一个阻值不大的电阻 R,Z_L 很小,在铁芯不饱和和一、二次绕组的漏阻抗均可忽略时,$Z_L \ll Z_s$、$Z_L \gg Z'_e$,相当于小电流互感器。当一次侧加入由电流互感器来的电流 I_r 时,二次电压可写成

$$\dot{U}_2 = W_2/W_1 R\dot{I}_r = K_{UA} R\dot{I}_r \tag{1.1.5}$$

$$K_{UA} = W_1/W_2$$

式中　K_{UA}——电流变换器的变换系数。

输入量与输出量的相位相同,二次侧可视为恒流源。为保证测量的精确度,UA 的铁芯不能工作在饱和状态,所以 UA 二次侧并联的电阻要小,R 过大,二次绕组感应电势增大,铁芯易于饱和,但也不能过小,否则要得到同样的 U_2 需较大的 I_r,使保护的灵敏度降低。

三、电抗变换器(UR)

电抗变换器的作用是将一次侧电流变换为一个与之成正比的二次侧电压,但电流电压相位角可变。

有附加线圈的电抗变换器是介于电流互感器和电压互感器之间的一种特殊变压器,其等值电路与变压器的等值电路相似。但是在结构上,铁芯具有气隙,一次绕组 W_1 加入交流电流 $\dot{I}_r$,二次侧通常有两个绕组,一个绕组 W_2 用做输出电压 $\dot{U}_2$,另一个绕组 W_3 接入可调电阻 R_φ,用以调节输出电压与输入电流之间的相位。原理接线图如图 1.1.8 所示。

(一)电抗变换器二次侧不接附加线圈

为了使问题简化,假定 W_3 绕组开路。铁芯具有气隙,励磁阻抗很小,在工作电流范围内铁芯不会磁化饱和,从而使 UR 的二次侧输出电压一次侧输入电流保持线性比例关系的范围加大。在使用中,二次负载 Z_L 很大,所以 $Z_L \gg Z'$,相当于变压器工作在开路状态。又因为铁芯损耗和一、二次绕组的漏抗都很小,则等值电路可简化成如图 1.1.9 所示。于是,一次电流 $\dot{I}'_r$ 流过 Z'_e,后在其两端产生的压降就是电抗变换器的输出电压 U_2。

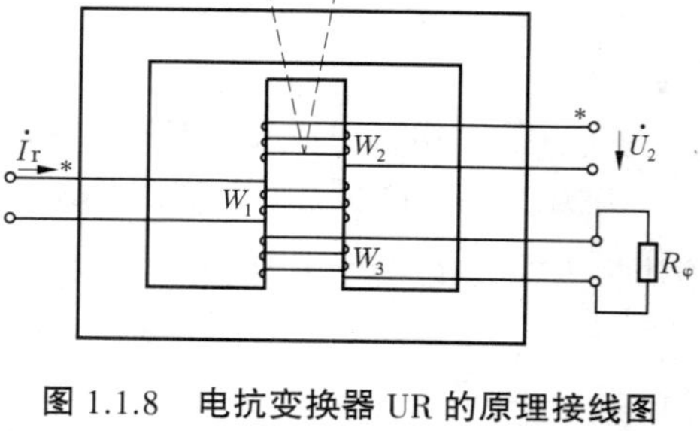

图 1.1.8　电抗变换器 UR 的原理接线图

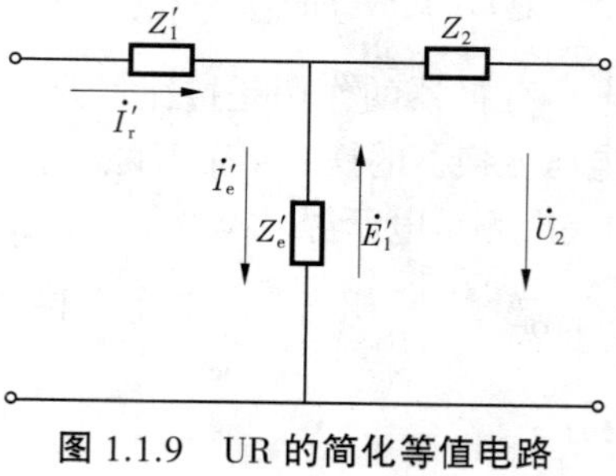

图 1.1.9　UR 的简化等值电路

按等值电路图 1.1.9 可作出 UR 相量图，先画出铁芯磁通 Φ 的相量，根据楞次定律 $\dot{E}_2$ 超前 Φ90°相位，于是可画出 $\dot{E}_2=\dot{U}_2$ 的相量，由于 Z'_e 很小，一次电流 $\dot{I}'_r$全部作为励磁电流 $\dot{I}'_r=\dot{I}'_e$，它分为两部分，其中 $\dot{I}'_{ea}$为有功分量，用于铁芯损耗，与 $\dot{E}_2$ 同相，$\dot{I}'_{er}$为无功分量，产生磁通 $\dot{\Phi}$。从相量图看出，$\dot{U}_2$ 比 $\dot{I}'_r$超前的角度略小于 90°（如略去 $\dot{I}'_{ea}$则 $\dot{U}_2$ 比 $\dot{I}'_r$超前 90°）这个关系可以表示为

$$\dot{U}_2=\dot{I}'_r Z'_e=\dot{I}_r Z'_e W_1/W_2=\dot{K}_{ur}\dot{I}_r \tag{1.1.6}$$

式中　$\dot{K}_{ur}$——一个具有阻抗量纲的复数，又称 UR 的转移阻抗，当铁芯不饱和时为一常数。

（二）电抗变换器二次侧接有附加绕组

在应用中，为了模拟电流在被保护线路阻抗上的压降，就需要根据被保护线路阻抗角的不同调整 $\dot{K}_{ur}$的阻抗角，所以要引入 W_3 绕组，并接入电阻 R_φ 来实现（见图 1.1.10）。若略去一、二次绕组的漏抗，等值电路及相量图如图 1.1.11 所示。在 W_3 回路中产生的电流 $\dot{I}_\varphi$ 落后 $\dot{U}_2$ 一个角度，这个角度决定于绕组 W_3 和 R_φ 回路的阻抗角。一次电流 $I'_r=I'_e+I_\varphi$，从相量图 1.1.11 看出 $\dot{U}_2$ 超前 $\dot{I}'_r$的角度较开路时小，也就是 $\dot{K}_{ur}$的阻抗角减小。所以用电阻 R_φ 即可调节 $\dot{K}_{ur}$的阻抗角 φ，适当选择阻抗角，能使继电器工作在最灵敏状态。但须注意，一次电流不变，当接入 R_φ 以后，I'_e较开路时小，则磁通值减小，于是，二次侧电压 $\dot{U}_2$ 下降。

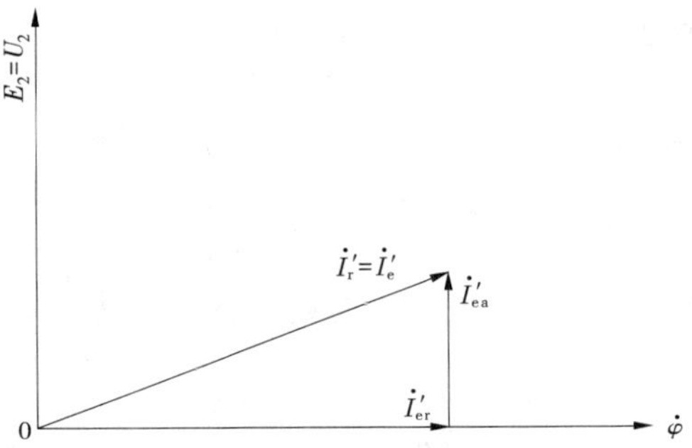

图 1.1.10　无 W_3 绕组时 UR 的相量图

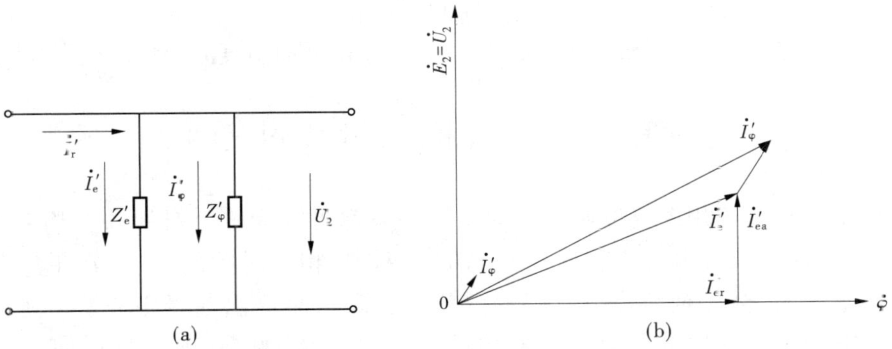

(a)　　　　　　　　(b)

图 1.1.11　说明 W_3 起移相作用的等值电路及相量图

（三）铁芯磁化曲线对电抗变换器工作的影响

铁芯磁化曲线的特性如图 1.1.12（a）所示，磁化曲线的起始段比较平缓，在磁势足够大时，磁化曲线又进入饱和段，在这两段内，导磁率较低，单位电流在二次侧感应的电势较

小，即 $\dot{K}_{ur}$ 值较小，只有在磁化曲线的中间直线段，导磁率最高，$\dot{K}_{ur}$ 值不变且最大。$\dot{K}_{ur}$ 随加入电流 I_r 的变化曲线如图 1.1.12(b) 中曲线 1 所示，为消除铁芯饱和的影响，可在铁芯中留有气隙，在选取电抗变换器的参数时，应考虑一次安匝与气隙的长度配合，以便加入最大电流时，铁芯不饱和。

为消除磁化曲线起始部分导磁率较低的影响，可在气隙中插入一片楔形的坡莫合金片进行补偿。这是因为坡莫合金的磁化曲线的根部呈直线状，如图 1.1.12(c) 所示。也就是小电流时具有很高的导磁率，而大电流时能很快饱和，因此在小电流时它能发挥作用，减小了气隙的磁阻，提高了原有铁芯的导磁率。而在大电流时，合金迅速饱和，不起补偿作用。补偿以后，I_r 与 $\dot{K}_{ur}$ 的关系可调整到如图 1.1.12(b) 中曲线 2、3 所示那样，曲线 2 做到了完全补偿，曲线 3 则过补偿。

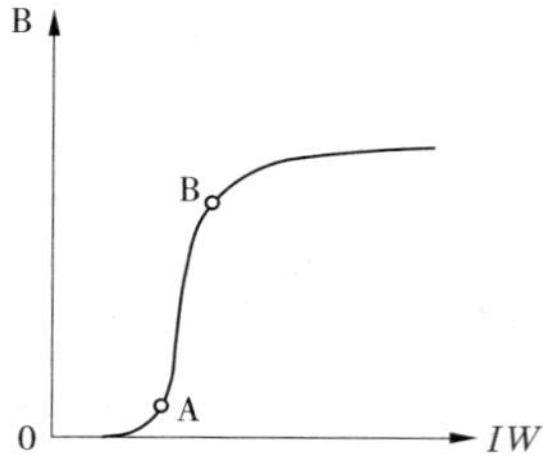

(a)铁芯磁化曲线

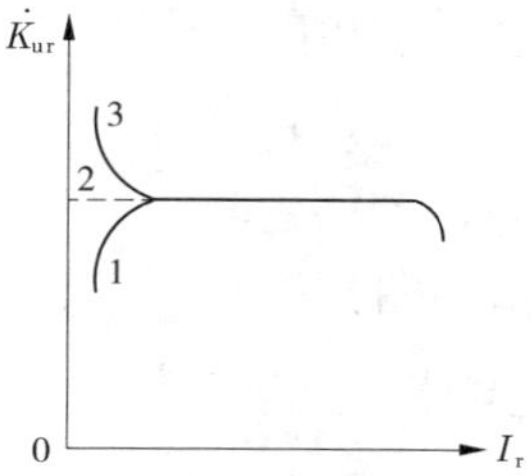

(b) $\dot{K}_{ur}=f(I_r)$ 的关系曲线

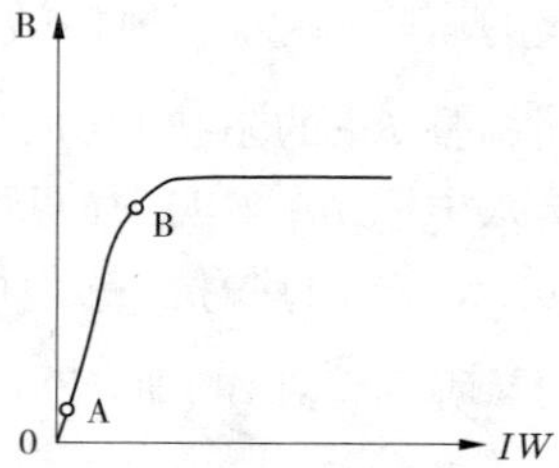

(c)坡莫合金的磁化曲线

图 1.1.12　电磁关系示意图

(四) 系统频率变化对电抗变换器的影响

从电流互感器得到的二次电流 I_r 加到电抗变换器的原边，则在铁芯中产生磁通，二次侧感应电势，其大小为

$$E_2=4.44fW_2\Phi_m \tag{1.1.7}$$

式(1.1.7)表示 E_2 与系统频率 f 成正比，因此 UR 可抑制直流分量而放大高频分量。

第三节　对称分量滤过器

任何不对称的三相系统按照一定的换算关系都可分为三个对称的三相系统，即正序、负序和零序系统。电力系统正常运行时，一般三相是对称的，只存在正序分量；发生不对称短路时，会出现负序分量；发生接地故障时，总会出现零序分量。所以，在保护中，采用由负序、零序或复合滤过器构成的保护装置。由于只反映在故障情况下才出现的零序、负序分量，既能满足灵敏性和选择性的要求，又可简化接线，提高保护装置的可靠性。

某种相序滤过器是一种从系统三相正弦电压或电流中过滤出正序、负序、零序分量的装置，当输入端加入三相正弦电压或电流中含有某种序分量时，则在该种相序过滤器的输出端即可得到与输入量中该相序分量成正比例的电压或电流。

一、零序电压滤过器

（一）利用三相五柱式电压互感器二次开口三角形侧获得零序电压

三相五柱式电压互感器的开口三角形接线如图 1.1.13 所示。对于三相对称的正序或负序电压，三相的相量和为零，其输出电压为零。当系统中出现零序电压时，其输出电压为

$$\begin{aligned}\dot{U}_{mn0}&=\dot{U}_{a0}+\dot{U}_{b0}+\dot{U}_{c0}\\&=(\dot{U}_{A}+\dot{U}_{B}+\dot{U}_{C})/n_{TV}\\&=3\dot{U}_{0}/n_{TV}\end{aligned}\quad(1.1.8)$$

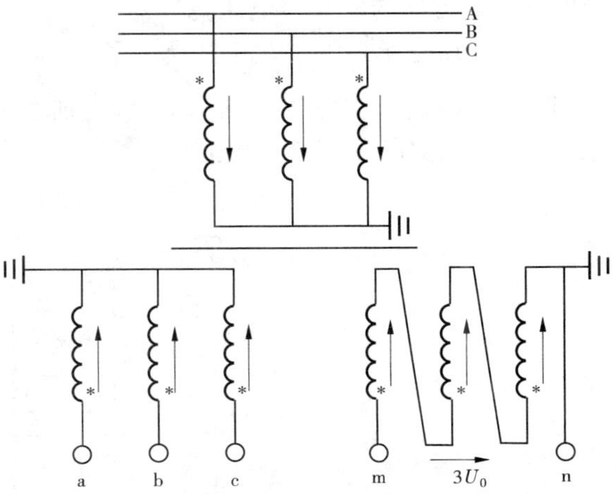

图 1.1.13　三相五柱式电压互感器的开口三角形接线方式

有零序电压存在时，互感器铁芯的三根芯柱中的磁通相位相同，它们的合成磁通经两根边柱构成通路。而在三相三柱式电压互感器中就没有铁芯柱作为零序磁通的回路，这样零序磁通只能通过气隙和电压互感器的外壳构成回路。由于磁阻很大，所以零序励磁阻抗很小，零序励磁电流很大，使误差增大，而且可能因发热而损坏互感器。因此，三相五柱式电压互感器只适用在 110 kV 电压等级以下系统中。

在系统正常运行或发生相间短路时，从理论上讲，开口三角形的输出电压为零，实际上是有不平衡电压输出，这是因为电压互感器本身有误差、一次系统三相对地不平衡及存在三次及三的倍数次谐波电压等原因。

（二）利用三个单相电压互感器组合接线形成开口三角形获得零序电压

接线如图 1.1.14 所示。这种采用三个单相电压互感器组合接线的形式可以弥补三相五柱式电压互感器的不足，因此该形式可以应用到 110 kV 及以上电压等级系统中。

（三）利用发电机中性点经电压互感器接地来取得零序电压

接线如图 1.1.15 所示。因为发生单相接地时，电压互感器一次绕组上出现零序电压，故在电压互感器二次侧得到零序电压。

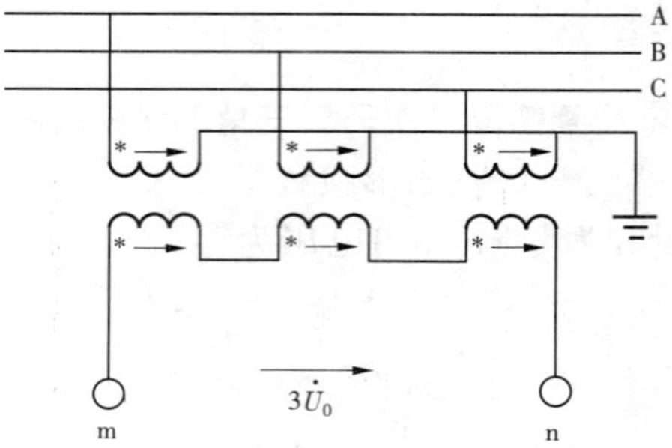

图 1.1.14　三个单相电压互感器接成开口三角形接线方式

（四）利用三个容量相等的电容器构成零序电压滤过器

接线如图 1.1.16 所示。当电压互感器的二次电压为三相对称的正序或负序电压时，m 点对地没有偏移电压，即 $\dot{U}_{mn}=0$，若二次电压为三相不对称，则输出电压 $\dot{U}_{mn}\neq 0$。这种接线可用于构成电压互感器二次回路断线闭锁装置或信号回路。

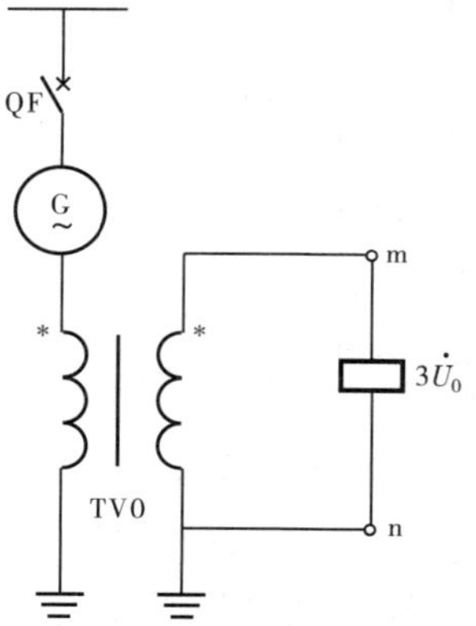

图 1.1.15　发电机中性点经电压互感器接地接线方式

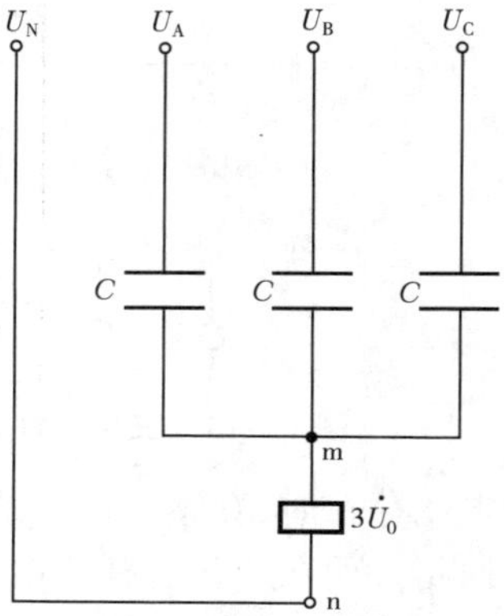

图 1.1.16　三个容量相等的电容器构成零序电压接线方式

二、零序电流滤过器

（一）零序电流滤过器

用三个相同的电流互感器构成的零序电流滤过器的原理接线图如图 1.1.17 所示。因为零序保护的电流线圈直接接在电流互感器的中线上，即

$$\dot{I}_r=\dot{I}_a+\dot{I}_b+\dot{I}_c \tag{1.1.9}$$

对于正序电流和负序电流，其输出电流为零，即 $I_r=0$，对于零序电流，则输出电流 $I_r=3I_0$。理论上，在系统正常运行或发生非接地相间短路故障时，$I_r=0$，

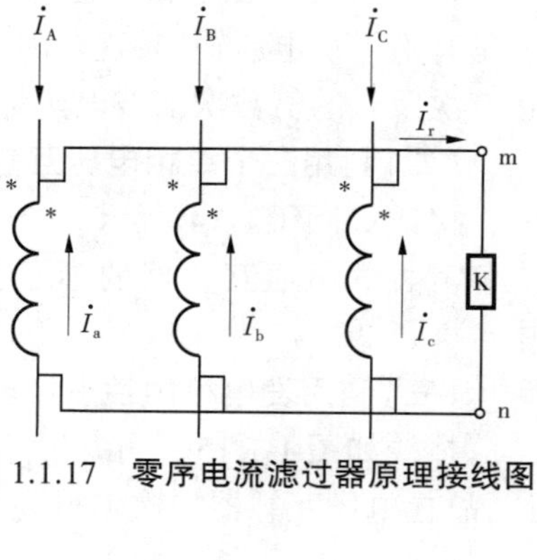

图 1.1.17　零序电流滤过器原理接线图

而实际上 $I_r \neq 0$，存在着不平衡电流。存在不平衡电流的主要原因就是构成零序滤过器的三个电流互感器的励磁电流不完全对称。

（二）零序电流互感器

如图 1.1.18 所示，被保护设备的三相导线或电缆芯线穿过互感器的铁芯作为一次绕组，二次绕组均匀对称地绕在铁芯上。正常运行或非接地相间短路时一次侧三相电流之和为零，无零序电流，所以铁芯中的合成磁通为零，零序电流互感器的二次侧输出电流为零。实际上，由于一次侧三相导线或电缆芯线与二次绕组的互感系数有差异，互感器会输出不平衡电流，但比零序电流滤过器输出的 I_{unb} 要小得多。当发生接地故障时，一次侧出现零序电流，在铁芯中形成合成磁通，从而在二次绕组中感应电势，输出零序电流。

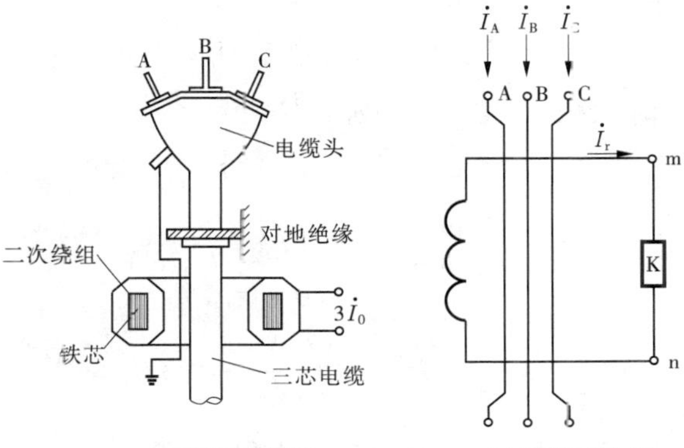

(a)安装示意图　　(b)接线示意图

图 1.1.18　零序电流互感器原理图

三、负序电压滤过器

负序电压滤过器的输出端接负序的电压继电器，作为不对称短路保护的启动元件，其输入端与系统的线电压相连，输出端的电压只与输入电压中的负序电压成比例，而与其中的正序电压和零序电压无关。

应用比较广泛的是阻容式负序电压滤过器，如图 1.1.19 所示。它由分别接入电压 $\dot{U}_{ab}$ 和 $\dot{U}_{bc}$ 的两个阻容移相器 X_1、R_1 和 X_2、R_2 组成，要求：

$$R_1 = X_1/\sqrt{3} \quad R_2 = X_2/\sqrt{3} \tag{1.1.10}$$

因为滤过器输入电压为线电压，而线电压中是不含零序分量的，故讨论时不需考虑零序分量的输入问题。

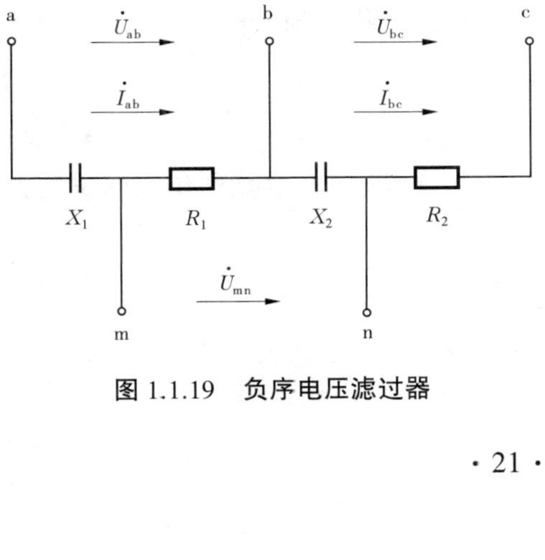

图 1.1.19　负序电压滤过器

(1) 当输入正序电压时，设 $\dot{U}_{ab1} = U_{ab1}e^{j0°}$，则

$$\dot{U}_{bc1} = U_{bc1}e^{-j120°}, U_{bc1} = U_{ab1}$$

$$\dot{U}_{r1}=\dot{I}_{ab1}R_1=\frac{\dot{U}_{ab1}R_1}{R_1-jX_{c1}}$$

$$=\frac{U_{ab1}e^{j0°}R_1}{(R_1^2+X_{c1}^2)\arctan(\frac{X_{c1}}{R_1})}=\frac{U_{ab1}e^{j10}\sqrt{3}X_{c1}}{2X_{c1}e^{j-30}}=\frac{\sqrt{3}}{2}\dot{U}_{ab1}\underline{\angle 70°}$$

$$\dot{U}_{c2}=\dot{I}_{bc}(-jX_{c2})=\frac{\dot{U}_{bc1}(-jX_{c2})}{R_2-jX_{c2}}=\frac{U_{bc1}e^{-j120°}(-jX_{c2})}{(R_2^2+X_{c2}^2)\arctan\left(\frac{X_{c2}}{R_2}\right)}$$

$$=\frac{\sqrt{3}}{2}\cdot\frac{U_{bc1}\underline{\angle -37°}\,X_{c2}\underline{\angle -37°}}{X_{c2}\underline{\angle 37°}}=\frac{\sqrt{3}}{2}\dot{U}_{bc1}e^{-j150°}=-\dot{U}_{r1}$$

$$故\ \dot{U}_{mn}=\dot{U}_{r1}+\dot{U}_{c2}=0$$

(2)输入负序电压时,设 $\dot{U}_{ab}=U_{ab1}e^{j0°}$,则

$$\dot{U}_{bc}=U_{bc2}e^{j120°},U_{bc2}=U_{ab1}$$

$$\dot{U}_{r1}=\dot{I}_{ab2}R_1=\frac{\dot{U}_{ab2}R_1}{R_1-jX_{c1}}=\frac{\sqrt{3}}{2}U_{ab2}e^{j30°}$$

$$\dot{U}_{c2}=\dot{I}_{bc2}(-jX_{c2})=\frac{\dot{U}_{ab2}(-jX_{c2})}{R_2-jX_{c2}}=\sqrt{3}\dot{U}_{bc2}e^{j90°}$$

$$故\ \dot{U}_{mn2}=\dot{U}_{r1}+\dot{U}_{c2}=1.5\dot{U}_{ab2}e^{j60°}$$

可见,图 1.1.19 所示电路为一负序电压滤过器。

实际上,输入三相正序电压时,输出端有不平衡电压出现,这主要是由于各元件的实际参数与计算值有偏差,输入电压中含有五次谐波成分。

四、负序电流滤过器

TA-UR 式负序电流滤过器的电路示于图 1.1.20,电流变换器 TA 和电抗变换器 UR各有两个一次绕组,其匝数比 $W_A/W_0=3$、$W_B=W_C$。

正常运行时磁势平衡,即 $\dot{I}_AW_A-3\dot{I}_0W_0=\dot{I}_aW_1$。

设电流变换器的变比 $n_{TA}=W_1/W_A$,则

$$\dot{I}_a=(\dot{I}_A-\dot{I}_0)/n_{TA}$$

故

$$\dot{U}_R=\dot{I}_aR=R(\dot{I}_A-\dot{I}_0)/n_{TA} \tag{1.1.11}$$

电抗变换器 UR 二次绕组的感应电势为

$$\dot{U}_{BC}=j(\dot{I}_B-\dot{I}_C)X_M$$

式中 X_M——电抗变换器互感电抗。

该滤过器的输出电压为

$$\dot{U}_{mn2}=\dot{U}_R-\dot{U}_{BC} \tag{1.1.12}$$

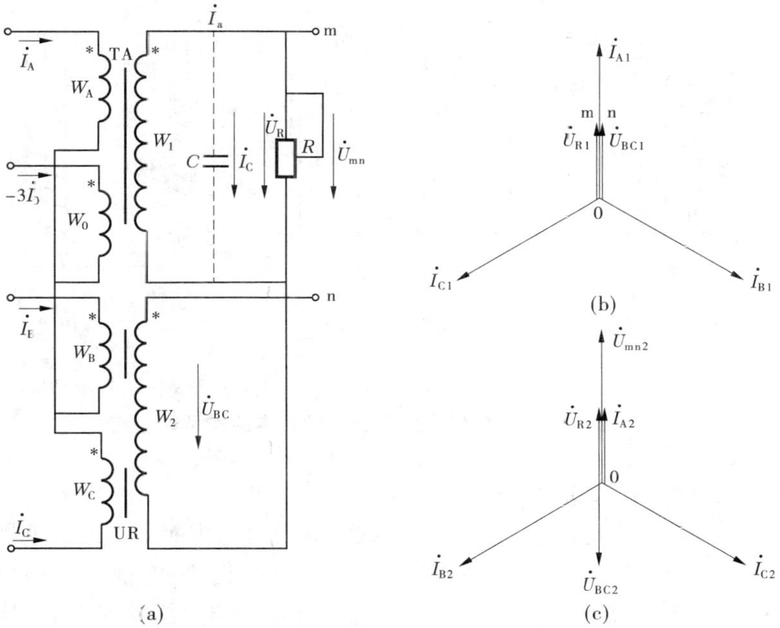

图 1.1.20　负序电流滤过器原理接线图

当滤过器输出端加入三相对称的正序电流时，其输出电压为

$$\dot{U}_{mn1}=\dot{U}_{R1}-\dot{U}_{BC1}=R\dot{I}_{A1}/n_{TA}-j(\dot{I}_{B1}-\dot{I}_{C1})X_M$$
$$=R\dot{I}_{A1}/n_{TA}-j\sqrt{3}\dot{I}_{A1}X_M e^{j90^\circ}=\dot{I}_{A1}(R/n_{TA}-\sqrt{3}X_M) \tag{1.1.13}$$

要求 $\dot{U}_{mn1}=0$，则有

$$R=\sqrt{3}n_{TA}X_M \tag{1.1.14}$$

输入负序电流或零序电流时

$$\dot{U}_{mn2}=\dot{U}_{R2}-\dot{U}_{BC2}=2R\dot{I}_{A2}/n_{TA}=2\sqrt{3}\dot{I}_{A2}X_M \tag{1.1.15}$$

$$\dot{U}_{mn0}=\dot{U}_{R0}-\dot{U}_{BC0}=\frac{R}{n_{TA}}(\dot{I}_{A0}-\dot{I}_0)-j(\dot{I}_{B0}-\dot{I}_{C0})X_M=0 \tag{1.1.16}$$

第四节　电磁式继电器

一、电磁式继电器的结构和工作原理

(一)电磁式继电器的结构

电磁式继电器的结构型式主要有三种，即螺管线圈式、吸引衔铁式及转动舌片式。如图 1.1.21 所示，每种结构型式皆包括 6 个基本组成部分：铁芯、线圈、可动衔铁、反作用弹簧、气隙、止挡。

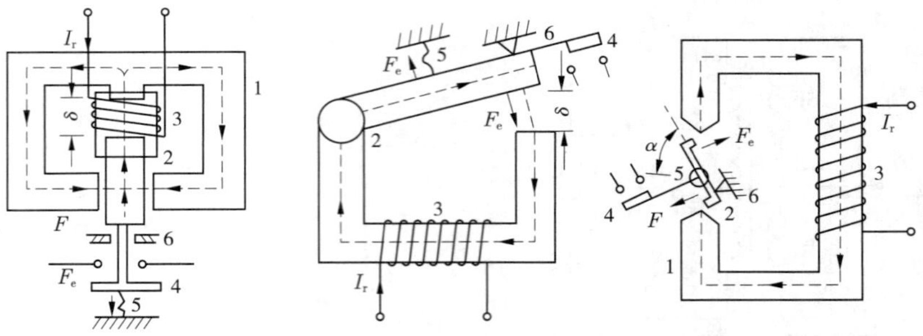

(a)螺管线圈式　　(b)吸引衔铁式　　(c)转动舌片式

1—电磁铁;2—可动衔铁(或舌片);3—线圈;4—接点;5—反作用弹簧;6—止挡(或限位器)

图 1.1.21　电磁式继电器三种基本结构型式

(二)电磁式继电器的工作原理

电磁式继电器是利用电磁铁的铁芯与衔铁间的吸力作用而工作的继电器。

当继电器线圈通入电流 I_r 时,产生磁通 Φ。经铁芯、衔铁和气隙形成回路,衔铁被磁化,产生电磁力 F_e(或力矩 M_e)。当 F_e 克服弹簧反作用力时,衔铁被吸起,从而使继电器的动触点和静触点闭合,称为继电器动作。

根据电磁学的原理可知,电磁力 F_e(或力矩 M_e)与磁通 Φ 的平方成正比。当铁芯不饱和时,磁通与磁势成正比,而与磁路的磁阻成反比,因此

$$F_e = K_1\Phi^2 = K_1\left(\frac{I_r W_r}{R_m}\right)^2 = K_2 I_r^2 \tag{1.1.17}$$

$$M_e = K' F_e = K I_r^2 \tag{1.1.18}$$

式中　W_r——继电器线圈的匝数;

R_m——磁通 Φ 所经磁路的磁阻,$R_m \approx R_\delta$,R_δ 是气隙 δ 的磁阻,与气隙 δ 成正比。

式(1.1.17)中的 K_2 是与磁阻 R_m 有关的系数。只有在铁芯未饱和且气隙不变,R_m 不变时,K_2 才是常数。实际上,继电器的衔铁运动时,气隙及磁阻会变化。如果线圈中电流 I_r 保持不变,则 R_m 的减少将引起 Φ 增加,从而使 F_e 增大,有利于继电器动作。这是一个正反馈过程。

电磁式继电器一般只有一个输入量,该输入量(电流或电压)经电磁系统变成电磁力或电磁力矩,然后与给定的弹簧的反作用力矩进行比较,决定继电器是否动作。图1.1.22示出这类继电器的工作过程,其工程程序如下:

(1)输入量,例如电流 I_r,经线圈产生磁势 $I_r W_r$。

(2)磁势经磁系统后变成电磁力矩 M_e。

(3)M_e 与由弹簧力矩 M_s 和可动部分(衔铁)的摩擦力矩 M 所形成的机械力矩 M_s+M 互相比较。

(4)当 $M_e>M_s+M$ 时,衔铁开始运动,产生位移 δ 或转动角度 α。衔铁位移(即 δ 或 α)的变化使 M_e 和 M_s 进一步增加,形成正反馈作用。

(5)继电器的触点将衔铁的机械位移变成电信号输出。由于正反馈作用的存在,机

械位移几乎是突变，形成如图 1.1.23 所示的 α 与 I_r 的关系曲线，即继电特性。

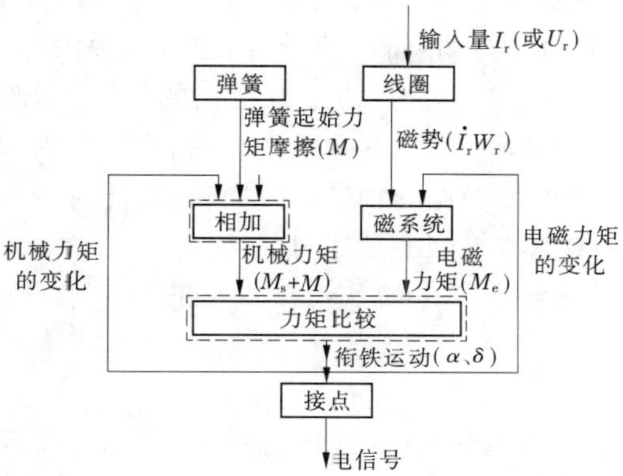

图 1.1.22　电磁式辅助继电器的工作过程

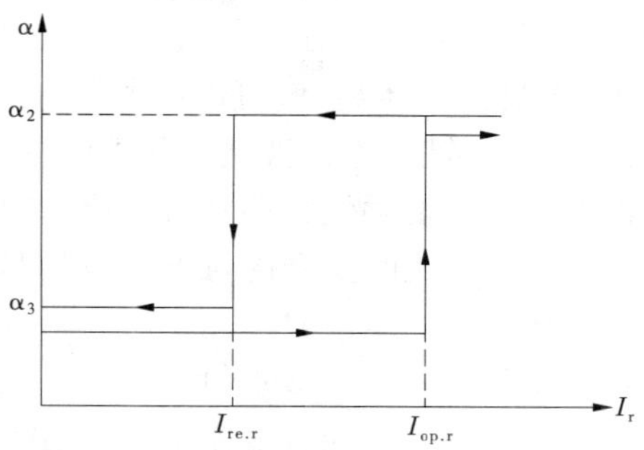

图 1.1.23　线圈电流与衔铁转动角度的关系

图 1.1.23 中 $I_{op.r}$ 为继电器的动作电流；$I_{re.r}$ 为继电器的返回电流。

二、辅助继电器

（一）电磁式时间继电器

1. 作用

时间继电器在继电保护装置中作为时间元件，用来获得必要的人为动作延时。

2. 结构及工作原理

目前实际应用的时间继电器有机电型与晶体管型两种。机电型时间继电器分钟表机械式和微电机式。钟表机械式时间继电器在继电保护中用得最多，它由电磁起始部件和钟表机械组成，其结构原理如图 1.1.24 所示。

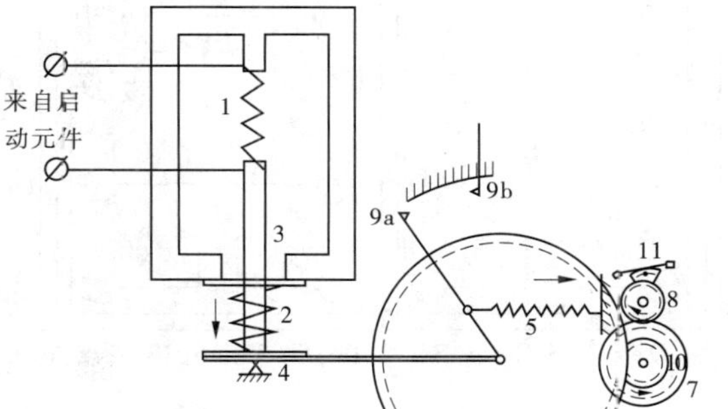

1—线圈；2、5—弹簧；3—衔铁；4—连杆；
6—传动齿轮；7—主传动齿轮；8—钟表延时机构；
9a、9b—动、静触点；10—棘轮；11—摆卡摆锤

图 1.1.24　电磁式时间继电器的结构原理示意图

电磁启动部件采用螺管线圈式，可以做成直流操作，也可以做成交流操作。正常情况下，继电器线圈 1 未加电压，弹簧 2 将衔铁 3 顶出线圈，通过连杆 4 使钟表弹簧 5 处在拉

伸状态。当线圈 1 加上电压时,衔铁所受的吸力克服弹簧 2 的阻力被瞬时吸入线圈中。此时连杆 4 被释放,在弹簧 5 的拉力作用下,传动齿轮 6 开始传动,经棘轮 10(摩擦离合器)使主传动齿轮 7 转动,进而带动钟表延时机构 8 转动。因延时机构摆卡摆锤的作用,动触点 9a 以恒速转动,经一定延时后与静触点 9a、9b 接触。改变静触点的位置,即改变 9a 和 9b 之间的距离,就可以调整继电器的动作时间。当线圈电压消失时,在返回弹簧 2 的作用下,衔铁和连杆被立即顶回原位。因为返回动触点的轴是反方向转动,此时摩擦离合器不能使主传动轮带动延时机构转动,所以继电器复归不带延时。

除了上述延时闭合的触点,还可以装设滑动触点和由衔铁直接带动的瞬动触点(图中未画出)。

3. 继电器的型号及接线

国产电磁式时间继电器型号有 DS-100 系列和 DS-120 系列,前者用于直流,后者用于交流,动作时间最长为 9 s,此外还有 DS-20A 系列和 DS-30 系列,这类继电器的动作时间最长为 20 s。其中 DS-100 系列时间继电器的数字代号,第一位为设计序号;第二位表示电源种类(1 表示直流,2 表示交流);第三位为规格号,表示动作时间整定范围的接点规格(例如:1 表示动作时间范围为 0.1~1.3 s,2 和 5 表示动作时间为 0.25~3.5 s,3 和 6 表示为 0.5~9 s 等。另外,第三位数为 5 或 6 时,表示继电器还多一对延时滑动的主接点)。横隔线后的数字为继电器的额定电压。例如,DS-112/220 表示额定电压为直流 220 V 的时间继电器,动作时间的整定范围为 0.25~3.5 s,具有一对延时常开触点和一对瞬动切换的触点。DS-20A、DS-30 系列时间继电器的数字代号,第一位为设计序号,第二位为规格号。

图 1.1.25 为嵌入式 DS-30 系列继电器内部接线。

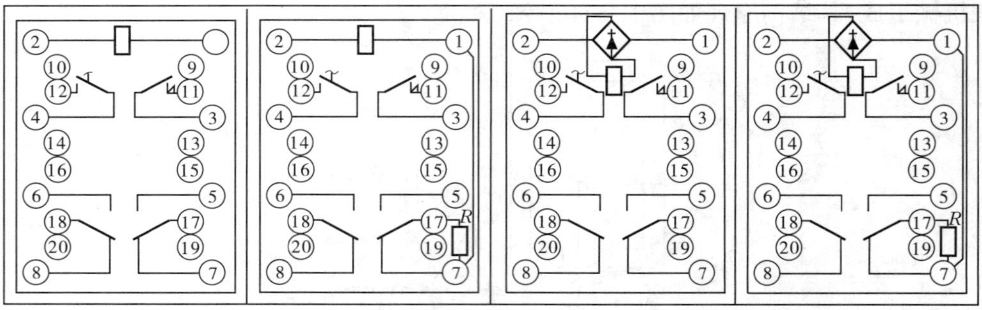

(a)DS-31、32、33、34/2　(b)DS-31C、32C、33C、34C/2　(c)DS-35、36、37、38/2　(d)DS-35C、36C、37C、38C/2

图 1.1.25　嵌入式 DS-30 系列继电器内部接线

(二)电磁式中间继电器

1. 作用

中间继电器是一般保护装置中必不可少的辅助继电器,它的作用是:①提供足够数量的触点,以便同时控制不同的电路;②增加触点容量,以便接通或断开较大电流的回路(如跳闸回路);③提供必要的延时特性,以满足保护及自动装置的要求。

2. 结构与原理

电磁式中间继电器一般采用吸引衔铁式结构。图 1.1.26 为 DZ-200X 系列继电器结构图。继电器线圈或阻尼环装于 U 型导磁体上，导磁体上面有一无定位活动衔铁，两侧装有两排触点弹片。当线圈通电时产生磁力，将衔铁吸合，此时衔铁压动触点弹片，使动合触点闭合，动断触点断开。当线圈无电时，由于触点弹片的反作用力矩，使衔铁返回初始位置。带有信号装置的继电器，当衔铁吸合将弹簧片压力，弹簧片将弹簧释放，弹簧通过拨叉将信号还原杆弹出，信号触点闭合，等衔铁返回后，可手动将还原杆复归，信号触点断开。

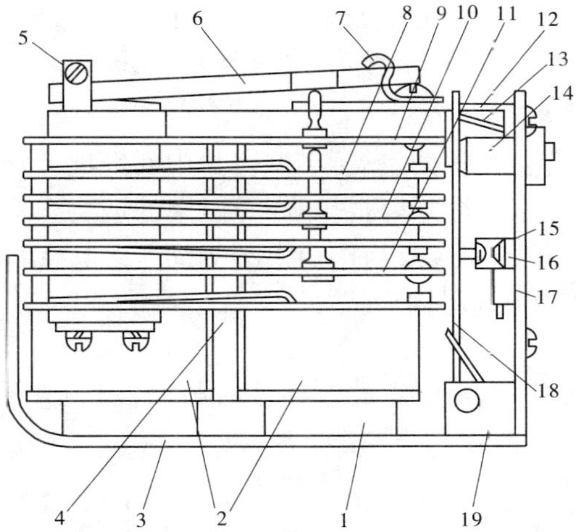

1—导磁体；2—线圈或阻尼环；3—支架；4—沉头固定螺钉；
5—支柱螺丝；6—衔铁；7—衔铁限制片；8—静触点片；
9—常开触点动触点片；10—常闭触点动触点片；11—转换触点动触点片；
12—弯板；13—弹簧片；14—信号还原杆；15—信号动触点；
16—信号静触点；17—铝牌；18—拨叉；19—信号架

图 1.1.26　DZ-200X 系列继电器结构图

3. 继电器的型号及接线

中间继电器的用途广、类型多，常用的有：一般电磁式中间继电器（DZ）、交流电磁式中间继电器（DZJ）、带保持线圈的电磁型中间继电器（DZB）、带延时的电磁型中间继电器（DZS）。其中每一类型又根据动作值和触点情况分成多种，使用中可参阅有关产品目录和手册。

DZB 型中间继电器除动作线圈外，还有自保持线圈。例如，DZB-217 型继电器（其内部接线见图 1.1.27(a)），其动作线圈为电压线圈，而保持线圈为电流线圈。当继电器动作后，其常开触点立即接通保持线圈回路，这时，即使动作线圈的电压消失，继电器仍通过自身的触点而保持在动作的状态（见图 1.1.27(b)）。有的中间继电器也采用电流线圈作为动作线圈，电压线圈作为保持线圈的结构。一般规定，对电流保护线圈，其保持电流不应大于额定电流的 80%，而对电压保持线圈，其保持电压则不大于额定电压的 65%。

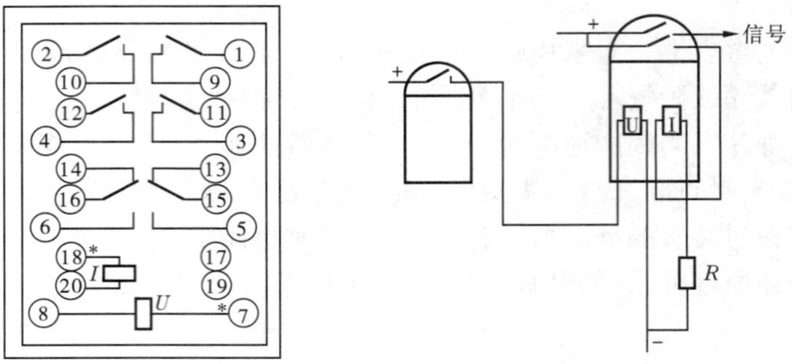

(a)DZB-217型继电器的内部接线 (b)继电器自保持接线方式

图 1.1.27 具有保持线圈的继电器接线

4. 小型密封中间继电器

随着晶体管继电器保护装置的发展,小型密封中间继电器得到广泛应用。小型中间继电器多采用电磁原理构成,其磁路材料用高导磁率的坡莫合金,具有体积小(15 cm^3)、重量轻(50 g)、动作快(约 10 ms)及动作功率小等优点。其密封金属外壳使继电器能在环境温度、湿度等条件较差的情况下可靠工作。

5. 干簧继电器

在一般电磁式继电器中,触点是最不可靠的部件,因为它易受周围条件的影响,在高温、潮湿、尘埃及油污气体作用下,接点容易污染、氧化、变形,从而使继电器的可靠性降低。采用干簧继电器,这一缺点则可得到克服。

干簧继电器是电磁式中间继电器中一种特殊形式的继电器,其结构示意图如图 1.1.28 所示。其线圈绕在框架上,中间置密封玻璃管,管内装有舌簧触点。簧片由坡莫合金制成,它既能导磁又能导电。管内充氮,以防触点氧化。

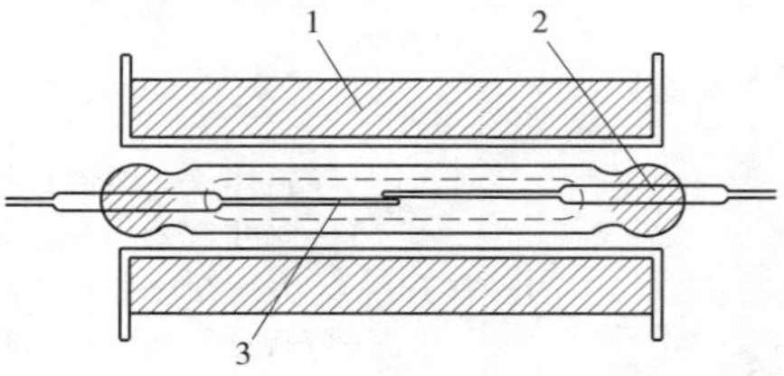

1—线圈;2—密封玻璃管;3—簧片(舌簧触点)

图 1.1.28 干簧继电器结构示意图

(三)电磁式信号继电器

1. 作用

信号继电器用以发出光信号和声信号,作为整套保护装置动作后的指示,以便对装置动作情况和电力系统的故障进行分析。

2. 结构与原理

信号继电器是一种瞬时动作能自保持的继电器,分机械保持型和磁保持型两种。

图 1.1.29 显示出常用的 DX-11 机械保持型信号继电器结构图。当线圈 2 通入的电流大于继电器动作电流时,衔铁 3 被吸起,信号掉牌 6 失去支持,靠自身重量落下,且保持于垂直位置,通过外壳的玻璃窗口可以看到掉牌。与此同时,动触点 4 和静触点 5 闭合,接通光信号或声信号回路。继电器动作后,可实现机械自保持,需就地手动复归,即用手转动复归把手 8,信号掉牌和触点才能复归到原位。

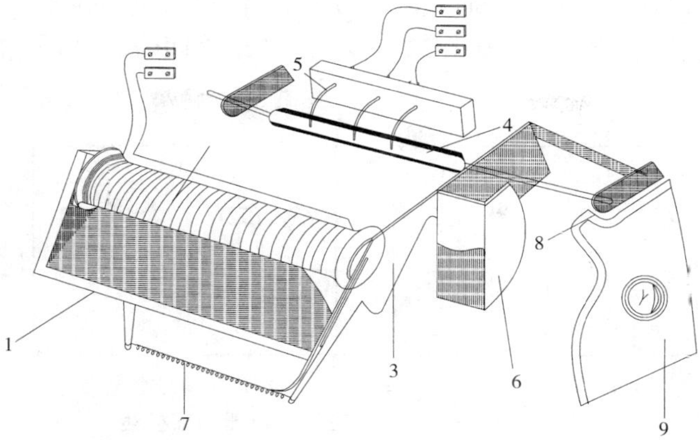

1—铁芯；2—线圈；3—衔铁；4、5—动、静触点；6—信号掉牌；7—弹簧；
8—复归把手；9—观察孔

图 1.1.29 DX-11 型信号继电器的结构原理图

线圈通电流后，产生磁通通过簧片，两簧片触点相吸接通，继电器动作。当线圈磁场减弱到一定程度时，簧片触点靠自身的弹力断开，继电器返回。

干簧继电器将普通电磁式继电器中的铁芯、衔铁、触点和弹簧等部件的功能集中于两个簧片，结构简单。动作时无机械传动，触点不易磨损，寿命长，具有动作速度快、动作功率小、重量轻、体积小等优点，但是干簧继电器的触点返回弹力小，易粘住。

另一种继电器是 DXM-2A 磁保持型继电器，这种继电器的结构原理图见图 1.1.30。

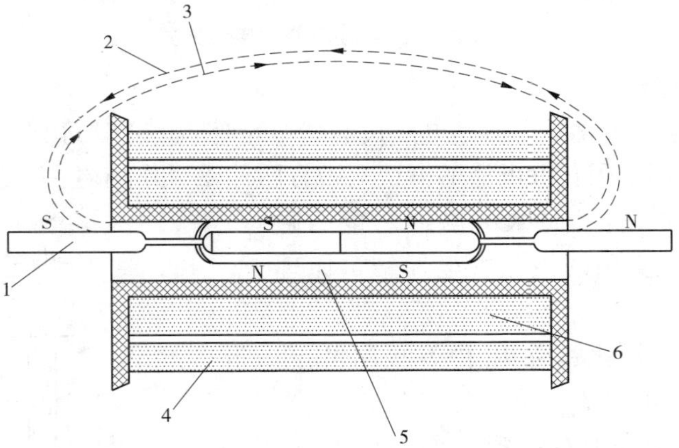

1—干簧密封接点；2—工作线圈；3—永久磁铁；4—复归线圈；
5、6—工作线圈与复归线圈的磁通

图 1.1.30 DXM-2A 型信号继电器的结构原理图

当工作线圈通电时，其所产生的磁通与放置在线圈中的永久磁铁的磁通方向相同，两种磁通叠加，使干簧触点闭合。在工作线圈断电后，借永久磁铁的磁通可使干簧触点保持在闭合状态。复归时借助复归按钮（图中未画出）给复归线圈通电，因其所产生的磁通与永久磁铁磁通方向相反而互相抵消，使接点复归原位。这种磁保持方式可保证保护装置已动作的信号在直流操作电源中断而又恢复时，仍然保留而重新显示。该继电器的内部接线如图 1.1.31 所示，图中标出了工作线圈和复归线圈的正极性端子，使用时应注意不能接错。

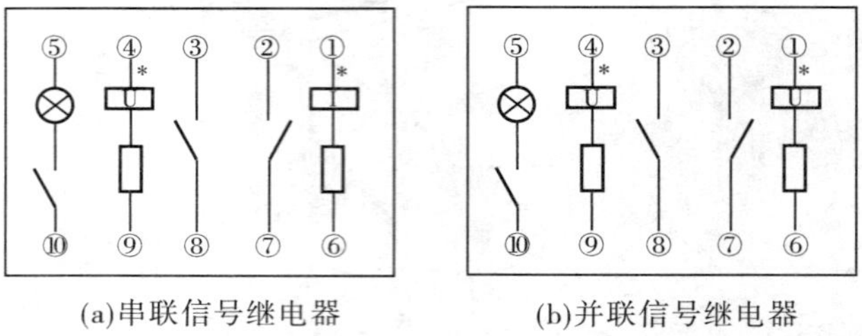

(a)串联信号继电器　　(b)并联信号继电器

图 1.1.31　DXM-2A 型信号继电器内部接线

3. 继电器的接线

信号继电器有电流启动和电压启动两种类型，前者串联接入电路，后者并联接入电路，分别称为串联信号继电器和并联信号继电器，其接入方式如图 1.1.32 所示。

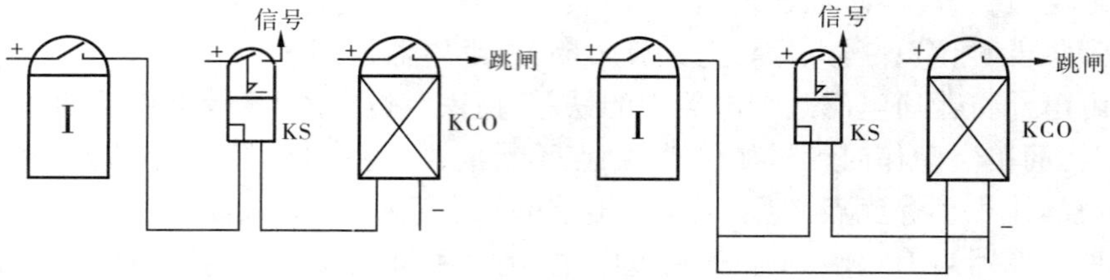

(a)串联接入　　(b)并联接入

图 1.1.32　信号继电器的接线方式

(四)极化继电器

从结构原理上看，极化继电器是电磁式继电器的变形。一般的电磁式继电器，其衔铁只受单一磁通的作用。极化继电器的衔铁上则有两种磁通作用着：一是继电器线圈产生的磁通，称为工作磁通；二是永久磁铁产生的磁通，称为极化磁通。实用的极化继电器结构原理如图 1.1.33 所示。

永久磁铁产生的极化磁通 Φ_0 由 N 极出发，经衔铁后分成两部分 Φ_{01}、Φ_{02}，分别经气隙 δ_1 和 δ_2 构成通路。如果衔铁正好处在磁极中心位置，由于对称关系，气隙 δ_1 和 δ_2 中的极化磁通 $\Phi_{01}=\Phi_{02}$。线圈 1 中流过直流电流 I_r 时，其所产生的工作磁通 Φ_r 经气隙构成通路，其大小和方向由 I_r 决定，若 I_r 的方向如图 1.1.33 中所示，则在气隙 δ_1 中，Φ_{01} 与 Φ_r 相加，在气隙 δ_2 中，Φ_{02} 与 Φ_r 相减，其合成磁通分别为

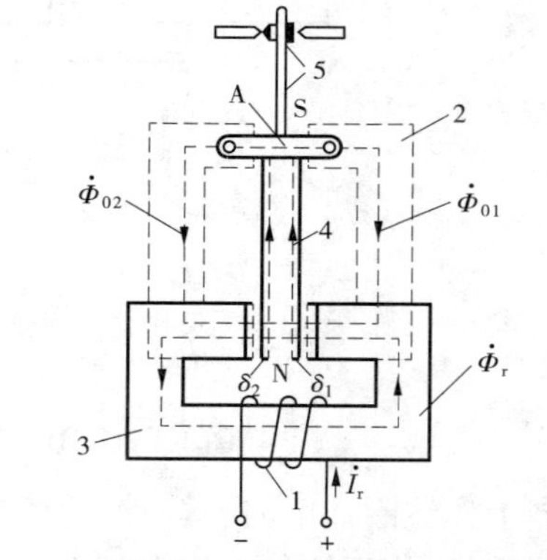

1—电流线圈；2—永久磁铁；3—蹄形铁芯；4—衔铁；5—触点

图 1.1.33　极化继电器结构原理图

$$\Phi_1 = \Phi_{01} + \Phi_r \quad \Phi_2 = \Phi_{02} - \Phi_r \qquad (1.1.19)$$

Φ_1 产生的电磁力 $F_1 = K\Phi_1^2$ 将衔铁向右边磁极吸引。Φ_2 产生相反的电磁力 $F_2 = K\Phi_2^2$ 将衔铁向左边磁极吸引。

当电流 I_r 等于或大于动作电流 I_{op} 时，由于 $\Phi_1 > \Phi_2$，则 $F_1 > F_2$，所以衔铁被吸向右边磁极，继电器动触点与左侧静触点闭合，如改变电流的方向，它所产生的磁通方向也随之改变，在 $\Phi_2 > \Phi_1$ 时，衔铁被吸向左侧，动触点变为右侧静触点闭合。由此可见，极化继电器不仅反应线圈中电流的大小，而且反应电流的方向。只有当一定方向的电流达到一定值时，继电器才能动作。

若在继电器线圈中通入交流电流，则继电器衔铁将随着电流方向的不断改变而来回摆动。因此，极化继电器不适用于交流电源。

三、测量继电器

（一）电磁型电流继电器

1. 作用

电流继电器用来反映被保护元件的电流变化。

2. 结构及工作原理

电磁型电流继电器广泛用做电流保护的启动和测量元件，通常采用转动舌片式的结构，图 1.1.34 所示为 DL-30 系列电流继电器的结构图，继电器的转轴上装有 Z 形舌片 3、弹簧 4、动触点 5 等，由前后轴承 10 加以支撑。

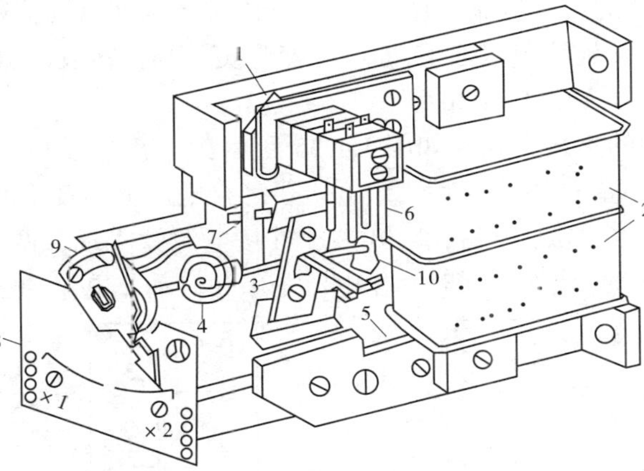

1—电磁铁；2—线圈；3—Z形舌片；4—弹簧；5—动触点；

6—静触点；7—限制螺杆；8—刻度盘；9—定值调整把手；10—轴承

图 1.1.34　DL-30 系列电磁式电流继电器结构图

继电器不通电或通过较小电流时，由于弹簧力矩的作用，Z 形舌片释放，并被止挡限制在一个起始位置。增大线圈电流，电磁力矩相应地随之增大。电磁力矩试图将 Z 形舌片吸向电磁铁。如果通过线圈的电流足够大，其所产生的电磁力矩能够克服弹簧和摩擦的反作用力矩，则舌片将被吸持，并同时带动可动部分顺时针旋转，最后使动触点和静触点接触，于是继电器的接点闭合。Z 形舌片被吸持并使触点状态改变（如由断开变为闭

合），这时称为继电器动作。使继电器动作的最小电流，称做继电器的动作电流。显然，要使继电器动作，必须满足的条件是

$$M_e \geq M_s + M \tag{1.1.20}$$

式(1.1.20)中 M_e、M_s 和 M 分别是作用于继电器转轴的电磁力矩、弹簧力矩和摩擦力矩。这里 M_e 为动作力矩，而 M_s+M 则为制动力矩。

继电器动作后，如果减小线圈中电流，则电磁力矩相应减小。当电磁力矩小到不能维持对 Z 形舌片的吸持时，可动部分将在弹簧的作用下反时针旋转，这时 Z 形舌片释放并恢复到由止挡所限制的起始位置，继电器接点断开，这时称做继电器返回。使继电器返回的最大电流，称做返回电流。注意：返回过程是在弹簧力矩的作用下产生的，和动作时相比较，摩擦力矩已经改变了方向。因此，继电器返回的条件是

$$M_s \geq M_e + M$$

或

$$M_e \leq M_s - M \tag{1.1.21}$$

继电器的返回电流 $I_{re.r}$ 和动作电流 $I_{op.r}$ 之比，称做返回系数，以 K_{re} 表示，即

$$K_{re} = \frac{I_{re.r}}{I_{op.r}} \tag{1.1.22}$$

对反映参数增加而动作的电流继电器，其返回电流总是小于动作电流，因而返回系数恒小于 1。返回系数是继电器的一个重要技术指标，为了提高保护装置的灵敏度，返回系数不应太小。DL-30 系列电流继电器的返回系数不小于 0.85。

3. 动作电流的调整

DL-30 系列继电器的动作电流，可以通过下列两种方法加以调整。

（1）改变弹簧力矩。旋转调整把手，即可改变弹簧力矩。按反时针方向旋转，弹簧力矩增大，整定值增大；顺时针旋转则相反。

（2）改变两个线圈的连接方式。如图 1.1.35 所示，②、⑥端子和④、⑧端子分别对应两个线圈。用连接片连接④、⑥端子后，②、⑧端子外接电源就实现了两个线圈的串联；用连接片分别连接②、④、⑥、⑧端子后，②、⑧端子外接电源就实现了两个线圈的并联。当调整把手处于一定位置时，线圈并联时动作电流是串联时动作电流的 2 倍。

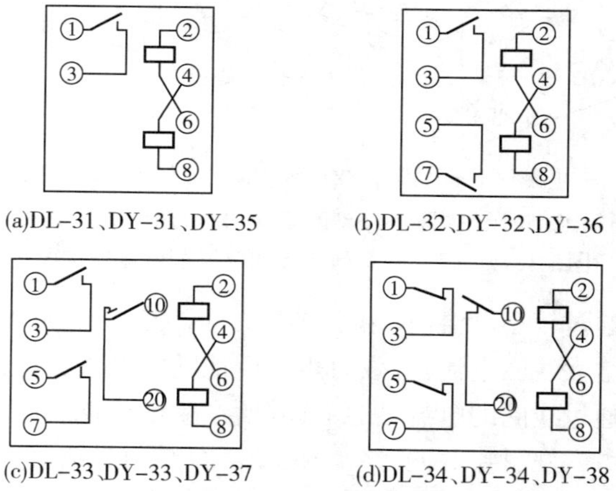

图 1.1.35　DL-30 系列继电器内部接线图

(二) 电磁型电压继电器

1. 作用

反映被保护元件的电压变化。

2. 结构及工作原理

常用的电磁型电压继电器为 DY-30 系列，其结构与工作原理和 DL-30 系列电流继电器基本相同，但它是直接反映电压而工作的。设继电器线圈的阻抗为 Z_r，当接入电压为 U_r 时，其电流 $I_r=\frac{U_r}{Z_r}$，则电磁力矩可根据下式求得

$$M_e=KI_r^2=K\left(\frac{U_r}{Z_r}\right)^2=K_3U_r^2 \tag{1.1.23}$$

即继电器的动作力矩主要决定于加在继电器上的电压 U_r，当 U_r 足够大时，电磁力矩便可克服阻力矩而使 Z 形舌片产生偏转。

由于继电器是反映电压而工作的，因此它在结构上有以下几个特点。

(1) 继电器的线圈为电压线圈，即其匝数多、导线细、阻抗大。

(2) 继电器的线圈回路应为电阻性。为此，可在线圈回路中串联一个电阻值很大而温度系数很小的附加电阻，也可直接用康铜丝绕制部分线圈来构成。

电压继电器在动作过程中，随着 Z 形舌片的转动，磁阻不断减小，因而磁通及电磁力矩都可能增加，这一点和电流继电器相同。但是，因为继电器是接在电压源上的，如果外加电压不变，则线圈中电流将随舌片的转动(气隙的减小，感抗增大)而减小，结果正好抵消了上述磁通和电磁力矩的增长，使继电器的动态特性变得很差，这点和电流继电器截然不同。增加线圈回路的电阻部分，正是为了减小动作过程中，线圈感抗变化所带来的影响，从而改善继电器的动态特性。另外，还可以减小频率变化对继电器工作的影响。

(3) 继电器的动作值用电压标示，并直接反映到刻度盘上。

3. 过电压继电器与低电压继电器

电压继电器可分为过电压继电器和低电压继电器两种。过电压继电器是反映电压上升而工作的，因此其动作和返回的概念与前述电流继电器相同，即当电压超过动作值时，继电器动作，Z 形舌片被吸持；而当电压小于返回值时，继电器返回，Z 形舌片释放，返回电压 $U_{re.r}$ 总是小于动作电压 $U_{op.r}$，故返回系数

$$K_{re}=\frac{U_{re.r}}{U_{op.r}} \tag{1.1.24}$$

K_{re} 小于 1，一般要求不小于 0.85。

低电压继电器是反映电压下降而工作的，通常用来反映电网电压的降低。它有一对动断触点，继电器工作时，其线圈通过电压互感器接到电网电压上。正常情况下，电网电压为正常工作电压，继电器的 Z 形舌片被吸持触点断开；当电网电压下降至某一数值时，继电器的电磁力矩已不能维持对舌片的吸持，于是可动部分在弹簧力矩的作用下发生转动而使触点闭合。对低电压继电器而言，由于电压的降低而使 Z 形舌片释放，动断触点闭合，称为继电器动作。使继电器动作的最高电压，就是低电压继电器的动作电压。继电器动作之后，如果将继电器上的电压增大到某一数值时，Z 形舌片又重新吸持并将触点断

开，这就是继电器返回。使继电器返回的最低电压，称为低电压继电器的返回电压。显然，低电压继电器的动作及返回的概念正好和过电压继电器相反，因此其返回电压将大于动作电压，而返回系数应大于1，要求不大于1.2。

4. 继电器型号与动作值调整

国产的电磁型电压继电器有DJ-100系列，如DJ-111型、DJ-121型和DJ-131型为过电压继电器，DJ-112型、DJ-122型为低电压继电器，还有DY-20C、DY-30系列，目前应用比较多的应该是DY-30系列。调整电压继电器动作值的方法与电流继电器相同。两个线圈串联时的动作电压是两个线圈并联时动作电压的2倍。

习　题

1. 什么是电流互感器的同极性端子？
2. 什么是电流互感器极性的减极性标注？
3. 保护装置常用的变换器有什么作用？
4. 什么叫电抗变压器？电抗变压器为什么带气隙？
5. 电抗变换器二次绕组接调相电阻的目的是什么？
6. 电流变换器和电抗变换器最大的区别是什么？
7. 电流、电压互感器的安装要求是什么？
8. 何谓电流互感器10%误差特性曲线？
9. 提高电流互感器的准确度、减少误差可采取什么措施？
10. 电流互感器一次绕组中的电流与二次负荷大小是否有关？为什么？
11. 什么叫对称分量滤过器？
12. 复合电流滤过器与负序电流滤过器有什么异同？
13. 简述零序电流滤过器、单相式负序电压滤过器的结构原理及工作特性。
14. 电磁型继电器的结构型式及工作原理是什么？
15. 如何调整电流继电器的动作电流？
16. 在同一刻度下，对电流继电器，并联时的动作电流与串联时的关系是什么？
17. 过电流继电器、低电压继电器返回系数各是多少？
18. 中间继电器、信号继电器、时间继电器在继电保护装置中的作用各是什么？

第二章　电网相间短路的电流电压保护

教学目标　通过教学，使学生掌握瞬时电流速断保护、限时电流速断保护、定时限过电流保护、电流电压联锁速断保护的工作原理、整定计算、原理图的识读和优缺点；掌握阶段式电流保护的组成和配合关系；熟悉电流保护的接线方式及其应用；掌握方向电流保护的基本工作原理、常用方向继电器的结构和工作原理；熟悉方向继电器、方向过电流保护的接线方式，了解方向过电流保护的整定计算。

教学重点　电网相间短路的各种电流电压保护的工作原理、整定计算、原理图的识读、优缺点分析；电流保护各种接线方式的应用；方向电流保护的工作原理；方向继电器的作用与接线等。

教学难点　阶段式保护的配合关系分析；方向继电器的工作原理。

第一节　单侧电源网络相间短路的电流保护

一、单侧电源网络相间短路时电流量值特征

如图 1.2.1 所示的单侧电源供电的网络，正常运行时，各条线路中流过所供的负荷电流，越是靠近电源侧的线路，流过的电流越大。负荷电流的大小取决于用户负荷接入的多少，当用户的负荷同时都接入时，形成最大的负荷电流。负荷电流与供电电压之间的相位角就是通常所说的功率因数角，一般小于 30°。各条线路中流过的最大负荷电流幅值如图 1.2.1 中曲线 1 所示。

当供电网络中任意点发生三相和两相短路时，流过短路点与电源间线路短路电流工频周期分量近似计算式为

$$I_K^{(3)} = \frac{E_s}{X_\Sigma} = \frac{E_s}{X_s + X_1 L} \tag{1.2.1}$$

$$I_K^{(2)} = \frac{\sqrt{3}}{2} \times \frac{E_s}{X_s + X_1 L} \tag{1.2.2}$$

式中　E_s——系统的等值计算相电势；

X_s——归算至保护安装处网络电压的系统等值电抗；

X_1——线路单位长度的正序电抗；

L——短路点至保护安装处的距离。

随整个电力系统开机方式、保护安装处到电源之间电网的网络拓扑、负荷水平的变化，E_s 和 X_s 都会变化，造成短路电流的变化。随短路点距离保护安装处远近的变化和短路类型的不同，短路电流也不同。总可以找到这样的系统运行方式：在相同地点发生相同

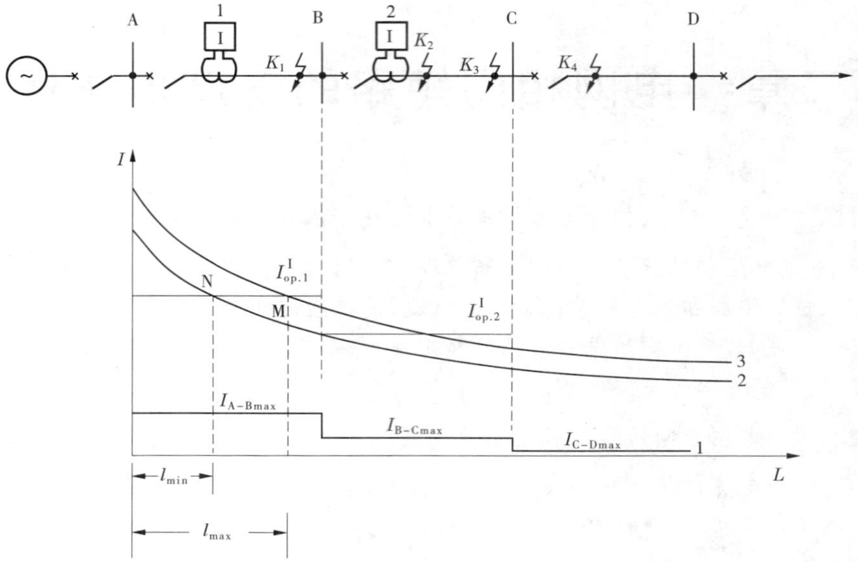

图 1.2.1　单侧电源供电的网络

类型的短路时流过保护安装处的电流最大,对继电保护而言称为系统最大运行方式,对应的系统等值阻抗最小,即 $X_s = X_{s.\min}$。也可以找到这样的系统运行方式:在相同地点发生相同类型的短路时流过保护安装处的电流最小,对继电保护而言称为系统最小运行方式,对应的系统等值阻抗最大,$X_s = X_{s.\max}$。取最大运行方式下三相短路和最小运行方式下两相短路,经计算后绘出流经保护安装处的短路电流随短路点距离变化的两条曲线,如图 1.2.1 中曲线 3、2 所示。在系统所有的运行方式下,在相同地点发生不同类型的短路时流过保护安装处的电流都介入这两个短路电流之间。

比较折线 1 与曲线 2、3,可以发现,在保护范围内短路电流的幅值总是大于负荷电流的幅值,而且要大很多。正常运行与短路状态间的差别明显,利用流过保护安装处电流幅值的大小来区分运行状态,实现保护简单可靠、方便易行。但是,流过保护安装处短路电流的大小与这些因素紧密相关:①电力系统运行方式的变化;②电力系统正常运行状态的变化;③不同的短路类型;④随短路点距等值电源的距离变化,短路电流连续变化,越远电流越小,并且在本线路末端和下级线路出口短路,电流没有差别。

以上特点,都是在构成完善的电流保护时必须考虑的问题。

二、瞬时电流速断保护

(一)工作原理

对于反映电流幅值增大而瞬时动作的电流保护称为瞬时电流速断保护。为了保证其选择性,一般只能保护线路的一部分。以图 1.2.1 所示的网络接线为例,假定在每条线路上均装有瞬时电流速断保护,当 A—B 上发生故障时,希望保护 1 能瞬时动作,而当线路 B—C 上故障时,希望保护 2 能瞬时动作,它们的保护范围最好能达到本线路全长的 100%。但是这种愿望能否实现,需要具体分析。

以保护 1 为例，当相邻线路的 B—C 的始端(习惯上又称为出口处)K_2 点短路时，按照选择性要求，速断保护 1 就不应该动作，因为该处的故障应由速断保护 2 动作切除。而当本线路末端 K_1 点短路时，希望速断保护 1 能够瞬时动作切除故障。但是实际上，K_1 点和 K_2 点短路时，由于它们之间的距离不是很远，从保护 1 安装处所流过的电流的数值几乎是一样的。因此，希望 K_1 点短路时速断保护 1 能动作，而 K_2 点短路时又不动作的要求不可能同时得到满足，即保护 1 无法区分 K_1 点和 K_2 点的短路。同样地，保护 2 也无法区分 K_3 和 K_4 点的短路。为解决这个矛盾，通常都是优先保证动作的选择性，即从保护装置启动参数的整定上保证下一条线路出口处短路时不启动。

(二)整定计算

1. 动作电流的整定

根据选择性的要求，瞬时电流速断保护的动作范围不能超出被保护线路。因此，瞬时电流速断保护 1 的动作电流按大于本线路末端 B 母线上发生短路时流过保护装置的最大短路电流来整定，即

$$I_{op.1}^{I} > I_{KB.max}^{(3)}$$

写成等式

$$I_{op.1}^{I} = K_{rel}^{I} I_{KB.max}^{(3)} \qquad (1.2.3)$$

式中 $I_{op.1}$——保护装置 1 瞬时电流速断保护的动作电流，又称一次动作电流；

K_{rel}^{I}——可靠系数，考虑到继电器的整定误差、短路电流计算误差和非周期分量的影响等而引入的，取 1.2 ~ 1.3；

$I_{KB.max}^{(3)}$——最大运行方式下，被保护线路末端 B 母线上三相短路时流过保护装置的短路电流，一般取次暂态短路电流周期分量的有效值。

同理，保护 2 瞬时电流速断保护的动作电流为

$$I_{op.2}^{I} = K_{rel}^{I} I_{KC.max}^{(3)} \qquad (1.2.4)$$

动作电流按式(1.2.3)、式(1.2.4)整定后，不反映本线路以外的故障，所以说瞬时电流速断保护是利用动作电流的整定来获得选择性的。由于动作电流整定后是不变的，与短路点的位置无关，在图 1.2.1 上可用直线 $I_{op.1}^{I}$ 和 $I_{op.2}^{I}$ 来表示。

速断保护的动作时间取决于继电器本身的固有动作时间，一般小于 10 ms。

2. 保护的校验

瞬时电流速断保护的校验问题在继电保护中是比较特殊的，是用保护范围长度占被保护线路全长的百分数来进行衡量的。从图 1.2.1 中可以看出，直线 $I_{op.1}^{I}$ 与曲线 3、曲线 2 分别有一个交点为 M 点和 N 点，在交点到保护安装处的一段线路上短路时，$I_K > I_{op.1}^{I}$，保护 1 会动作。在交点以后的线路上短路时，$I_K < I_{op.1}^{I}$，保护 1 不会动作。因此，瞬时电流速断保护不能保护本线路的全长。从图 1.2.1 中还可看出，瞬时电流速断保护范围随系统运行方式和故障类型而变。在最大运行方式下三相短路时，保护范围最大为 L_{max}；在最小运行方式下两相短路时，保护范围最小为 L_{min}。此保护范围是用图解法求得的，保护范围还可用解析法求得。当保护的动作电流 I_{op} 已知时，可求得最大保护范围 L_{max} 和最小保护范围 L_{min}。

从图 1.2.1 可看出，在最大保护区末端(交点 M)短路时，短路电流等于由式(1.2.3)

所决定的保护的动作电流，即

$$I_{op} = \frac{E_s}{X_{s.min} + X_1 L_{max}}$$

解上式得

$$L_{max} = \frac{1}{X_1}\left(\frac{E_s}{I_{op}} - X_{s.min}\right) \tag{1.2.5}$$

同理，在最小保护区末端（交点 N）短路时

$$I_{op} = \frac{\sqrt{3}}{2} \times \frac{E_s}{X_{s.max} + X_1 L_{min}}$$

解上式得

$$L_{min} = \frac{1}{X_1}\left(\frac{\sqrt{3}}{2} \times \frac{E_s}{I_{op}} - X_{s.min}\right) \tag{1.2.6}$$

通常认为最大保护范围大于被保护线路全长的 50% 时，有良好的保护效果，而在最小保护范围不小于被保护线路全长的 15% ~20% 时，才能装设瞬时电流速断保护。

瞬时电流速断保护一般只能保护线路首端的一部分，但在某些特殊情况下，如电网的终端线路上采用线路－变压器组的接线方式（如图 1.2.2 所示），瞬时电流速断保护的保护范围可以延伸到被保护线路以外，使全线路都能瞬时切除故障。因为线路－变压器组可以看成一个整体，当变压器内部故障时，切除变压器和切除线路的后果是相同的，所以当变压器内部故障时，由线路的瞬时电流速断保护切除故障是允许的，因此线路的瞬时电流速断保护的动作电流可以按躲过变压器二次侧母线上短路电流来整定，从而使瞬时电流速断保护可以保护线路的全长。

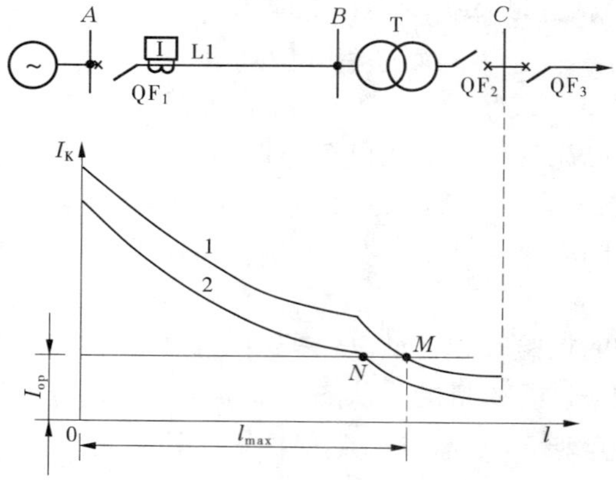

1、2—系统最大、最小运行方式下的 I_K 曲线

图 1.2.2　线路－变压器组的瞬时电流速断保护

（三）原理接线图

瞬时电流速断保护的单相原理接线图如图 1.2.3 所示。电流继电器 KA 接于电流互感器 TA 的二次侧，KA 动作后，启动中间继电器 KM，KM 接点闭合后，经串联信号继电器 KS 接通断路器的跳闸线圈 YR，使断路器跳闸。

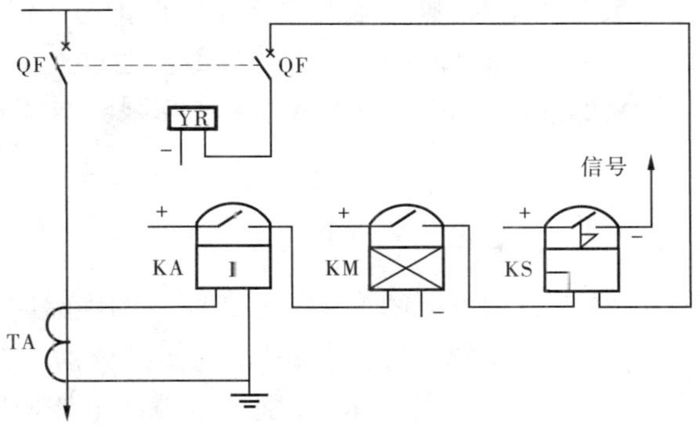

图 1.2.3　电流速断保护原理接线

接线图中采用了中间继电器 KM，这是因为电流继电器的触点容量比较小，若直接接通跳闸回路，会被损坏，而 KM 的触点容量较大，可直接接通跳闸回路；另外，考虑当线路上装有管型避雷器时，雷击线路使避雷器放电相当于发生瞬时短路，避雷器放电完毕，线路即恢复正常工作，在这个过程中，瞬时电流速断保护不应误动作，而避雷器放电的时间约为 0.01 s，也可延长到 0.02 ~ 0.03 s，故可利用带 0.06 ~ 0.08 s 的中间继电器来增大保护装置固有动作时间，防止由于管型避雷器的放电而引起瞬时电流速断保护的误动作。

图 1.2.3 中信号继电器 KS 的作用是在保护动作后，指示并记录保护的动作情况，以便运行人员进行处理和分析故障。

（四）瞬时电流速断保护的主要优、缺点

瞬时电流速断保护接线简单，动作迅速、可靠，因而获得了广泛的应用；缺点是不能保护线路的全长，故不能单独使用，并且它的保护范围受系统运行方式变化的影响较大，对于短线路，由于线路首端和末端短路时，短路电流数值相差不大，它的保护范围可能为零，故不能使用。

三、限时电流速断保护

（一）工作原理

由于瞬时电流速断保护不能保护本线路的全长，因此可考虑增加一段带时限动作的保护，用来切除本线路上瞬时电流速断保护范围以外的故障，同时也能作为瞬时电流速断保护的后备，这就是限时电流速断保护。

对这个保护的要求，首先是在任何情况下能保护本线路的全长，并且有足够的灵敏性；其次是在满足上述要求的前提下，力求具有最小的动作时限，在下级线路短路时，保证下级保护优先切除故障，满足选择性要求。

例如在图 1.2.4 所示系统保护 1，由于限时电流速断保护必须保护线路的全长，因此它的保护范围必然要延伸到相邻线路的一部分。为了获得保护的选择性，以便和相邻线路保护相配合，第二套电流速断保护就必须带有一定的时限（动作时间），时限的大小与保护范围延伸的程度有关。为了尽量缩短保护的动作时限，通常是使第二套电流速断保护范围不超出相邻线路瞬时电流速断保护范围，这样，它的动作时限只需比相邻线路瞬时电流速断保护的动作时限大一时限级差 Δt。如果与下级线路的瞬时电流速断保护配合后，在本线路末端短路灵敏性不足时，则此限时电流速断保护与下级线路的限时电流速断保护配合，动作时限比下级的限时速断保护高出一个 Δt。通过上下级保护间保护定值与动作时间的配合，使全线路的故障可以在一个 Δt（少数与限时电流速断保护配合时为两个 Δt）内切除。

（二）整定计算

1. 动作电流的整定

限时电流速断保护的整定原则可用图 1.2.4 来说明。图中线路 L1 和 L2 都装设有瞬时电流速断保护和限时电流速断保护，线路 L1 和 L2 的保护分别为保护 1 和保护 2，为了区别起见，在动作电流符号的右上角用 Ⅰ、Ⅱ 分别表示瞬时电流速断保护和限时电流速断保护，下面讨论保护 1 限时电流速断保护的整定计算原则。

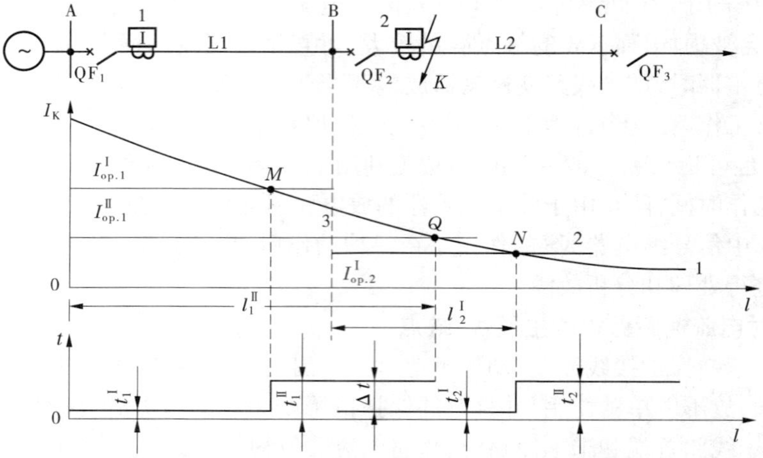

图 1.2.4　限时电流速断保护工作原理及时限特性

为了使线路 L1 的限时电流速断保护的保护范围不超出相邻线路 L2 瞬时电流速断保护的保护范围，必须使保护 1 限时电流速断保护的动作电流 $I^{II}_{op.1}$ 大于保护 2 的瞬时电流速断保护的动作电流 $I^{I}_{op.2}$，即

$$I^{II}_{op.1} > I^{I}_{op.2}$$

写成等式

$$I^{II}_{op.1} = K^{II}_{rel} I^{I}_{op.2} \tag{1.2.7}$$

式中　K^{II}_{rel}——可靠系数，因考虑短路电流非周期分量已经衰减，可选得小些，一般取 1.1～1.2。

图 1.2.4 中曲线 1 为最大运行方式下的三相短路电流随短路点变化的曲线，直线 2 表示 $I^{I}_{op.2}$，它与曲线 1 的交点 N 确定了保护 2 瞬时电流速断保护范围 l^{I}_2。直线 3 表示 $I^{II}_{op.1}$，它与曲线 1 的交点 Q 确定了保护 1 限时电流速断保护范围 l^{II}_1。由此看出，按公式(1.2.7)整定后，保护范围 l^{II}_1 没有超出 l^{I}_2。

2. 动作时限的整定

为了保证选择性，保护 1 的限时电流速断保护的动作时限 t^{II}_1，还要与保护 2 的瞬时

电流速断保护的动作时限 t_2^{I} 相配合，即

$$t_1^{\mathrm{II}} = t_2^{\mathrm{I}} + \Delta t \tag{1.2.8}$$

时限级差上应尽量小一些，以降低整个电网的时限水平，但是 Δt 又不宜过小，否则难以保证动作的选择性。因此，Δt 的数值应在考虑保护动作时限存在误差最不利条件下，保证下一线路断路器有足够的跳闸时间这一前提下来确定。以图 1.2.4 中线路 L2 首端 K 点短路时，保护 1、2 的动作时限的配合为例，与时限级差 Δt 有关的主要因素是：断路器 QF_2 的跳闸时间 t_{QF_2}（直至电弧熄灭）、保护 2 瞬时电流速断保护的实际动作时间比整定值 t_2^{I} 增大的正误差 t_{r2}、保护 1 限时电流速断保护的实际动作时间比整定值 t_1^{II} 缩短的负误差 t_{r1}，以及一个裕度时间 t_s。因此，保护 1 限时电流速断保护的动作时间为

$$t_1^{\mathrm{II}} = t_2^{\mathrm{I}} + t_{QF_2} + t_{r2} + t_{r1} + t_s$$

由上式便可得出时限级差 Δt 为

$$\Delta t = t_1^{\mathrm{II}} - t_2^{\mathrm{I}} = t_{QF_2} + t_{r2} + t_{r1} + t_s \tag{1.2.9}$$

对于不同型式的断路器及继电器，由式（1.2.9）所确定的 Δt 在 0.35 ~ 0.65 s 范围内，通常取 $\Delta t = 0.5$ s。

t_2^{I} 为保护 2 瞬时电流速断保护中各继电器的固有动作时间，一般小于 0.1 s，故通常认为 $t_2^{\mathrm{I}} \approx 0$ s。

按照上述原则整定的时限特性如图 1.2.4 所示。由图可见，在保护 2 瞬时电流速断保护的保护范围内故障时，保护 2 将以 t_2^{I} 时限动作，切除故障，这时保护 1 限时电流速断保护可能启动，但是，由于 t_1^{II} 比 t_2^{I} 大一个 Δt 的时限，所以保证了动作的选择性。如果在保护 1 的瞬时电流速断保护范围内故障时，则保护 1 将以 t_1^{I} 时限动作，切除故障，而当线路 L1 的瞬时电流速断保护范围以外发生故障时，则以 t_1^{II} 的时限动作切除故障。

综上所述，限时电流速断保护的选择性是部分依靠动作电流的整定，部分依靠动作时限的配合获得的。瞬时电流速断保护和限时电流速断保护的配合工作，可使全线路范围内的短路故障都能以 0.5 s 的时限切除，故这两种保护可配合构成输电线路的主保护。

（二）灵敏系数的校验

为了能够保护本线路的全长，限时电流速断保护必须在系统最小运行方式下线路末端发生两相短路时，具有足够的反应能力，这个能力通常用灵敏系数 K_{sen} 来衡量，灵敏系数计算公式为

$$K_{sen} = \frac{I_{K.\min}}{I_{op}^{\mathrm{II}}} \tag{1.2.10}$$

式中 $I_{K.\min}$——在被保护线路末端短路时，通过保护装置的最小短路电流值；

I_{op}^{II}——被保护线路的限时电流速断保护的动作电流。

规程规定，$K_{sen} \geqslant 1.3 \sim 1.5$。

故障参数（如电流，电压等）的最小计算值，应根据实际情况合理采用最不利于保护动作的系统运行方式和故障类型来选定，但不考虑可能性很小的特殊情况。

如果灵敏系数不能满足规程要求，还要采用降低动作电流的方法来提高其灵敏系数。即使线路 L1 的限时电流速断保护与线路 L2 的限时电流速断保护相配合，即

$$I_{op.1}^{II} = K_{rel}^{II} I_{op.2}^{II} \tag{1.2.11}$$

$$t_1^{II} = t_2^{II} + \Delta t \tag{1.2.12}$$

此时,保护 1 的限时电流速断保护的动作时限应比相邻保护 2 的限时电流速断保护长一个时限级差。

(三)原理接线图

限时电流速断保护的单相原理接线图如图 1.2.5 所示,它与瞬时电流速断保护的接线图相似,不同的是必须用时间继电器 KT 代替图 1.2.3 中的中间继电器,时间继电器是用来建立保护装置所必须的延时,由于时间继电器接点容量较大,故可直接接通跳闸回路。

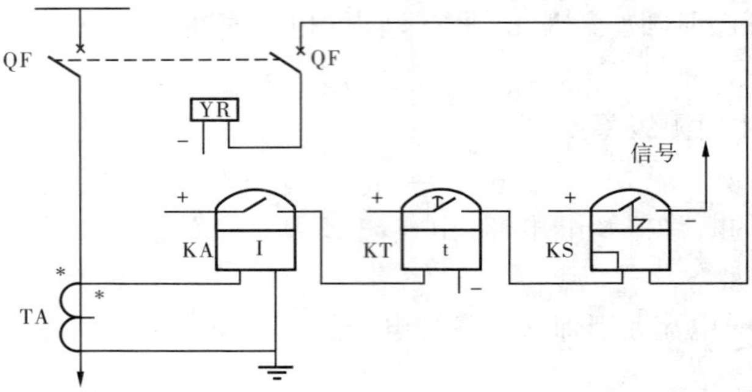

图 1.2.5　限时电流速断保护单相原理接线

(四)限时电流速断保护的优、缺点

与瞬时电流速断保护比较,限时电流速断保护的灵敏系数较高,它能保护线路的全长,并且还能作为该线路瞬时电流速断保护的近后备保护,即被保护线路首端故障时,如果瞬时电流速断保护拒动,由限时电流速断保护动作切除故障。但当相邻线路 L2 故障而该线路保护或断路器拒动时,线路 L1 限时电流速断保护不一定会动作,故障不一定能切除,所以限时电流速断保护不能起到完全远后备保护的作用,只能作为相邻下一线路首端故障时的远后备保护。为解决完全远后备的问题,还需装设过电流保护。

四、定时限过电流保护

(一)工作原理及时限特性

过电流保护是指其动作电流按躲过最大负荷电流来整定,并以时限来保证动作选择性的一种保护。电网正常运行时它不应该动作,而在发生短路时,则能反映电流的增大而动作。由于一般情况下的短路电流比最大负荷电流大得多,所以该保护灵敏性较高,不仅能够保护本线路的全长,作本线路的近后备保护,而且还能保护相邻线路元件,作相邻线路元件的远后备保护。

过电流保护的工作原理可用图 1.2.6 所示的单侧电源辐射形电网来说明。过电流保护装置 1、2、3 分别装设在线路 L1、L2、L3 靠电源的一端。当线路 L3 上 K 点发生短路时,短路电流将流过保护装置 1、2、3,一般 I_K 均大于保护装置 1、2、3 的动作电流,所以三套保护装置将同时启动,但根据选择性的要求,应该由距离故障点最近的保护 3 动作,使断路器 QF_3 跳闸,切除故障,而保护 1、2 则在故障切除后立即返回,这个要求只有依靠各保护装置具有不同的动作时限来保证。用 $t_1^{Ⅲ}$、$t_2^{Ⅲ}$、$t_3^{Ⅲ}$ 分别表示保护装置1、2、3表示动作时限，则有：

$$t_1^{Ⅲ} > t_2^{Ⅲ} > t_3^{Ⅲ}$$

写成等式

$$t_1^{Ⅲ} = t_2^{Ⅲ} + \Delta t, \quad t_2^{Ⅲ} = t_3^{Ⅲ} + \Delta t$$

图1.2.6示出了各保护装置动作时限特性。由图1.2.6可知，各保护装置动作时限的大小是从用户到电源逐级增加的，越靠近电源，过电流保护动作时限越长，其形状好比一个阶梯，故称为阶梯形时限特性。由于各保护装置动作时限都是分别固定的，而与短路电流的大小无关，故这种保护称为定时限过电流保护。还有一种过电流保护，它的动作时限与短路电流成反比，电流小时，它的动作时限长，电流大时，它的动作时限短，这种保护称为反时限过电流保护。由于它在线路上很少采用，广泛应用在电动机保护上，故在此不介绍。

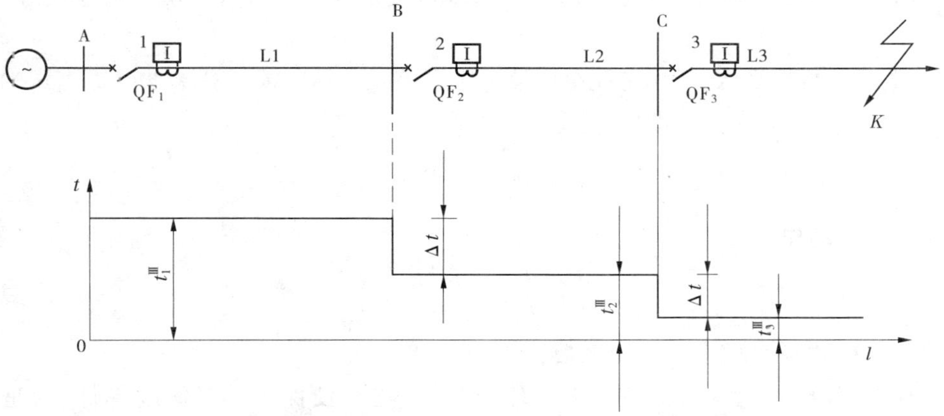

图1.2.6　定时限过电流保护工作原理及时限特限特性

(二)过电流保护动作电流的整定

整定过电流保护动作电流必须考虑到：只有在被保护线路故障时，它才启动，而在正常运行（输送最大负荷电流和外部故障切除后电动机自启动时）时，不应动作。因此，动作电流按下面两个条件整定：

(1)为了使过电流保护在正常运行时不动作，保护的动作电流 I_{op} 应大于该线路上可能出现的最大负荷电流 $K_{ss}I_{L.max}$，即

$$I_{op} > K_{ss}I_{L.max} \tag{1.2.13}$$

式中　K_{ss}——电动机自启动使线路电流增大的自启动系数，其值大于1，一般取1.5～3；

$I_{L.max}$——不考虑电动机自启动时，线路输送的最大负荷电流。

(2)在外部故障且保护中电流继电器已经启动，故障切除后，在被保护线路通过最大负荷电流时，保护装置应可靠返回，即

$$I_{re} > K_{ss}I_{L.max} \tag{1.2.14}$$

式中　I_{re}——保护装置返回电流。

这个要求可用图1.2.7所示电网加以说明。图中 K 点短路对保护1来说是外部故障，当 K 点短路时，保护1、2均启动，由于保护2动作时限短，借助于 QF_2 有选择地将故障

切除。故障切除后，母线 B 电压恢复过程中电动机的自启动，使由故障电流减小为 $K_{ss}I_{L.max}$，这时已经启动的保护 1 也应立即返回。如果保护 1 在这种情况下不能返回，那么，达到其动作时限后，断路器 QF_1 将跳开，造成事故范围的扩大，显然这是不允许的。

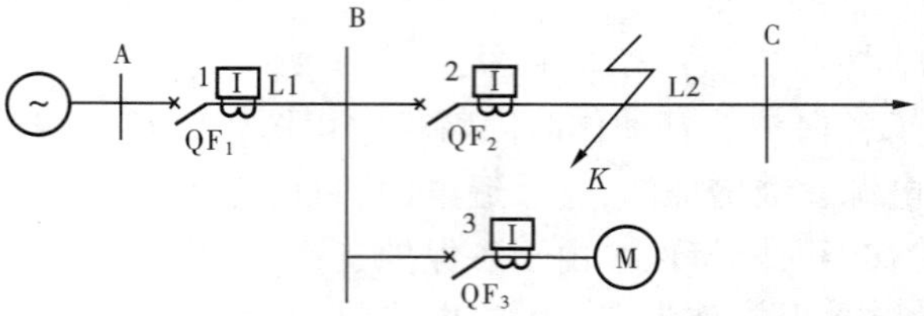

图 1.2.7　过电流保护动作电流选择

由于过电流继电器的返回电流总是小于动作电流，所以满足式(1.2.14)就必然满足式(1.2.13)，因此保护的动作电流由式(1.2.14)决定。将式(1.2.14)写成等式为

$$I_{re} = K_{rel}^{Ⅲ}K_{ss}I_{L.max} \tag{1.2.15}$$

式中　$K_{rel}^{Ⅲ}$——可靠系数，考虑电流继电器整定误差及负荷电流计算不准确等因素的影响而引入的，一般取 1.15～1.25。

$$K_{re} = \frac{I_{re}}{I_{op}}$$

故保护的动作电流为

$$I_{op} = \frac{I_{re}}{K_{re}} = \frac{K_{rel}^{Ⅲ}K_{ss}}{K_{re}}I_{L.max} \tag{1.2.16}$$

式中　K_{re}——电流继电器的返回系数，一般取 0.85 。

从式(1.2.16)可看出，K_{re} 越小，则 I_{op} 就越大，这将使保护的灵敏度降低，这是不利的，故要求电流继电器的返回系数不能过低。

应当指出，在动作电流整定计算中，如何确定最大负荷电流是一个重要问题。所谓最大负荷电流，是指在负荷状态下流过保护装置的最大电流。因此，在确定最大负荷电流时除考虑负荷本身应处于最大值，还要考虑电网接线方式变化时，流过被保护线路的实际电流增大的情况。在如图 1.2.8(a)所示的双回线路运行时，应考虑其中一回线路因故障断开后，余下的一回线路将流过全部的电流的情况。又如图 1.2.8(b)所示的具有备用电源自投入装置(APD)的网络中，当线路 L1 因故障断开后，应考虑断路器 QF_5 由 APD 自动投入，线路 L2 因用户 1 的全部负荷转入而使负荷电流增大的情况。

(三)灵敏系数的校验

由式(1.2.16)计算出动作电流后，仍按公式 $K_{sen} = \frac{I_{K.min}}{I_{op}}$ 灵敏系数的校验。

应该说明的是，对于过电流保护应分别校验作本线路近后备保护和作相邻线路及元件远后备保护的灵敏系数。当过电流保护作为本线路主保护的近后备保护时，$I_{K.min}$ 应采用最小运行方式下，本线路末端两相短路的短路电流来进行校验，要求 $K_{sen} > 1.3 \sim 1.5$；当过电流保护作为相邻线路元件的远后备保护时，$I_{K.min}$ 应采用最小运行方式下，相邻线路元件末端两相短路时的短路电流来进行校验，要求 $K_{sen} > 1.2$。

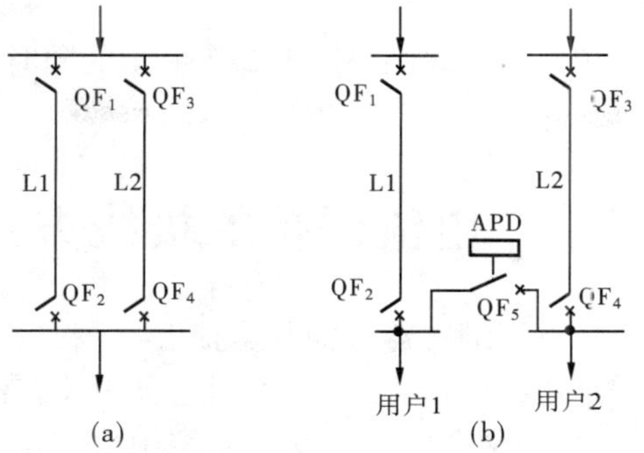

图 1.2.8　最大负荷电流的确定

(四)动作时限的整定

为了保证选择性,过电流保护的动作时限按阶梯原则进行整定,这个原则是从用户到电源的各保护装置的动作时限逐级增加一个 Δt。

电网中过电流保护装置时限整定如图 1.2.9 所示,从离电源最远的元件的保护开始,也就是说,从位于电网最末端的电动机的保护 4 开始,只要电动机内部故障,保护 4 就可以瞬时动作,切除故障,所以 t_4^{III} 为电动机过电流保护的固有动作时间,即 $t_4^{\mathrm{III}}=0$。保护 3 动作时间 t_3^{III},应该比 t_4^{III} 大一个时限级差 Δt,即 $t_3^{\mathrm{III}}=t_4^{\mathrm{III}}+\Delta t=0.5$ s。而对于保护 1 来说,当线路 L2 上 K_2 点短路时,有短路电流通过保护 1、2,保护 1 要和保护 2 配合,即 $t_1^{\mathrm{III}}=t_2^{\mathrm{III}}+\Delta t$, 当线路 L3 上 K_3 点短路时,有短路电流通过保护 1、3,这样,保护 1 又要和保护 3 配合,即 $t_1^{\mathrm{III}}=t_3^{\mathrm{III}}+\Delta t$,根据选择性的要求,保护 1 只需和保护 2、3 中时限最大的一个配合,若 $t_2^{\mathrm{III}}>t_3^{\mathrm{III}}$,则 $t_1^{\mathrm{III}}=t_2^{\mathrm{III}}+\Delta t$。

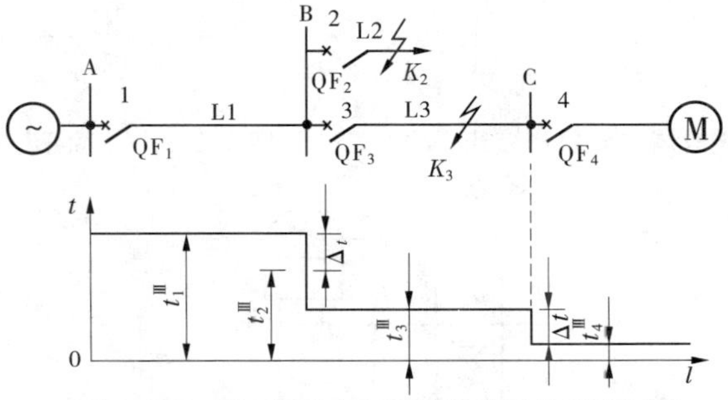

图 1.2.9　定时限过电流保护的动作时限配合

从上面的分析,可得出:定时限过电流保护动作时限应按本线路末端母线上所有出线中过电流保护动作时限最长者相配合。在一般情况下,对于线路 L_n 的定时限过电流保护动作时限整定的一般表达式为

$$t_n^{\mathrm{III}}=t_{(n+1)\max}^{\mathrm{III}}+\Delta t \tag{1.2.17}$$

式中　t_n^{III}——线路 L_n 过电流保护的动作时间;

$t_{(n+1)\max}^{\mathrm{III}}$——由线路 L_n 供电的母线上所接的引出线中过电流保护动作时间最长的一个保护的动作时间。

（五）保护装置接线图

定时限过电流保护的单相原理接线图与图 1.2.5 所示的限时电流速断保护的单相原理图相同。

第二节　电流保护的接线方式

电流保护的接线方式是指电流继电器线圈与电流互感器二次绕组之间的连接方式。前面分析的电流保护接线图是单相原理接线图，采用这种单相接线的保护是不能保护三相交流系统各种相间短路的，故必须考虑三相交流系统中电流保护的接线方式。在拟定电流保护接线方式时，应以较少的电流互感器和电流继电器来反映各种相间短路故障。

一、基本接线方式及接线系数

作为相间短路的电流保护，其基本的接线方式主要有以下 3 种：

（1）三相三继电器完全星形接线，如图 1.2.10 所示。

（2）两相两继电器不完全星形接线，如图 1.2.11 所示。

（3）两相单继电器电流差接线，如图 1.2.12 所示。

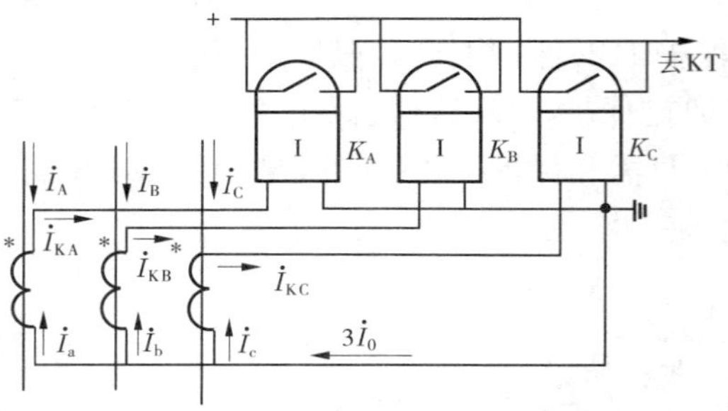

图 1.2.10　三相三继电器完全星形接线

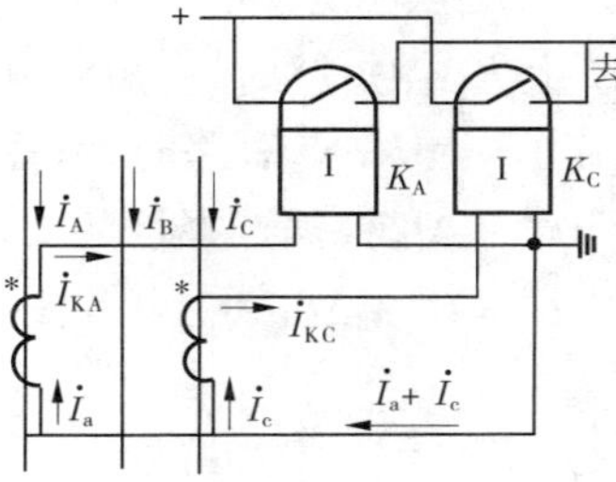

图 1.2.11　两相两继电器不完全星形接线

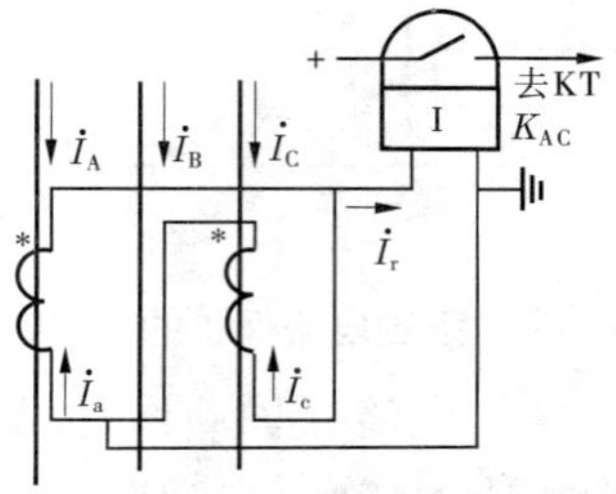

图 1.2.12　两相单继电器的电流差接线

三相三继电器完全星形接线是将三相电流互感器的二次绕组与三个电流继电器的线圈分别按相连接，三相电流互感器的二次绕组和电流互感器的线圈均接成星形，每一继电器线圈流过相应电流互感器的二次相电流，中性线上流过的电流为 $\dot{I}_a+\dot{I}_b+\dot{I}_c$。三个电流继电器的接点并联连接，构成“或”门。当其中任一接点闭合，均可启动时间继电器或中间继电器。因此，这种接线方式不仅能反映各种相间短路，还能反映中性点直接接地电网的单相接地短路。

两相两继电器不完全星形接线是将两个电流继电器的线圈和在 A、C 两相上装设的两个电流互感器的二次绕组分别按相连接，它与三相三继电器完全星形接线的区别仅在于 B 相上不装电流互感器和相应的电流继电器。因此，它不能反映 B 相中流过的电流，每一继电器线圈中流过的电流是相应电流互感器的二次相电流，中性线上流过的电流为 $\dot{I}_a+\dot{I}_c$。这种接线方式，由于两继电器接点并联，故能反映各种相间短路。

两相单继电器电流差接线是由两个分别装在 A、C 相的电流互感器的二次绕组接成相电流差，然后接入一个电流继电器线圈的接线。通过继电器的电流为两相电流之差，$\dot{I}_r=\dot{I}_a-\dot{I}_c$。在正常运行和三相短路情况下，电流相量图如图 1.2.13(a)所示，$I_r=\sqrt{3}I_a=\sqrt{3}I_c$；在 A、C 两相短路时，电流相量图如图 1.2.13 (b)所示，$I_r=2I_a$；在 A、B 两相短路时，电流相量图如图 1.2.13 (c)所示，$I_r=I_a$，同理 B、C 两相短路时 $I_r=I_c$。由此看出，在不同的短路类型和短路相别情况下通过继电器的电流 I_r 和电流互感器二次电流之比是不同的。因此，在保护装置的整定计算中必须引入一个接线系数 K_{con}，其数值可按下式确定：

$$K_{con}=\frac{I_r}{I_2} \tag{1.2.18}$$

式中 I_r——流过电流继电器的电流；

I_2——电流互感器的二次电流。

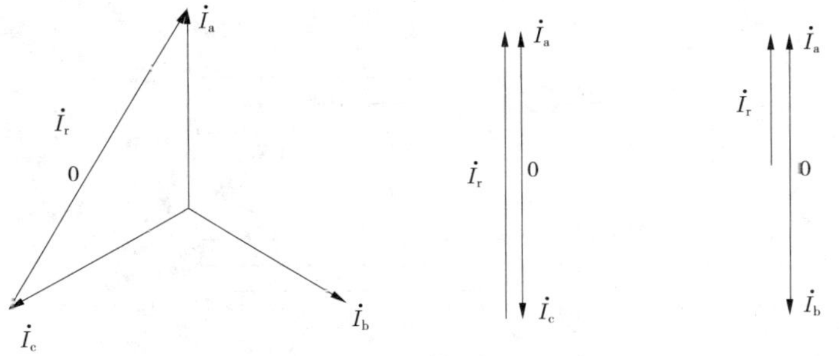

(a)正常运行和三相短路时　(b)A、C两相短路时　(c)A、B两相短路时

图 1.2.13　两相单继电器电流差接线电流相量图

由式(1.2.18)可知，对完全星形接线和不完全星形接线，$K_{con}=1$。而对两相电流差接线方式来说，对于不同类型和不同相别的故障，K_{con}有不同的值。如对称运行和三相短路时，$K_{con}=\sqrt{3}$；A、C 两相短路时，$K_{con}=2$；A、B 或 B、C 两相短路时，$K_{con}=1$。故两相单继电器电流差接线方式，虽然可以反映各种相间短路，但是在不同类型和不同相别的故障时其灵敏系数是不一样的。

由式(1.2.18)可得 $I_r=K_{con}I_2$，而电流互感器二次电流 I_2 与一次电流 I_1 的关系是 $I_2=\frac{I_1}{n_{TA}}$，故电流保护中电流继电器的动作电流 $I_{op.r}$和保护装置一次动作电流 I_{op}的关系可按下式求出：

$$I_{op.r}=\frac{I_{op}}{n_{TA}}K_{con} \tag{1.2.19}$$

从式(1.2.19)可看出，将保护动作电流换算成TA二次侧继电器的动作电流时，除考虑电流互感器的变比n_{TA}外，还要考虑表征接线方式的接线系数K_{con}，这一点希望初学者引起注意。

二、各种接线方式的工作性能

上述三种接线方式都能反映各种相间短路。因此，在这里主要是分析它们在某些特殊情况下，保护装置的工作性能。

(一)两点接地短路时

中性点非直接接地电网，发生单相接地故障时，由于不构成短路，所以可继续运行一段时间。因此，在这种电网中，在不同线路不同相别的两点同时发生接地而形成两点接地短路时，希望只切除一个接地点，以提高供电的可靠性。

对于并联接线的网络，如图1.2.14所示，当线路Ll的B相和线路L2的C相同时发生两点接地，并且两线路保护的动作时间相等，采用三相三继电器完全星形接线方式时，两条线路L1、L2将同时被切除，与只切除一个接地点的要求不相符合，不满足供电可靠性的要求。

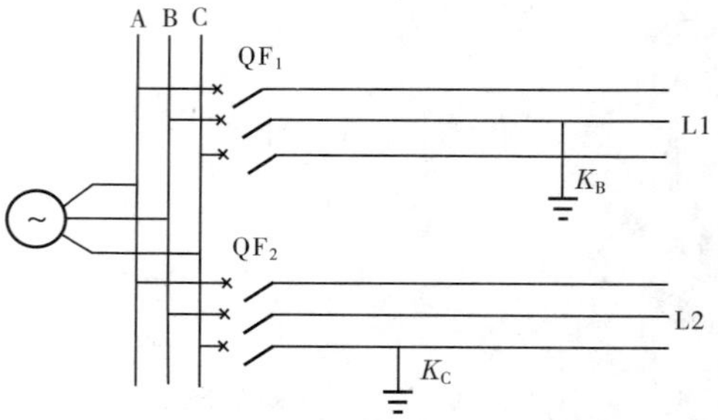

1.2.14 **并联线路上的不同线路不同相两点接地短路**

如果采用两相两继电器不完全星形接线方式，各线路上的电流互感器和相应的保护装置都装在同名相A、C相上时，见图1.2.15(a)，由于线路L2的C相有保护，线路L2被切除；而线路L1的B相无保护，则线路L1可继续运行。对于各种故障相别可能的六种不同组合来说，采用两相两继电器不完全星形接线方式有2/3的机会只切除一条线路，而只有1/3的机会切除两条线路，详见表1.2.1。

如果采用线路电流互感器不装在同名相上的两相两继电器不完全星形接线方式，见图1.2.15(b)，如线路L1的电流互感器装在A、C相上，线路L2的电流互感器装在A、B相上。对于各种故障相别可能的六种不同组合来说，只有1/3概率切除一条线路，有1/2概率切除两条线路，而有1/6概率两套保护都不动作，这是不允许的，见表1.2.2。因此，对系统中同一电压母线上各线路的电流互感器要接在同名相上，习惯上规定为A、C相。

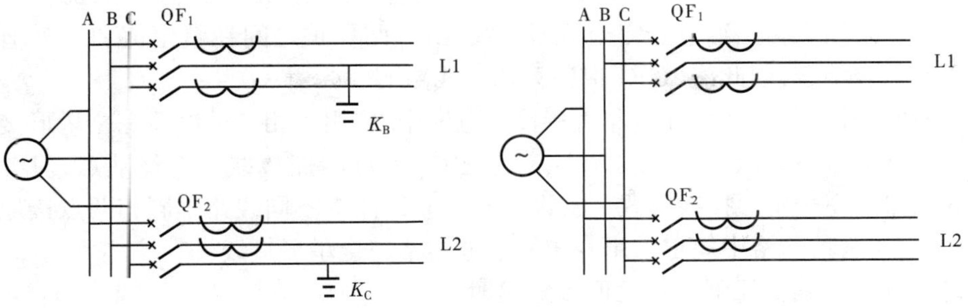

(a)电流互感器接在同名相上　　　(b)电流互感器不接在同名相上

图 1.2.15　电流互感器接在不同相别上比较

表 1.2.1　电流互感器装在同名相上,不同地点两点接地时,保护动作情况

线路 L1 接地相别	A	A	B	B	C	C
线路 L2 接地相别	B	C	A	C	A	B
线路 L1 保护动作情况	动作	动作	不动作	不动作	动作	动作
线路 L2 保护动作情况	不动作	动作	动作	动作	动作	不动作
停电线路数目	1	2	1	1	2	1

表 1.2.2　电流互感器不装在同名相上,不同地点两点接地时,保护动作情况

线路 L1 接地相别	A	A	B	B	C	C
线路 L2 接地相别	B	C	A	C	A	B
线路 L1 保护动作情况	动作	动作	不动作	不动作	动作	动作
线路 L2 保护动作情况	动作	不动作	动作	不动作	动作	动作
停电线路数目	2	1	1	0	2	2

在串联接线网络中,如图 1.2.16 所示,如果采用两相两继电器不完全星形接线,且电流互感器装在同名相上,当发生不同线路不同相别的两点接地时,各保护动作情况与表 1.2.1相同。此时,希望只切除距离电源较远的线路 L2,而不切除线路 L1,以保证 B 变电所的连续供电。但由于线路 L1 保护动作时间 t_1 大于线路 L2 保护动作时间 t_2,故只能

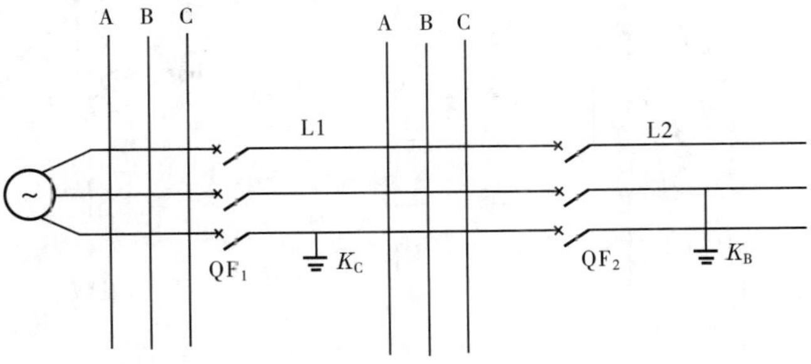

图 1.2.16　串联线路上的两点接地

保证有 2/3 概率切除后一条线路 L2，有 1/3 概率无选择性地切除线路 L1，从而扩大了停电范围。如果采用三相三继电器完全星形接线，由于两保护之间在整定值和时限上都按选择性要求配合整定，因此能 100% 保证只切除线路 L2。

由上面的分析可知，在中性点非直接接地电网中，采用三相三继电器完全星形接线方式和两相两继电器不完全星形接线方式，对上述串、并联线路接线各有优缺点，但考虑到两相两继电器不完全星形接线方式节省设备和并联线路上不同线路不同相两点接地的几率较高，通常在这种网络中规定采用两相两继电器不完全星形接线。

（二）Y，d11 接线变压器后发生两相短路时

电力系统中最常用的是 Y，d11 接线的变压器，当 Y，d11 接线的变压器后发生两相短路，而变压器的保护装置或断路器拒绝动作时，作为其远后备保护的线路过电流保护装置应该动作。下面分析在这种变压器后短路时，各种接线方式的过电流保护的工作情况。在如图 1.2.17 所示的网络中，装于线路 L1 的过电流保护装置将作为变压器的远后备保护，在变压器后发生短路时，线路 L1 的电流分布和变压器 Y 侧的电流分布相同，故要讨论变压器后短路时，通过线路 L1 的电流，只需讨论在变压器 d 侧短路时，Y 侧的电流分布情况。当在变压器 d 侧发生对称短路时，Y 侧与 d 侧的短路电流相同，这里不讨论。下面主要讨论在变压器 d 侧发生 A、B 两相短路时，Y 侧短路电流的分布，即已知变压器 d 侧 A、B 两相短路时的短路电流 $I_{a.d}$、$I_{b.d}$，求变压器 Y 侧的短路电流 $I_{A.Y}$、$I_{B.Y}$、$I_{C.Y}$。为了简化问题的讨论，假设变压器的线电压比 $n_T=1$，且故障前是空载。当变压器 d 侧 A、B 两相短路时，C 相为非故障相，短路电流为零，即 $\dot{I}_{c.d}=0$，根据序分量短路边界条件可知 $\dot{I}_{c.1}+\dot{I}_{c.2}=0$，即 $\dot{I}_{c.1}=-\dot{I}_{c.2}$，这样就可以作出变压器 d 侧电压的相量图，如图 1.2.17（c）所示。对于正序电流来说，变压器 Y 侧电流滞后 d 侧电流 30°；而对负序电流来说，变压器 Y

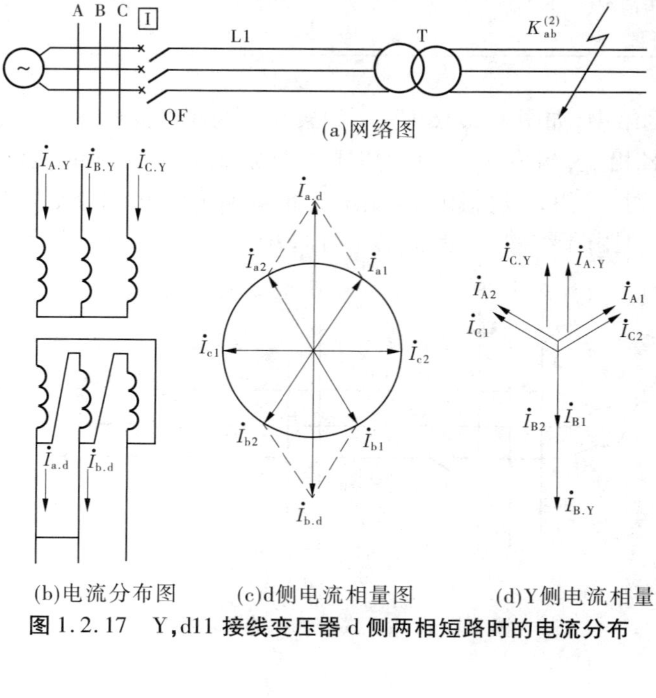

(b)电流分布图　(c)d侧电流相量图　(d)Y侧电流相量图

图 1.2.17　Y，d11 接线变压器 d 侧两相短路时的电流分布

侧电流超前 d 侧电流 30°，经过 Y，d11 转换后，得变压器 Y 侧电流相量图，如图 1.2.17（d）所示。如果 d 侧短路电流大小等于 1，则 Y 侧 A 相和 C 相短路电流为 $1/\sqrt{3}$，只有 B 相短路电流为 $2/\sqrt{3}$。d 侧只有短路相有短路电流，Y 侧三相都有短路电流，最大短路电流出现在 B 相。

从上面的分析可看出，当 Y，d11 接线变压器 d 侧发生两相短路时，Y 侧有一相短路电流等于其他两相短路电流的两倍，并且这一相短路电流的方向与其他两相短路电流的方向相反。所以，若电流保护采用三相三继电器完全星形接线，总有一个继电器流过最大相的短路电流，保护装置的灵敏系数较高，可按最大相的短路电流来校验灵敏系数；如果采用两相两继电器不完全星形接线，由于 B 相未装电流互感器，只能由 A、C 两相保护来反映，而这两相电流刚好是 B 相电流的一半，保护装置的灵敏系数也将降低一半。为了克服两相两继电器不完全星形接线的这一缺点，可在两相两继电器接线的中性线上再加一个继电器，如图 1.2.18 所示，该继电器中的电流为 $\dot{I}_r=\dot{I}_a+\dot{I}_c=-\dot{I}_b$，反映 B 相电流，这样，对 Y，d11 接线的变压器后两相短路来说，其灵敏系数同三相三继电器完全星形接线方式。如果保护采用两相单继电器电流差接线，则在上述情况下，保护根本不能动作。因为这时流过继电器的电流为 $\dot{I}_r=\dot{I}_a-\dot{I}_c=0$，所以两相单继电器电流差接线方式不能用在接有 Y，d11 接线变压器的线路上。

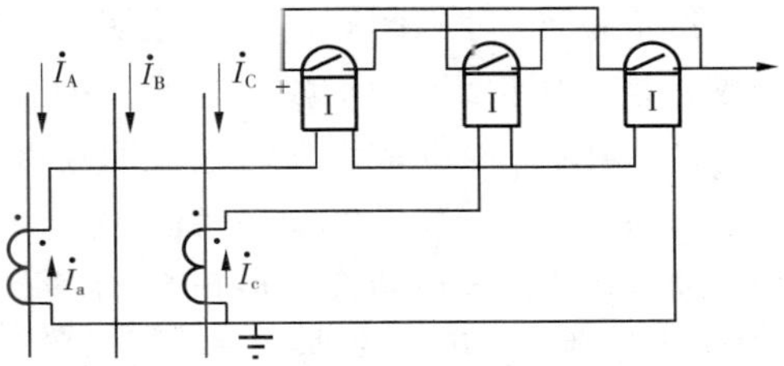

图 1.2.18　两相三继电器不完全星形接线

（三）各种接线方式适用场合

三相三继电器完全星形接线方式所需的电流互感器及电流继电器数目较多，但是它可以提高保护动作的可靠性和灵敏性。因此，这种接线方式广泛应用于发电机、变压器等大型贵重电气设备的保护中。此外，在中性点直接接地电网中，这种接线可反映相间短路和单相接地短路。但是实际上考虑到这种电网的单相接地短路采用了专用的零序电流保护，因而在中性点直接接地电网中采用三相三继电器完全星形接线方式并不多。

由于两相两继电器（或两相三继电器）不完全星形接线方式较为简单、经济，并且分布很广的中性点非直接接地电网中，不同线路不同相两点接地短路发生在图 1.2.14 所示的线路上的可能性要比图 1.2.16 所示的线路上的可能性大得多，在这种情况下，采用两相不完全星形接线方式可保证有 2/3 的概率只切除一条线路，以提高供电的可靠性，这一点比三相三继电器完全星形接线方式优越得多。因此，这种接线方式广泛用于中性点直接接地和中性点非直接接地电网的相间短路保护中。

对于两相单继电器电流差接线方式，虽然存在灵敏系数随故障类型而变的缺点，但它所用的继电器少，接线简单、投资省，容量小的电动机可用此种接线，有时 10 kV 及以下的线路也采用此保护。

第三节　阶段式电流保护

一、阶段式电流保护的构成

瞬时电流速断保护、限时电流速断保护和过电流保护都是反应于电流增大而动作的保护，它们之间的区别主要在于按照不同的原则来整定动作电流。瞬时电流速断保护是按照躲开本线路末端的最大短路电流来整定的，它虽能无延时动作，但却不能保护本线路全长；限时电流速断保护是按照躲开下级线路各相邻元件瞬时电流速断保护的最大动作范围来整定的，它虽能保护本线路的全长，却不能作为相邻线路的完全后备保护；而定时限过电流保护则是按照躲开本线路最大负荷电流来整定的，可作为本线路及相邻线路的后备保护，但动作时间较长。

为保证迅速、可靠而有选择性地切除故障，可将这三种电流保护，根据需要组合在一起构成一整套保护，称为阶段式电流保护。

具体应用时，可以采用瞬时电流速断保护加定时限过电流保护，或限时电流速断保护加定时限过电流保护，也可以三者同时采用。应用较多的就是三段式电流保护，其各段的动作电流、保护范围和动作时限的配合情况如图 1.2.19 所示。当被保护线路首端短路时，由第Ⅰ段瞬时切除；该线路末端附近的短路，由第Ⅱ段经 0.5 s 延时切除；而第Ⅲ段只起后备作用，所以装有三段式电流保护的线路，一般可在 0.5 s 左右时限内切除故障。

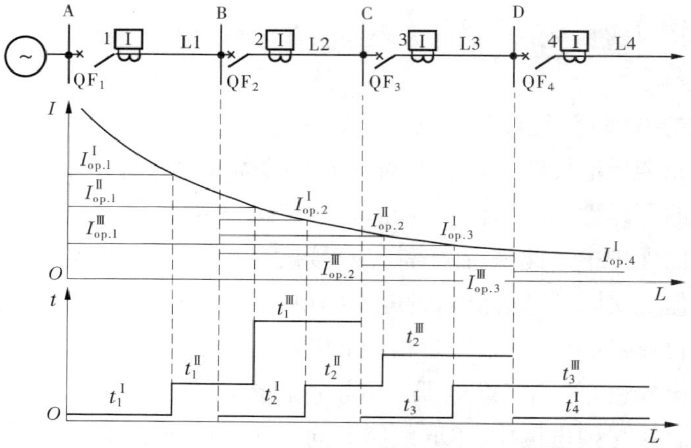

图 1.2.19　阶段式电流保护的配合说明图

二、阶段式电流保护的配合

现以图 1.2.19 为例来说明阶段式电流保护的配合。在电网最末端的线路上，保护 4 采用瞬时动作的过电流保护即可满足要求，其动作电流按躲过本线路最大负荷电流来整定，与电网中其他保护的定值和时限上都没有配合关系。在电网的倒数第二级线路上，保护 3 应首先考虑采用 0.5 s 动作的过电流保护；如果在电网中线路 CD 上的故障没有提出瞬时切除的要求,则保护 3 只装设一个 0.5 s 动作的过电流保护也是完全允许的;但如果要求线路 CD 上的故障必须快速切除,则可增设一个电流速断保护,此时保护 3 就是一个速断保护加过电流保护的两段式保护。而对于保护 2 和保护 1,都需要装设三段式电流保护,其过电流保护要和下一级线路的保护进行配合,因此动作时限应比下一级线路中动作时限最长的再长一个时限级差,一般要整定为 1 ~ 1.5 s。所以,越靠近电源端,过电流保护的动作时限就越长,因此必须装设三段式电流保护。

三、三段式电流保护装置接线图

电力系统继电保护的接线图一般有框图、原理图和安装图三种。对于采用机电型继电器构成的继电保护装置,用得最多的是原理图。原理图又分为归总式原理图(简称原理图)和展开式原理图(简称展开图)。

原理图能展示出保护装置的全部组成元件及它们之间的联系和动作原理。在原理图上所有元件都以完整的图形符号表示,所以能对整套保护装置的构成和工作原理给出直观、完整的概念,易于阅读。三段式电流保护的原理接线图如图 1.2.20(a)所示,图中的保护采用不完全星形接线方式(因为是相间短路保护),可实现各种类型的相间短路保护。

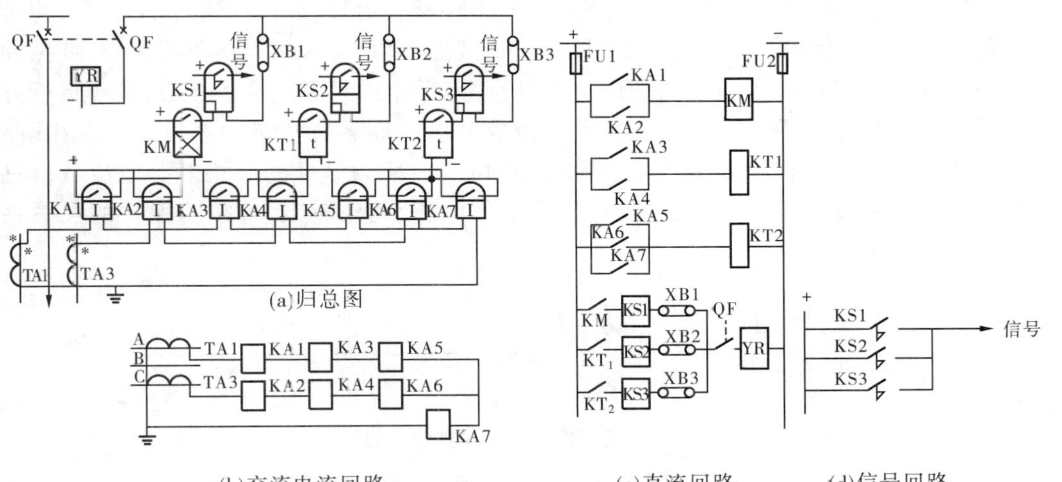

(b)交流电流回路　　(c)直流回路　　(d)信号回路

图 1.2.20　三段式电流保护原理接线图

第Ⅰ段电流保护由电流继电器 KA1、KA2,中间继电器 KM 和信号继电器 KS1 组成。第Ⅱ段电流保护由电流继电器 KA3、KA4,时间继电器 KT1 及信号继电器 KS2 组成。第Ⅲ段电流保护由电流继电器 KA5、KA6、KA7,时间继电器 KT2 及信号继电器 KS3 组成。其中,电流继电器 KA7 接于 A、C 两相电流之和的中性线上,相当于 B 相继电器,则第Ⅲ段电流保护采用了两相三继电器不完全星形接线。

为什么第Ⅲ段电流保护要采用两相三继电器不完全星形接线呢?因为第Ⅲ段电流保护要作为相邻变压器的远后备保护,采用两相三继电器不完全星型接线能提高保护的灵敏度。

由于三段式电流保护的各段均设有信号继电器,因此任一段保护动作于断路器跳闸的同时，均有相应的信号继电器掉牌，并发出信号，以便了解是哪一段动作，宜于进行分析。各段保护均独立工作，且可通过连接片 XB 投入或停用。

由图 1.2.20(a)可知，原理图只给出保护装置的主要元件的工作原理，但元件的内部接线、回路标号、引出端子等均未表示出来。特别是元件较多、接线复杂时，原理图的绘制和阅读都比较困难，且不便于查线和调试、分析等工作，所以现场广泛使用展开图。展开图是将交流回路和直流回路分开画出的。各继电器的线圈和触点分别画在各自所属的回路中，并用相同的文字符号标注，以便阅读和查对。在连接上按照保护的动作顺序，自上而下、从左到右依次排列线圈和触点。

阅读展开图时，一般应按先交流后直流，由上而下、从左至右的顺序阅读。展开图的接线简单，层次清楚，绘制和阅读都比较方便，且便于查线和调试，特别是对于复杂的保护，其优越性更加显著，所以在生产中得到了广泛的应用。图中继电器触点的位置，对应于被保护线路的正常工作状态。

三段式电流保护的展开图如图 1.2.20(b)、(c)、(d)所示。

四、三段式电流保护整定计算举例

【例 1.2.1】 在图 1.2.21 所示的 35 kV 单侧电源辐射形电网中，线路 L1 和 L2 均考虑装设三段式电流保护。已知线路 L1 长 20 km，线路 L2 长 55 km，均为架空线路，线路的正序电抗为 0.4 Ω/km。系统的等值电抗为：最大运行方式时 $X_{s.min}=5.5\ \Omega$，最小运行方式时 $X_{s.max}=7.5\ \Omega$。线路 L1 的最大负荷电流为 150 A，负荷的自启动系数为 1.5。线路 L2 的过电流保护的动作时限为 2 s。各短路点以 37 kV 为基准的三相短路电流数值见表 1.2.3。试计算线路 L1 三段式电流保护的动作电流、动作时限，并校验保护的灵敏系数。

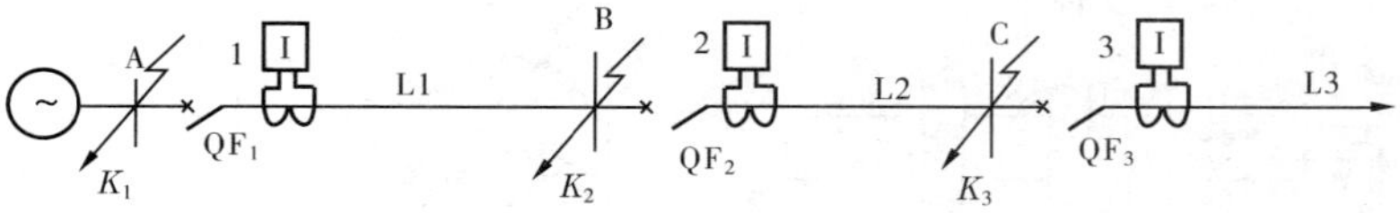

图 1.2.21 三段式电流保护整定计算举例

表 1.2.3 各点短路电流数值

短路点	K_1	K_2	K_3
最大运行方式下三相短路电流(A)	3 900	1 585.4	602.3
最小运行方式下三相短路电流(A)	2 836.4	1 375.7	569.3

解：(1)第Ⅰ段瞬时电流速断保护。保护装置的动作电流按躲过线路 L1 末端 K_2 点短路时的最大短路电流整定，即

$$I_{op.1}^{\mathrm{I}} = K_{rel} I_{K_2.max}^{(3)} = 1.3 \times 1\ 585.4 = 2\ 061(\mathrm{A})$$

动作时限 $t_1^{\mathrm{I}}=0\ \mathrm{s}$。

保护范围为

$$L_{max}=\frac{1}{X_1}\left(\frac{E_s}{I_{op.1}^{\mathrm{I}}}-X_{s.min}\right)=\frac{1}{0.4}\times\left(\frac{\frac{37\ 000}{\sqrt{3}}}{2\ 061}-5.5\right)=12.2(\mathrm{km})$$

$$\frac{L_{max}}{L_1}\times 100\%=\frac{12.2}{20}\times 100\%=61\%>50\%$$

$$L_{min}=\frac{1}{X_1}\left(\frac{\sqrt{3}}{2}\times\frac{E_s}{I_{op.1}^{\mathrm{I}}}-X_{s.max}\right)=\frac{1}{0.4}\times\left(\frac{\sqrt{3}}{2}\times\frac{\frac{37\ 000}{\sqrt{3}}}{2\ 061}-7.5\right)=3.7(\mathrm{km})$$

$$\frac{L_{min}}{L_1}\times 100\%=\frac{3.7}{20}\times 100\%=18.5\%>15\%$$

(2)第Ⅱ段限时电流速断保护。要计算线路 L1 的第Ⅱ段动作电流,必须首先算出线路 L2 的第Ⅰ段的动作电流。$I_{op.2}^{\mathrm{I}}$ 按躲过线路 L2 末端 K_3 点短路时的最大短路电流整定,即

$$I_{op.2}^{\mathrm{I}}=K_{rel}I_{K_3.max}=1.3\times 602.3=783(\mathrm{A})$$
$$I_{op.1}^{\mathrm{II}}=K_{rel}I_{op.2}^{\mathrm{I}}=1.1\times 783=861.3(\mathrm{A})$$

动作时限为

$$t_1^{\mathrm{II}}=t_2^{\mathrm{I}}+\Delta t=0.5\ \mathrm{s}$$

灵敏系数按线路 L1 末端 K_2 点短路来校验。

$$K_{sen}=\frac{I_{K_2.min}}{I_{op.1}^{\mathrm{II}}}=\frac{\frac{\sqrt{3}}{2}\times I_{K_2.min}^{(2)}}{I_{op.1}^{\mathrm{II}}}=\frac{\frac{\sqrt{3}}{2}\times 1\ 375.7}{861.3}=1.4>1.3$$

(3)第Ⅲ段定时限过电流保护。保护装置动作电流为

$$I_{op.1}^{\mathrm{III}}=\frac{K_{rel}K_{ss}}{K_{re}}I_{L.max}=\frac{1.2\times 1.5}{0.85}\times 150=317.6(\mathrm{A})$$

动作时限为

$$t_1^{\mathrm{III}}=t_2^{\mathrm{III}}+\Delta t=2+0.5=2.5(\mathrm{s})$$

作近后备保护时,灵敏系数按线路 L1 末端 K_2 点短路来校验。

$$K_{sen.L}=\frac{I_{K_2.min}}{I_{op.1}^{\mathrm{III}}}=\frac{\frac{\sqrt{3}}{2}\times I_{K_2.min}^{(3)}}{I_{op.1}^{\mathrm{III}}}=\frac{\frac{\sqrt{3}}{2}\times 1\ 375.57}{317.6}=3.8>1.5$$

作远后备保护时,灵敏系数按线路 L2 点短路来校验

$$K_{sen.R}=\frac{I_{K_3.min}}{I_{op.1}^{\mathrm{III}}}=\frac{\frac{\sqrt{3}}{2}\times I_{K_3.min}^{(3)}}{I_{op.1}^{\mathrm{III}}}=\frac{\frac{\sqrt{3}}{2}\times 596.3}{317.6}=1.6>1.2$$

第四节　电流电压联锁保护

从前面的分析可知，当系统运行方式变化很大时，瞬时电流速断保护可能没有保护区，限时电流速断保护和过电流保护的灵敏系数可能不满足要求。为了在不增加保护动作时限的前提下，提高保护的灵敏系数，可在原来的电流保护的基础上，加一个低电压保护，从而构成电流电压联锁保护。图 1.2.22 表明了这种电流电压联锁保护的原理框图。故障时，只有短路电流大于电流保护的整定值 I_{op}，同时保护安装处母线上的残余电压又低于电压保护的整定值 U_{op}，保护才动作于跳闸。

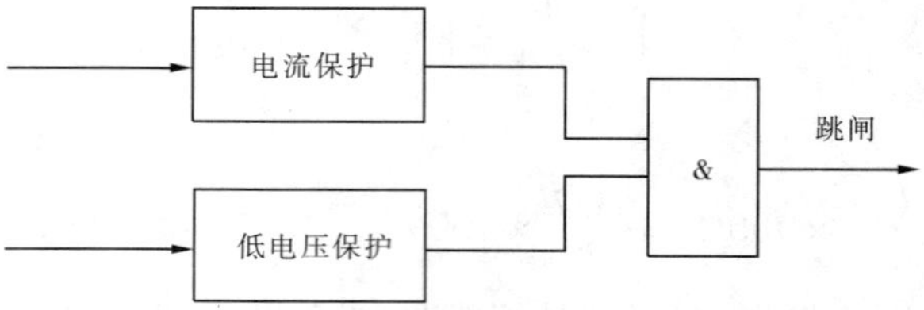

图 1.2.22　电流电压联锁保护的原理框图

一、工作原理及整定计算

瞬时电流电压联锁速断保护，就是瞬时电流速断保护和瞬时电压速断保护相互闭锁的一种保护装置。现以图 1.2.23 来说明瞬时电流电压联锁速断保护的工作原理，在图中线路 L 上装设了瞬时电流电压联锁速断保护。保护动作参数的整定原则和瞬时电流速断保护一样，按躲过被保护线路末端短路来整定。由于该保护采用了电流元件、电压元件相互闭锁，在外部故障时，只要有一个测量元件不动作，保护就能满足选择性。通常的整定方法是按系统在经常出现的运行方式（简称正常运行方式）下有较大的保护范围来进行整定计算。

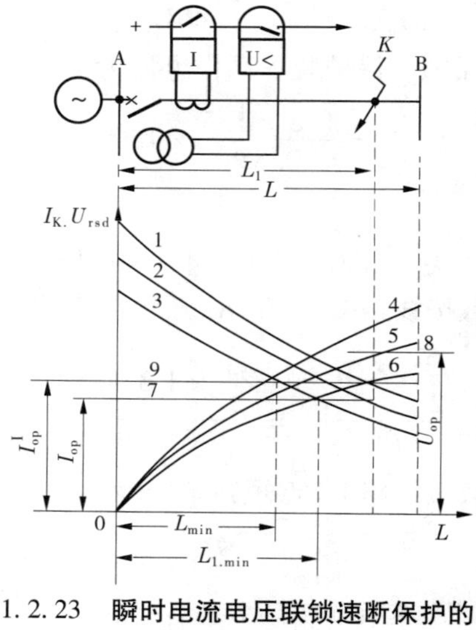

图 1.2.23　瞬时电流电压联锁速断保护的工作原理

设被保护线路的长度为 L，正常运行方式下的保护范围为 L_1。为了保证选择性，要求 $L_1 < L$，写成等式

$$L_1 = \frac{L}{K_{rel}} \approx 0.8L \tag{1.2.20}$$

式中 K_{rel}——可靠系数，取 1.2 ~ 1.3。

对应于保护范围 L_1，保护的动作电流为

$$I_{op} = \frac{E_s}{X_s + X_1 L_1} \tag{1.2.21}$$

式中 E_s——系统的等值计算相电势；

X_s——正常运行方式下，系统的等值电抗；

X_1——线路单位长度的正序电抗。

保护的动作电压（通常考虑线电压）为

$$U_{op} = \sqrt{3} I_{op} X_1 L_1 \tag{1.2.22}$$

从式（1.2.22）可看出，U_{op}就是在正常运行方式下，保护范围 L_1，末端三相短路时，保护安装处母线 A 上的残余电压。因此，在正常运行方式下，电流元件、电压元件的保护范围是相等的，其保护范围约为被保护线路全长的 80%。

在图 1.2.23 中，曲线 1、2、3 分别表示在最大、正常、最小运行方式下的短路电流随短路距离变化的关系，曲线 4、5、6 分别表示在最大、正常、最小运行方式下保护安装处 A 母线上的残压随短路距离 L 变化的关系，直线 7 和 8 分别表示动作电流 I_{op}和动作电压 U_{op}，直线 9 表示瞬时电流速断保护的动作电流 I_{op}^{I}。从图 1.2.24 中可以看出，对于瞬时电流电压联锁速断保护，在最大运行方式下，电流元件的保护范围会延伸到相邻线路的一部分，而电压元件的保护范围不会超出本线路，此时电压元件起闭锁作用，保证了选择性。在最小运行方式下，电压元件的保护范围也会延伸到相邻线路的一部分，但电流元件的保护范围也不会超出本线路，此时电流元件起闭锁作用，也保证了选择性。

如果在线路上采用瞬时电流速断保护，则在最小运行方式下的保护范围为 L_{min}；若采用瞬时电流电压联锁速断保护，其最小保护范围由电流元件决定，为 $L_{1.min}$。从图 1.2.24 中可以看出，$L_{1.min} > L_{min}$，这说明瞬时电流电压联锁速断保护的保护范围比单独的瞬时电流速断保护的保护范围要大，大大地提高了灵敏系数。

根据规程规定，在各种可能的运行方式下，瞬时电流电压联锁速断保护的最小保护范围要不小于被保护线路全长的 15%。

二、原理接线图

瞬时电流电压联锁速断保护装置的原理接线图如图 1.2.24 所示。电压元件为三个低电压继电器，其线圈分别接在电压互感器二次侧的 3 个线电压上，这样可以保证在不同相间的两相短路时，电压元件有较高的灵敏性。它们的接点并联后接到中间继电器 KAM1 的线圈上。增加中间继电器 KAM1 是为了增加低电压继电器的接点数目，因为电压回路断线时，电压继电器会动作，要求发出电压回路断线信号；而发生故障时，电压继电器也会动作，要去启动跳闸回路。电流元件采用两相两继电器不完全星形接线，二个电流

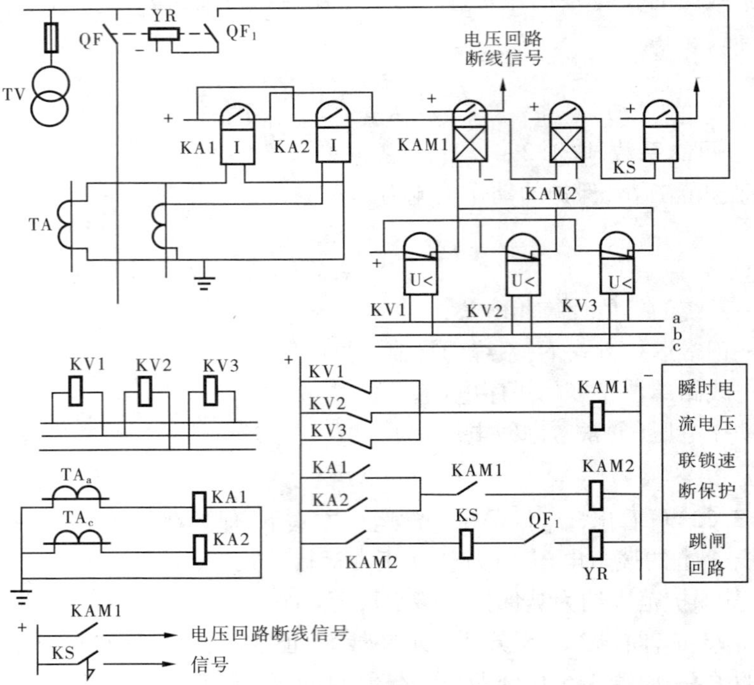

图 1. 2. 24　瞬时电流电压联锁速断保护装置的原理接线图

继电器的接点并联后通过中间继电器 KAM1 与电压继电器的接点组成“与”门。当发生故障时，只有电流元件、电压元件同时动作，整套保护才动作。当电压回路断线时，电流元件不动作，电压元件动作，仅仅发出电压回路断线信号。

由于瞬时电流电压联锁速断保护接线比较复杂，所以只有当瞬时电流速断保护不能满足灵敏系数要求时，才考虑采用。同理，也可以组成限时电流电压联锁速断保护。由于实际很少采用，故不讨论。

第五节　双侧电源网络的电流保护

一、方向过电流保护的工作原理

（一）电流保护方向性问题的提出

前面所讨论的阶段式电流保护在单侧电源辐射形电网中，是依靠动作电流的整定值和动作时限的配合取得选择性的。而随着电力系统的发展和用户对供电可靠性要求的提高，出现了双侧电源辐射形电网和单侧电源环形网络。在图 1. 2. 25 所示的双侧电源电网，为了切除故障元件，应在线路两侧都装设断路器和保护装置。当线路上发生相间短路时，应跳开故障线路两侧的断路器，而非故障线路仍能继续运行。例如，当 K_1 点发生短路时，应由保护 3、4 动作跳开断路器切除故障，而其他线路不会造成停电，这正是双侧电源供电的优点。但是应用在单侧电源辐射形电网中的阶段式电流保护能否直接应用在该电网中呢？结论是不能，其理由是：

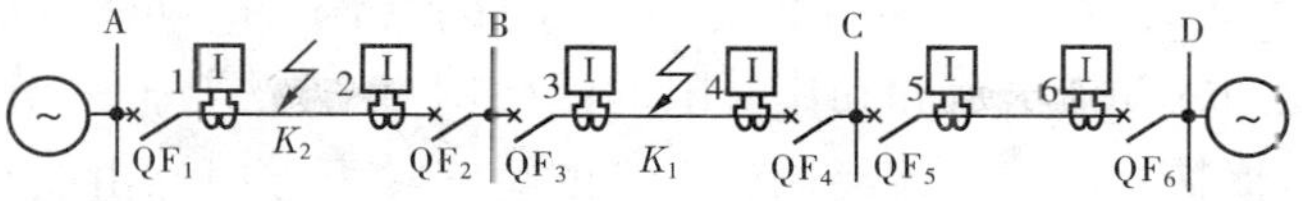

图 1.2.25　双侧电源辐射形电网

（1）对于瞬时电流速断保护，由于它没有方向性，只要短路电流大于其动作电流整定值，就可能动作。在图 1.2.25 中，当 K_1 点发生短路时，应该由保护 3、4 动作，切除故障。而对保护 2 来说，K_1 点故障，如果通过它的短路电流也大于保护 2 的瞬时电流速断保护的整定值，则保护 2 可能在保护 3 跳开 QF_3 之前或同时跳开 QF_2，这样保护 2 将失去选择性。同样，对于限时电流速断保护也存在类似的问题。为了保证选择性，可以增加瞬时电流速断保护与限时电流速断保护的整定条件，但这样很可能导致保护定值的增大，灵敏度的降低，甚至无法满足保护范围的要求。

（2）对于过电流保护，若不采取措施，同样会发生无选择性误动作。在图 1.2.25 中，对 B 母线两侧的保护 2 和保护 3 而言，当 K_1 点短路时，为了保证选择性，要求 $t_3 < t_2$；而当 K_2 点短路时，又要求 $t_2 < t_3$。显然，这两个要求是相互矛盾的，导致定时限过电流保护根本没有办法实现。分析位于其他母线两侧的保护，也可以得出同样的结果。这说明过电流保护在这种电网中无法满足选择性的要求。同理，对于图 1.2.26 所示的单侧电源环形电网，情况也完全一样。

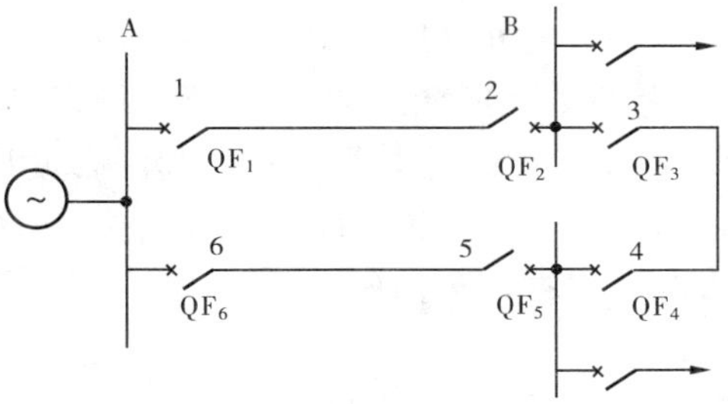

图 1.2.26　单侧电源环形电网

那么，如何解决在双侧电源供电的电网或单侧电源环网中相间短路电流保护不能直接应用的问题呢？由此引入短路功率方向的概念：短路电流方向由母线流向线路称为正方向故障，允许保护动作；短路电流方向由线路流向母线称为反方向故障，不允许保护动作。如当 K_1 点短路时，流过保护 3 的短路功率方向由母线流向线路，保护应该动作；而流过保护 2 的短路功率方向则由线路流向母线，保护不应该动作。同样对于 K_2 点短路，流过保护 2 的短路功率方向由母线流向线路，保护应该动作；而流过保护 3 的则由线路流向母线，保护不应该动作。

所以，只要在电流保护的基础上加装一个能判断短路功率流向的方向元件，即功率方向继电器，并且只有当短路功率由母线流向线路时才允许动作，而由线路流向母线时则不允许动作，从而使保护的动作具有一定的方向性。这样就可以解决反方向短路保护误动作的问题。这种在电流保护的基础上加装方向元件的保护称为方向电流保护。方向电流保护既利用了电流的幅值特征，又利用了短路功率的方向特征。

在图 1.2.27 所示的电网中，各电流保护均装设了方向元件构成了方向电流保护，图中箭头方向为各保护的动作方向。把同一方向的保护如 1、3、5 作为一组，保护 2、4、6 为另一组，这样就可将两个方向上的保护拆开成两个单电源辐射形电网的保护。当 K_2 点短路时，流经保护 1、3、5 的短路功率均由母线流向线路，与保护的动作方向相同，此时只需考虑保护 1、3、5 之间的动作电流和动作时限的配合即可，方法与上一节所述的单电源辐射形电网的阶段式保护相同。而流经保护 2、4 的短路功率方向均由线路流向母线，与保护的动作方向相反，保护不会动作，也就不需要考虑与保护 1、3、5 之间的整定配合。同理，其他各点短路时，动作方向相反的保护均不会误动作。

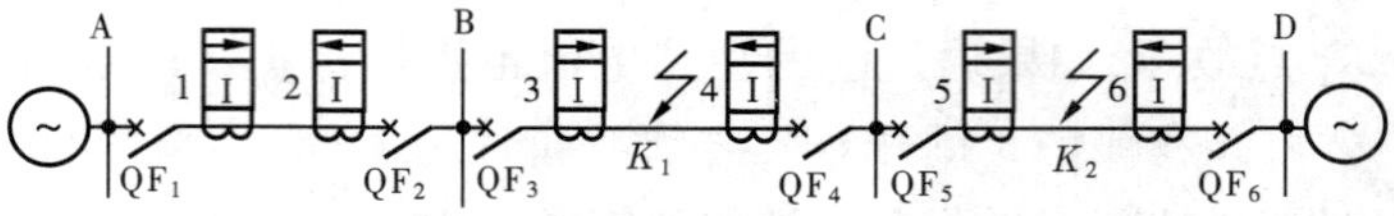

图 1.2.27 双侧电源电网的方向性电流保护原理说明图

（二）方向过电流保护的工作原理

方向过电流保护单相原理接线图如图 1.2.28 所示。它主要由启动元件（电流继电器 KA）、方向元件（功率方向继电器 KW）、时间元件（时间继电器 KT）、信号元件（信号继电器 KS）构成。其中启动元件、时间元件和信号元件的作用同前面所讲的定时限过电流保护相同，而方向元件则是用来判断短路功率方向的。由于在正常运行时，通过保护的功率也可能从母线指向线路，保护装置中的方向元件也可能动作，故在接线中必须将电流继电器 KA 和功率方向继电器 KW 一起配合使用，将它们的接点串联后，再接入时间继电器 KT 的线圈。只有当正方向保护范围内故障时，电流继电器 KA 和功率方向继电器 KW 都动作时，整套保护才动作。

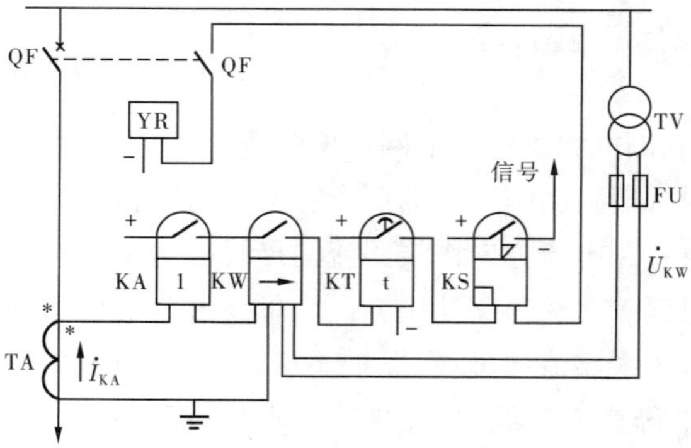

图 1.2.28 方向电流保护单相原理接线图

需要指出，在双侧电源辐射形电网中，并不是所有的过电流保护都要装设功率方向元件才能保证选择性。例如，在图 1.2.26 所示的电网中，如果保护 3 的动作时限已大于保护 2 的动作时限，保护 3 的过电流保护可不装方向元件。因为在 K_2 点短路时，QF_2 跳闸后，保护 3 能立即返回，QF_3 不会被断开。一般来说，接入同一变电所母线上的双侧电源线路的过电流保护，动作时限长者可不装设方向元件，而动作时限短者和相等者则必须装方向元件。

二、功率方向继电器

(一)功率方向继电器的工作原理

功率方向继电器所以能判别正、反方向故障,是因为正、反方向故障时,加入功率继电器中的电流和电压的相位关系不同。现以图 1.2.29(a)所示网络来说明功率方向继电器的原理。对保护 3 而言,加入功率方向继电器的电压 $\dot{U}_r$,是保护安装处母线电压的二次电压,通过继电器中的电流 $\dot{I}_r$ 是被保护线路中电流的二次电流,$\dot{U}_r$ 和 $\dot{I}_r$ 分别反映了一次电压、电流的相位和大小。在正方向 K_1 点短路时,流过保护 3 的短路电流 $\dot{I}_{K1}$ 从母线指向线路,由于输电线路的短路阻抗呈感性,这时接入功率方向继电器的一次短路电流 $\dot{I}_{K1}$ 滞后母线残余电压 $\dot{U}_{rsd}$ 的角度 φ_{K1} 为 0°~90°,以母线上的残压 $\dot{U}_{rsd}$ 为参考量,其相量图如图 1.2.29 (b)所示,显然,通过保护 3 的短路功率为 $P_{K1}=U_{rsd}I_{K1}\cos\varphi_{K1}>0$;当反方向 K_2 点短路时,通过保护 3 的短路电流 $\dot{I}_{K2}$ 从线路指向母线,如果仍以母线上的残压 $\dot{U}_{rsd}$ 为参考量,则 $\dot{I}_{K2}$ 滞后 $\dot{U}_{rsd}$ 的角度 φ_{K2} 为 180°~270°,其相量图如图 1.2.29(b)所示,通过保护 3 的短路功率为 $P_{K2}=U_{rsd}I_{K2}\cos\varphi_{K2}<0$。功率方向继电器可以做成当 $P_K>0$ 时动作,当 $P_K<0$ 时不动作,从而实现其方向性。

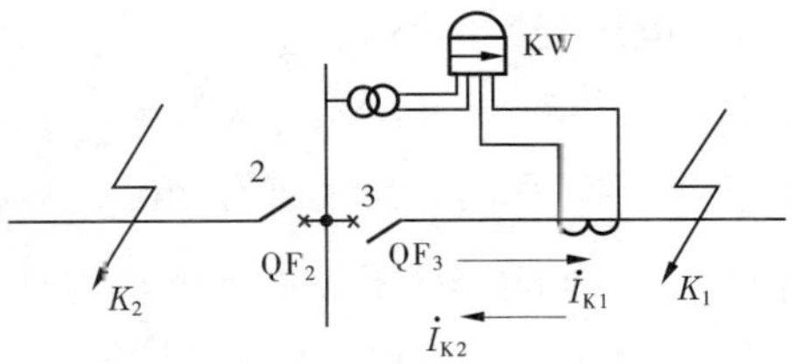

(a)原理图

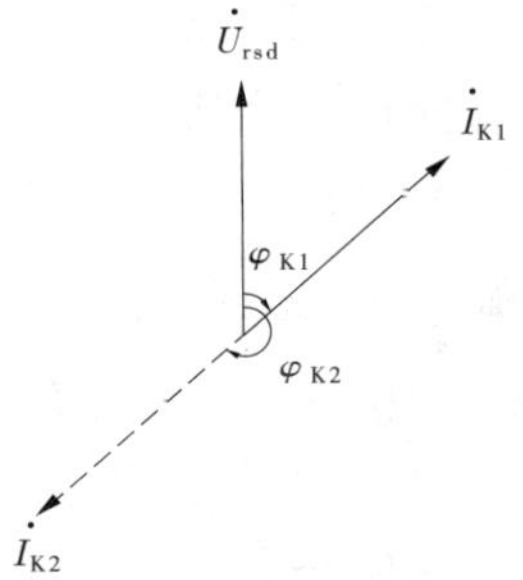

(b)相量图

图 1.2.29 功率方向继电器的工作原理

(二)整流型功率方向继电器

目前使用的功率方向继电器有感应型、整流型和晶体管型。尽管形式多样,但都是按相位比较或幅值比较原理构成的,其动作特性极为相似。下面以整流型功率方向继电器为例,来说明整流型功率方向继电器的作用原理和主要特性。

1. 整流型功率方向继电器的工作原理

整流型功率方向继电器一般是利用绝对值比较原理构成的。它主要由电压形成回路(电抗变换器 UR 和电压变换器 UV)、比较回路(整流桥 1U、2U)和执行元件(极化继电器 KP)组成,其原理接线图如图 1.2.30 所示。其中,图 1.2.30(a)为 LG-11 型功率方向继电器,它可作为相间短路保护的方向元件;图 1.2.30(b)为 LG-12 型功率方向继电器,它可作为接地短路保护中的方向元件。

由于本章讨论的是相间短路的保护,所以在这里只介绍 LG-11 型功率方向继电器

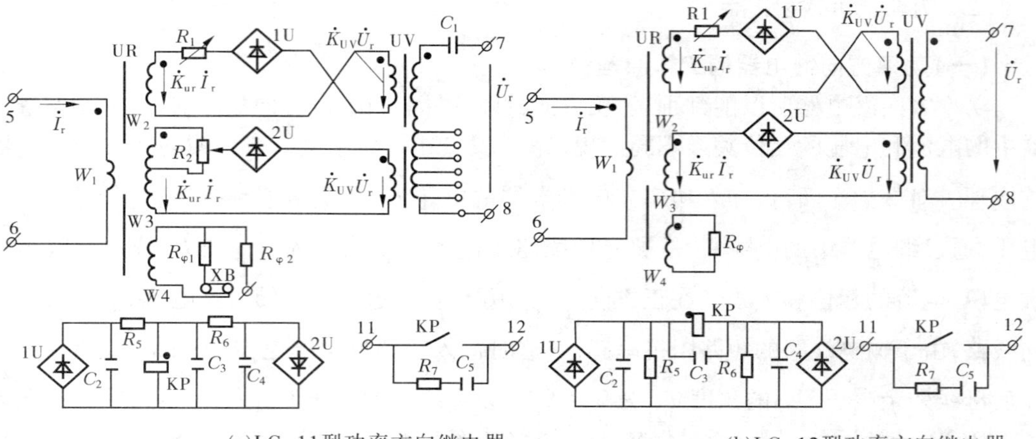

(a)LG-11型功率方向继电器　　(b)LG-12型功率方向继电器

图 1.2.30　整流型功率方向继电器原理图

的工作原理。

1)电压形成回路

电压形成回路的作用是将加到继电器中的电流 $\dot{I}_r$ 和 $\dot{U}_r$ 电压变换成为与其成比例的 $\dot{K}_{ur}I_r$ 和 $\dot{K}_{UV}\dot{U}_r$,以便进行绝对值比较。LG－11 型功率方向继电器的电压形成回路由两部分组成,一部分是电流变换回路,另一部分是电压变换回路。

电流变换回路由电抗变换器 UR 构成,它的一次绕组 W_1 接至电流互感器的二次侧,以取得工作电流 $\dot{I}_r$。它有三个二次绕组,其中 W_2 和 W_3 为工作绕组,其输出电压为 $\dot{K}_{ur}\dot{I}_r$;W_4 为移相绕组,$\dot{K}_{ur}\dot{I}_r$ 超前 $\dot{I}_r$ 的相位角 φ_2(电抗变换器 UR 的转移阻抗角),可利用连接片 XB 接在不同的电阻 $R_{\varphi1}$ 和 $R_{\varphi2}$ 来改变。φ_2 的余角定义为继电器的内角,以 α 表示,$\alpha=90°-\varphi_z$。当接入 $R_{\varphi1}$ 时,$\varphi_z=60°$,$\alpha=30°$;当接入 $R_{\varphi2}$ 时,$\varphi_z=45°$,$\alpha=45°$,以适应不同线路参数的需要。

电压变换回路由带小气隙(铁芯不易饱和)的电压变换器 UV 和电容 C_1 构成,如图 1.2.31(a)所示。电压变换器 UV 一次绕组的等效电感 L、等效电阻 R 与电容 C_1 串联后,构成一个在工频下谐振电路,其等值电路如图 1.2.31(b)所示。由于电路处于谐振状态,故 $X_L=X_C$,电路呈纯电阻性,故一次绕组中的电流 $\dot{I}_u$ 与电压 $\dot{U}_r$、$\dot{U}_R$ 同相位,而 $\dot{U}_L=\dot{U}_C$,$\dot{U}_L$ 超前 $\dot{U}_r$90°,见图 1.2.31(c),即加在 UV 一次绕组上的电压 $\dot{U}_1$ 超前 $\dot{U}_R$90°,而 UV 的二次电压 $\dot{K}_{UV}\dot{U}_r$ 与一次电压 $\dot{U}_1$ 方向相同,所以二次电压 $\dot{K}_{UV}\dot{U}_r$ 超前 $\dot{U}_r$90°,即 $\dot{K}_{UV}$ 为复数。

2)比较回路

在图 1.2.30 (a)中,1U、2U 为两组桥式全波整流器,电阻 R_5、R_6 起限流作用,电容 C_2、C_4 起滤波作用。电容 C_3 与极化继电器 KP 的线圈并联,以便进一步滤去交流分量,防止 KP 动作时接点抖动。根据图中所示的正方向,加到 1U 及 2U 交流侧的电压分别为

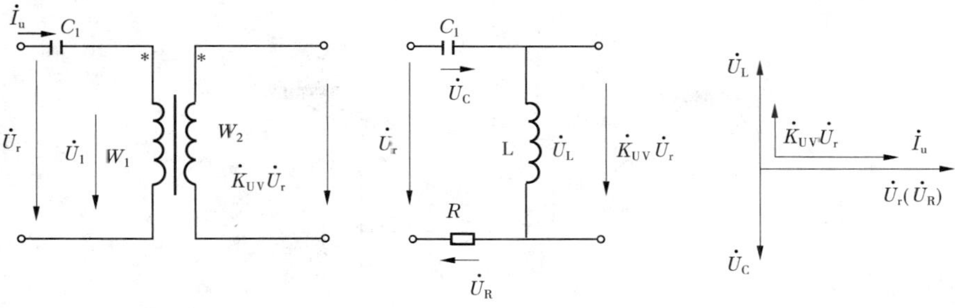

(a)原理图　　(b)等值电路图　　(c)相量图

图 1.2.31　串联谐振回路工作原理

$$\dot{E}_1 = \dot{K}_{ur}\dot{I}_r + \dot{K}_{UV}\dot{U}_r \tag{1.2.23}$$

$$\dot{E}_2 = \dot{K}_{ur}\dot{I}_r - \dot{K}_{UV}\dot{U}_r \tag{1.2.24}$$

式(1.2.23)中 $\dot{E}_1$ 称为动作电压，式(1.2.24)中 $\dot{E}_2$ 称为制动电压，将 $\dot{E}_1$、$\dot{E}_2$ 经过整流后，在 1U 及 2U 直流侧输出电压分别为 $|\dot{E}_1|$ 及 $|\dot{E}_2|$，它们经过滤波后分别加到执行元件——极化继电器 KP 上，进行绝对值比较。当 $|\dot{E}_1| > |\dot{E}_2$ 时，极化继电器 KP 动作，当 $|\dot{E}_1| < |\dot{E}_2|$ 时，KP 不动作，因此继电器动作条件

$$|\dot{E}_1| \geqslant |\dot{E}_2|$$

即

$$|\dot{K}_{ur}\dot{I}_r + \dot{K}_{UV}\dot{U}_r| \geqslant |\dot{K}_{ur}\dot{I}_r - \dot{K}_{UV}\dot{U}_r| \tag{1.2.25}$$

2. LG－11 型功率方向继电器的动作区和灵敏角

根据式(1.2.25)，利用相量图可以分析出能使继电器动作的 $\dot{U}_r$ 和 $\dot{I}_r$ 相位角的变化范围，即继电器的动作区域。在作相量图时，一般以 $\dot{U}_r$ 为参考量，看 $\dot{I}_r$ 的变化范围。并规定 $\dot{I}_r$ 滞后 $\dot{U}_r$ 时，φ_r 为正；$\dot{I}_r$ 超前 $\dot{U}_r$ 时，φ_r 为负。在图 1.2.32 中，以 $\dot{U}_r$ 为参考量，画在横轴位置，作 $\dot{K}_{UV}\dot{U}_r$ 超前 $\dot{U}_r 90°$，$\dot{K}_{UV}\dot{U}_r$ 超前 $\dot{I}_r$ 一个 φ_z 角，当 $\dot{K}_{ur}\dot{I}_r$ 与 $\dot{K}_{UV}\dot{U}_r$ 重合时，$|\dot{K}_{ur}\dot{I}_r + \dot{K}_{UV}\dot{U}_r|$ 最大，$|\dot{K}_{ur}\dot{I}_r - \dot{K}_{UV}\dot{U}_r|$ 最小，继电器工作在最灵敏状态，此时的 $\dot{I}_r$ 与 $\dot{U}_r$ 的相位角 $\varphi_r = -(90° - \varphi_z) = -\alpha$ 称为灵敏角，以 φ_{sen} 表示。与 $\varphi_r = -\alpha$ 时的 $\dot{I}_r$ 重合的线称为最大灵敏线。当 $\dot{K}_{ur}\dot{I}_r$ 与 $\dot{K}_{UV}\dot{U}_r$ 的相位差为 90°(+90°或－90°)时，$|\dot{K}_{ur}\dot{I}_r + \dot{K}_{UV}\dot{U}_r| = |\dot{K}_{ur}\dot{I}_r - \dot{K}_{UV}\dot{U}_r|$，继电器处于动作边界，故继电器的动作边界线 AB 与最大灵敏线垂直，直线 AB 上边带阴影的一侧为动作区域。从图 1.2.32 可知，能使继电器动作的灵敏角范围为：$-(90° + \alpha) \leqslant \varphi_r \leqslant 90° - \alpha$。

从上面的分析知道，功率方向继电器能否动作取决于 φ_r，因此对这种继电器的电流线圈和电压线圈的相对极性必须十分注意，在制造厂出厂的继电器端子上，都用"·"表示同极性端子，LG－11 型继电器电流线圈和电压线圈的同极性端子为⑤、⑦端子。

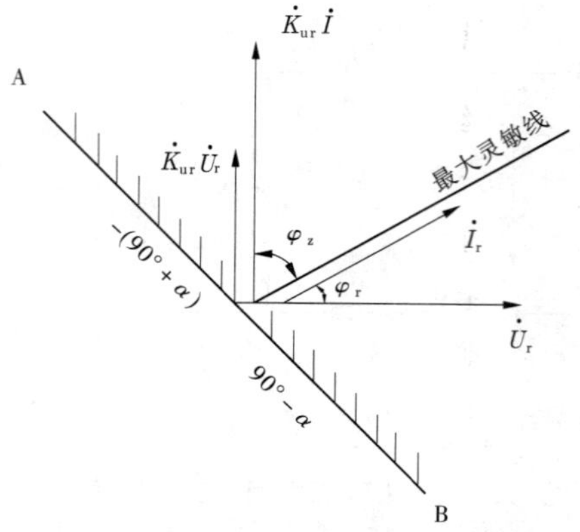

图 1.2.32 LG－11 型功率方向继电器的动作区和灵敏角

3. LG－11 型功率方向继电器电压死区的消除

当在保护安装处正向出口发生三相金属性短路时，由于母线上残余电压接近于零，故加到继电器上的电压 $\dot{U}_r \approx 0$，则式(1.2.25)变成 $|\dot{K}_{ur}\dot{I}_r| = |\dot{K}_{ur}\dot{I}_r|$，即 $|\dot{E}_1| = |\dot{E}_2|$。由于 LG－11 型功率方向继电器的动作还需要克服极化继电器 KP 的反作用力矩，因此要使继电器动作，必须满足 $|\dot{E}_1| > |\dot{E}_2|$ 的条件。故在 $\dot{U}_r \approx 0$ 的情况下，功率方向继电器不能动作。使功率方向继电器不能可靠动作的这段线路范围，称为功率方向继电器的电压死区。为了消除电压死区，在 LG－11 型功率方向继电器的电压回路中串接了电容 C_1，以便和 UV 的一次绕组构成在工频下的串联谐振记忆回路。当被保护线路保护安装处正向出口发生三相金属性短路时，$\dot{U}_r$ 突然下降为零，但是谐振回路内还储存有电场能量和磁场能量，它将按照原有频率进行能量交换，在这个过程中，$\dot{K}_{UV}\dot{U}_r \neq 0$，且保持着故障前电压 $\dot{U}_r$ 的相位，一直到储存的能量消耗完，$\dot{K}_{UV}\dot{U}_r$ 才为零。因此，该回路相当于记住了故障前电压的大小和相位，故称该回路为谐振记忆回路。在记忆作用这段时间里，$\dot{K}_{UV}\dot{U}_r \neq 0$，就可以继续进行绝对值比较，保证继电器可靠动作，从而消除了电压死区。记忆作用消失后，电压死区仍然存在。因此，对于方向瞬时电流速断保护，其记忆作用可消除方向元件的电压死区。而方向限时电流速断保护和过电流保护，由于动作带有时限，记忆作用时间短，因此不能消除方向元件的电压死区。

4. 功率方向继电器的潜动问题

对于整流型功率方向继电器，从理论上讲，当 U_r 和 I_r 两个量中，只加一个量时，继电器是不会动作的。但实际上，由于比较回路中各元件参数不完全对称，KP 线圈两端将有电压，从而引起继电器误动作，这种现象称为整流型功率方向继电器的潜动。只加电压时继电器会动作，称为电压潜动；只加电流时继电器会动作，称为电流潜动。KP 线圈上出现使 KP 动作的电压，称为正潜动；出现使 KP 制动的电压，称为负潜动。

若电流正潜动严重，在反方向出口处对称短路时，方向元件可能误动作；若电流负潜动严重，在正方向故障时会使方向元件拒动或灵敏系数降低。在图 1.2.32（a）中，为消除电流潜动，可调整电阻 R_2；为消除电压潜动，可调整电阻 R_1。

三、功率方向继电器的接线方式

(一)功率方向继电器的90°接线方式

功率方向继电器的接线方式是指它与电流互感器和电压互感器之间的连接方式。即 $\dot{I}_r$ 和 $\dot{U}_r$,应该采用什么相的电流和电压的问题。在考虑接线方式时,必须满足以下要求:

(1)必须保证功率方向继电器具有良好的方向性,即正方向发生任何类型的相间短路故障都能动作,而反方向短路时则不动作。

(2)尽量使功率方向继电器在正方向短路时具有较高的灵敏性,即故障时加入继电器的电流 $\dot{I}_r$ 和电压 $\dot{U}_r$ 的数值足够大,并使 φ_r 接近最大灵敏角 φ_{sen}。

相间短路保护用的功率方向继电器常用的接线方式为90°接线方式。所谓90°接线方式是指在三相对称且功率因数 $\cos\varphi=1$ 的情况下,加入继电器的电流 $\dot{I}_r$ 超前电压 $\dot{U}_r$ 90°的接线方式。这种接线方式对于每相的功率方向继电器,其电流线圈接入本相电流,而电压线圈则按一定的顺序接在其他两相的线电压上。如图1.2.33(a)及表1.2.4所示。以A相功率方向继电器KW1为例,当系统三相对称,$\cos\varphi=1$ 时,$\dot{I}_r=\dot{I}_a$,$\dot{U}_r=\dot{U}_{bc}$,$\dot{I}_r$ 与 $\dot{U}_r$ 间的夹角正好是90°,如图1.2.33(b)所示,故90°接线方式因此而得名,它没有什么物理意义。

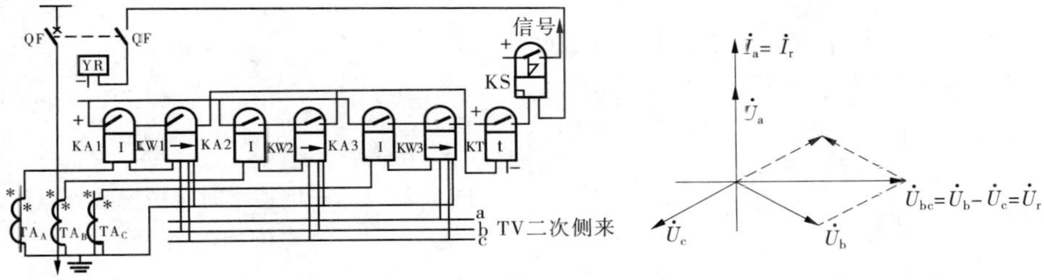

(a) (b)

图1.2.33 功率方向继电器的90°接线

表1.2.4 三相功率方向继电器接入的电流、电压

功率方向继电器	$\dot{I}_r$	$\dot{U}_r$
KW1	$\dot{I}_a$	$\dot{U}_{bc}$
KW2	$\dot{I}_b$	$\dot{U}_{ca}$
KW3	$\dot{I}_c$	$\dot{U}_{ab}$

90°接线方式对功率方向继电器的工作十分有利,在不对称短路时,加到电压线圈上的电压较高,继电器动作较灵敏,它还可以消除正向出口发生两相短路时的电压死区。但对正向出口三相短路时的电压死区无能为力。

需要注意的是，功率方向继电器在接线时，要特别注意电流线圈和电压线圈的极性与相应的电流互感器和电压互感器二次绕组的极性要连接正确，否则，会造成继电器不能正确动作。

（二）功率方向继电器 90°接线方式分析

分析 90°接线的目的是选择一个合适的功率方向继电器的内角 α，保证在各种线路上发生各种相间短路故障时，功率方向继电器都能正确判断短路功率方向。

整流型功率方向继电器的动作条件可用角度来表示，即

$$-(90^\circ+\alpha)\leqslant\varphi_r\leqslant 90^\circ-\alpha$$

也可改写为

$$-90^\circ\leqslant(\varphi_r+\alpha)\leqslant 90^\circ \tag{1.2.26}$$

这一动作条件也可用余弦函数来表示为

$$\cos(\varphi_r+\alpha)\geqslant 0 \tag{1.2.27}$$

式（1.2.26）、式（1.2.27）说明，在线路上发生短路时，功率方向继电器能否动作，主要取决于 $\dot U_r$ 与 $\dot I_r$ 的相位角 φ_r 和继电器的内角 α，只要满足式（1.2.26）、式（1.2.27），功率方向继电器就动作。在下面的分析中，电流、电压都用系统的二次值来表示。

1. 正方向三相短路时

在离保护安装处较远的地方发生三相短路时，保护安装处的残余电压为 $\dot U_a$、$\dot U_b$、$\dot U_c$，短路电流 $\dot I_a$、$\dot I_b$、$\dot I_c$ 滞后各对应的相电压 φ_K 角（短路点至保护安装处之间线路的阻抗角）。由于三相短路是对称短路，三个功率方向继电器的工作情况相同，可以只取 A 相的继电器 KW1 进行分析，如图 1.2.34 所示。

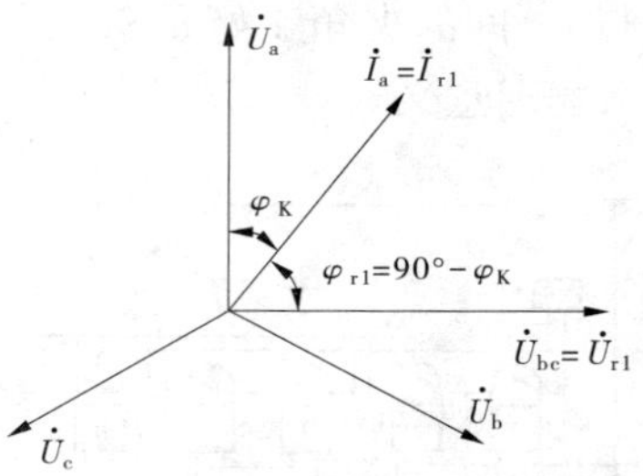

图 1.2.34　三相短路时保护安装处电压、电流相量图

接入 A 相功率方向继电器的电流 $\dot I_{r1}=\dot I_a$，电压 $\dot U_{r1}=\dot U_{bc}$，由于 $\dot I_a$ 滞后 $\dot U_a$ 一个 φ_K 角，所以 $\varphi_{r1}=-(90^\circ-\varphi_K)$。在一般情况下，电网中任何架空线路和电缆线路阻抗角的变化范围是：$0^\circ\leqslant\varphi_K\leqslant 90^\circ$，所在三相短路时 φ_r 可能的范围是：$-90^\circ\leqslant\varphi_r\leqslant 0^\circ$。将此条件代入式（1.2.27），可得出能使继电器动作的条件为

$$0^\circ\leqslant\alpha\leqslant 90^\circ \tag{1.2.28}$$

当短路故障发生在保护安装处附近时，$\dot U_r\approx 0$ 继电器将拒绝动作，即存在电压死区。

2. 正方向两相短路

对两相短路，分两种极限情况考虑：一种是保护安装处附近两相短路；另一种是离保护安装处很远的地方两相短路。如果功率方向继电器在这两种极限情况下均能正确动作，则在整条线路上发生两相短路都能正确动作。下面将以 B、C 两相短路为例进行分析，如图 1.2.35 所示，用 $\dot E_a$、$\dot E_b$、$\dot E_c$ 表示对称三相电

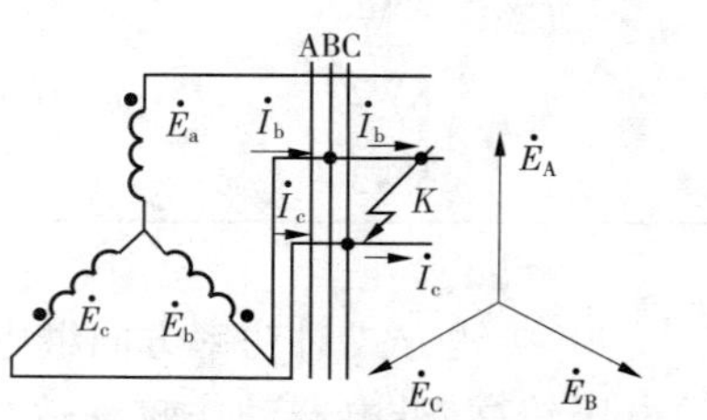

图 1.2.35　B、C 相短路时系统接线图

源电势，用 $\dot{U}_a$、$\dot{U}_b$、$\dot{U}_c$ 表示保护安装处母线上的电压。

1）近处两相短路

因有 $\dot{U}_a=\dot{E}_a$，$\dot{U}_b=\dot{U}_c=-\frac{1}{2}\dot{E}_a$，所以 $\dot{U}_{ab}=\frac{3}{2}\dot{E}_a$，$\dot{U}_{bc}=0$，$\dot{U}_{ca}=-\frac{3}{2}\dot{E}_a$。

对 A 相而言，忽略负荷电流时，$\dot{I}_a=0$，所以 A 相不动作。而 B、C 相的短路电流 $\dot{I}_b=-\dot{I}_c$，由 $\dot{E}_{bc}$ 产生，$\dot{I}_b$ 滞后于 $\dot{E}_{bc}$ 的相位角为 φ_K（短路点至保护安装处之间线路的阻抗角，其变化范围为 $-90°\leqslant\varphi_K\leqslant0°$），如图 1.2.36（a）所示。

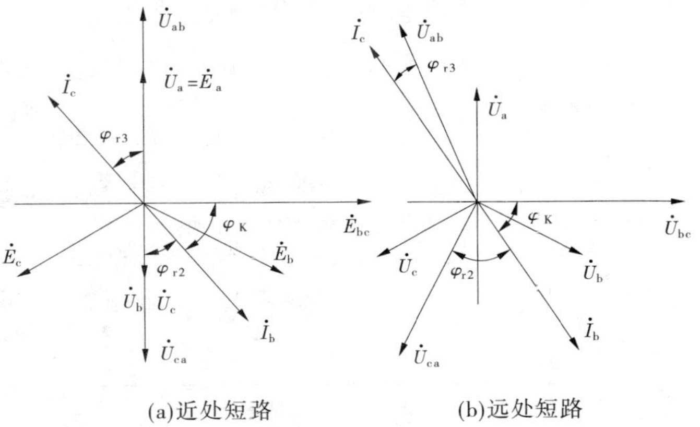

图 1.2.36　B、C 两相短路时保护安装处电压、电流相量图

对于 B 相功率方向继电器 KW2 而言，$\dot{I}_{r2}=\dot{I}_b$，$\dot{U}_{r2}=\dot{U}_{ca}$，$\varphi_{r2}=-(90°-\varphi_K)$。对于功率方向继电器 KW3 而言，$\dot{I}_{r3}=\dot{I}_c$，$\dot{U}_{r3}=\dot{U}_{ab}$，$\varphi_{r3}=-(90°-\varphi_K)$。综合 KW2、KW3 两个继电器情况，当 $0°\leqslant\varphi_K\leqslant90°$ 时，φ_r 的可能范围是 $-90°\leqslant\varphi_r\leqslant0°$，其结果同三相短路，能使继电器动作的条件为 $0°\leqslant\alpha\leqslant90°$。

在保护安装近处正方向两相短路时，只要满足内角为 $0°\leqslant\alpha\leqslant90°$，则两相功率方向继电器就能够正确动作。

2）远处两相短路

当故障点远离保护安装处时的电流、电压相量图如图 1.2.36（b）所示。保护安装处的电压近似为电源的电势，即 $\dot{U}_a\approx\dot{E}_a$，$\dot{U}_b\approx\dot{E}_b$，$\dot{U}_c\approx\dot{E}_c$，短路电流 $\dot{I}_b$ 滞后 $\dot{E}_{bc}$ 一个 φ_K 角，$\dot{I}_b=-\dot{I}_c$；

对于 A 相功率方向继电器 KW1 而言，$\dot{I}_{r1}=0$，$\dot{U}_{r1}=\dot{U}_{bc}$，则 KW1 不动作。

对于 B 相功率方向继电器 KW2 而言，$\dot{I}_{r2}=\dot{I}_b$，$\dot{U}_{r2}=\dot{U}_{ca}\approx\dot{E}_{ca}$，$\varphi_{r2}=-(120°-\varphi_K)$。当 $0°\leqslant\varphi_K\leqslant90°$ 时，φ_{r2} 的变化范围是 $120°\leqslant\varphi_{r2}\leqslant-30°$。故使继电器能动作的条件为 $30°\leqslant\alpha\leqslant120°$。

对于 C 相功率方向继电器 KW3 而言，$\dot{I}_{r3}=\dot{I}_c$，$\dot{U}_{r3}=\dot{U}_{ab}\approx\dot{E}_{ab}$，$\varphi_{r3}=-(60°-\varphi_K)$。当 $0°\leqslant\varphi_K\leqslant90°$ 时，φ_{r3} 的变化范围是 $-60°\leqslant\varphi_K\leqslant30°$。

所以，在保护安装远处正方向两相短路时，要使 B、C 两相的功率方向继电器都能动

作的内角 α 的范围为 30°～60°。

因此，正方向不论近处还是远处 B、C 两相短路时，使故障相继电器动作的内角 α 的范围为 30°～60°。

采用同样的方法，可以分析出 A、B 两相短路和 C、A 两相短路时的情况，其测量角度 φ_r 的变化范围如表 1.2.5 所示。

表 1.2.5　90°接线方式的功率方向继电器各类相间短路时测量角度的变化范围

故障类型	三相短路	A、B 两相短路		B、C 两相短路		C、A 两相短路	
		近处	远处	近处	远处	近处	远处
KW1	$-90\leqslant\varphi_{r1}\leqslant0°$	$-90°\leqslant\varphi_{r1}\leqslant0°$	$-120°\leqslant\varphi_{r1}\leqslant-30°$	—	—	$-90°\leqslant\varphi_{r1}\leqslant0°$	$-60°\leqslant\varphi_{r1}\leqslant30°$
KW2	$-90°\leqslant\varphi_{r2}\leqslant0°$	$-90°\leqslant\varphi_{r2}\leqslant0°$	$-60°\leqslant\varphi_{r2}\leqslant30°$	$-90°\leqslant\varphi_{r2}\leqslant0°$	$-120°\leqslant\varphi_{r2}\leqslant-30°$	—	—
KW3	$-90°\leqslant\varphi_{r3}\leqslant0°$	—	—	$-90°\leqslant\varphi_{r3}\leqslant0°$	$-60°\leqslant\varphi_{r3}\leqslant30°$	$-90°\leqslant\varphi_{r3}\leqslant0°$	$-120°\leqslant\varphi_{r3}\leqslant-30°$

从表 1.2.5 中可以看出，在发生各种类型的相间短路时，90°接线方式的功率方向继电器的 φ_r 变化范围总是在 $-120°\leqslant\varphi_r\leqslant30°$，称为变化总范围。所以，对于动作区为 $\varphi_{sen}\pm90°$的功率方向继电器来说，为获得最大的灵敏角，取 $\varphi_{sen}=-30°\sim-60°$，即 α 的范围是 30°～60°就完全能够满足对它的要求，则不管短路点远近，它都能正确判断各种相间短路的短路功率方向。

继电器制造厂对相间短路的功率方向继电器提供了 $\alpha=30°$、$\alpha=45°$两种内角，以满足各种相间短路情况的要求。值得注意的是，上面的分析只给出了内角的取值范围，它是在各种相间故障情况下功率方向继电器均能正确动作的条件，而不是继电器工作在最灵敏状态的条件。在此，对于某一具体输电线路来说，当短路的阻抗角确定后，可根据 $\cos(\varphi_r+\alpha)=1$条件来选择一个合适的 α 角，以使继电器工作在最灵敏状态。

从前面的分析还可看出，功率方向继电器采用 90°接线方式后，不论三相短路还是两相短路，继电器均能正确判断短路功率方向；选择合适的继电器内角 α，在各种相间短路时可使继电器工作在最大灵敏线附近。

四、非故障相电流的影响与按相启动

（一）非故障相电流的影响

前面分析的两相短路时功率方向继电器的动作情况，是在假定故障前电网是空载的前提下进行的。即当接线方式正确时，故障相的功率方向继电器都能正确判断故障的方向，非故障相功率方向继电器不会动作。如果在同样的故障情况下，故障前电网是带负载运行，那么在非故障相中仍有负荷电流通过，这个电流称为非故障相电流，它将可能使非故障相功率方向继电器误动作。下面以两相短路和单相接地短路为例，分析非故障相电流对功率方向继电器的影响。

1. 两相短路时

两相短路时，非故障相中流过的是负荷电流。在如图 1.2.37 所示的网络中，线路 L2 上在 K 点发生 B、C 两相短路，对保护 1 来说，是反方向短路，通过保护 1 的故障相 B、C 相中的短路电流分别为 $\dot{I}_{KB}$、$\dot{I}_{KC}$，方向从线路指向母线，B、C 相的功率方向继电器不动作。而非故障相 A 相中的电流为负荷电流 $\dot{I}_{LA}$（假定正常运行时负荷电流方向由 $S_{Ⅱ}$，指向 $S_{Ⅰ}$），方向由母线指向线路，因而 A 相的功率方向继电器会误动作。

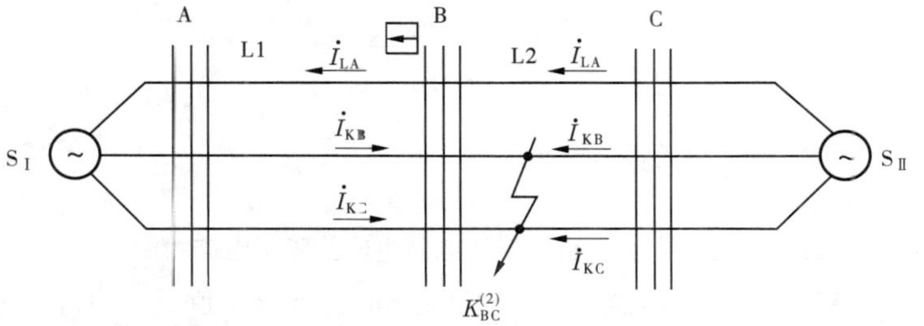

图 1.2.37　两相短路时，非故障相中负荷电流的影响

2. 单相接地短路时

在中性点直接接地电网中发生单相接地故障时，非故障相中除了负荷电流外，还有故障电流的零序分量，这将对功率方向继电器影响更为严重。在如图 1.2.38(a) 所示的网络中，为了分析方便，假定系统容量为无穷大，忽略所有阻抗中的电阻。讨论时只考虑故障点与负荷侧变压器中性点之间的零序电流，而对电源侧的零序电流不加在一起讨论，这样使问题分析起来简单明确，同时又不影响分析问题结果的正确性。

在线路 L1 的 A 相发生接地故障时，故障点的接地短路电流为 $\dot{I}_{K.A}^{(1)}=3\dot{I}_0$，它滞后左 $\dot{E}_A 90^{c}$，$3\dot{I}_0$ 按与零序阻抗成反比的关系向两侧分配，其中一部分 $3\dot{I}_0$ 经大地流向变压器 T2 的中性点，并分流于 T2 的三相中，则三相的零序电流为 $\dot{I}_{A0}=\dot{I}_{B0}=\dot{I}_{C0}=\dfrac{3\dot{I}_0}{3}=\dot{I}'_0$，其分布情况如图 1.2.38 (a) 所示。由于系统容量无穷大，K 点单相接地时，B 母线上的残余电压为 $\dot{U}_A=0$，$\dot{U}_B=\dot{E}_B$，$\dot{U}_C=\dot{E}_C$，此时 $\dot{U}_{AB}=-U_B$，$\dot{U}_{BC}=\dot{U}_3-\dot{U}_C$，$\dot{U}_{CA}=\dot{U}_C$，如图 1.2.38 (b) 所示。

K 点故障，对保护 1 来说是正方向故障，流入三个功率方向继电器的电流是 $\dot{I}'_0$，保护 2 应该动作；而对保护 2 来说是反方向故障，流入三个功率方向继电器中的电流是 $-\dot{I}'_0$，保护 2 不应动作。下面分析在非故障相零序电流影响下，保护 1 和保护 2 的动作情况。

对保护 1 和保护 2 的功率方向继电器均采用 90°接线方式，而且内角 α 为 30°和 45°时，相应的动作区域为 $120°\leqslant\varphi_r\leqslant60°$ 和 $-135°\leqslant\varphi_r\leqslant45°$。根据图 1.2.38 (b) 所示的相量图，可分析得出各功率方向继电器测量到的 φ_r 角和保护 1 和保护 2 的动作情况，如表 1.2.6 所示。

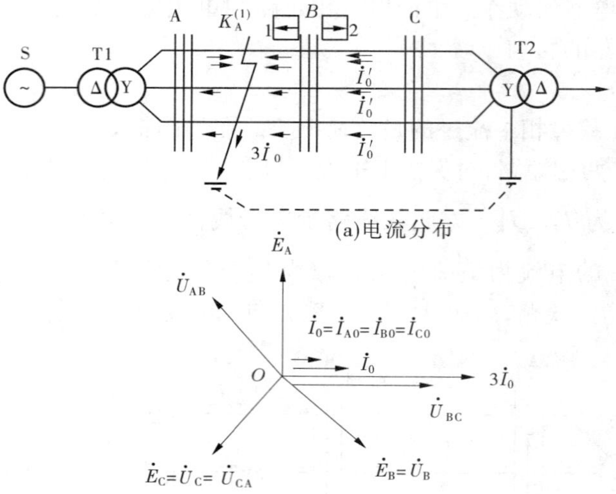

(a)电流分布

(b)向量图

图 1.2.38　中性点直接接地电网中非故障相电流的影响

表 1.2.6　图 1.2.38(a)中,各功率方向继电器的 φ_r 角及保护 1、2 动作情况分析

保护	继电器	$\dot{I}_r$	$\dot{U}_r$	φ_r	继电器动作情况	保护动作情况
1	KW1	$\dot{I}_{A0}$	$\dot{U}_{BC}$	0°	动作	能动作
	KW2	$\dot{I}_{B0}$	$\dot{U}_{CA}$	-150°	不动	
	KW3	$\dot{I}_{C0}$	$\dot{U}_{AB}$	150°	不动	
2	KW1	$-\dot{I}_{A0}$	$\dot{U}_{BC}$	180°	不动	可能误动
	KW2	$-\dot{I}_{B0}$	$\dot{U}_{CA}$	30°	误动	
	KW3	$-\dot{I}_{C0}$	$\dot{U}_{AB}$	-30°	误动	

从表 1.2.6 可看出,在非故障相电流的影响下,保护 2 的 KW2 和 KW3 会误动作,这是不允许的。为了防止保护 2 误动作,可提高启动元件的动作电流,使它大于非故障相电流,与此同时,在保护的直流回路接线中采用按相启动的接线。

(二)按相启动

图 1.2.39(a)为方向过电流保护的按相启动接线,即先把同名相的电流继电器 KA 和功率方向继电器 KW 的触点直接串联,再把各同名相串联支路并联起来,然后与时间继电器 KT 的线圈串联。图 1.2.39(b)为方向过电流保护的不按相启动接线,即先把各相电流继电器 KA 的触点相并联、各相功率方向继电器的触点相并联,再将其串联,然后与时间继电器 KT 的线圈串联。这两种接线虽然都带有方向元件,但对躲过非故障相电流影响的效果完全不同。

在图 1.2.38(a)中,线路 AB 上发生 A 相接地故障,对保护 2 来说,非故障相 C 相的功率方向继电器会误动作,但电流继电器不会误动作,故采用按相启动接线,保护 2 就不会误动作。如果不采用按相启动接线,由于故障相中的短路电流较大,A 相电流继电器动作,而 C 相功率方向继电器误动作,则会造成保护 2 误动作。

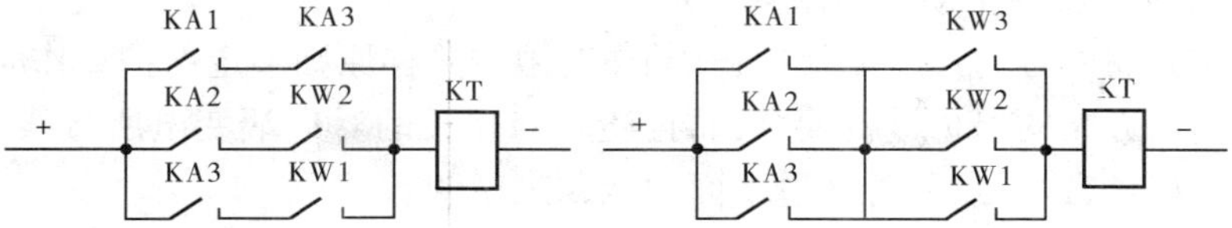

(a)按相启动　　　(b)不按相启动

图 1.2.39　方向电流保护的启动方式

五、方向过电流保护的整定计算

由于方向电流保护加装了方向元件,因此它不必考虑反方向故障,只需考虑同方向的保护相配合即可。同方向的阶段式方向电流保护的Ⅰ、Ⅱ、Ⅲ段的整定计算可按本章第一节所介绍的整定计算方法进行,这里不再重复。下面主要讨论方向过电流保护整定计算中的一些特殊问题。

(一)方向过电流保护动作电流的整定

方向过电流保护的动作电流可按下述两个条件整定。

(1)躲过被保护线路中的最大负荷电流。即

$$I_{op} = \frac{K_{rel}}{K_{re}} K_{ss} I_{L.max} \qquad (1.2.29)$$

值得注意的是,在单侧电源环形电网中,不仅要考虑闭环时线路的最大负荷电流,还考虑开环时负荷电流的突然增加。在如图 1.2.40 所示的单侧电源环形网络中,对保护 6 来说,正常运行时流过的是闭环时的负荷电流;当 K 点短路时,保护 1、2 动作,跳开 QF_1、QF_2,电网开环运行,此时保护 6 中将流过开环时的全部负荷电流。因此,$I_{L.max}$应取开环时的最大负荷电流。

(2)与相邻线路过电流保护动作电流配合。方向过电流保护通常是用做相邻线路的后备保护。为了保证动作的选择性,要求相同动作方向各保护的动作电流应从远离电源处开始逐级增加。如图 1.2.40 中,各线路保护的动作电流应满足

$$I_{op.1} > I_{op.3} > I_{op.5} \qquad I_{op.6} > I_{op.4} > I_{op.2}$$

以保护 4 为例,其动作电流为

$$I_{op.4} = K_{co} I_{op.2} \qquad (1.2.29)$$

式中　K_{co}——配合系数,取 1.1 ~ 1.2。

否则,在 K 点短路时,如果 $I_{op.4} \leq I_k \leq I_{op.2}$,则得保护 4 会误动作,造成越级跳闸。

保护的动作电流按上述两个条件计算后,大者为整定值。

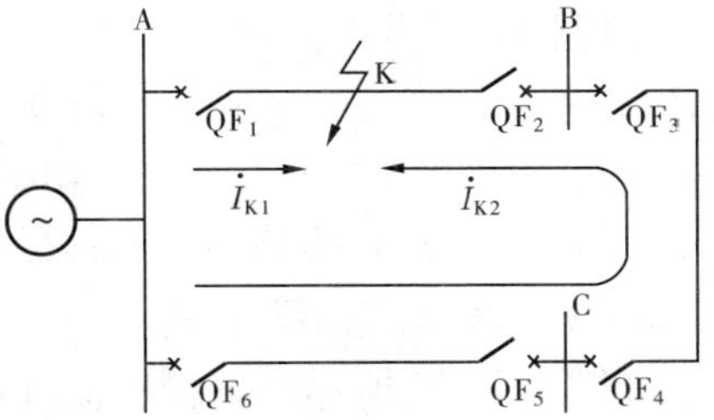

图 1.2.40　单侧电源环形网络

(二)方向过电流保护过电流灵敏系数的校验

方向过电流保护中方向元件的灵敏系数较高,尤其是整流型和晶体管型功率方向继电器。故不需校验其灵敏系数。对于电流元件的校验方法与不带方向元件的过电流保护相同。

(三)方向过电流保护动作时限的整定

同一动作方向的方向过电流保护,其动作时限按阶梯原则整定保护动作时限,不仅要与主干线上同一方向的保护进行配合,而且还要与相关的对应端变电所母线上所有其他出线的保护相配合,这一点还可通过下面的例题来说明。

【例 1.2.2】 在如图 1.2.41 所示的双侧电源辐射形电网中,拟定在各断路器上装设过电流保护。已知时限级差 $\Delta t = 0.5$ s。试决定过电流保护 1 ~ 8 的动作时限,并指出哪些保护应装方向元件。

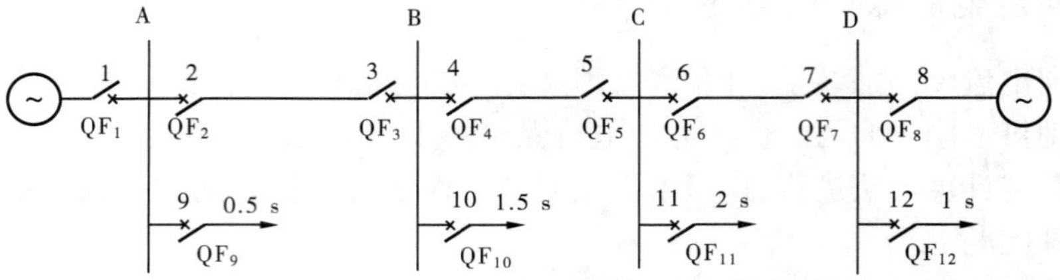

图 1.2.41 双侧电源过电流保护网络

解:(1)计算各保护的动作时限。考虑到发电机上均设有瞬时动作的纵联差动保护,则线路的过电流保护的动作时限无须与发电机过电流保护的动作时限相配合。

同一方向的保护有 1、2、4、6,其动作时限为

$$t_6 = t_{12} + \Delta t = 1 + 0.5 = 1.5(\text{s})$$
$$t_4 = t_{11} + \Delta t = 2 + 0.5 = 2.5(\text{s})$$
$$t_2 = t_{10} + \Delta t = 2.5 + 0.5 = 3(\text{s})$$
$$t_1 = t_2 + \Delta t = 3 + 0.5 = 3.5(\text{s})$$

同一方向的保护有 8、7、5、3,其动作时限为

$$t_3 = t_9 + \Delta t = 0.5 + 0.5 = 1(\text{s})$$
$$t_5 = t_{10} + \Delta t = 1.5 + 0.5 = 2(\text{s})$$
$$t_7 = t_5 + \Delta t = 2 + 0.5 = 2.5(\text{s})$$
$$t_8 = t_7 + \Delta t = 2.5 + 0.5 = 3(\text{s})$$

(2)确定应装设方向元件的保护。观察 A 母线上,除发电机外,有 2 条引出线,由于 $t_9 < t_2$,故保护 2 不需设方向元件,B 母线上有 3 条引出线,由于 $t_3 = t_4$,故保护 3 要设方向元件,保护 4 也需设方向元件。C 母线上有 3 条引出线,由于 $t_6 < t_5$,故保护 6 要设方向元件。D 母线上除发电机外有 2 条引出线,由于 $t_{12} < t_7$,故保护 7 不需设方向元件。

从上面分析得出,要装方向元件的有保护 3、保护 4、保护 6。

(四)保护装置的相继动作

在如图 1.2.40 所示的单侧电源环形电网中,当靠近变电所 A 母线处 K 点短路时,由于短路电流在环网中的分配与线路的阻抗成反比,所以由电源经 QF_1 流向 K 点的短路电流 I_{K1} 很大,而由电源经过环网流向 K 点的短路电流 I_{K2} 很小。因此,在短路刚开始时,保护 2 不能动作,只有保护 1 动作跳开 QF_1 后,电网开环运行,通过保护 2 的短路电流增大,保护 2 才动作跳开 QF_2。保护装置的这种动作情况,称为相继动作。相继动作的线路长度,称为相继动作区域。

保护装置的相继动作,将使整个电网的故障切除时间加长,这是所不希望的。但在环形网络中,发生相继动作是不可避免的。因此,有时可利用相继动作来保证保护装置的灵敏系数。例如在图 1.2.40 中,在校验保护 2 的灵敏系数时,可按 K 点短路时 QF_1 跳闸后来校验。

习　题

1. 何谓系统的最大、最小运行方式?

2. 什么叫电流速断保护?它有什么特点?

3. 为什么要装设电流速断保护?

4. 什么是限时电流速断保护?其保护范围是什么?

5. 限时电流速断保护的动作电流和动作时间是如何确定的?

6. 电流电压联锁速断保护比单一的电流或电压速断保护有什么优点?

7. 什么叫定时限过电流保护?什么叫反时限过电流保护?

8. 过电流保护的整定值为什么要考虑继电器的返回系数,而电流速断保护则不需要考虑?

9. 什么叫电流保护的接线系数?接线系数有什么作用?

10. 为何两相两继电器接线方式被广泛应用在中性点非直接接地电网的相间短路保护?

11. 定时限过电流保护为何采用两相三继电器接线?

12. 应根据哪些条件确定线路相间短路电流保护最大短路电流?

13. 能否单独地使用低电压元件构成线路相间短路保护?其原因是什么?

14. 电流保护要求灵敏系数大于一定值的原因是什么?

15. 对于采用两相三继电器接线方式构成的电流保护,若电流互感器变比 200/5,一次侧负荷电流为 180 A,则在正常情况下流过中线上电流继电器的电流是多少?如果一相电流互感器的二次线圈极性接反,则此时该继电器中的电流又是多少?由此可得出什么样的结论?

16. 电流保护的整定计算中采用了可靠系数、自启动系数、返回系数和灵敏系数,试说明它们的意义和作用。

17. 网络如图 1.2.42 所示,已知:线路 AB(A 侧)和 BC 均装有三段式电流保护,它们的最大负荷电流分别为 120 A 和 100 A,负荷的自启动系数均为 1.8;线路 AB 第Ⅱ段保护的延时允许大于 1 s;可靠系数 $K_{rel}^{I}=1.25$、$K_{rel}^{II}=1.15$、$K_{rel}^{III}=1.2$,$K'_{rel}=1.15$(躲开最大振荡电流时采用),返回系数 $K_{re}=0.85$;A 电源的 $X_{sA.max}=15\ \Omega$,$X_{sA.min}=20\ \Omega$;B 电源的

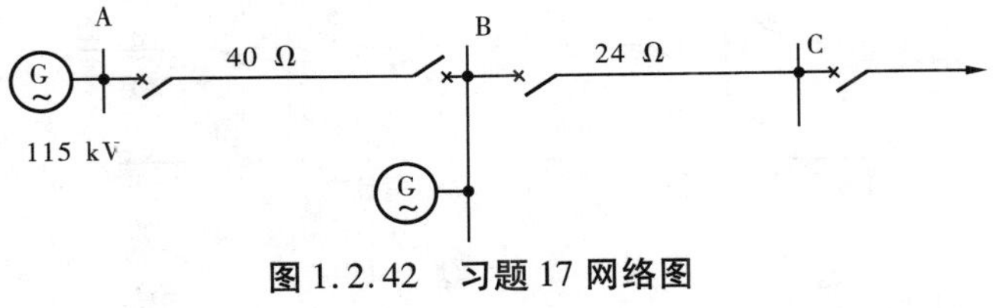

图 1.2.42　习题 17 网络图

$X_{sB.max}=20\ \Omega$，$X_{sB.min}=25\ \Omega$；其他参数如图所示。试确定线路AB(A侧)各段保护动作电流及灵敏度。

18. 求图1.2.43所示35 kV线路AB的电流速断保护动作值及灵敏度。已知系统最大阻抗为9 Ω，最小阻抗为7 Ω，可靠系数取1.25，AB线路阻抗为10 Ω。

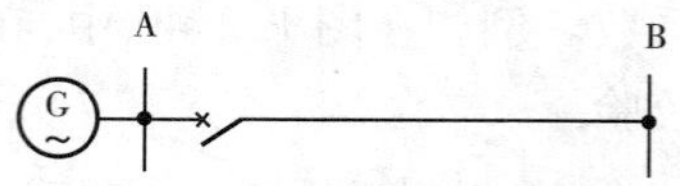

图1.2.43 习题18网络图

19. 方向电流保护主要用于什么样的供电线路上？

20. 对功率方向继电器的基本要求是什么？

21. 功率方向继电器能单独作为相间短路保护吗？为什么？

22. 什么是功率方向继电器的90°接线方式？

23. 按90°接线的相间功率方向继电器，当线路发生正向故障时，若φ_K为30°，为使继电器动作最灵敏，其内角α值应是多少？

24. 相间方向电流保护中，功率方向继电器一般使用的内角为多少度？采用90°接线方式有什么优点？

25. 画出内角$\alpha=30°$的功率方向继电器动作最大灵敏线及动作区域图。

26. 什么是方向过流保护按相启动方式？为什么必须采用按相启动方式？

27. 单电源环形网路，如图1.2.44所示，在各断路器上装有过电流保护，已知时限级差为0.5 s。为保证动作的选择性，确定各过电流保护的动作时间及哪些保护要装设方向元件。

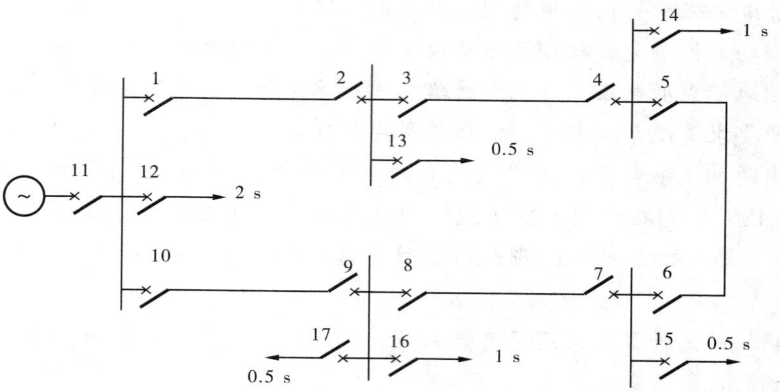

图1.2.44 习题27网络图

28. 如图1.2.45所示输电网路，在各断路器上装有过电流保护，已知时限级差为0.5 s。为保证动作的选择性，确定各过电流保护的动作时间及哪些保护要装设方向元件。

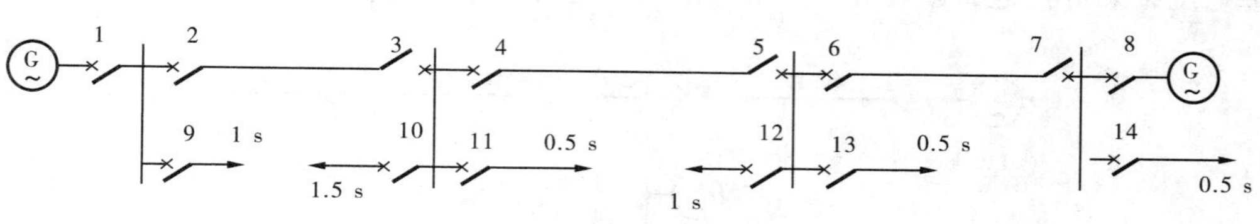

图1.2.45 习题28网络图

第三章　电网的接地保护

教学目标　通过教学，使学生了解电网接地方式及其保护特点；熟悉中性点直接接地与中性点不接地电网发生接地时零序分量的特征；掌握各种接地保护的工作原理、整定计算和原理图的识读。

教学重点　各种接地保护的工作原理、整定计算和原理图的识读。

教学难点　阶段式零序电流保护的整定计算。

第一节　电网的接地方式及其保护特点

为保证电力系统的安全运行，通常必须适当选取电力系统中变压器的中性点与大地连接的方式。电力系统中的变压器中性点接地方式与电网电压有关。电力系统中性点不接地方式有两大类：一类是中性点直接接地或经过低阻抗接地，称为大接地电流系统；另一类是中性点不接地，经过消弧线圈或高阻抗接地，称为小接地电流系统。其中采用最广泛的是中性点不接地、中性点经过消弧线圈接地和中性点直接接地等 3 种方式。

目前，我国电力系统中性点的运行方式大体是：

(1)对于 6～10 kV 系统，由于设备绝缘水平按线电压考虑对于设备造价影响不大，为了提高供电可靠性，一般均采用中性点不接地或经消弧线圈接地的方式。

(2)对于 110 kV 及以上的系统，主要考虑降低设备绝缘水平，简化继电保护装置，一般均采用中性点直接接地的方式，并采用送电线路全线架设避雷线和装设自动重合闸装置等措施，以提高供电可靠性。

(3)20～60 kV 的系统，是一种中间情况，一般一相接地时的电容电流不很大，网络不很复杂，设备绝缘水平的提高或降低对于造价影响不很显著，所以一般均采用中性点经消弧线圈接地方式。

(4)1 kV 以下的电网的中性点采用不接地方式运行。但电压为 380 V/220 V 的系统，采用三相五线制，零线是为了取得相电压，地线是为了安全。

前面所介绍的电网相间短路的电流保护能够反映电网的接地短路。但是，在实际生产中，一般将反映相间短路的保护与反映接地短路的保护分开装设。一方面是因为接地短路电流（特别是中性点不直接接地系统单相接地短路电流）比较小，此时反映相间短路的电流保护可能难以满足灵敏度的要求；另一方面是因为装设于同一地点的反映接地短路的过电流保护要比反映相间短路的过电流保护动作时限短。也说明了电网的接地保护具有灵敏度高、接线简单、动作迅速和保护区稳定等一系列优点。

第二节　大电流接地系统的零序电流保护

一、大电流接地系统单相接地时零序分量的特点

在电力系统中发生接地短路时，如图 1.3.1(a)所示，可以利用对称分量的方法将电流和电压分解为正序、负序和零序分量，并可利用复合序网来表示它们之间的关系。短路计算的零序等效网络如图 1.3.1(b)所示，零序电流可以看成是在故障点出现一个零序电压 $\dot{U}_{K0}$ 而产生的，它必须经过变压器接地的中性点构成回路。对零序电流的方向，仍然采用流向故障点为正，而对零序电压的方向，线路高于大地为正。

由上述等效网络可见，零序分量具有如下特点：

(1)故障点的零序电压最高，离故障点越远处的零序电压越低，变压器中性接地点的零序电压为零。零序电压的分布如图 1.3.1(c)所示，在变电所 A 母线上零序电压为 $\dot{U}_{A0}$，变电所 B 母线上零序电压为 $\dot{U}_{B0}$ 等。

(2)由于零序电流是由 $\dot{U}_{K0}$ 产生的，当取零序阻抗角 $\varphi_{K0}=80°$，按规定的正方向画出零序电流和电压的相量图，如图 1.3.1(d)所示，$\dot{I}'_0$ 和 $\dot{I}''_0$ 将超前 $\dot{U}_{K0}$ 100°。

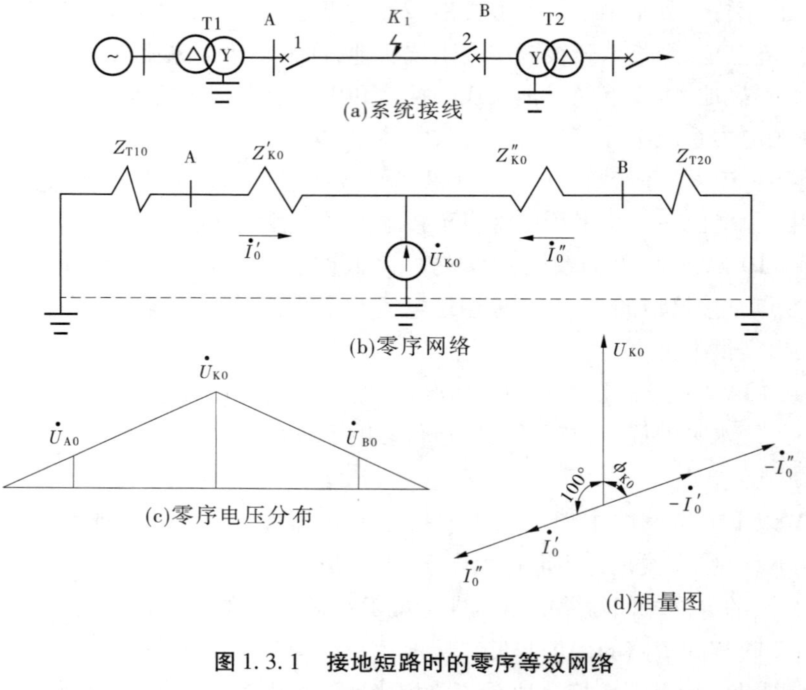

图 1.3.1　接地短路时的零序等效网络

零序电流的分布，主要决定于输电线路的零序阻抗和中性点接地变压器的零序阻抗，而与电源的数目和位置无关，如图 1.3.1(a)中，当变压器 T2 的中性点不接地时，则式 $\dot{I}''_0=0$。

(3)对于发生故障的线路，两端零序功率方向与正序功率方向相反，零序功率方向实

际上都是由线路流向母线的。

(4)从任一保护安装处的零序电压与电流之间的关系看,由于 A 母线上的零序电压 $\dot{U}_{A0}$。实际上是从该点到零序网络中性点之间零序阻抗上的电压降,因此可表示为

$$\dot{U}_{A0} = (-\dot{I}'_0)Z_{T10}$$

式中 Z_{T10}——变压器 T1 的零序阻抗。

该处零序电流与零序电压之间的相位差也将由 Z_{T10} 的阻抗角决定,而与被保护线路的零序阻抗及故障点的位置无关。

(5)在电力系统运行方式变化时,如果输电线路和中性点接地的变压器数目不变,则零序阻抗和零序等效网络就是不变的。但电力系统的正序阻抗和负序阻抗要随着运行方式而变化,正、负序阻抗的变化将引起 $\dot{U}_{K1}$、$\dot{U}_{K2}$、$\dot{U}_{K3}$ 之间电压分配的改变,因而间接地影响零序分量的大小。

二、三段式零序电流保护

零序电流保护的基本原理是基于基尔霍夫电流定律:流入电路中任一节点的复电流的代数和等于零,即 $\sum I=0$,它是用零序 CT 作为取样元件。在线路与电气设备正常的情况下,各相电流的矢量和等于零(对零序电流保护假定不考虑不平衡电流),因此零序 CT 的二次侧绕组无信号输出(零序电流保护时躲过不平衡电流),执行元件不动作。当发生接地故障时的各相电流的矢量和不为零,故障电流使零序 CT 的环形铁芯中产生磁通,零序 CT 的二次侧感应电压使执行元件动作,带动脱扣装置,切换供电网络,达到接地故障保护的目的。

三段式零序电流保护原理图如图 1.3.2 所示。

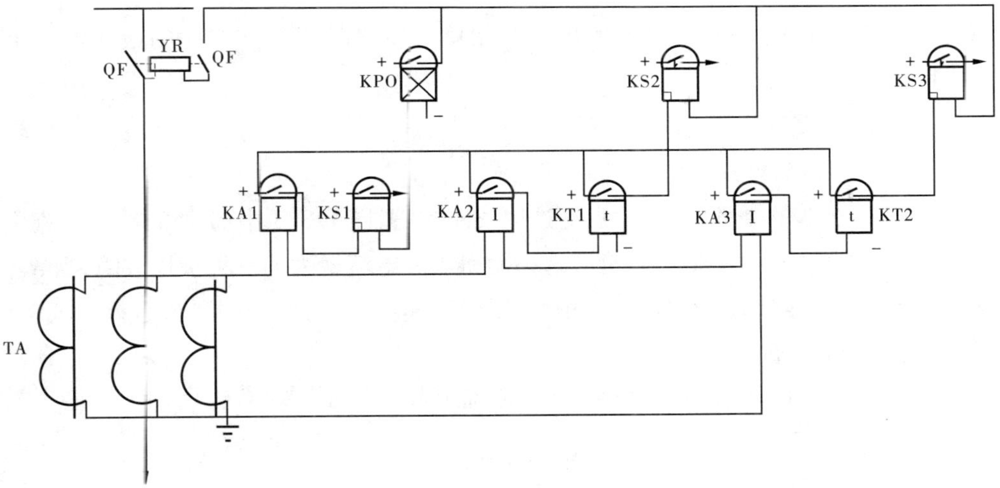

图 1.3.2　三段式零序电流保护原理接线原理图

零序电流保护具体应用可在三相线路上各装一个电流互感器(CT),或让三相导线一起穿过一零序 CT,也可在中性线 N 上安装一个零序 CT,利用这些 CT 来检测三相的电流

矢量和，即零序电流 I_0，$\frac{1}{3}(\dot{I}_A+\dot{I}_B+\dot{I}_C)=\dot{I}_0$；当线路上所接的三相负荷完全平衡时（无接地故障，且不考虑线路、电气设备的泄漏电流），$I_0=0$；当线路上所接的三相负荷不平衡，则 $I_0=I_N$，此时的零序电流为不平衡电流 I_N；当某一相发生接地故障时，必然产生一个单相接地故障电流 I_K，此时检测到的零序电流 $\dot{I}_0=\dot{I}_N+\dot{I}_K$，是三相不平衡电流与单相接地电流的矢量和。

（一）零序电流速断（零序Ⅰ段）保护

零序电流速断保护工作原理，与反映相间短路故障的电流速断保护相似，所不同的是，零序电流速断保护仅反映电流中零序分量。如图 1.3.3 所示，当在被保护线路 MN 上发生单相或两相接地短路，故障点沿线路 MN 移动时，流过保护 M 的最大 3 倍零序电流变化曲线，如图 1.3.3 所示的曲线 1。为保证保护的选择性，其动作电流按下述原则整定。

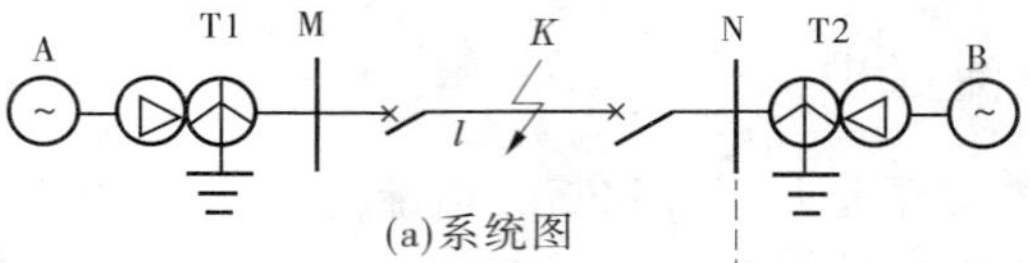

(a)系统图

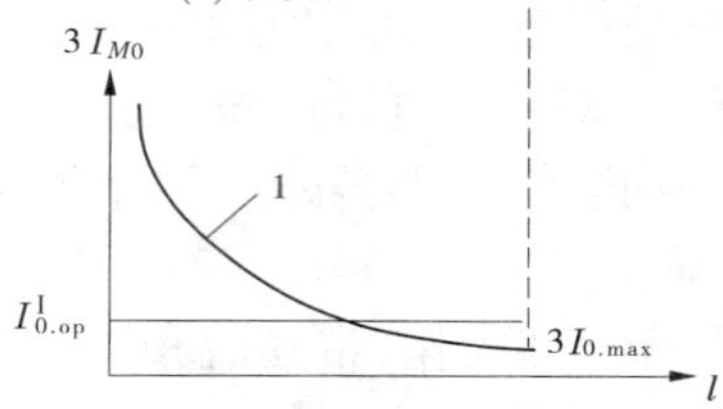

(b)动作电流与短路电流关系图

图 1.3.3　零序Ⅰ段动作电流计算说明图

（1）躲过被保护线路末端发生单相或两相接地短路时流过本线路的最大零序电流 $3I_{0.max}$，即：

$$I^{I}_{0.op}=K^{I}_{rel}3I_{0.max} \tag{1.3.1}$$

式中　K^{I}_{rel}——可靠系数，一般取 1.2～1.3。

计算 $3I_{0.max}$ 求取的条件：①故障点应选取线路末端，图 1.3.3 中 M 处的零序电流Ⅰ段整定时故障点应在 N 处。②故障类型应选择使得零序电流最大的一种接地故障，当 $X_{1\Sigma}>X_{0\Sigma}$ 采用两相接地短路，$X_{1\Sigma}<X_{0\Sigma}$ 时采用单相接地。③整定时应按照最大运行方式考虑，即系统的零序等值阻抗最小。

（2）躲过手动合闸或自动重合闸期间断路器三相触头不同时合上所出现的最大零序电流 $3I_{0.ust}$，即

$$I^{I}_{0.op}=K^{I}_{rel}3I_{0.ust} \tag{1.3.2}$$

式中　K^{I}_{rel}——可靠系数，一般取 1.1～1.2。

求取 $3I_{0.ust}$ 的方法：

①两相先合，相当于一相断线的零序电流，类似于两相接地短路有

$$3I_{0.ust} = \left| 3 \times \frac{\dot{E}_M - \dot{E}_N}{Z_{11} + \frac{Z_{22} \times Z_{00}}{Z_{22} + Z_{00}}} \times \frac{Z_{22}}{Z_{22} + Z_{00}} \right| = \left| 3\frac{\dot{E}_M - \dot{E}_N}{Z_{11} + 2Z_{00}} \right| \tag{1.3.3}$$

②一相先合，相当于两相断线的零序电流，类似于单相接地短路有

$$3I_{0.ust} = \left| 3\frac{\dot{E}_M - \dot{E}_N}{Z_{11} + 2Z_{00}} \right| \tag{1.3.4}$$

式中　Z_{11}、Z_{22}、Z_{00}——系统的纵向正序、负序、零序等值阻抗，取式(1.3.3)、式(1.3.4)中的较大者。

(3)躲过非全相运行期间振荡所造成的最大零序电流 $3I_{0.unc}$，即

$$I^{\mathrm{I}}_{0.op} = K^{\mathrm{I}}_{rel} \cdot 3I_{0.unc} \tag{1.3.5}$$

求取 $3I_{0.unc}$ 的公式如下：

$$I_{0.unc} = K\frac{E}{Z_{11}}\sin\frac{\delta}{2} \tag{1.3.6}$$

式中 K 与断线故障类型有关，当单相断线时：

$$K = \frac{2Z_{11}}{Z_{11} + 2Z_{00}}$$

当两相断线时：

$$K = \frac{2Z_{11}}{2Z_{11} + Z_{00}}$$

δ 为非全相运行时两侧等效电动势之间的夹角。$\delta = 180°$时，零序电流最大；$\delta = 0°$时，零序电流最小。

注意：非全相运行伴随振荡时的最大零序电流是上述三点中最大的。如按式(1.3.5)整定，则定值比较大，灵敏性较低。则可装设两套灵敏性不同的零序电流速断保护，即：

①灵敏Ⅰ段：按整定条件(1.3.1)、(1.3.2)整定(两者中取较大者为整定值)，或只是按照整定条件(1)整定，但在手动合闸或自动重合闸期间增加 0.1 s 延时。

②不灵敏Ⅰ段：按整定条件(1.3.3)整定。

灵敏性：要求与相间电流Ⅰ段相同，保护范围要求大于线路全长的 15% ~20%。

(二)带时限零序电流速段保护(零序电流Ⅱ段)

带时限零序电流速断保护动作电流的整定原则与相间短路的限时电流速断保护相同(见图 1.3.4)。整定时应注意将零序电流的分流因素考虑在内，对于上图中保护 M 处，按下述原则整定。

动作电流：躲过相邻线路Ⅰ段末端短路时流过本线路的最大零序电流。有：

$$I^{\mathrm{I}}_{0.op.1} = K^{\mathrm{II}}_{rel} \cdot 3I_{M0.max} \tag{1.3.7}$$

式中　$I_{M0.max}$——保护 PD2 零序Ⅰ段末端故障流过 MN 线路的最大零序电流；

K^{II}_{rel}——可靠系数，一般取 1.1。

动作时限：比下一条线路零序电流Ⅰ段的动作时限大一个时限级差 Δt。

灵敏性：按被保护线路末端发生接地短路时的最小零序电流来校验，要求

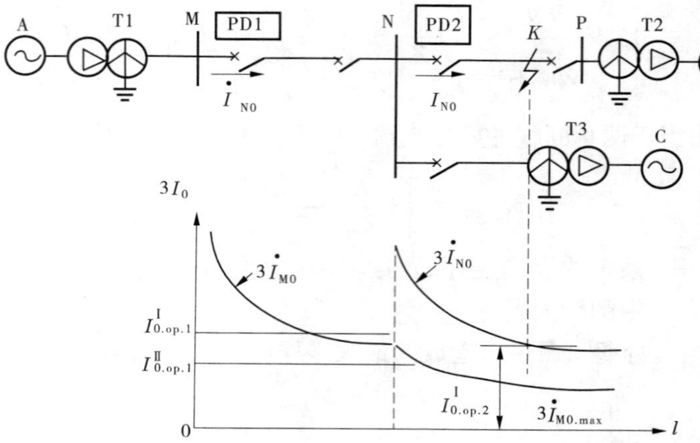

图 1.3.4　零序Ⅱ段动作电流计算说明图

$$K_{sen} \geq 1.3 \sim 1.5 \tag{1.3.8}$$

有:

$$K_{sen} = \frac{3I_{M0.min.N}}{I^{II}_{0.op.1}} \tag{1.3.9}$$

当灵敏系数不能满足要求时,可采取以下措施:①与相邻线路零序Ⅱ段配合整定。其动作时限应较相邻线路零序Ⅱ段时限长一个时间级差 Δt。②改用接地距离保护。

(三)零序过电流保护(零序电流Ⅲ段)

零序过电流保护在正常时应当不启动,故障切除后应当返回,为保证选择性,动作时间应当与相邻线路Ⅲ段按照阶梯原则配合。

零序电流Ⅲ段的动作电流应躲过下一线路始端(即本线路末端)三相短路时流过本保护的最大不平衡电流 $I_{unb.max}$,即

$$I^{III}_{0.op} = K^{III}_{rel} \cdot 3I_{unb.max} \tag{1.3.10}$$

式中　K^{III}_{rel}——可靠系数,一般取 1.2 ~1.3;

$I_{unb.max}$——最大不平衡电流,按下式计算

$$I_{unb.max} = K_{np} \cdot K_{ss} \cdot K_{err} \cdot I^{(3)}_{K.max} \tag{1.3.11}$$

式中　K_{np}——非周期分量系数,$t=0$ s 时取 1.5 ~2,$t=0.5$ s 时取 1;

K_{ss}——TA 同型系数。TA 型号相同时取 0.5,TA 型号不同时取 1;

K_{err}——TA 误差系数,取 0.1;

$I^{(3)}_{K.max}$——本线路末端三相短路时流过本保护的最大短路电流。

灵敏度校验:

$$K_{sen} = \frac{3I_{0.min}}{I^{III}_{0.op}} \tag{1.3.12}$$

作本线路的近后备时,其灵敏度应按本线路末端接地短路时流过本保护的最小零序电流校验,要求灵敏系数大于 1.3 ~1.5。

作为相邻线路的远后备保护时,应按相邻线路末端接地短路时流过本保护的最小零

序电流校验,要求灵敏系数大于1.2。

动作时间:从零序网的最末级开始按阶梯原则向电源方向推算。

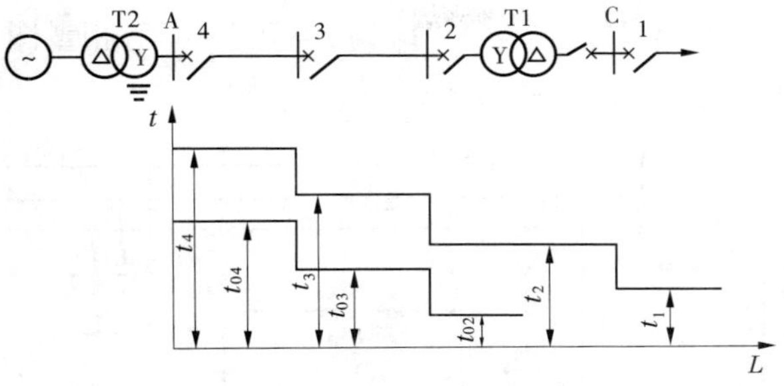

图1.3.5 零序过电流保护的时限特性

按上述原则整定的零序过电流保护,其启动电流一般都很小,因此在本电压级网络中发生接地短路时,它都可能启动,这时为了保证保护的选择性,各保护的动作时限也应按照阶梯原则来整定。如图1.3.5所示的网络接线中,安装在受端变压器T1上的零序过电流保护2可以是瞬时动作的,因为在变压器低压侧的任何故障都不能在高压侧引起零序电流,因此无需考虑和保护1的配合关系。按照选择性的要求,保护3应比保护2高出一个时间级差,保护4又应比保护3高出一个时限级差等。

为了便于比较,在图1.3.5中也给出了反映相间短路过电流保护的动作时限。从图1.3.5可以清楚地看到,在同一线路上的零序过电流保护与相间短路过电流保护相比,将具有较小的时限,这也是它的一个优点。

第三节 方向性零序电流保护

一、方向性零序电流保护工作原理

在双侧或多侧电源的网络中,电源处变压器的中性点一般至少有一台要接地,由于零序电流的实际流向是由故障点流向各个中性点接地的变压器,因此在变压器接地数目比较多的复杂网络中,就需要考虑零序电流保护动作方向性问题。

与双电源电网反映相间短路的电流保护相似,常常也需要加装方向元件,构成零序电流方向保护。加装方向元件后,利用正方向和反方向故障时,零序功率方向的差别,来闭锁可能误动的保护,才能保证动作的选择性。同时只需同一方向的零序电流保护进行配合。

零序功率方向继电器接于零序电压$3\dot{U}_0$和零序电流$3\dot{I}_0$之上,它只反映于零序功率的方向而动作。当保护范围内部故障时,按规定的电流、电压正方向看,$3\dot{I}_0$超前于$3\dot{U}_0$为95°~110°(对应于保护安装地点背后的零序阻抗角为85°~70°的情况),继电器此时应正确动作,并应工作在最灵敏的条件之下。

根据零序分量的特点,零序功率方向继电器显然应该采用最大灵敏角$\varphi_{sen}=-95°\sim-110°$,当规定极性对应加入$3\dot{U}_0$和$3\dot{I}_0$时,继电器正好工作在最灵敏的条件下,其接线如图1.3.6(a)所示,简单清晰,易于理解。在静态功率方向继电器的技术条件中,即规定其最大灵敏角为$-105°\pm5°$,与上述接线是一致的。

但是,目前在电力系统中广泛使用的整流型和晶体管型功率方向继电器,都是把最大

灵敏角做成 $\varphi_{sen}=70°\sim85°$，既要求加入继电器的 $\dot{U}_K$ 应超前 $\dot{I}_K$ $70°\sim85°$时动作最灵敏。为了适应这个要求，对此种零序功率方向继电器的接线应采用如图 1.3.6(b)所示，将电流线圈与电流互感器之间同极性相连，即 $\dot{I}_K=3\dot{I}_0$，$\dot{U}_K=-3\dot{U}_0$，$\varphi_K=70°\sim85°$，相量图如图 1.3.7 所示，刚好符合最灵敏的条件。

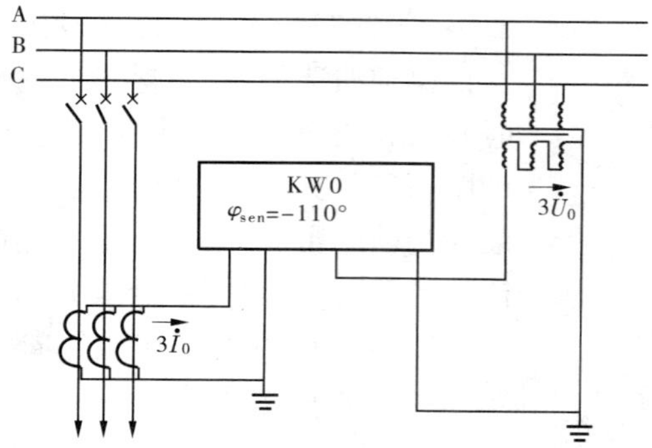

(a)静态继电器采用的接线

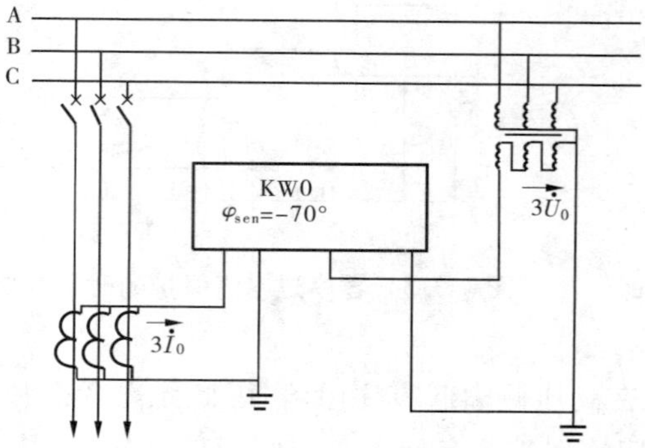

(b)实际上广泛应用的接线

图 1.3.6　零序功率方向继电器的接线方式

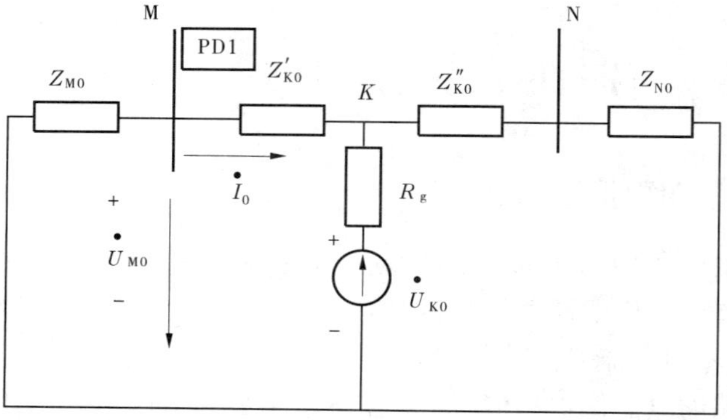

(a)正方向接地短路故障时的零序网络图

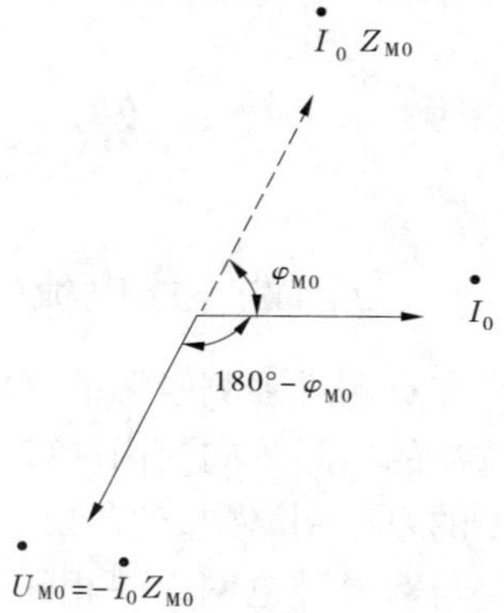

(b)正方向短路相量图

图 1.3.7　正方向接地短路故障时的零序网络及相量图

图 1.3.6(a)、(b)的接线实质上完全一样，只是在图 1.3.6(b)中的情况下，先在继电器内部的电压回路中倒换一次极性，然后在外部接线时再倒换一次极性。由于在正常运行情况下，没有零序电流和电压，零序功率方向继电器的极性接错时不易发现，故在实际工作中应给予特别注意。接线时必须实际检查继电器的内部极性联接，画出相量图，并进行试验，以免发生错误。

二、对零序电流保护的评价

(一)零序电流保护的优点

采用三相星形接线方式虽然可以反映单相接地短路，但采用专用的接地保护具有很多优点。

(1)结构与工作原理简单。零序电流保护以单一的电流量作为动作量,而且只需用一个继电器便可以对三相中任一相接地故障作出反应,因而使用继电器数量少、回路简单、试验维护简便、容易保证整定试验质量和保持装置经常处于良好状态,所以其正确动作率高于其他复杂保护。

(2)整套保护中间环节少,特别是对于近处故障,可以实现快速动作,有利于减少发展性故障。

(3)在电网零序网络基本保持稳定的条件下,保护范围比较稳定。由于线路接地故障零序电流变化曲线陡度大,其瞬时段保护范围较大,对一般长线路和中长线路可以达到全线的 70% ~80% ,性能与距离保护相近。而且在装用三相重合闸的线路上,多数情况下,其瞬时保护段尚有纵续动作的特性,即使在瞬时段保护范围以外的本线路故障,仍能靠对侧断路器三相跳闸后,本侧零序电流突然增大而促使瞬时段启动切除故障。这是一般距离保护所不及的,为零序电流保护所独有的优点。

(4)保护反应于零序电流的绝对值,受故障过渡电阻的影响较小。例如,当 220 kV 线路发生对树放电故障,故障点过渡电阻可能高达 100 Ω 以上,此时,其他保护多将无法启动,而零序电流保护,即使 $3I_0$ 定值高达数百安(一般 100 A 左右)尚能可靠动作,或者靠两侧纵续动作,最终切除故障。

(5)保护定值不受负荷电流的影响,也基本不受其他中性点不接地电网短路故障的影响,所以保护延时段灵敏度允许整定较高,并且零序电流保护之间的配合只决定于零序网络的阻抗分布情况,不受负荷潮流和发电机开停机的影响,只需使零序网络阻抗保持基本稳定,便可以获得较良好的保护效果。

(二)零序电流保护的缺点

(1)对于短线路或在运行方式变化很大的情况下,保护往往不能满足系统运行所提出的要求。

(2)在超高压电网中广泛采用自耦变压器联系两个不同电压级的网络,这时任一电压级的网络中的接地短路都将在另一电压等级网络中产生零序电流,这将使零序电流保护的整定配合变得复杂化,同时零序Ⅱ段保护的动作时限也随之增加。为克服这些缺点,必要时采用接地距离保护。

(3)随着单相重合闸的广泛应用,当出现非全相运行时,则可能出现较大的零序电流,因而影响零序电流保护的正确工作,此时应从整定计算上予以考虑,或在单相重合闸动作过程中使之短时退出运行。

实际上,在中性点直接接地的电网中,由于零序电流保护简单、经济、可靠,因而获得了广泛的应用。

第四节　小电流接地系统的单相接地保护

在中性点非直接接地电网中发生单相接地时,由于故障点的电流很小,且三相电压仍保持对称,对负荷供电没有影响,因此一般都允许再继续运行 1 ~2 h,而不必立即跳闸。

但是单相金属性接地后，非故障相对地电压升高$\sqrt{3}$倍。为了防止故障进一步扩大，要求继电保护装置能有选择地发出信号，以便运行人员及时处理，必要时保护应动作于跳闸。

一、中性点非直接接地系统单相接地的特点

图 1.3.8(a)示出了中性点不接地电网，其中 $C_{0\text{I}}$为线路 I 每相对地电容、$C_{0\text{II}}$为线路 II 每相对地电容、C_{0G}为 M 母线及其他设备每相对地电容；$\dot{I}_{0\text{I}}$、$\dot{I}_{0\text{II}}$为线路I、II由母线流向被保护线路的零序电流。图 1.3.8(b)为 K 点 A 相接地时的零序网络，因输电线路的零序阻抗远小于输电线路每相对地电容的容抗，故零序网络中可不计各元件的零序阻抗。

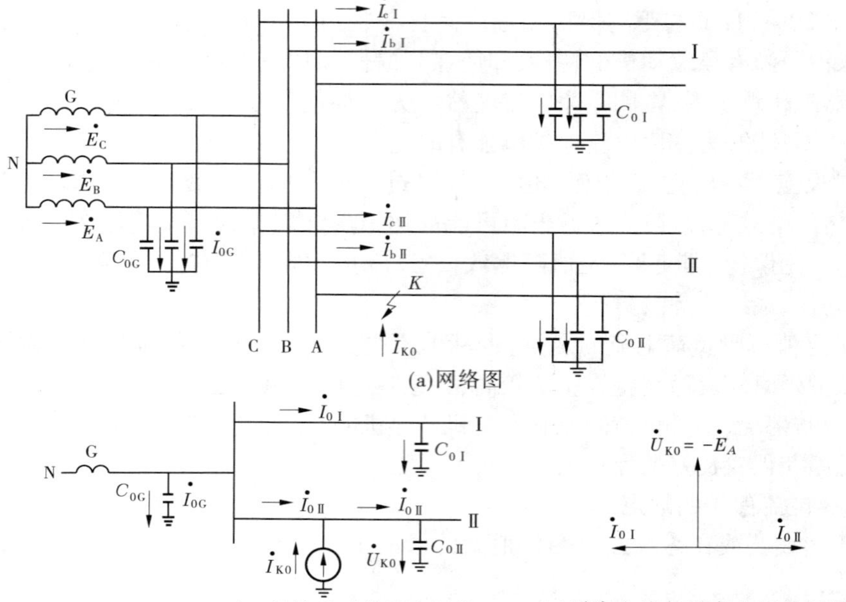

(a)网络图

(b)K点A相接地时的零序网络　　(c)零序电流与零序电压的相量关系

图 1.3.8　中性点不接地电网

K 点 A 相接地时，有 $\dot{U}_{KA}=0$、$\dot{U}_{KB}=\dot{E}_B-\dot{E}_A$、$\dot{U}_{KC}=\dot{E}_C-\dot{E}_A$，于是 K 点 A 相接地时的零序电压 $\dot{U}_{k0}$为

$$\dot{U}_{K0}=\frac{1}{3}(\dot{U}_{KA}+\dot{U}_{KB}+\dot{U}_{KC})=-\dot{E}_A \tag{1.3.13}$$

由图 1.3.9 明显可见，故障点的零序电流由所有对地电容形成，$\dot{I}_{K0}$为

$$\dot{I}_{K0}=3\dot{U}_{K0}(j\omega C_{0\text{I}}+j\omega C_{0\text{II}}+j\omega C_{0\text{III}})=-j\omega C_{0\Sigma}\dot{U}_{K0} \tag{1.3.14}$$

式中　$C_{0\Sigma}$——网络中各元件对地电容之总和。

非故障线路的零序电流为

$$\dot{I}_{0\text{I}}=j\omega C_{0\text{I}}\dot{U}_{K0} \tag{1.3.15}$$

故障线路的零序电流为

$$\dot{I}_{0\text{II}} = j\omega(C_{0\text{I}} + C_{0G})\dot{U}_{K0} = j\omega(C_{0\Sigma} - C_{0\text{II}})\dot{U}_{K0} \tag{1.3.16}$$

作出零序电压与零序电流间的相位关系,如图 1.3.8(c)所示。

根据以上分析,单相接地故障的特点为:

(1)全系统都出现零序电压,且零序电压全系统均相等。

(2)非故障线路的零序电流由本线路对地电容形成,零序电流超前零序电压 90°相角。

(3)故障线路的零序电流由全系统非故障元件对地电容形成,零序电流滞后零序电压 90°相角。显然,当母线上出线愈多时,故障线路流过的零序电流愈大。

二、小电流接地系统单相接地故障的保护方式

根据上述接地故障的特点,在中性点不接地系统中,其单相接地故障的保护方式主要有以下几种。

(一)绝缘监视装置

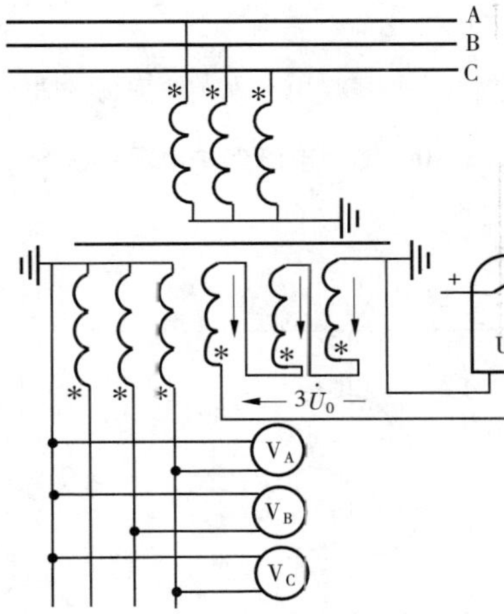

图 1.3.9　绝缘监视装置原理接线

如图 1.3.9 所示,绝缘监视装置装设在发电厂和变电所的母线上,利用单相接地故障时出现的零序电压,使接于电压互感器开口三角形上的过电压继电器动作,带延时动作于信号。因装置给出的信号没有选择性,运行人员只能根据信号和三个电压表的指示情况判别故障相,而选不出故障线路。运行人员可用依次断开(与重合闸配合工作)每条线路的方法来寻找故障线路。当断开某条线路时,若零序电压消失,则表明该线路为故障线路。显然,这种方式只适用于比较简单并且允许短时停电的电网。

(二)零序电流保护

这种保护一般使用在有条件安装零序电流互感器的线路上,或在电缆线路或经电缆引出的架空线路上,如图 1.3.10 所示。这种保护利用故障线路的零序电流大的特点,来实现有选择性地发出信号或动作于跳闸。

为保证选择性,保护装置的动作电流 I_{op} 应大于本线路的对地电容电流,即

$$I_{op} = K_{rel} 3U_{\varphi}\omega C_{01} \tag{1.3.17}$$

式中　K_{rel}——可靠系数,考虑到暂态电流可能比稳态值大很多,一般取值较大,取 4~5;

C_{01}——被保护线路每相对地电容;

U_{φ}——相电压有效值。

被保护线路单相接地时,流经该线路的零序电流为 $3U_{\varphi}\omega(C_{0\Sigma} - C_{01})$。因此,灵敏系数为

$$K_{sen} = \frac{3U_{\varphi}\omega(C_{0\Sigma} - C_{01})}{K_{rel}3U_{\varphi}\omega C_{01}} = \frac{C_{0\Sigma} - C_{01}}{K_{rel}C_{01}} \tag{1.3.18}$$

校验灵敏系数时应采用最小运行方式。显然，当出线回路愈多，$C_{0\Sigma}$ 也愈大，保护越灵敏。

（三）零序功率方向保护

零序功率方向保护如图 1.3.11 所示，利用故障线路与非故障线路零序功率方向不同的特点来实现，动作于信号或跳闸。它适用于零序电流保护灵敏度不满足的场合和接线复杂的网络中。

除了上述保护方式外，还可利用中性点非直接接地电网中单相接地故障时产生的高次谐波或过渡过程的某些特点来实现保护。上述这些保护方式各自适用于一定结构和参数的中性点非直接接地的电网，各有一定局限性和缺点。直到目前为止，对于中性点非直接接地电网，还没有一种完善的保护原理，这仍然是一个重要的课题。

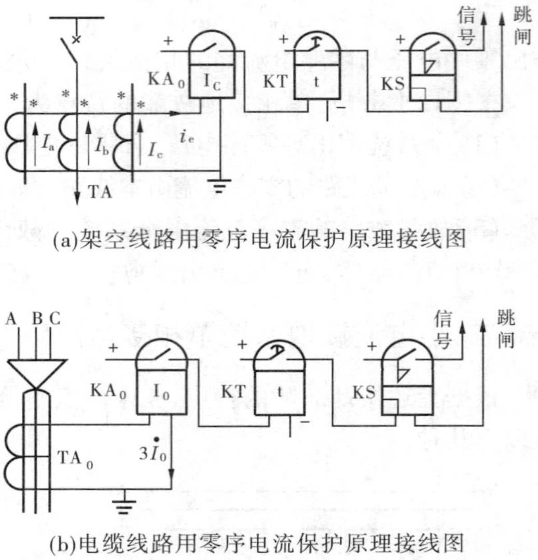

图 1.3.10　零序电流保护原理接线图

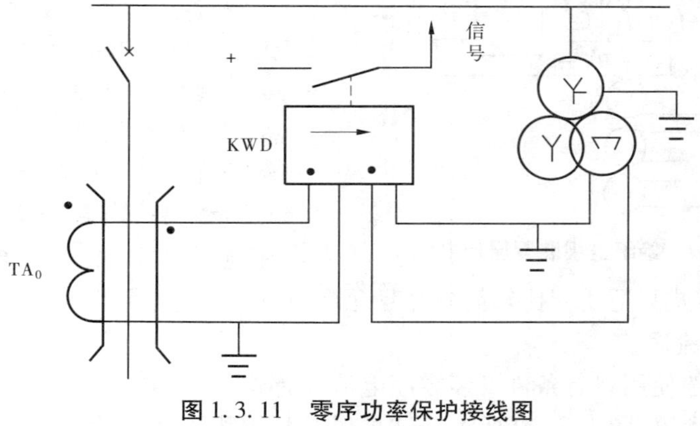

图 1.3.11　零序功率保护接线图

习　题

1. 什么是小电流接地系统？什么是大电流接地系统？
2. 大电流接地系统单相接地时零序分量的特点是什么？
3. 简述三段式零序电流保护原理。
4. 简述方向性零序电流保护工作原理。
5. 简述零序电流保护的特点。
6. 简述小电流接地系统单相接地时零序分量的特点。
7. 简述小电流接地系统单相接地故障的保护方式有哪些。简述各保护方式的工作原理。

第四章 电网的距离保护

教学目标 通过教学，使学生了解距离保护的基本概念、时限特性、主要组成元件；掌握阻抗继电器构成的基本原理；理解按绝对值比较和相位比较原理构成的全阻抗继电器和方向阻抗继电器的动作方程及动作特性分析；掌握阻抗继电器的接线方式；掌握距离保护的整定计算；了解距离保护应用中的注意问题。

教学重点 阻抗继电器构成的基本原理；按绝对值比较和相位比较原理构成的全阻抗继电器和方向阻抗继电器的构成、动作方程及动作特性分析；阻抗继电器的接线方式；距离保护的整定计算。

教学难点 按绝对值比较和相位比较原理构成的全阻抗继电器和方向阻抗继电器的构成、动作方程及动作特性分析；距离保护应用中的注意问题。

第一节 距离保护的基本原理

一、距离保护的基本概念

随着电力系统的发展，出现了容量大、电压高、距离长、负荷重、结构复杂的网络。在高压长距离重负荷线路上，线路的最大负荷电流有时可能接近于线路末端的短路电流，所以在这种线路上过流保护是不能满足灵敏系数要求的；另外，对于电流速断保护，其保护范围受电网运行方式改变的影响，保护范围不稳定，有时甚至没有保护区，对于多电源的复杂网络，方向过流保护的动作时限往往不能按选择性要求来整定，而且动作时限长，不能满足电力系统对保护快速性的要求。

提高继电保护的灵敏性，并使其保护范围不受系统运行方式的影响，是现代电力系统对继电保护提出的要求。为满足这一要求，应采用性能更加完善的保护装置，距离保护就是适应此要求的一种保护。

距离保护主要用于输电线的保护，一般是三段式或四段式。第一、二段带方向性，做本线路的主保护，其中第一段保护线路的 80% ~85%。第二段保护余下的 15% ~20% 并作相邻母线的后备保护。第三段带方向或不带方向，有的还设有不带方向的第四段，做本线路及相邻线路的后备保护。

二、距离保护的基本原理

（一）距离保护的基本原理

距离保护就是利用短路时电压、电流同时变化的特征，测量电压与电流的比值，反映故障点至保护安装处之间的距离，并根据该距离的远近确定动作时限的一种继电保护装置。当故障点距保护安装处越近时,保护装置感受的距离越小,保护的动作时限就越短;反之,当故障点距保护安装处越远时,保护装置感受的距离越大,保护的动作时限就越长。这样,故障点总是由离故障点近的保护首先动作切除,从而保证了在任何形状的电网中,有选择性地切除故障线路。

距离保护通过阻抗继电器测量保护安装处的电压 $\dot{U}$ 和电流 $\dot{I}$ 的比值,来测量故障点至保护安装处的阻抗 Z_K。测量元件将测得的线路阻抗 Z_K 与整定阻抗 Z_{set} 进行比较,当 $Z_K < Z_{set}$ 时,表明故障发生在保护范围内,保护动作;当 $Z_{set} < Z_K$ 时,表明故障发生在保护范围外,保护不动作。所以,距离保护测量故障点至保护安装处的距离,实际上是测量故障点至保护安装处的线路阻抗,而 Z_K 只与故障点至保护安装处的距离有关,基本上不受运行方式的影响。

(二)距离保护的时限特性

距离保护的时限特性是指距离保护的动作时限 t 与故障点至保护安装处之间的距离 L 的关系。为满足速动性、选择性和灵敏性要求,一般在高压线路上广泛应用的是三段式阶梯形时限特性。它具有三个保护范围及相应的三段延时,如图 1.4.1 所示。距离保护的第Ⅰ、Ⅱ、Ⅲ段与电流保护的第Ⅰ、Ⅱ、Ⅲ相似,其根本的不同之处是,距离保护各段的保护范围基本上不随运行方式而改变。

距离保护各段的保护范围用整定值来表征。瞬时动作的距离保护Ⅰ段的保护范围应限制在本线路内,通常距离保护Ⅰ段的保护范围为被保护线路全长的 80% ~85%。例如图 1.4.1 中保护Ⅰ的距离保护Ⅰ段测量元件的整定阻抗 Z_{set}^{I},应小于线路阻抗 Z_{AB},距离保护Ⅰ段是瞬时动作的,其动作时限是距离保护Ⅰ段保护装置本身固有动作的时间。

距离保护Ⅰ段不能保护本线路全长,为了较快切除本线路末端 15% ~20% 范围内的故障,需装设第Ⅱ段距离保护,即距离Ⅱ段。在对端母线故障时,距离保护应具有足够的灵敏度。而在保证灵敏度的前提下,距离保护Ⅱ段可选择和相邻线路的距离保护Ⅰ段相配合,或选择和相邻Ⅱ段相配合,距离保护第Ⅱ段的动作时限必须大于与之相配合的相应段一个时限差 Δt,以保证选择性。即

$$t_1^{\mathrm{II}} = t_2^{\mathrm{II}} + \Delta t$$

式中　t_1^{II}——距离保护Ⅱ段的动作时限。

距离保护Ⅰ段和Ⅱ段可共同作为线路的主保护。

为了做本线路距离保护Ⅰ、Ⅱ段的近后备保护及作相邻下一线路距离保护和断路器拒动的远后备保护,还需装设第Ⅲ段距离保护,即距离Ⅲ段。距离Ⅲ段的整定阻抗的选择按躲过最大负荷时阻抗整定。因而在线路上流过最大负荷电流且母线电压最低时距离保护不动作。距离保护第Ⅲ段的动作时限要比距离保护第Ⅲ段范围内的其他各保护的动作时限大一个时限级差 Δt,即

$$t_1^{\mathrm{III}} = t_2^{\mathrm{III}} + \Delta t$$

式中　t_1^{III}——本线路距离Ⅲ段动作时限;

t_2^{III}——相邻下一线路距离Ⅲ段动作时限。

除了采用三段式距离保护外,为了简化距离保护的接线,也可以采用两段式距离保护

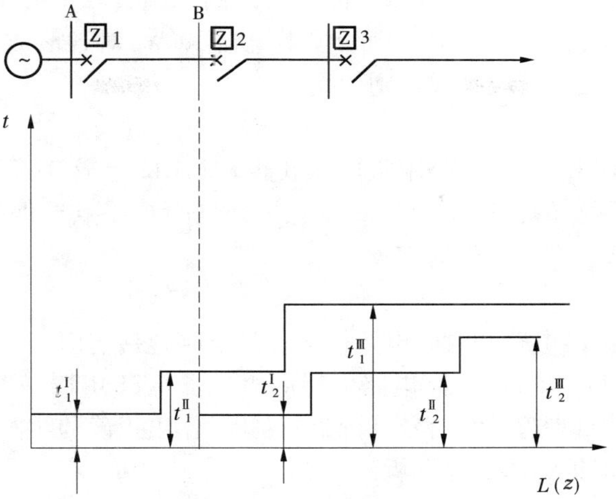

图 1.4.1　三段式距离保护的阶梯形时限特性

(一般是只有距离Ⅰ、Ⅱ段或只有距离Ⅱ、Ⅲ段)。

(三)三段式距离保护原理框图

距离保护的原理框图如图 1.4.2 所示,它由启动回路、测量回路和逻辑回路 3 部分组成。

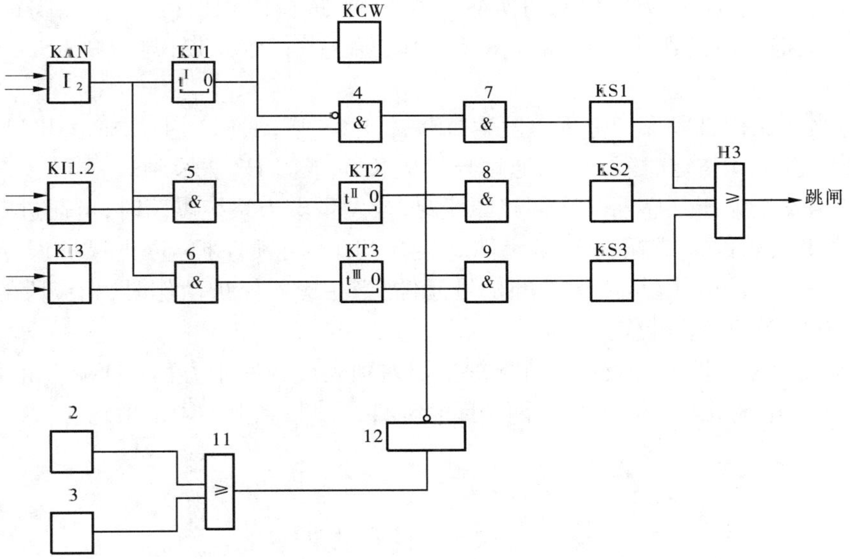

图 1.4.2　三段式距离保护构成单相原理框图

1. *启动回路*

启动回路由启动元件组成,启动元件可以采用电流继电器、阻抗继电器、负序电流继电器或负序电流增量继电器,一般采用负序电流继电器。正常运行时,整套装置处于未启动状态,即使测量元件动作也不会误跳闸。启动部分在短路时启动整套保护装置,解除闭锁,允许阻抗继电器 KI1 ~ KI3 通过与门 5 和 6 去跳闸。启动元件同时启动时间继电器

KT1,在 0.1 s(开放时间)内允许距离保护Ⅰ段跳闸。超过 0.1 s,KT1 动作,一方面通过禁止门 4 闭锁距离Ⅰ段,另一方面启动切换继电器 KCW,对各段或各相有公用的阻抗继电器的距离保护装置,进行段别或相别切换。

2. 测量回路

测量回路的Ⅰ段和Ⅱ段,由公用阻抗继电器 KI1、KI2 组成,而第Ⅲ段由测量阻抗继电器 KI3 组成。测量回路的作用是通过测量阻抗来判断短路点至保护安装地点之间的距离,判断故障处于哪一段保护范围。

3. 逻辑回路

逻辑回路主要由门电路和时间电路构成。门电路包括与门(5、6、7、8、9)、非门(12)、禁止门(4)和或门(11、H3)。时间电路由时间继电器 KT1、KT2、KT3 组成。逻辑回路的作用是对启动、测量回路送来的信号进行分析判断,作出正确的跳闸决定。

对三段式距离保护动作情况分析:

(1)正常运行时,所有元件均无信号输出,保护装置不动作。

(2)在Ⅰ段保护区内发生短路时,出现负序电流继电器 KAN 启动,Ⅰ、Ⅱ、Ⅲ段阻抗继电 KI1 ~ KI3 均启动,与门 5、6 动作,由于 KT2、KT3 时限大,首先由不带时限的Ⅰ段保护通过禁止门 4,与门 7,信号继电器 KS1 和或门 H3 去跳闸,而后各元件返回。

(3)当在Ⅱ段保护区内发生短路时,KAN 启动,KI3 启动,但 KI1、KI2 不启动,只有经过 0.1 sKT1 动作后,一方面启动切换继电器 KCW 进行段别切换,一方面闭锁禁止门 4。当动作阻抗定值切换到Ⅱ段后,KI1、KI2 动作,通过与门 5、KT2,与门 8、KS2、或门 H3 去跳闸。

(4)当在保护Ⅲ段保护范围内发生短路时,KAN 启动,KI3 启动,通过与门 6 动作,启动 KT3,到达 KT3 整定时限 $t^{Ⅲ}$ 时,通过与门 9、KS3、或门 H3 去跳闸。

(5)当发生电压互感器二次回路断线时,或发生电力系统震荡时,可通过电压互感器二次断线闭锁元件 2 或振荡闭锁元件 3 经非门 12 闭锁保护,防止保护误动作。KS1、KS2、KS3 为距离Ⅰ、Ⅱ、Ⅲ段保护的信号元件,当相应段保护动作时,相应段的信号继电器动作,发出保护装置动作报警信号。

三段式距离保护与三段式电流保护主要差别表现在三个方面:①测量元件采用阻抗元件,而不是电流元件。②增加了两个闭锁元件。③整套保护中每项均有启动元件,可以提高保护的可靠性。

第二节　阻抗继电器

一、阻抗测量的基本方法及阻抗继电器的动作特性

阻抗继电器是距离保护装置的核心元件,其作用是测量故障点至保护安装处之间的阻抗,并与其整定阻抗进行比较,以确定保护是否应该动作。

阻抗继电器按其构造原理不同,分为电磁型、感应型、整流型、晶体管型、集成电路型和微机型;根据比较原理不同,可分为幅值比较式和相位比较式两大类;根据输入量的不

同，分为单相式、多项补偿式两大类。

本书只讨论单相阻抗继电器。单相式阻抗继电器是指只输入一个电压 $\dot{U}_r$（可以是相电压或线电压）和一个电流 $\dot{I}_r$（可以是相电流或两相电流差）的阻抗继电器，$\dot{U}_r$ 和 $\dot{I}_r$ 比值称为继电器的测量阻抗 Z_r。如图 1.4.3(a) 所示，线路 L_2 上任意一点故障时，流入阻抗继电器的电流是故障电流的二次值 $\dot{I}_r$，接入的电压是保护安装处母线残余电压的二次值 $\dot{U}_r$，则阻抗继电器的测量阻抗（感受阻抗）Z_r 可表示为

$$Z_r = \frac{\dot{U}_r}{\dot{I}_r} = \frac{\dfrac{\dot{U}}{\eta_{TV}}}{\dfrac{\dot{I}}{\eta_{TA}}} = \frac{\eta_{TA}}{\eta_{TV}} \cdot Z_K \tag{1.4.1}$$

式中　η_{TA}、η_{TV}——电流互感器的变比、电压互感器的变比。

由于电压互感器（TV）和电流互感器（TA）的变比均不等于 1，所以故障时阻抗继电器的测量阻抗不等于故障点到保护安装处的线路阻抗，但 Z_r 与 Z_K 成正比，比例常数为$\frac{\eta_{TA}}{\eta_{TV}}$。这样，为了判断阻抗继电器能否动作，可直接用故障点到保护安装处的线路阻抗与保护范围的线路阻抗进行比较。

在复数平面上，测量阻抗 Z_r 可以写成 $R + jX$ 的复数形式。为了便于比较测量阻抗 Z_r 与整定阻抗 Z_{set}，单相式阻抗继电器可用复平面分析其动作特性。继电器动作决定于测量阻抗 Z_r 与整定阻抗 Z_{set} 相比较。继电器的整定阻抗是保护安装处至保护末端的模拟阻抗。以图 1.4.3(a) 中的线路 L_2 的保护 2 为例，将阻抗继电器的测量阻抗画在复平面上，如图 1.4.3(b) 所示，将线路的始端 B 置于坐标原点，保护正方向故障时的测量阻抗在第Ⅰ象限，即落在直线 BC 上，BC 与 R 轴之间的夹角为线路的阻抗角 φ_K。保护反方向故障时的测量阻抗则在第Ⅲ象限，即落在直线 BA 上。假如保护 2 的距离Ⅰ段测量元件整定阻抗 $Z_{set2}^{I} = 0.85Z_{BC}$，且整定阻抗角 $\varphi_{set} = \varphi_K$（$\varphi_k$ 线路阻抗角），那么，Z_{set2}^{I} 在复数平面上的位置必然在 BC 上。

在保护范围内的 K_1 点短路时，测量阻抗 $Z'_r < Z_{set2}^{I}$，继电器动作；在保护范围外的 K_2 点短路时，测量阻抗 $Z''_r > Z_{set2}^{I}$，继电器不动作。目前广泛应用的是在保证整定阻抗 Z_{set} 不变的情况下，将动作区扩展为位置不同的各种圆，如图 1.4.3(b) 所示。当测量阻抗位于圆内时，阻抗继电器动作，故圆内为动作区；当测量阻抗在圆外时，阻抗继电器不动作，故圆外为非动作区；当测量阻抗位于圆周上时，阻抗继电器处于临界状态。其中 1 为全阻抗继电器的动作特性圆，它是以整定阻抗为 Z_{set2}^{I} 半径的圆；2 为方向阻抗继电器的动作特性圆，它是以整定阻抗 Z_{set2}^{I} 为直径的圆；3 为偏移特性阻抗继电器的动作特性圆，它是坐标原点在圆内的偏移圆，整定阻抗 Z_{set2}^{I} 是圆直径中的一部分。因这三种动作特性的阻抗继电器均包括了 $Z_{set2}^{I} = 0.85Z_{BC}$ 的保护范围，因而保证了保护 2 正方向距离Ⅰ段的保护范围不变。

应该指出，阻抗继电器的动作特性并不一定非扩展成圆形不可，只是由于圆特性的阻抗继电器的接线实现起来比较简单，且便于制造和调试，所以得到了广泛的应用。

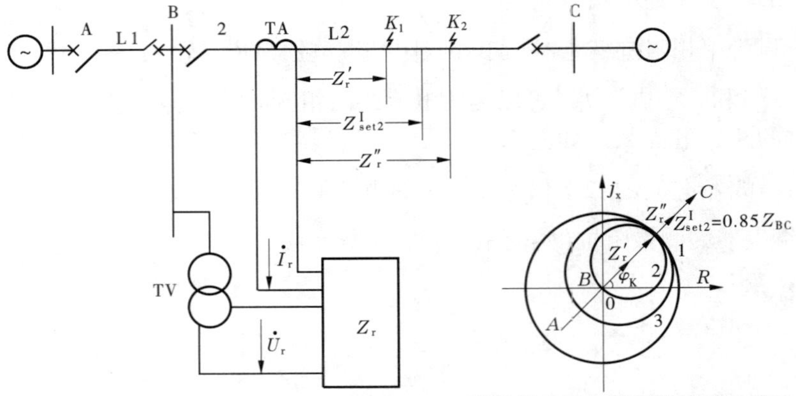

(a)网络图 (b)阻抗继电器的测量阻抗及动作特性

图 1.4.3 阻抗继电器的动作特性分析

二、圆特性阻抗继电器的特性方程及实现方法

(一)全阻抗继电器

如图 1.4.4 所示,全阻抗继电器的特性圆是一个以坐标原点为圆心,以整定阻抗的绝对值$|Z_{set}|$为半径所作的一个圆。全阻抗继电器在正前方和后背的保护范围是一样的,不论故障发生在正方向(对图 1.4.3 线路 *BC* 保护 2 而言,故障发生在 *BC* 线路上)还是反方向(*BA* 线路上)只要测量阻抗 Z_r 落在圆内,继电器就动作,所以叫全阻抗继电器。当测量阻抗落在圆周上时,继电器处于临界状态,对应于此时的测量阻抗叫做阻抗继电器的动作阻抗,以 $Z_{op.r}$表示。所以对全阻抗继电器来说,不论 $\dot{U}_r$ 与 $\dot{I}_r$ 之间的相位差 φ_r 如何,$|Z_{op.r}|$均不变,总为$|Z_{op.r}|=|Z_{set}|$,即全阻抗继电器无方向性,可能产生误差。

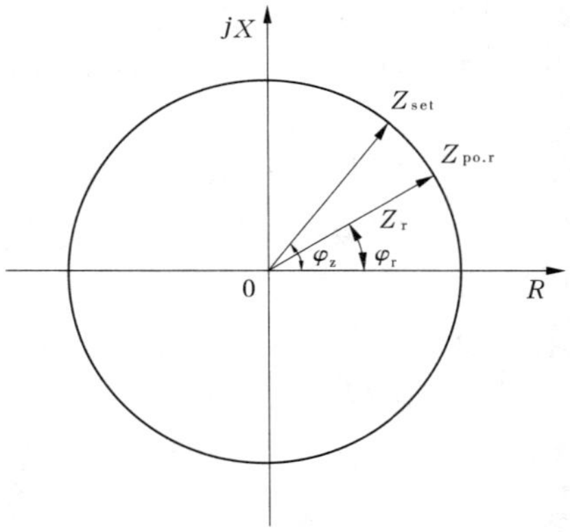

图 1.4.4 全阻抗继电器的动作特性

在构成阻抗继电器时,为了比较测量阻抗 Z_r 和整定阻抗 Z_{set},通常将它们同乘以线路电流,变成两个电压后,再进行比较。而对两个电压的比较,则可以比较其绝对值,也可以比较其相位。阻抗继电器可以采用绝对值比较(也称比幅)方式或相位比较(也称比相)方式构成。

1. 绝对值比较方式

绝对值比较方式全阻抗继电器的动作特性如图 1.4.4 所示的,当测量阻抗落在圆内,继电器就能够启动,其启动条件可用阻抗的幅值表示,即

$$|Z_r|\leqslant|Z_{set}| \tag{1.4.2}$$

上式两边同乘以电流 $\dot{I}_r$ 得下式

$$|\dot{U}_r|\leqslant|\dot{I}_rZ_{set}| \tag{1.4.3}$$

这样可看做两个电压幅值的比较，式中 $\dot{I}_r Z_{set}$ 表示电流在某一个恒定阻抗上的电压降落，这个电压可以通过电抗变换器或其他补偿方式获得。

在传统的距离保护中绝对值比较原理的实现可由图 1.4.5 所示接线获得。

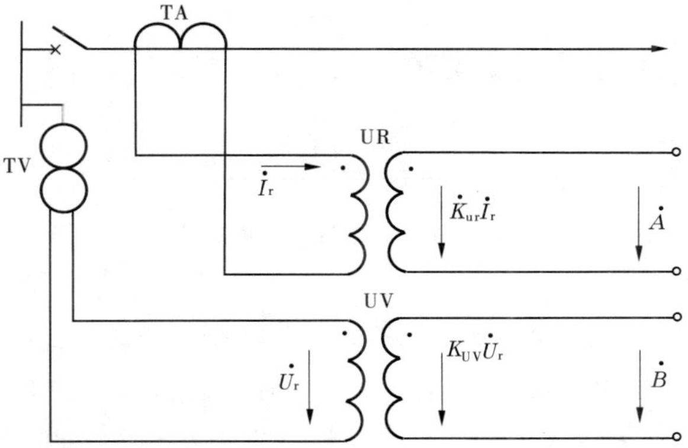

图 1.4.5　绝对值比较式全阻抗继电器的电压形成回路

图 1.4.5 中，首先通过电抗变换器 UR 得到 $\dot{A}=\dot{K}_{ur}\dot{I}_r$，通过整定变压器 UV 得到 $\dot{B}=K_{UV}\dot{U}_r$（$\dot{A}$、$\dot{B}$ 均为交流正弦量，其正方向均由极性端指向非极性端，即电压降的方向）。特别注意，电抗变换器的变换系数 $\dot{K}_{ur}$ 为具有阻抗量纲的复数变换系数，改变匝数可以改变变换系数的值，改变调节绕组中的调节电阻，可以改变其阻抗角。整定变压器的变换系数 K_{UV} 为没有量纲的实数，所以整定变压器的输出电压与输入电压同相位。

然后在绝对值比较电路中比较两个电压的大小，通常采用的绝对值比较回路如图 1.4.6 所示。绝对值比较回路由整流桥 1U 和 2U 及极化继电器 KP 组成。回路中的电流 I_a、I_b 分别与 $|\dot{K}_{ur}\dot{I}_r|$ 及 $|K_{UV}\dot{U}_r|$ 成正比。在 $R_1=R_2$ 的条件下，当 $I_a>I_b$ 时，表明 $|\dot{K}_{ur}\dot{I}_r|>|K_{UV}U_r|$，执行元件——极化继电器 KP 动作。可见，执行元件的动作方程为

$$|K_{UV}\dot{U}_r|\leqslant|\dot{K}_{ur}\dot{I}_r|$$

即

$$|\dot{U}_r|\leqslant\left|\frac{\dot{K}_{ur}}{K_{UV}}\dot{I}_r\right| \tag{1.4.4}$$

比较式(1.4.3)和式(1.4.4)可知，全阻抗继电器的整定阻抗 $Z_{set}=\dfrac{\dot{K}_{ur}}{K_{UV}}$。采用整定变压器 UV 与电抗变压器 UR 配合，借改变它们的绕组匝数来改变 $\dot{K}_{ur}$ 和 K_{UV}，可使继电器的整定阻抗有较大的调节范围。

图 1.4.6 所示的绝对值比较回路是采用极化继电器作执行元件的，构成的是整流型阻抗继电器。若执行元件采用晶体管零指示器，构成的则是晶体管型阻抗继电器或称静态阻抗继电器。

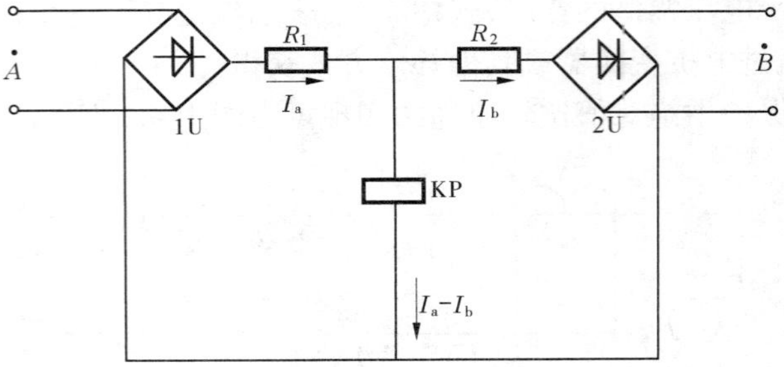

图 1.4.6　绝对值比较回路

2. 相位比较方式

按绝对值比较方式构成的全阻抗继电器其临界动作条件为$|Z_{set}| = |Z_r|$，由图 1.4.7(a)不难看出，此时合成阻抗 $Z_{set} - Z_r$ 和 $Z_{set} + Z_r$ 之间的夹角 $\theta = 90°$，Z_r 位于圆周上；而继电器阻抗元件的动作条件表达式为$|Z_{set}| > |Z_r|$，对应于 $\theta < 90°$，此时继电器的动作条件可表示为图 1.4.7(b)所示状态；当继电器不动作时，$|Z_{set}| < |Z_r|$，对应于 $\theta > 90°$，见图 1.4.7(c)。可见，继电器的动作条件又可用阻抗 $Z_{set} - Z_r$ 与 $Z_{set} + Z_r$ 之间的夹角 θ 表示为

$$-90° \leqslant \theta \leqslant 90° \tag{1.4.5}$$

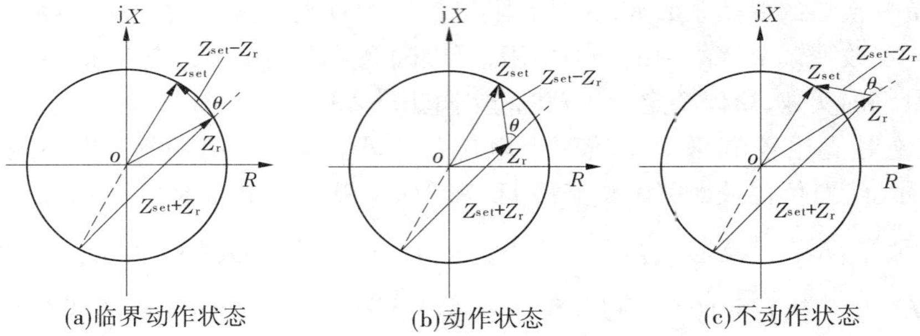

图 1.4.7　全阻抗继电器动作条件的表示方法

将阻抗 $Z_{set} + Z_r$ 和 $Z_{set} - Z_r$ 同乘以电流 $\dot{I}_r$，即可得到比较相位的两个电压

$$\left.\begin{aligned}\dot{U}_{\mathrm{I}} &= \dot{I}_r Z_{set} + \dot{U}_r \\ \dot{U}_{\mathrm{II}} &= \dot{I}_r Z_{set} - \dot{U}_r\end{aligned}\right\} \tag{1.4.6}$$

显然，电压 $\dot{U}_{\mathrm{I}}$ 与 $\dot{U}_{\mathrm{II}}$ 间的相位差就是阻抗 $Z_{set} + Z_r$ 与 $Z_{set} - Z_r$ 的夹角 θ，故继电器的动作条件为 $\dot{U}_{\mathrm{I}}$ 与 $\dot{U}_{\mathrm{II}}$ 间的相位差 θ 满足 $-90° \leqslant \theta \leqslant 90°$，即继电器动作与否仅决定于 $\dot{U}_{\mathrm{I}}$ 与 $\dot{U}_{\mathrm{II}}$ 之间相位关系，而与它们的大小无关。

当然，这两个电压中的任何一个均不能为零。否则，就无法进行相位的比较，继电器就不能正确工作。与绝对值比较原理的实现方法类似，在传统距离保护中的相位比较原

理也是以两个电压 $\dot{U}_{\mathrm{I}}(\dot{C})$、$\dot{U}_{\mathrm{II}}(\dot{D})$ 比较的形式获得的，其接线如图 1.4.8 的 $\dot{C}$、$\dot{D}$ 均为交流正弦量。

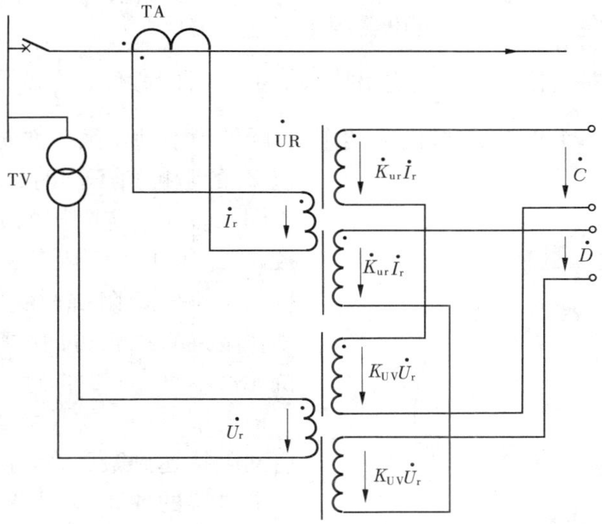

图 1.4.8　相位比较式全阻抗继电器的电压形成回路

3. 绝对值比较方式与相位比较方式之间的一般关系

综上所述按比较绝对值方式实现时，被比较绝对值的两个电压为 $\dot{A}=\dot{K}_{ur}\dot{I}_r$ 和 $\dot{B}=K_{UV}\dot{U}_r$，继电器的动作条件为 $|\dot{A}|>|\dot{B}|$；按相位比较方式实现时，被比较相位的两个电压为 $\dot{C}=\dot{K}_{ur}\dot{I}_r+K_{UV}\dot{U}_r$，$\dot{D}=\dot{K}_{ur}\dot{I}_r+K_{UV}\dot{U}_r$，$\dot{C}$、$\dot{D}$ 的相位差 θ 满足 $-90°\leqslant\theta\leqslant90°$ 时，继电器动作。由此可以推出两种比较方式之间被比较的电压的一般关系为

$$\left.\begin{aligned}\dot{C}&=\dot{A}+\dot{B}\\\dot{D}&=\dot{A}-\dot{B}\end{aligned}\right\}\tag{1.4.7}$$

式(1.4.7)中，$\dot{A}$ 和 $\dot{B}$ 为比较绝对值的两个电压，且 $|\dot{A}|\geqslant|\dot{B}|$ 时，继电器动作；$\dot{C}$ 和 $\dot{D}$ 为比较相位的两个电压，当它们的相位差 θ 满足 $-90°\leqslant\theta\leqslant90°$ 时，继电器动作。

由上述分析可知，绝对值比较式和相位比较式之间具有互换性。同一动作特性的继电器既可按绝对值比较方式构成，也可按相位比较方式构成。就构成一定动作特性的继电器而言，两组比较电压是等效的，绝对值比较式容易实现，而相位比较式的理论分析更为直观、易理解。但是必须注意：

(1) 只适用于 $\dot{A}$、$\dot{B}$、$\dot{C}$、$\dot{D}$ 为同一频率的正弦交流电。

(2) 只适用于相位比较动作范围为 $-90°\leqslant\theta\leqslant90°$ 和幅值比较方式动作条件为 $|\dot{A}|>|\dot{B}|$ 的情况。

(3) 对短路暂态过程中出现的非周期分量和谐波分量，以上的转换关系显然是不成立的，因此不同比较方式构成的继电器受暂态过程的影响不同。

（二）方向阻抗继电器

全阻抗继电器动作是无方向性的，不能判别短路故障的方向，若采用它作测量元件，有时尚须另加一个方向元件与之配合。而采用方向阻抗继电器，既能测量短路点的远近，又能判别短路的方向。方向阻抗继电器满足了这一需要。

方向阻抗继电器的特性是以整定阻抗 Z_{set} 为直径，圆心位于 $\frac{1}{2}Z_{set}$，而通过坐标原点的一个特性圆。如图 1.4.9 所示，圆内为动作区，圆外为不动作区。方向特性圆对于测量阻抗 Z_r 的阻抗角不同时，动作阻抗 $Z_{op.r}$，也是不同的。在整定阻抗的方向上，动作阻抗最大，正好等于整定阻抗；其他方向的动作阻抗都小于整定阻抗；在整定阻抗的反方向，动作阻抗为 0，反方向故障时不会动作，故阻抗元件本身具有方向性。

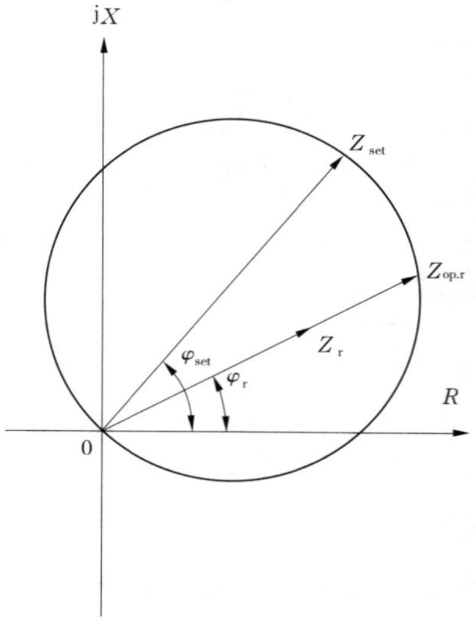

图 1.4.9　方向阻抗继电器特性圆及动作特性

由于 φ_r 等于 Z_{set} 的阻抗角时，继电器的启动阻抗达到最大，等于圆的直径，此时，阻抗继电器的保护范围最大，工作最灵敏，因此这个角度称为方向阻抗继电器的最大灵敏角，通常用 φ_{sen} 表示。当被保护线路范围内故障时，测量阻抗角 $\varphi_r = \varphi_K$（线路短路阻抗角），为了使继电器工作在最灵敏条件下，应选择整定阻抗角 $\varphi_{set} = \varphi_K$。若 φ_r 不等于 φ_{set}，则动作阻抗 $Z_{op.r}$ 将小于整定阻抗 Z_{set}，这时继电器的动作条件是 $Z_r < Z_{op.r}$，而不是 $Z_r < Z_{set}$，这一点需特别注意。

方向阻抗继电器也可由绝对值比较方式或相位比较方式构成，分析如下。

1. 绝对值比较方式

绝对值比较方式如图 1.4.10(a) 所示，继电器能够启动（即测量阻抗 Z_r 位于圆内）的条件是

$$\left| Z_r - \frac{1}{2}Z_{set} \right| \leqslant \left| \frac{1}{2}Z_{set} \right| \tag{1.4.8}$$

等式两边乘以电流 $\dot{I}_r$，变为两个电压的幅值比较

$$\left| \dot{U}_r - \frac{1}{2}\dot{I}_r Z_{set} \right| \leqslant \left| \frac{1}{2}\dot{I}_r Z_{set} \right| \tag{1.4.9}$$

令 $Z_{set} = \frac{\dot{K}_{ur}}{K_{UV}}$ 并代入式(1.4.9)，然后在不等式两边同乘以 K_{UV}，得

$$\left| K_{UV}\dot{U}_r - \frac{1}{2}K_{ur}\dot{I}_r \right| \leqslant \left| \frac{1}{2}K_{ur}\dot{I}_r \right| \tag{1.4.10}$$

式(1.4.10)为继电器的动作条件。

2. 相位比较方式

相位比较方式如图 1.4.10(b) 所示，当 Z_r 位于圆周上时，阻抗 $(Z_{set} - Z_r)$ 与 Z_r 之间

的相位差 $\theta=90°$，类似于对全阻抗继电器的分析，同样可以证明 $-90°\leq\theta\leq90°$ 是继电器能够启动的条件。

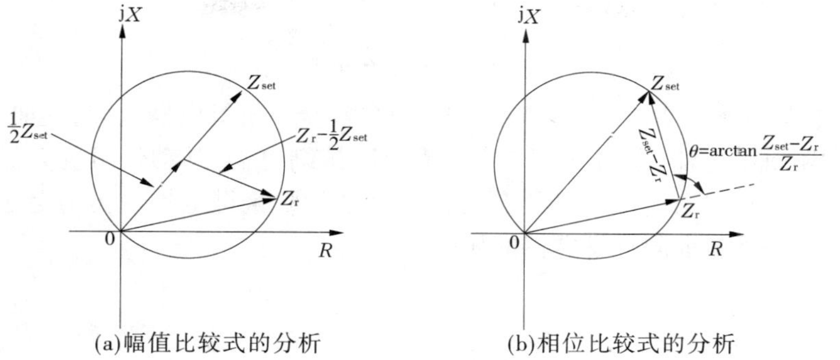

图 1.4.10 方向阻抗继电器特性圆及动作特性

由式(1.4.10)和式(1.4.7)可求得方向阻抗继电器比较相位的两个电压 $\dot{C}$ 和 $\dot{D}$ 为

$$\dot{C}=K_{UV}\dot{U}_r$$

$$\dot{D}=K_{ur}\dot{I}_r-K_{UV}\dot{U}_r \tag{1.4.11}$$

$\dot{C}$ 和 $\dot{D}$ 的相位差角 θ 满足 $-90°\leq\theta\leq90°$，继电器动作。

3. 方向阻抗继电器小结

方向阻抗继电器的优点在于它具有明确的方向性，不会误动。

但方向阻抗继电器也存在以下缺点：

(1)躲过过渡电阻的能力差，过渡电阻稍大一点，方向阻抗继电器便不起作用。

(2)虽然方向阻抗继电器理论上过原点，但实际上由于电路设计有门坎值，低于门坎值电路就不动作，所以保护出口处附近有死区。

(3)采用比相式时，当在保护安装出口处短路时，其中 $U_r\approx0$，无法比较相角，所以方向阻抗继电器有一定的死区，越接近出口处短路，越不动作。

4. 方向阻抗继电器的动作死区及消除办法

如前所述，按图 1.4.10 绝对值比较和相位比较实现的方向阻抗继电器存在电压死区。当在保护正方向出口处发生三相短路时，故障相间残压将接近零，$\dot{U}_r\approx0$。对于按绝对值比较原理构成的方向阻抗继电器，由式(1.4.10)可看出，这时动作量与制动量电压相等，由于执行元件都需要一定功率才能动作，因此继电器不动作；对于按相位比较原理构成的方向阻抗继电器，由式(1.4.11)可看出，由于 $\dot{U}_r=0$，而失去比相的参考相量，无法进行比相，继电器也不动作，从而出现死区。为减少和消除死区，常常采用以下两种方法：一是采用具有插入电压(也称极化电压)的方向阻抗继电器；二是采用偏移特性阻抗继电器。

(三)偏移特性阻抗继电器

偏移特性阻抗继电器的特性是当正方向的整定阻抗为 Z_{set} 时，同时反方向偏移一个 αZ_{set}，其中 α 叫做偏移度，其值在 0 ~ 1 间。继电器的动作特性如图 1.4.11 所示，圆内为动作区，圆外为不动作区。偏移特性阻抗继电器的特性圆向第Ⅰ象限作了适当偏移，使坐

标原点落入圆内，则母线附近的故障也在保护范围之内，因而电压死区不存在了。由图 1.4.11可见，圆的直径为$|Z_{set}+\alpha Z_{set}|$，圆心坐标为$Z_o=\frac{1}{2}(Z_{set}-\alpha Z_{set})$，圆的半径为

$$|Z_{set}-Z_o|=\frac{1}{2}|Z_{set}+\alpha Z_{set}|$$

这种继电器的动作特性介于方向阻抗继电器和全阻抗继电器之间，例如当采用$\alpha=0$时，即为方向阻抗继电器，而当$\alpha=1$时，则为全阻抗继电器，其动作阻抗$Z_{op.r}$与φ_r有关，但又没有完全的方向性，一般称其为具有偏移特性的阻抗继电器。实用上通常采用$\alpha=0.1\sim0.2$，以便消除方向阻抗继电器的死区。

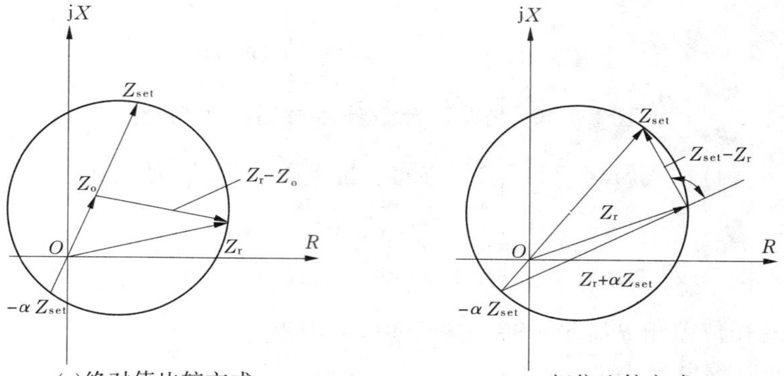

(a)绝对值比较方式　　　(b)相位比较方式

图 1.4.11　偏移特性阻抗继电器

偏移特性阻抗继电器也可由绝对值比较方式或相位比较方式构成。

1. 绝对值比较方式

绝对值比较方式如图 1.4.11(a)所示，继电器能够启动的条件为

$$|Z_r-Z_o|\leqslant|Z_{set}-Z_o| \tag{1.4.12}$$

将等式两端均乘以电流$\dot{I}_r$，即变为如下两个电压的幅值的比较

$$|\dot{U}_r-\dot{I}_rZ_o|\leqslant|Z_{set}-Z_o| \tag{1.4.13}$$

$$\left|\dot{U}_r-\frac{1}{2}\dot{I}_r(1-\alpha)Z_{set}\right|\leqslant\left|\frac{1}{2}\dot{I}_r(1+\alpha)Z_{set}\right| \tag{1.4.14}$$

2. 相位比较方式

相位比较方式如图 1.4.11(b)所示，当Z_r位于圆周上时，向量$(Z_r+\alpha Z_{set})$与$(Z_{set}-Z_r)$之间的相位差为$\theta=90°$，同样可以证明$-90°\leqslant\theta\leqslant90°$也是继电器能够启动的条件。将$(Z_r+\alpha Z_{set})$与$(Z_{set}-Z_r)$均以电流$\dot{I}_r$乘之，即可得到用以比较其相位的两个电压为

$$\dot{C}=\alpha\dot{I}_rZ_{set}+\dot{U}_r$$

$$\dot{D}=\dot{I}_rZ_{set}-\dot{U}_r$$

最后，特别强调一下三个阻抗的意义和区别，以便加深理解：

(1)Z_r是继电器的测量阻抗，由加入继电器中电压$\dot{U}_r$与电流$\dot{I}_r$的比值确定，Z_r的阻

抗角就是 $\dot{U}_r$ 和 $\dot{I}_r$ 之间的相位差 φ_r。

(2) Z_{set} 是继电器的整定阻抗,一般取保护安装处到保护范围末端的线路阻抗作为整定阻抗。对全阻抗继电器而言,就是圆的半径,对方向阻抗继电器而言,就是在最大灵敏角方向上的直径,而对偏移特性阻抗继电器,则是在最大灵敏角方向上由原点到圆周上的长度。

(3) $Z_{op.r}$ 是继电器的动作阻抗,它表示当继电器刚好动作时,加入继电器中电压 $\dot{U}_r$ 和电流 $\dot{I}_r$ 的比值,除全阻抗继电器以外,$Z_{op.r}$ 是随着 φ_r 的不同而改变的,当 $\varphi_r=\varphi_{set}$ 时,$Z_{op.r}$ 的数值最大,等于 Z_{set}。

三、阻抗继电器的精确工作电流与精确工作电压

在上面讨论的阻抗继电器的动作特性中,仅仅考虑了测量电压和测量电流之间的相对关系,并没有考虑它们自身的大小。而实际情况下,阻抗继电器动作的情况不仅与测量电压电流之间的相对关系有关,而且也与它们自身的大小有关。

在传统的模拟式保护中,阻抗继电器的整定阻抗是由电抗变换器 UR 的变换系数 $\dot{K}_{ur}$ 和整定变压器 UV 的变比系数 K_{UV} 决定的。整定变压器的线性程度较好,其变比 K_{UV} 可以近似认为是常数,但电抗变换器的线性度较差,当输入的电流较小时,其特性处于磁化曲线的起始部分,变换系数 $\dot{K}_{ur}$ 较小;而当输入电流很大时,其铁芯饱和,变换系数 K_{ur} 也将变小,只有输入电流在一个适当的范围内时,变换系数 K_{ur} 才可以看做一个常数。这样,在输入电流较小或较大时,相当于继电器的整定阻抗变小,从而使其动作阻抗也将变小,即整个动作区将变小。

为保证动作的可靠性,实现绝对值比较原理的比较电路有一定的动作门槛,如图 1.4.6即是只有 $|\dot{A}|$ 与 $|\dot{B}|$ 之差大于一个固定的门槛值 U_0 时才会动作。对于具有圆特性的方向阻抗继电器来说,式(1.4.11)根据实际继电器动作的条件应改为

$$\left|\frac{1}{2}\dot{K}_{ur}\dot{I}_r\right| - \left|K_{UV}\dot{U}_r - \frac{1}{2}\dot{K}_{ur}\dot{I}_r\right| \geqslant U_0 \tag{1.4.15}$$

两侧同除以 $K_{UV}\dot{I}_r$,并注意到 $Z_{set}=\dfrac{\dot{K}_{ur}}{K_{UV}}$,$Z_r=\dfrac{\dot{U}_r}{\dot{I}_r}$,式(1.4.15)变为

$$\left|\frac{1}{2}Z_{set}\right| - \left|\frac{1}{2}Z_{set} - Z_r\right| \geqslant \frac{U_0}{|K_{UV}\dot{I}_r|} \tag{1.4.16}$$

在保护区的末端附近金属性短路的情况下,测量阻抗 Z_r 的阻抗角与整定阻抗 Z_{set} 的阻抗角相等,且 Z_r 的阻抗值大于整定值的 $\frac{1}{2}$,这时式(1.4.16)中的 $-\left|\frac{1}{2}Z_{set}-Z_r\right|=\left|\frac{1}{2}Z_{set}\right|-|Z_r|$,所以式(1.4.15)又可以表示为

$$|Z_r| \leqslant |Z_{set}| - \frac{U_0}{|K_{UV}\dot{I}_r|} \tag{1.4.17}$$

使继电器的测量阻抗处于临界动作状态，就是继电器的动作阻抗，记为 Z_{op}，显然 $|Z_{op}| \leqslant |Z_{set}| - \frac{U_0}{|K_{UV}\dot{I}_r|}$，继电器实际的动作阻抗与输入电流的关系如图 1.4.12 所示。

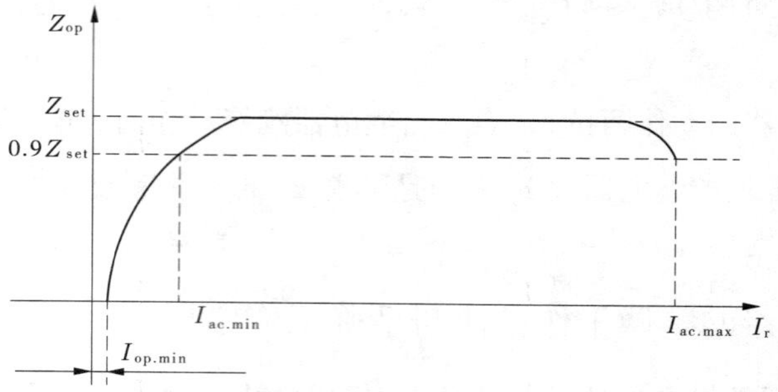

图 1.4.12　阻抗继电器动作阻抗与测量电流的关系曲线 $Z_{op}=f(I_r)$

在图 1.4.12 中，$I_{op.min}$是使动作阻抗降为 0 对应的测量电流，称为最小动作电流，实际电流小于 $I_{op.min}$时，无论测量阻抗为多少，测量元件都不会动作。$I_{ac.min}$和 $I_{ac.max}$都是使动作阻抗降为 $0.9Z_{set}$对应的测量电流，$I_{ac.min}$为阻抗继电器的最小精确工作电流，$I_{ac.max}$为阻抗继电器最大精确工作电流，则

$$Z_{op} = 0.9|Z_{set}| = |Z_{set}| - \frac{U_0}{|K_{UV}\dot{I}_{ac.min}|}$$

$$0.1|Z_{set}| = \frac{U_0}{K_{UV}I_{ac.min}}$$

最小精确工作电流与整定阻抗值的乘积称为阻抗继电器的最小精确工作电压，常用 $U_{ac.min}$表示，即

$$U_{ac.min} = I_{ac.min}|Z_{set}| = \left|\frac{10U_0}{K_{UV}}\right| \tag{1.4.18}$$

从式(1.4.18)中可见，整流型方向继电器的精确工作电压不受电抗变换器变换系数 K_{ur}大小变化的影响，是一个常数，故 U_{ac}是衡量阻抗继电器质量的一个指标。

综上所述，只有实际的测量电流在最小和最大精确工作电流之间、测量电压在最小精确工作电压以上时，三段式距离保护才能准确地配合工作，其误差已被考虑在可靠系数中。最小精确工作电流是距离保护测量元件的一个重要参数，其越小越好。

测量元件精确工作电流的校验，一般是指对最小精确工作电流的校验。要求在保护区内发生短路时，通入继电器的最小电流不小于最小精确工作电流，并留有一定的裕度，裕度系数不小于 1.5 ~ 2。

在出口短路时的测量阻抗很小，动作阻抗的变化一般不会影响保护的正确动作，所以最大精确工作电流一般不必校验。

在阻抗继电器应用于较短线路情况下，由于线路末端短路时测量电压可能较低，需对最小精确工作电压进行校验。线路较长时,一般不用校验精确工作电压。

第三节 阻抗继电器的接线方式

一、对阻抗继电器接线方式的要求

阻抗继电器的接线方式是指接入阻抗继电器的一定相别电压和一定相别电流的组合。不同的接线方式将影响继电器端子的测量阻抗,因此阻抗继电器的接线方式必须满足下列要求。

(1)阻抗继电器的测量阻抗 Z_r 应正比于短路点到保护安装地点之间的距离,而与电网的运行方式无关。

(2)阻抗继电器的测量阻抗 Z_r 应与故障类型无关,也就是保护范围不随故障类型而变化,以保证在不同类型故障时,保护装置都能正确动作。

常用的接线方式有两种:一种是反映相间短路故障的接线方式,它在各种相间短路情况下能满足上述要求;另一种是反映接地故障的接线方式,它在各类接地故障时和三相接地短路情况下能满足上述要求。

输入阻抗继电器的电流 $\dot{I}_r$ 应该是短路回路的电流,测量电压应该是短路在保护安装处的残余电压 $\dot{U}_r$。为了便于讨论,假设为金属性短路,忽略负荷电流,并假定电流互感器和电压互感器的变比都为1。

二、反映相间故障的阻抗继电器的0°接线方式

采用线电压和两相电流差的接线方式,称为0°接线方式,这是在距离保护中广泛采用的接线方式。为反映各种相间短路,0°接线方式需三个阻抗继电器,在AB、BC、CA相各接入一只阻抗继电器。三个阻抗继电器所加电压与电流及反映故障类型如表1.4.1所列。这种接线方式之所以称为0°接线,是因为若假定同一相的相电压与相电流同相位(即 $\cos\varphi=1$),则加在继电器端子上的电压 $\dot{U}_r$ 与电流 $\dot{I}_r$ 的相位差为0°。现分析采用这种接线方式的阻抗继电器,在发生各种相间故障时的测量阻抗。

表1.4.1 0°接线方式时,阻抗继电器所加电压、电流与反映故障类型

继电器编号	$\dot{U}_r$	$\dot{I}_r$	反映故障类型
KI1	$\dot{U}_{AB}$	$\dot{I}_A-\dot{I}_B$	$K^{(3)}$、$K_{AB}^{(2)}$、$K_{AB}^{(1.1)}$
KI2	$\dot{U}_{BC}$	$\dot{I}_B-\dot{I}_C$	$K^{(3)}$、$K_{BC}^{(2)}$、$K_{BC}^{(1.1)}$
KI3	$\dot{U}_{CA}$	$\dot{I}_C-\dot{I}_A$	$K^{(3)}$、$K_{CA}^{(2)}$、$K_{CA}^{(1.1)}$

(一)三相短路

如图1.4.13所示,三相短路是对称短路,三个阻抗继电器KI1~KI3的工作情况完全

相同,因此可仅以 KI1 为例分析之。接入继电器的电压和电流如表 1.4.1 所示。设短路点至保护安装地点之间的距离为 L km,线路每千米的正序阻抗为 Z_1 Ω,则进入 AB 相阻抗继电器的电压和电流为

$$\dot{U}_r^{(3)} = \dot{U}_{AB} = \dot{U}_A - \dot{U}_B = \dot{I}_A Z_1 L - \dot{I}_B Z_1 L = (\dot{I}_A - \dot{I}_B) Z_1 L$$

$$\dot{I}_r^{(3)} = \dot{I}_A - \dot{I}_B$$

因此,在三相短路时,阻抗继电器的测量阻抗为

$$Z_{KI1}^{(3)} = \frac{\dot{U}_r^{(3)}}{\dot{I}_r^{(3)}} = \frac{\dot{U}_A - \dot{U}_B}{\dot{I}_A - \dot{I}_B} = Z_1 L \tag{1.4.19}$$

在三相短路时,三个阻抗继电器的测量阻抗均为短路点到保护安装地点之间的阻抗,故三个继电器均能动作。

(二)两相短路

如图 1.4.14 所示,设以 A、B 两相短路为例,这时 $\dot{I}_A = -\dot{I}_B$,则故障相间的电压和电流分别为

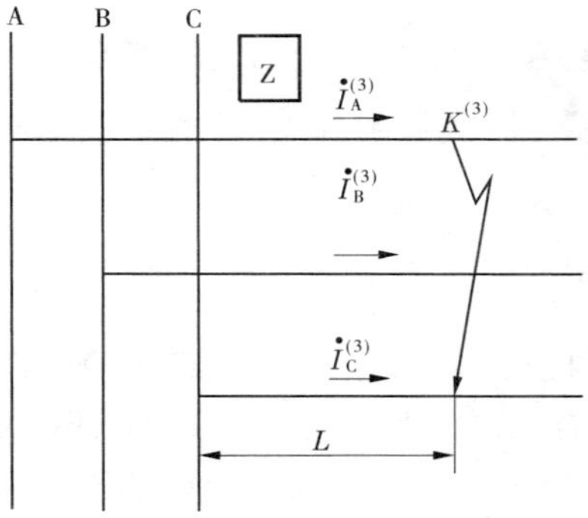

图 1.4.13　三相短路时测量阻抗的分析

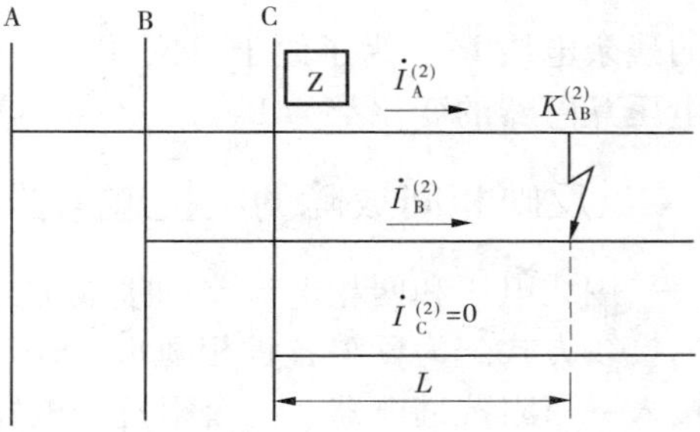

图 1.4.14　AB 两相短路时测量阻抗的分析

$$\dot{U}_r^{(2)} = \dot{U}_{AB} = \dot{I}_A Z_1 L - \dot{I}_B Z_1 L = (\dot{I}_A - \dot{I}_B) Z_1 L = 2\dot{I}_A Z_1 L$$

$$\dot{I}_r^{(2)} = \dot{I}_A - \dot{I}_B = 2\dot{I}_A$$

因此,继电器 KI1 的测量阻抗为

$$Z_{KI1}^{(2)} = \frac{\dot{U}_r^{(2)}}{\dot{I}_r^{(2)}} = \frac{\dot{U}_A - \dot{U}_B}{\dot{I}_A - \dot{I}_B} = \frac{2\dot{I}_A Z_1 L}{2\dot{I}_A} = Z_1 L \tag{1.4.20}$$

和三相短路时的测量阻抗相同,因此 KI1 能动作。

在 AB 两相短路的情况下,对继电器 KI2 和 KI3 而言,由于所加电压为非故障相和故障相的相间电压,数值比 $\dot{U}_{AB}$ 高,而电流又只有一个故障相的电流,数值比($\dot{I}_A - \dot{I}_B$)小,因此其测量阻抗必然大于式(1.4.20)的数值,也就是说 AB 两相短路时,KI2 和 KI3 不能正确地测量保护安装地点到短路点的阻抗,因此不能启动。

同理,分析 BC 或 CA 两相短路可知,相应地只有 KI2 或 KI3 能准确地测量到短路点

的阻抗而动作。这就是为什么要用三个阻抗继电器并分别接于不同相间的原因。

(三)中性点直接接地电网中两相接地短路

中性点直接接地电网中发生两相接地短路与两相短路不同之处在于此时地中有电流回路,因此 $\dot{I}_A \neq \dot{I}_B$。

仍以 A、B 两相接地短路为例,如图 1.4.15 所示,此时若把 A 相和 B 相看成两个"导线—大地"的送电线路并互感耦合在一起,设 Z_L 表示输电线路每千米的自感阻抗,Z_M 表示每千米的互感阻抗,则保护安装地点的故障相电压为

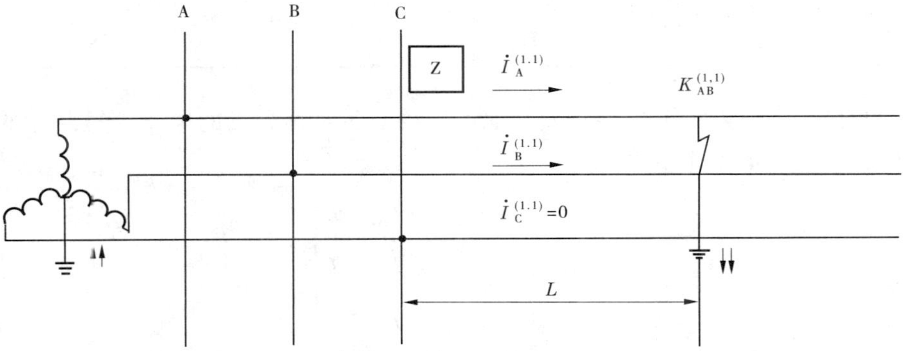

图 1.4.15　A、B 两相接地短路时测量阻抗的分析

$$\dot{U}_A = \dot{I}_A Z_L L + \dot{I}_B Z_M L$$

$$\dot{U}_B = \dot{I}_B Z_L L + \dot{I}_A Z_M L$$

因此,继电器 KI1 的测量阻抗为

$$Z_{KI1}^{(1.1)} = \frac{\dot{U}_A - \dot{U}_B}{\dot{I}_A - \dot{I}_B} = \frac{(\dot{I}_A - \dot{I}_B)(Z_L - Z_M)L}{\dot{I}_A - \dot{I}_B}$$

$$= (Z_L - Z_M)L = Z_1 L \tag{1.4.21}$$

由此可见,当发生 A、B 两相接地短路时,KI1 的测量阻抗与三相短路时相同,保护能够正确动作。

三、反映接地故障的阻抗继电器接线方式

在中性点直接接地电网中,当采用零序电流保护不能满足要求时,一般考虑采用接地距离保护。接地距离保护继电器的接入电压和电流如表 1.4.2 所示。由于接地距离保护的任务是反映接地短路,故需对阻抗继电器接线方式作进一步的讨论。

设 A 相发生单相接地,保护安装处 A 相母线电压 $\dot{U}_A$,故障点处相电压 $\dot{U}_{KA}$ 和短路电流 $\dot{I}_A$ 分别用对称分量表示为

$$\left.\begin{aligned} \dot{U}_A &= \dot{U}_{A1} + \dot{U}_{A2} + \dot{U}_{A0} \\ \dot{I}_A &= \dot{I}_{A1} + \dot{I}_{A2} + \dot{I}_{A0} \\ \dot{U}_{KA} &= \dot{U}_{KA1} + \dot{U}_{KA2} + \dot{U}_{KA0} = 0 \end{aligned}\right\} \tag{1.4.22}$$

表 1.4.2 反映接地故障的阻抗继电器所加电压与电流

继电器编号	$\dot{U}_r$	$\dot{I}_r$	反映故障类型
KI1	$\dot{U}_A$	$\dot{I}_A+K3\dot{I}_0$	$K_A^{(1)}$、$K_{AB}^{(1.1)}$、$K_{AC}^{(1.1)}$
KI2	$\dot{U}_B$	$\dot{I}_B+K3\dot{I}_0$	$K_B^{(1)}$、$K_{BC}^{(1.1)}$、$K_{AB}^{(1.1)}$
KI3	$\dot{U}_C$	$\dot{I}_C+K3\dot{I}_0$	$K_C^{(1)}$、$K_{AC}^{(1.1)}$、$K_{CB}^{(1.1)}$

根据各序的等效网络,在保护安装地点母线上各对称分量的电压与短路点的对称分量电压之间,应具有如下的关系

$$\left.\begin{aligned}\dot{U}_{A1}&=\dot{U}_{KA1}+\dot{I}_{A1}Z_1L\\\dot{U}_{A2}&=\dot{U}_{KA2}+\dot{I}_{A2}Z_1L\\\dot{U}_{A0}&=\dot{U}_{KA0}+\dot{I}_{A0}Z_0L\end{aligned}\right\}\tag{1.4.23}$$

因此,将式(1.4.23)代入式(1.4.22)中得,保护安装地点母线上的A相电压为

$$\begin{aligned}\dot{U}_A&=\dot{U}_{A1}+\dot{U}_{A2}+\dot{U}_{A0}\\&=\dot{U}_{KA1}+\dot{I}_{A1}Z_1L+\dot{U}_{KA2}+\dot{I}_{A2}Z_1L+\dot{U}_{KA0}+\dot{I}_{A0}Z_0L\\&=Z_1L(\dot{I}_{A1}+\dot{I}_{A2}+\dot{I}_{A0}\frac{Z_0}{Z_1})=Z_1L(\dot{I}_A+\dot{I}_{A0}\frac{Z_0-Z_1}{Z_1})\end{aligned}\tag{1.4.24}$$

为了使继电器的测量阻抗在单相接地时不受 $\dot{I}_0$ 的影响,根据以上分析的结果,就应该给阻抗继电器加入如下的电压和电流

$$\left.\begin{aligned}\dot{U}_r&=\dot{U}_A\\\dot{I}_r&=\dot{I}_A+\dot{I}_0\frac{Z_0-Z_1}{Z_1}=\dot{I}_A+K3\dot{I}_0\end{aligned}\right\}\tag{1.4.25}$$

式(1.4.25)中 $K=\dfrac{Z_0-Z_1}{3Z_1}$。一般可近似认为零序阻抗角和正序阻抗角相等,因而 K 是一个实数,这样继电器的测量阻抗将是

$$Z_r=\frac{Z_1L(\dot{I}_A+K3\dot{I}_0)}{\dot{I}_A+K3\dot{I}_0}=Z_1L\tag{1.4.26}$$

它能正确地测量从短路点到保护安装地点之间的阻抗,并与相间短路的阻抗继电器所测量的阻抗为同一数值。

为了反映任一相的接地短路,接地距离保护也必须采用三个阻抗继电器,其接线方式如图 1.4.16 所示,每个继电器所加的电压与电流及反映故障类型如表 1.4.2 所示。

这种接线方式同样能够反映于两相接地短路和三相短路,此时接于故障相的阻抗继电器的测量阻抗亦为 Z_1L。所以,这种接线方式用于中性点直接接地电网作为接地距离

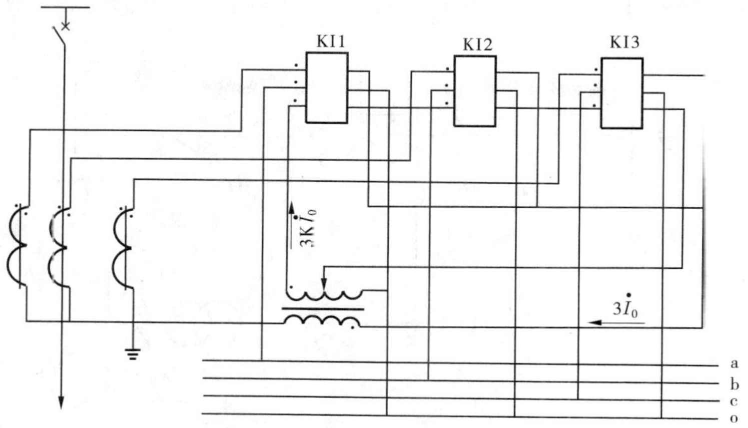

图 1.4.16 反映接地故障的阻抗继电器的接线方式图

保护中测量元件阻抗继电器的接线方式;也广泛地用于单相自动重合闸中,作为故障相的选相元件阻抗继电器的接线方式。

第四节 距离保护的整定计算

一、距离保护的整定原则

保护装置类型的选择是根据可能出现故障的情况来确定的,目前,电力系统中的相间距离保护多采用三段式保护。为了对不同特性的阻抗保护进行整定,保证电力系统的安全运行,在整定计算时需要注意以下问题:

(1)各种保护在动作时限上按阶梯原则配合。

(2)相邻元件的保护之间、主保护与后备保护之间、后备保护与后备保护之间均应配合。

(3)相间保护与相间保护之间、接地保护与接地之间的配合,反映不同类型故障的保护之间不能配合。

(4)上一线路与下一线路所有相邻线路保护间均需相互配合。

(5)不同特性的阻抗继电器在使用中还需考虑整定配合。

(6)对于接地距离保护,只有在整定配合要求不很严格的情况下,才能按照相间距离保护的整定计算原则进行整定。

(7)了解所选保护采用的接线方式、反映的故障类型、阻抗继电器的特性及采用的段数等。

(8)给出必需的整定值项目及注意事项。

二、距离保护的整定计算方法

在整定计算时,要计算各段的启动阻抗、动作时限并进行灵敏性校验。

(一)距离保护各段的整定计算

现以图 1.4.17 所示的多电源辐射形电网为例,介绍三段式相间距离保护整定计算的原则。设 AB、BC 均装有三段式距离保护，对保护 1 各段进行整定计算。

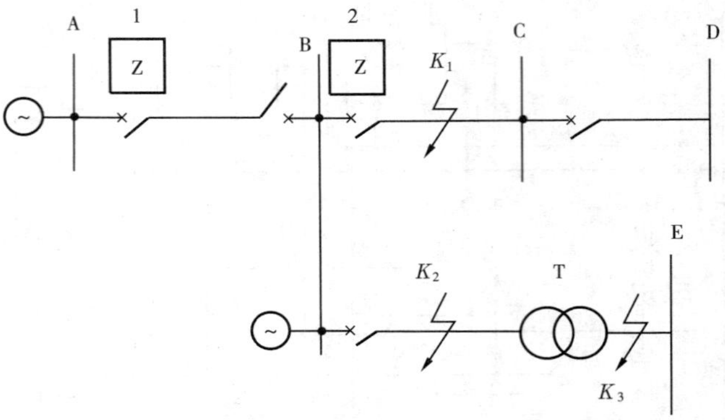

图 1.4.17 多电源辐射形电网

1. 距离 Ⅰ 段整定计算

瞬时动作的距离 Ⅰ 段的保护范围不应超过本线路全长。所以，距离保护的 Ⅰ 段动作阻抗应按躲过本段线路末端故障整定，一般可按被保护线路正序阻抗的 80% ~85% 计算，即

$$Z_{op.1}^{\mathrm{I}} = K_{rel}^{\mathrm{I}} Z_1 L_{AB} \tag{1.4.27}$$

式中 K_{rel}^{I}——距离保护第 Ⅰ 段可靠系数，考虑继电器动作阻抗的误差及互感器误差等，一般取 0.8 ~0.85；

Z_1——被保护线路每千米的正序阻抗，Ω/km；

L_{AB}——被保护线路的长度，km。

对于线路—变压器组，距离保护 Ⅰ 段动作阻抗应躲过变压器其他各侧的母线故障整定，即

$$Z_{op.A}^{\mathrm{I}} = K_{rel}^{\mathrm{I}} Z_{AB} + K_{rel,T}^{\mathrm{I}} Z_T \tag{1.4.28}$$

式中 $K_{rel,T}^{\mathrm{I}}$——可靠系数，一般取 0.75；

Z_{AB}——线路全长正序阻抗；

Z_T——变压器的正序阻抗，可用下式计算

$$Z_T = \frac{U_K}{100} \frac{U_{NT}^2}{S_{NT}}$$

式中 U_K——变压器短路电压百分比；

U_{NT}、S_{NT}——变压器的额定电压及额定容量。

距离保护的 Ⅰ 段动作时限，按 $t_1 = 0$ s 计，仅取各继电器本身固有动作时间，一般不超过 0.1 s，应大于避雷器的放电时间。

距离保护第 Ⅰ 段的灵敏系数用保护范围表示，即要求大于被保护线路全长的 80% ~85%。

2. 距离 Ⅱ 段整定计算

在图 1.4.17 所示网络中，与线路 AB 相邻的，除 BC 线路外，还可能有降压变压器 T，故距离保护 1 的 Ⅱ 段动作阻抗的整定应考虑以下两个原则。

（1）与相邻线路 BC 保护距离Ⅰ段的保护范围相配合，并注意引用分支系数，考虑助增（或汲出）电流对距离保护 1 的Ⅱ段测量阻抗的影响，即

$$Z_{op.A}^{\mathrm{II}} = K_{rel}^{\mathrm{II}}(Z_{AB} + K_{b.min}Z_{op.B}^{\mathrm{I}}) \tag{1.4.29}$$

式中 $Z_{op.B}^{\mathrm{I}}$——相邻线路距离Ⅰ段的动作阻抗；

$K_{b.min}$——考虑助增（或汲出）电流对线路 BC 的分支系数，为使保护在任何情况均能保证选择性，应选用各种可能运行方式下的最小值；

K_{rel}^{II}——可靠系数，一般取 0.8。

保护 1 第Ⅱ段动作时限比相邻线路保护 2 的第Ⅰ段时限大一个阶梯时限 Δt，一般取 $t_1^{\mathrm{II}} = 0.5$ s。

（2）躲过线路末端降压变压器其他侧母线 E 上 K_3 点的短路，即

$$Z_{op.A}^{\mathrm{II}} = K_{rel}^{\mathrm{II}}(Z_{AB} + K_{b.min}Z_{T.min}) \tag{1.4.30}$$

式中 $Z_{T.min}$——相邻变压器阻抗（若多台变压器并联运行时，按并联阻抗计算）；

$K_{b.min}$——考虑助增（或汲出）电流对变压器的分支系数；

K_{rel}^{II}——与变压器配合的可靠系数，考虑到 $Z_{T.min}$ 误差较大，所以 K_{rel}^{II} 取 0.7。

按式（1.4.29）和式（1.4.30）计算后，应取以上两式中数值较小的一个。此时距离Ⅱ段的动作时限应与相邻线路的Ⅰ段相配合，一般取 $\Delta t = 0.5$ s。

（3）距离保护Ⅱ段按被保护线路 AB 末端短路的条件校验灵敏系数，即

$$K_{sen} = \frac{Z_{op.A}^{\mathrm{II}}}{Z_1 L_{AB}} \geq 1.3 \sim 1.5 \tag{1.4.31}$$

（4）当灵敏系数不满足要求，应进一步延伸保护范围，可按与相邻线路的距离Ⅱ段相配合的条件整定动作阻抗，即

$$Z_{op.A}^{\mathrm{II}} = K_{rel}^{\mathrm{II}}(Z_{AB} + K_{b.min}Z_{op.B}^{\mathrm{II}}) \tag{1.4.32}$$

式中 $Z_{op.B}^{\mathrm{II}}$——相邻线路距离Ⅱ段的动作阻抗；

$K_{b.min}$——考虑助增（或汲出）电流对变压器的分支系数。

这时，保护 1 距离Ⅱ段的动作时限应为

$$t_A^{\mathrm{II}} = t_B^{\mathrm{II}} + \Delta t \tag{1.4.33}$$

3. 距离Ⅲ段

（1）按躲过线路最大负荷电流时的负荷阻抗 $Z_{L.min}$ 整定。

$Z_{L.min}$ 表示当线路上流过最大负荷电流 $I_{L.max}$ 且母线上电压最低时 $0.9U_{NX}$，在线路始端所测量到的阻抗，即

$$Z_{L.min} = \frac{0.9U_{NX}}{I_{L.max}} \tag{1.4.34}$$

式中 U_{NX}——电网的额定相电压；

$I_{L.max}$——未考虑电动机自启动的最大负荷电流。

若距离Ⅲ段的测量元件采用全阻抗继电器，则由于全阻抗继电器的动作阻抗与 φ_r 无关，故短路时，对应于 φ_r 的动作阻抗与正常运行时对应于 φ_L 的动作阻抗相等。距离保护 1 的Ⅲ段的动作阻抗整定值为

$$Z_{op.A}^{Ⅲ} = \frac{Z_{L.min}}{K_{rel}^{Ⅲ} K_{re} K_{ss}} \tag{1.4.35}$$

式中 $K_{rel}^{Ⅲ}$——可靠系数,取 1.2 ~ 1.3;

K_{re}——阻抗继电器的返回系数,取 1.15 ~ 1.25,考虑返回系数是因为外部故障时,距离Ⅲ段的测量元件可能已经启动,则在外部故障切除后,继电器应能可靠地返回;

K_{ss}——考虑电动机自启动时使电流增大的自启动系数,其值大于 1。

距离保护 1 的Ⅲ段的测量元件若采用方向阻抗继电器时,可以提高保护的灵敏性。图 1.4.18 显示采用 0°接线方式的方向阻抗继电器和全阻抗继电器,均按躲过正常运行时的最小负荷阻抗来整定动作阻抗时继电器的动作特性。由于正常运行时的负荷阻抗角 φ_L 较小(为 0° ~ 25°),而线路短路时的线路阻抗角 φ_K 较大(为 60° ~ 80°),而且通常使继电器的灵敏角 $\varphi_{sen} = \varphi_K$。由图 1.4.18可以看出,短路时全阻抗继电器的动作阻抗仍为 $Z_{op.A}^{Ⅲ}$,而方向阻抗继电器的动作阻抗却增大了许多。短路时方向阻抗继电器的动作阻抗为

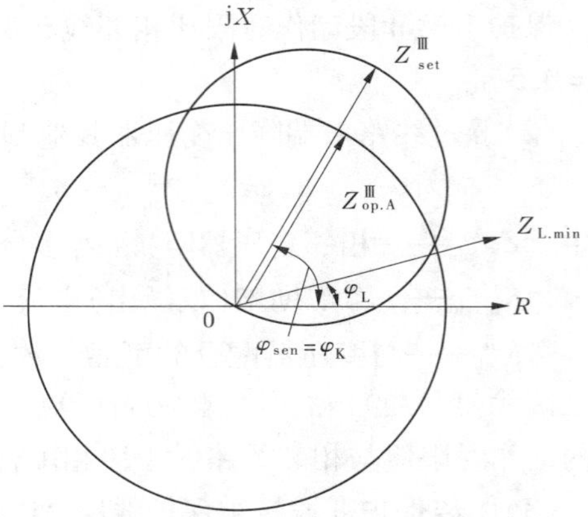

图 1.4.18

$$Z_{op.A}^{'Ⅲ} = \frac{Z_{op.A}^{Ⅲ}}{\cos(\varphi_{sen} - \varphi_L)} \tag{1.4.36}$$

(2)校验距离保护Ⅲ段的灵敏系数时,应分别校验作近后备保护和远后备保护时,Ⅲ段的灵敏系数。

作本线路近后备保护时,距离保护Ⅲ段的灵敏系数

$$K_{sen} = \frac{Z_{op.A}^{Ⅲ}}{Z_1 L_{AB}} \geqslant 1.5 \tag{1.4.37}$$

作相邻线路远后备保护时,距离保护Ⅲ段的灵敏系数

$$K_{sen} = \frac{Z_{op.A}^{Ⅲ}}{Z_1 L_{AB} + K_{b.max} Z_1 L_{BC}} \geqslant 1.2 \tag{1.4.38}$$

式中 $K_{b.max}$——考虑助增电流对线路 BC 影响的分支系数,应取各种运行方式下的最大值。

采用方向阻抗继电器校验灵敏系数时,应将 $Z_{op.A}^{Ⅲ}$代入式(1.4.37)、式(1.4.38),显然采用方向阻抗继电器时的灵敏系数为采用全阻抗继电器时的$\dfrac{1}{\cos(\varphi_{sen} - \varphi_L)}$倍。

(3)距离Ⅲ段的保护范围较长,要靠时限的配合才能保证选择性。因此,与带或不带方向的过电流保护一样,距离Ⅲ段的动作时限一般也按阶梯或相迎阶梯原则整定,应比保护范围内其他保护的动作时限最长者大一个阶梯时限 Δt。

(二)阻抗继电器动作阻抗 $Z_{op.r}$ 的计算及整定方法

阻抗继电器动作阻抗 $Z_{op.r}$ 可由保护的一次动作阻抗 Z_{op} 按下式求得

$$Z_{op.r} = K_{con}\frac{n_{TA}}{n_{TV}}Z_{op} \tag{1.4.39}$$

式中 K_{con}——接线系数,对距离Ⅰ、Ⅱ段测量元件,当采用接线0°时,$K_{con}=1$;

n_{TA}——电流互感器变比;

n_{TV}——电压互感器变比;

Z_{op}——保护的一次动作阻抗(对于距离Ⅲ段,若采用方向阻抗继电器及0°接线方式,为了整定的需要应按式(1.4.36)先求出 Z_{op},再代入式(1.4.39)求 $Z_{op.r}$。

求得继电器的动作阻抗 $Z_{o.pr}$ 后,通过调整电抗变换器UR和整定变压器UV整定端子板端子位置,改变 K_{ur} 和 K_{UV},可获得所需的 $Z_{op.r}$。例如,已求得距离Ⅰ段继电器动作阻抗 $Z'_{op.r}=3.2\angle 70^\circ$,可按下列方法进行整定:首先将UR的灵敏角整定端子板的位置置于70°,使 $\varphi_{sen}=\varphi_k$,再将UR的 K_{ur} 整定端子板置于2 Ω位置,使 $K_{ur}=2\ \Omega$,然后确定 K_{UV}。

由前面讨论已知,继电器的整定阻抗

$$Z_{set}^{I} = \frac{\dot{K}_{ur}}{K_{UV}}$$

所以

$$K_{UV} = \frac{\dot{K}_{ur}}{Z_{set}^{I}} \tag{1.4.40}$$

又因为

$$\varphi_{sen} = \varphi_k$$

所以

$$Z_{op.r} = Z_{set}^{I}$$

则

$$K_{UV} = \frac{\dot{K}_{ur}}{Z_{set}^{I}} = \frac{2}{3.2} = 0.625$$

求得 K_{UV} 后,即可对UV进行整定。将距离保护Ⅰ段的测量元件的UV整定端子板置于60%、2%、0.5%位置即可。距离保护Ⅱ、Ⅲ段的整定方法同上。

三、距离保护整定计算举例

在如图1.4.19所示网络中,各段线路均装设距离保护,试求AB线路距离保护Ⅰ、Ⅱ、Ⅲ段的动作阻抗、灵敏系数与动作时限;各段阻抗继电器的动作阻抗及其UR、TS整定端子板的端子位置。已知:发电机 $E_A=115/\sqrt{3}$ kV,$X_A=10\ \Omega$,发电机 $E_B=115/\sqrt{3}$ kV,$X_{B.max}=\infty$,$X_{B.min}=30\ \Omega$,变压器 B_1 和 B_2 参数一致 $S_N=15$ MVA,$U_K=10.5$,额定电压比为110/6.6。线路AB的最大负荷电流等于450 A,负荷功率因数 $\cos\varphi=0.8$,负荷自启动系数 $K_{ss}=1.5$。线路的正序阻抗 $=0.4\ \Omega/K_m$,线路阻抗角为70°。线路AB及BC均装设三段式距离保护,各段测量元件均采用方向阻抗继电器,而且均采用0°接线方式,保护用电压互感器的变比为 $\frac{110}{0.1}$,电流互感器的变比为 $\frac{600}{5}$。B母线距离保护Ⅲ段的动作时限等于1.5 s。变压器装有差动保护。其余参数如图1.4.19所示。

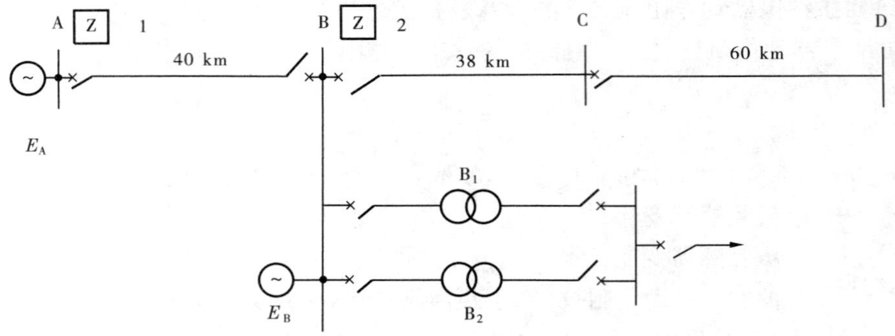

图 1.4.19　计算网络

有关元件的阻抗计算：

(1)线路 AB 的正序阻抗

$$Z_{AB} = 0.4\angle 70^\circ \times 40 = 16\angle 70^\circ(\Omega)$$

(2)线路 *BC* 的正序阻抗

$$Z_{BC} = 0.4\angle 70^\circ \times 38 = 15.2\angle 70^\circ(\Omega)$$

(3)变压器的等值阻抗

$$Z_{T.min} = \frac{1}{2}Z_T = \frac{1}{2} \times \frac{U_K U_N^2}{100 \times S_N} = \frac{10.5 \times 110^2}{2 \times 100 \times 15} = 42.35(\Omega)$$

$$Z_{T.min} = 42.35\angle 70^\circ(\Omega)\quad（设变压器的阻抗角为 70°）$$

求 AB 线路距离保护各段动作阻抗的一次值、灵敏系数及动作时限。

(1)距离Ⅰ段的整定。

①动作阻抗

$$Z_{op.A}^{I} = K_{rel}^{I} Z_{AB} = 0.85 \times 16\angle 70^\circ = 13.6\angle 70^\circ(\Omega)$$

②动作时限

$$t_A^{I} = 0\ s$$

(2)距离Ⅱ段的整定。

①动作阻抗以下面两个条件中取数值较小的一个。

a. 与线路 BC 距离保护Ⅰ段配合。

$$Z_{op.B}^{I} = K_{rel}^{II} Z_{BC} = 0.85 \times 15.2\angle 70^\circ = 12.9\angle 70^\circ(\Omega)$$

$$Z_{op.A}^{II} = K_{rel}(Z_{AB} + K_{b.min} Z_{op.B}^{I})$$

本题 $K_{b.min}$ 最小的情况是在 $X_{B.max} = \infty$ 时，此时电源 B 断开，所以 $K_{b.min} = 1$，则

$$Z_{op.A}^{II} = 0.8 \times (16\angle 70^\circ + 1 \times 12.9\angle 70^\circ) = 23.12\angle 70^\circ(\Omega)$$

b. 与变压器的速动保护配合。

$$Z_{op.A}^{II} = K_{rel}^{II}(Z_{AB} + K_{b.min} Z_{T.min})$$

其中
$$K_{b.min} = 1$$

所以
$$Z_{op.A}^{II} = 0.7 \times (16\angle 70^\circ + 1 \times 42.35\angle 70^\circ) = 40.85\angle 70^\circ(\Omega)$$

为了保证选择性，取上述两项计算结果中较小者为距离Ⅱ段的动作阻抗，即

$$Z_{op.A}^{\text{Ⅱ}} = 23.12\angle 70^\circ(\Omega)$$

②校验灵敏系数

$$K_{sen} = \frac{Z_{op.A}^{\text{Ⅱ}}}{Z_1 L_{AB}} = \frac{23.12\angle 70^\circ}{16\angle 70^\circ} = 1.45 > 1.3$$

满足要求。

③动作时限

$$t_A^{\text{Ⅱ}} = t_A^{\text{Ⅰ}} + 0.5 = 0.5\ \text{s}$$

(3)距离Ⅲ段的整定。

①动作阻抗。本题距离Ⅲ段的测量元件采用方向阻抗继电器，故先按躲过最小负荷阻抗求正常运行时的动作阻抗，因为 $\cos\varphi = 0.8$，所以 $\varphi = 37^\circ$，令 $U_N = \frac{110}{\sqrt{3}}\angle 0^\circ$ kV，$K_{rel}^{\text{Ⅲ}} = 1.25$，$K_{re} = 1.2$，$K_{ss} = 1.5$，则

$$Z_{op.A}^{\text{Ⅲ}} = \frac{0.9U_N}{K_{rel}^{\text{Ⅲ}} K_{re} K_{ss} I_{L.max}}$$

$$= \frac{0.9\times 110\angle 0^\circ}{\sqrt{3}\times 1.25\times 1.2\times 1.5\times 0.45\angle -37^\circ} = 56.45\angle 37^\circ(\Omega)$$

再求短路时的动作阻抗，即对应于 $\varphi_k = 37^\circ$时的动作阻抗，由于通常使 $\varphi_{sen} = \varphi_k$，所以

$$Z_{op.A}^{\prime\text{Ⅲ}} = \frac{Z_{op.A}^{\text{Ⅲ}}}{\cos(\varphi_{sen} - \varphi_L)} = \frac{56.45\angle 70^\circ}{\cos(70^\circ - 37^\circ)} = 67.31\angle 70^\circ(\Omega)$$

②校验灵敏系数(作线路 AB 的近后备时)

$$K_{sen} = \frac{Z_{op.A}^{\prime\text{Ⅲ}}}{Z_{AB}} = \frac{67.31\angle 70^\circ}{16\angle 70^\circ} = 4.21 > 1.5$$

作相邻线路 BC 远后备保护时

$$K_{sen} = \frac{Z_{op.A}^{\prime\text{Ⅲ}}}{Z_{AB} + K_{b.max} Z_{BC}}$$

式中　$K_{b.max}$——考虑助增电流对线路 BC 的影响的分支系数。

这时应取可能的最大值，$X_B = X_{B.min} = 30\ \Omega$，即

$$K_{b.max} = 1 + \frac{X_A + X_{AB}}{X_{B.min}} = 1 + \frac{10 + 14}{30} = 1.8$$

因此

$$K_{sen} = \frac{67.31\angle 70^\circ}{16\angle 70^\circ + 1.8\times 15.2\angle 70^\circ} = 1.55 > 1.2$$

满足要求。

③动作时限：　$t_A^{\text{Ⅲ}} = t_B^{\text{Ⅲ}} + \Delta t = 1.5 + 0.5 = 2(\text{s})$。

求 AB 线路距离保护各段阻抗继电器的动作阻抗及 UR、UV 整定端板的端子位置根据式(1.4.39)，即

$$Z_{op.r} = K_{con}\frac{n_{TA}}{n_{TV}} Z_{op}$$

求得

$$Z_{\text{op.r}}^{\text{I}} = 1 \times \frac{\frac{600}{5}}{\frac{110}{0.1}} \times 13.6 \angle 70^\circ = 1.48 \angle 70^\circ (\Omega)$$

$$Z_{\text{op.r}}^{\text{II}} = 1 \times \frac{\frac{600}{5}}{\frac{110}{0.1}} \times 23.12 \angle 70^\circ = 2.54 \angle 70^\circ (\Omega)$$

$$Z_{\text{op.r}}^{\text{I}} = 1 \times \frac{\frac{600}{5}}{\frac{110}{0.1}} \times 67.31 \angle 70^\circ = 7.4 \angle 70^\circ (\Omega)$$

将保护各段阻抗继电器的灵敏角整定端子板均置于 $\varphi_{\text{sen}} = \varphi_{\text{k}} = 70^\circ$ 位置，然后先选择 UR 的 K_{ur} 整定端子板的端子位置，再根据需要的 $Z_{\text{op.r}}$，应用式(1.4.37)求得 UV 的 K_{UV}，整定端子板的端子位置。即

距离 Ⅰ 段：
$$K_{\text{ur}} = 1, K_{\text{UV}} = \frac{1}{1.48} = 0.676$$

距离 Ⅱ 段：
$$K_{\text{ur}} = 2, K_{\text{UV}} = \frac{2}{2.54} = 0.787$$

距离 Ⅲ 段：
$$K_{\text{ur}} = 2, K_{\text{UV}} = \frac{2}{7.4} = 0.27$$

根据上述计算结果，将各段阻抗继电器 UR 的整定端子板分别置于 1 Ω、2 Ω、2 Ω 位置，将 UV 的整定端子板分别置于 60%、7%、0.6%；70%、8%、0.7%；20%、7% 位置。

第五节　影响距离保护正确工作的因素

在距离保护中，最根本的要求是阻抗测量元件应能正确测量故障点至保护安装处的阻抗。当故障发生在保护区内时，阻抗测量元件的测量阻抗应小于其动作阻抗，即 $Z_{\text{r}} < Z_{\text{op}}$，继电器动作；当故障发生在保护区外时，$Z_{\text{r}} > Z_{\text{op}}$，继电器不动作，从而保证选择性。为保证这一要求的实现，除了采用正确的接线方式外，还应考虑在实际运行中保护装置会受到的不利因素影响。

一般来说，距离保护能否正确测量距离，受过渡电阻、系统振荡、电压互感器二次回路断线、分支电流、平行线间弧光和串补电容的影响。下面侧重分析过渡电阻、系统振荡、电压互感器二次回路断线、分支电流的影响。

一、过渡电阻的影响

前面各节的分析中，都是以金属性短路为例进行的，但实际电力系统中的短路故障一般都不会是金属性的，而是在短路点存在过渡电阻。过渡电阻的存在，将使距离保护的测量阻抗发生变化，影响距离保护的正确动作。一般情况下是使保护Ⅰ段范围缩短，距离保护Ⅱ段保护灵敏度降低，有时也能引起保护超范围动作或反方向动作。现对过渡电阻的

性质及其对距离保护工作的影响讨论如下。

(一)短路点过渡电阻的性质

短路点的过渡电阻 R_g 是指当相间短路或接地短路时,短路电流从一相流到另一相或从导线流入地的回路中所通过的物质的电阻,这包括电弧、中间物质的电阻、相导线与地之间的接触电阻、金属杆塔的接地电阻等。

(1)在相间故障时,过渡电阻主要由电弧电阻组成。电弧电阻具有非线性特性,其大小与电弧弧道的长度成正比,而与电弧电流的大小成反比,根据试验证明,电弧实际上呈现的有效电阻,其值可按下式决定:

$$R_g \approx 1\ 050 \frac{I_g}{L_g} \tag{1.4.41}$$

式中 I_g——电弧电流的有效值,A;

L_g——电弧长度,m。

电弧的长度和电流是随时间而变的,在一般情况下,短路初瞬间,电弧电流 I_g 最大,电弧长度 L_g 最短,弧阻 R_g 最小。经过几个周期后,在空气运行和电动力等作用下,电弧逐渐伸长,弧阻 R_g 有急速增大之势。在相间短路时,过渡电阻一般在数欧至十几欧之间。

(2)在导线对杆塔放电的接地短路时,杆塔及其接地电阻构成过渡电阻的主要部分。杆塔的接地电阻与大地导电率有关。对于跨越山区的高压线路,杆塔的接地电阻可达数十欧。此外,当导线通过树木或其他物体对地短路时,过渡电阻更高,对于 500 kV 的线路,最大过渡电阻可达 300 Ω,而对 220 kV 线路,最大过渡电阻约为 100 Ω。

(二)单侧电源线路上过渡电阻对距离保护的影响

如图 1.4.20 所示,在没有助增和外汲的单侧电源线路上,过渡电阻中的短路电流与保护安装处的电流为同一电流,这时短路点的过渡电阻 R_g 总是使继电器的测量阻抗增大,使保护范围缩短。然而,由于过渡电阻对不同安装地点的保护影响不同,因而在某种情况下,可能导致保护无选择性动作。

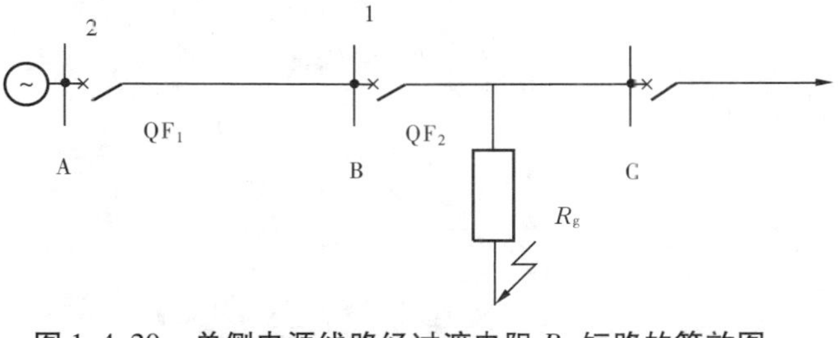

图 1.4.20　单侧电源线路经过渡电阻 R_g 短路的等效图

例如,当线路 BC 的始端经过渡电阻 R_g 短路,则保护 1 的测量阻抗为 $Z_{r1}=R_g$,而保护 2 的测量阻抗为 $Z_{r2}=Z_{AB}+R_g$,Z_{r1} 和 Z_{r2} 均比同一点发生金属性短路时有所增大,但增大的情况有所不同,其中 Z_{r1} 增大较多,受 R_g 影响较大。由图 1.4.21 可见,当过渡电阻 R_g 的数值增大到测量阻抗 Z_{r1} 和 Z_{r2} 均落在保护 2 的第Ⅱ段的动作圆内和保护 1 第Ⅰ段特性圆外时,如两处阻抗保护的第Ⅱ段的动作时间相等,即 $t_{set1}^{\mathrm{II}}=t_{set2}^{\mathrm{II}}$,将导致保护 1 和保护 2 以相同时限断开断路器 QF_2 和 QF_1,造成无选择性动作。若整定延时产生误差使 $t_{set1}^{\mathrm{II}}>$

$t_{set2}^{Ⅱ}$，则断路器 QF_1 将无选择性跳闸，QF_2 不能跳闸。如过渡电阻增大超过 R，则保护 1 和保护 2 的第Ⅰ、Ⅱ段均不动作，只能由保护 1 和保护 2 的第Ⅲ保护动作跳闸，使保护速动性变差，甚至发生无选择性动作。

由以上分析可见，保护装置距短路点越近时，受过渡电阻影响越大；同时保护装置的整定值越小，则相应地受过渡电阻的影响也越大。因此，对短线路的距离保护应特别注意过渡电阻的影响。

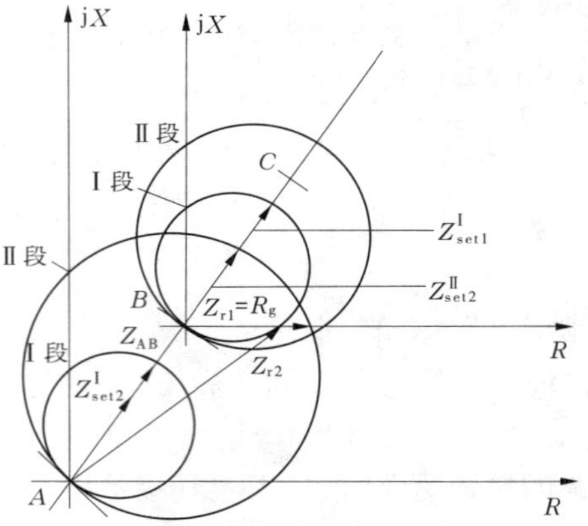

1.4.21　过渡电阻对不同安装地点距离保护影响分析

(三)双侧电源线路上过渡电阻的影响

在如图 1.4.22 所示的没有助增和外汲的双侧电源线路上，过渡电阻中的短路电流不再是保护安装处的电流，短路点的过渡电阻可能使测量阻抗增大，也可能使测量阻抗减小。如在 BC 线路的始端经过渡电阻 R_g 三相短路时，$\dot{I}_{KAB}$ 和 $\dot{I}_{KCB}$ 分别为两侧电源供给的短路电流，则流经 R_g 的电流 $\dot{I}_K=\dot{I}_{KAB}+\dot{I}_{KCB}$，此时变电所 A 和 B 母线上的残余电压为

$$\dot{U}_B = \dot{I}_K R_g \tag{1.4.42}$$

$$\dot{U}_A = \dot{I}_K R_g + \dot{I}_{KAB} Z_{AB} \tag{1.4.43}$$

则保护 1 和 2 的测量阻抗为

$$Z_{r1} = \frac{\dot{U}_B}{\dot{I}_{KAB}} = \frac{\dot{I}_K}{\dot{I}_{KAB}} R_g = \frac{I_K}{I_{KAB}} R_g e^{j\alpha} \tag{1.4.44}$$

$$Z_{r2} = \frac{\dot{U}_A}{\dot{I}_{KAB}} = Z_{AB} + \frac{I_K}{I_{KAB}} R_g e^{j\alpha} \tag{1.4.45}$$

式中　α——I_K 超前 I_{KAB} 的角度。

当 α 为正时，测量阻抗的电抗成分增大，造成保护范围缩短。而 α 为负时，测量阻抗的电抗成分减小，则实际的保护区将比整定值大，可能引起某些保护的无选择性动作。

(四)过渡电阻对不同动作特性阻抗元件的影响

如图 1.4.23(a)所示的网络中，假定保护 2 的距离保护Ⅰ段采用不同特性的阻抗元件，它们的整定值选择得都一样为 $0.85Z_{AB}$。如果在距离Ⅰ段保护范围内，阻抗为 Z_K 处

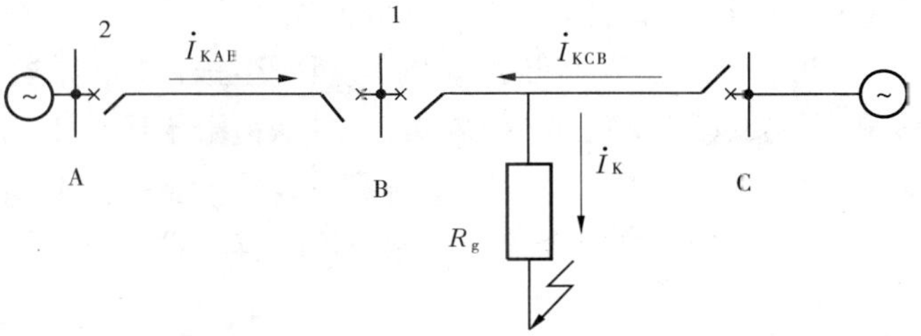

图 1.4.22　双侧电源通过 R_g 短路的接线图

经过渡电阻 R_g 短路，则保护 2 的测量阻抗为 $Z_{r2}=Z_K+R_g$。由图 1.4.23(b)可见，当过渡电阻 R_g 达到 R_{g1} 时，方向阻抗继电器开始拒动；而达到 R_{g2} 时，全阻抗继电器开始拒动。一般说来，阻抗继电器在 $+R$ 轴方向所占的面积越大，则受过渡电阻 R_g 的影响越小。

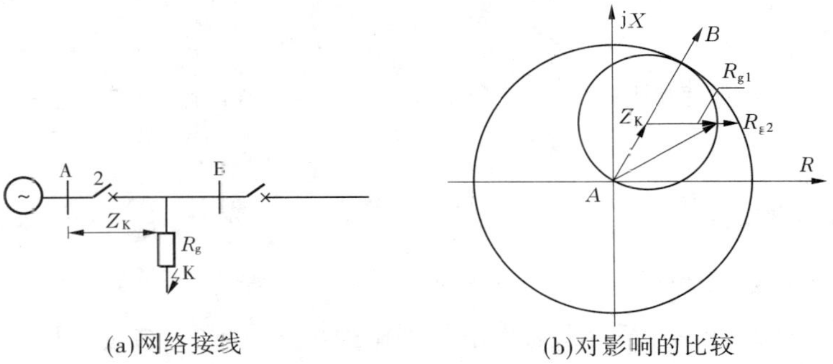

图 1.4.23　过渡电阻对不同动作特性阻抗元件影响的比较

(五)防止过渡电阻影响的措施

(1)根据图 1.4.23 分析所得结论，采用能容许较大的过渡电阻而不致拒动的阻抗继电器，可防止过渡电阻对继电器工作的影响。

(2)另一种方法是利用所谓瞬时测量装置来固定阻抗继电器的动作。相间短路时，过渡电阻主要是电弧电阻，其数值在短路瞬间最小，经过 0.1 ~ 0.15 s 后，就迅速增大。根据 R_g 的特点，通常距离保护的第Ⅱ段可采用瞬时测量装置，以便将短路瞬间的测量阻抗固定下来，使 R_g 的影响减至最小。

所谓瞬时测定，就是把距离保护Ⅱ段测量元件的最初动作状态，通过把启动元件的动作固定下来，当电弧电阻增大时，即使距离Ⅱ段的测量元件返回，保护仍能以 $t^{Ⅱ}$ 时限动作于跳闸。

图 1.4.24 示出了瞬时测定的原理接线图。图中 KI2、KI3 分别为距离Ⅱ段的测量元件和阻抗启动元件，KT2 为距离Ⅱ段的时间元件，KAM 为中间继电器。在短路瞬间，KI2、KI3 均动作，启动 KAM，KAM 动作并通过 KI3 的触点自保持，此后若 KI2 因受 R_g 的影响而返回，KAM 仍保持动作状态，直到时间继电器 KT2 的触点经延时闭合后，动作于跳闸，从而避免了过渡电阻的影响。

由于采用“瞬时测定”是克服过渡电阻影响的有效措施，因此在实际的距离保护中得到了广泛应用。但是在某些情况下，如单回线路与平行线路连接时，则不能采用瞬时测定电路，否则将导致保护的无选择性动作。如在图 1.4.25 所示网络中，若保护 1 的距离Ⅱ段采用“瞬时测定”，则在双回线上靠近母线 B 的 K 点发生故障时，保护 5 的距离Ⅰ段动作，保护 1 和保护 6 的距离Ⅱ段启动。断路器 QF_5 跳闸后，由于保护 1 的启动元件可能不返回，从而保护 1 经距离Ⅱ段的时限动作，使断路器 QF_1 和断路器 QF_6 同时跳闸，造成保护的无选择性动作。所以，瞬时测定一般只用于单回线路辐射形电网的距离Ⅱ段上。

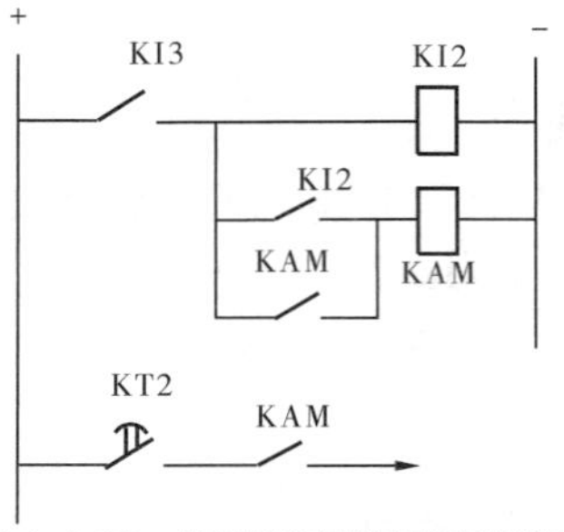

图 1.4.24　瞬时测定的原理接线图

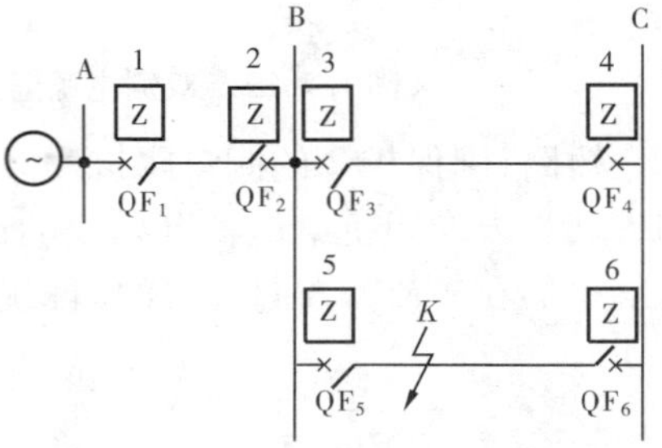

图 1.4.25　采用瞬时测定后导致无选择性的动作的情况

二、系统振荡

（一）系统振荡的概念

电力系统正常运行时，系统所有发电机处于同步运行状态，各发电机电势之间的相角差为常数。当系统因短路切除太慢或遭受较大冲击时，并列运行的各电源之间失去同步，系统发生振荡。系统振荡时，各电源电势之间的相角差随时间而变化，系统中出现幅值以一定周期变化的电流，该电流称为振荡电流。与此同时，系统各点电压的幅值也随时间变化。电压与电流之比所代表的阻抗继电器的测量阻抗也将周期性地变化。当测量阻抗进入动作区域时，对不带延时的第一段和带不大延时的第二段，保护有可能发生误动作。

电力系统的失步振荡属于严重的不正常运行状态，而不是故障状态，大多数情况下能够通过自动装置的调节自行恢复同步，或者在预定的地点由专门的振荡解列装置动作解开已经失步的系统。如果在振荡过程中继电保护装置无计划地动作，切除了重要的联络线，或断开了电源和负荷，不仅不利于振荡的自动恢复，而且还有可能使事故扩大，造成更为严重的后果。所以，在系统振荡时，要采取必要的措施，防止保护因测量元件动作而误动。

因电流保护、电压保护和功率方向保护等一般都只应用在电压等级较低的中低压配电系统，而这些系统出现振荡的可能性很小，振荡时保护误动产生的后果也不会太严重，所以一般不需要采取振荡闭锁措施。距离保护一般用在较高电压等级的电力系统，系统出现振荡的可能性大，保护误动造成的损失严重，所以必须考虑振荡闭锁问题对其工作的影响。

电力系统振荡时，阻抗继电器是否误动与保护安装位置、保护动作范围、动作特性的形状和振荡周期长短等有关，安装位置离振荡中心越近、整定值越大、动作特性曲线在与整定阻抗垂直方向的动作区越大时，越容易受振荡的影响，振荡周期越长继电器越容易达到动作时限，并不是安装在系统中的所有阻抗继电器在振荡时都会误动，但是在出厂时都要求阻抗继电器配备振荡闭锁,使之具有通用性。

(二)振荡闭锁装置

对于在系统振荡时可能误动作的保护装置,应该装设专门的振荡闭锁回路,以防止系统振荡时误动。当系统振荡使两侧电源之间的角度摆到 $\delta=180°$时,保护所受到影响与在系统振荡中心处发生三相短路时的效果是相同的,因此就必须要求振荡闭锁回路能够有效地区分系统振荡和发生三相短路这两种情况。

电力系统发生振荡和短路时的主要区别如下。

(1)系统振荡时,系统中的电流和各点电压都不会有突然的变化,而在整个振荡过程中,电压、电流一直在作周期性变化,只在 $\delta=180°$时才出现最严重的现象,保护的测量阻抗也不会有突然的变化,只会随着 δ 的变化而不断的变化;而发生短路的瞬间,短路电流是突然增大,电压也突然降低,变化速度很快,但在短路发生后,短路电流和各点电压的值(在不计衰减时)是不变的。保护的测量阻抗将从负荷阻抗突变为短路阻抗,并维持为短路阻抗不再变化。

(2)系统振荡时,任一点电流与电压之间的相位关系都随 δ 的变化而变化;而短路时,测量电流和测量电压之间的相位差取决于线路阻抗角,是不变的。

(3)系统振荡时,三相完全对称,电力系统中没有负序分量出现;而当短路时,总要长期(在不对称短路过程中)或瞬间(在三相短路开始时)出现负序分量。

构成振荡闭锁回路时应满足以下基本要求。

(1)系统发生振荡而没有故障时,应可靠地将保护闭锁,且振荡不停息,闭锁不应解除。

(2)在保护范围内发生各种故障时,不论系统有无振荡,保护应不被闭锁而能可靠地动作。

(3)在振荡的过程中发生故障时,保护应能正确地动作。

(4)先故障而后又发生振荡时,保护不致无选择性地动作。

为此,振荡闭锁回路应能正确区分系统是振荡还是故障。目前振荡闭锁回路的启动元件主要采用两种原理来区分系统的故障与振荡,一种是用系统中有无负序分量出现来区分;另一种是用系统中负序分量是否突变来区分。

系统振荡时,三相完全对称,因此可以用负序电流元件来区分系统是振荡还是故障(不宜用负序电压元件,否则在电压互感器二次回路故障时,启动元件将要误动作)。但是,用负序电流元件作振荡闭锁回路的启动元件时,在振荡电流较大的情况下,由于各相电流互感器的误差不同,也会使负序电流滤过器有较大的不平衡输出,因而启动元件在系统振荡时可能误启动,这是用负序电流元件作启动元件的缺点。因此,较好的办法是,根据故障时负序电流滤过器的输出是突变的,而系统振荡时负序电流滤过器的输出则是缓慢变化这一差别,用负序电流增量元件作振荡闭锁回路的启动元件,可区别系统的故障和振荡。振荡闭锁回路的启动元件和负序、零序电流增量元件的接线如图 1.4.26 所示。

增加零序电流元件或零序电流增量元件作为辅助启动元件,除了可以提高反映接地短路的保护的灵敏性外,主要是为了提高三相短路时保护动作的可靠性。三相短路时,一次系统虽然不存在零序电流,但由于各相电流互感器的过渡过程不同,在零序电流滤过器的输出端往往产生相当大的零序电流,故增加零序电流元件或零序电流增量元件,可以克

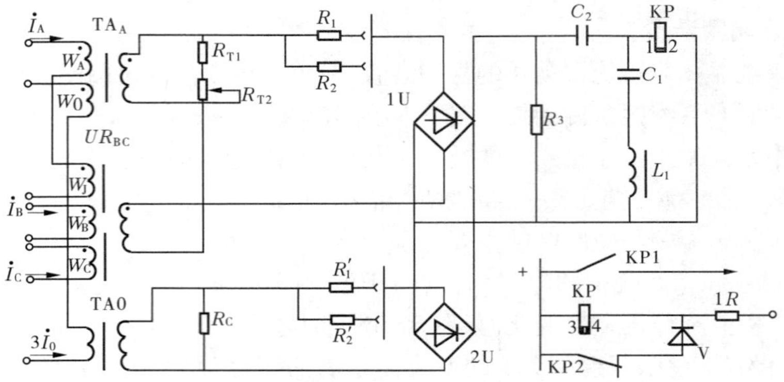

图 1.4.26　负序、零序电流增量元件接线图

服负序电流元件或负序电流增量元件反映三相短路不可靠的缺点，从而保证三相短路时振荡闭锁回路的启动元件可靠动作。

图 1.4.26 中，负序、零序电流增量元件主要由负序电流滤过器、零序电流互感器及微分回路组成。

图 1.4.26 中，负序电流滤过器的输出电压经定值调节电阻 R_1、R_2 接到整流桥 U_1 上。零序电流 $3\dot{I}_0$ 经零序电流互感器 TA0 变换后，在电阻 R_C 上获得一个与 $3\dot{I}_0$ 成正比的输出电压，经定值调节电阻 R'_1、R'_2 接到整流桥 2U 上。整流桥 1U 和 2U 的直流输出端并联在一起，经微分电容 C_2 接到启动继电器 KP(极化继电器)线圈 1—2 上。

当 $\dot{I}_2$ 或 $3\dot{I}_0$ 突然增加时，1U 或 2U 的直流输出电压也突然增加，此电压经 KP 线圈 1—2 对电容 C_2 充电，KP 因流过较大的充电电流而动作。当充电完毕后，KP 的线圈 1—2 中的电流即消失，但 KP 因有另一个自保持线圈 3—4，故可将其保持在动作状态。若 $\dot{I}_2$ 或 $3\dot{I}_0$ 缓慢地增大，则经整流后的输接线只反映 $\dot{I}_2$ 或 $3\dot{I}_0$ 的突变，即只反映故障而动作。系统振荡时，不会出现 $\dot{I}_2$ 或 $3\dot{I}_0$ 的突变，故 KP 不会动作。

极化继电器 KP 的保持线圈 3—4，平时被其动断触点及二极管 V 所短接，并经电阻 1R 接到直流电源上。由于二极管有 0.7 V 的正向压降，故 KP 的保持线圈 3—4 内，平时就有一定大小的电流流过，相当于有一助磁作用，可提高执行元件的灵敏性。一般选择助磁电流为动作电流的 60%，不宜过大，否则易引起执行元件误动作。

图 1.4.26 中的 C_1、L_1 构成 2 次谐波串联谐振滤波回路，它可以滤除整流后的 100 Hz 交流分量，以防止极化继电器触点抖动，提高其动作的可靠性。

三、电压互感器二次回路断线

当电压互感器二次回路短路、熔断器熔断或回路中接头松动时，距离保护可能失去电压，在负荷电流作用下，阻抗继电器的测量阻抗变为零，因此可能发生误动作。对此，在距离保护中应采取防止误动作的闭锁装置。

对断线闭锁装置的主要要求是：

(1)当电压回路发生各种可能使保护误动作的故障情况时,应能可靠地将保护闭锁,并发出相应的信号。

(2)当被保护线路故障时,不因故障电压的畸变错误地将保护闭锁和发出短线失压信号,以保证保护可靠动作。

(3)断线失压闭锁装置的动作时间应小于保护装置的动作时限,以便在保护动作之前实现闭锁。对于利用负序电流和零序电流增量元件启动的距离保护,由于电压回路断线失压时,上述电流增量元件不会动作,从而对距离保护进行可靠闭锁,因此不需要按本条件考虑。

(4)断线闭锁装置动作后,应由运行人员动手将其复归,以免在处理电压回路断线过程中,外部短路时,导致保护误动作。

为此应使闭锁装置能够有效地区分以上情况下的电压变化。运行经验证明,最好的区别方法即是看电流回路是否也同时发生变化。一种常用的检测电压二次回路不正常的办法是利用电压二次回路断线时出现零序电压,和一次系统中零序短路或其他电压二次回路零序电压不同时出现的原则,动作一个电压继电器,闭锁整套保护。

当距离保护的振荡闭锁回路采用负序、零序电流元件或负序、零序电流增量元件作启动元件时,它们即可兼作断线闭锁,这是十分简单和可靠的方法,因而获得了广泛的应用。为了避免在断线的情况下又发生外部故障,造成距离保护无选择性的动作,一般还需要装设断线信号装置,以便值班人员能及时发现并处理之。断线信号装置大都是反映断线后所出现的零序电压,其原理接线如图 1.4.27 所示。断线闭锁继电器 KCB 有两组线圈,其工作线圈 W_1 接于由 C_a、C_b、C_c 组成的零序电压滤过器的中线上。当电压回路断线时,KCB 即可动作发出信号。这种反映于零序电压的断线信号装置,在系统中发生接地故障时也要动作,这是不能容许的。为此,将 KCB 的另一组线圈 W_2 经 C_0 和 R_0 而接于电压互感器二次侧接成开口三角形的电压 $3\dot{U}_0$ 上,使得当电力系统中出现零序电压时,两组线圈 W_1 和 W_2 所产生的零序安匝大小相等方向相反,合成磁通为零,KCB 不动作。此外,当三相同时断线时,上述装置又将拒绝动作,不能发出信号,这也是不能容许的,为此可在电压互感器二次侧的一相熔断器上并联一个电容器,这样当三个熔断器同时熔断时,就可以通过此电容器给 KCB 加入一相电压,使它动作发出信号。

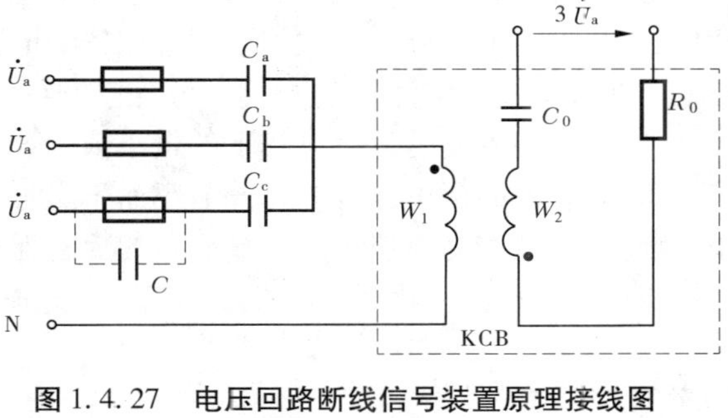

图 1.4.27　电压回路断线信号装置原理接线图

四、分支电流的影响

当保护安装处与故障点之间有分支线时，就会出现分支电流，分支电流的存在对阻抗继电器的测量阻抗有影响，现分两种情况予以分析。

（一）助增电流的影响

如图 1.4.28(a)所示网络，当线路 BD 上的 K 点发生断路故障时，由于保护安装处与故障点间接有分支电源线路，该电源线路向故障点 K 送短路电流 $\dot{I}_{CB}$，但不流过保护 1。使流过故障线路的电流 $\dot{I}_{BK}=\dot{I}_{AB}+\dot{I}_{CB}$，$\dot{I}_{BK}$ 大于流过保护 1 的电流 $\dot{I}_{AB}$，故 $\dot{I}_{CB}$ 叫做助增电流。由于助增电流的存在，使保护 1 的距离保护Ⅱ段测量元件的测量阻抗为

$$Z_r=\frac{\dot{I}_{AB}Z_1L_{AB}+\dot{I}_{BK}Z_1L_K}{\dot{I}_{AB}}=Z_1L_{AB}+\frac{\dot{I}_{BK}}{\dot{I}_{AB}}Z_1L_K$$
$$=Z_1L_{AB}+\dot{K}_bZ_1L_K \qquad (1.4.46)$$

式中　$\dot{K}_b$——分支系数，$\dot{K}_b=\frac{\dot{I}_{BK}}{\dot{I}_{AB}}$，一般情况下，考虑助增电流影响，分支系数值大于 1，一般情况下，认为 $\dot{I}_{BK}$ 与 $\dot{I}_{AB}$ 同相位，故 K_b 为实数。

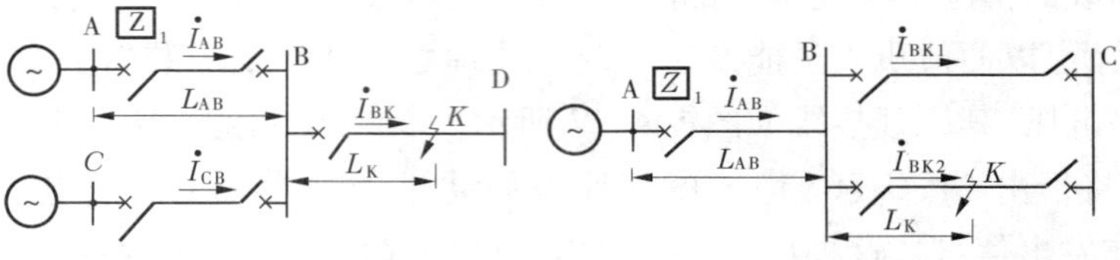

(a)具有助增电流的网络　　　(b)具有汲出电流的网络

图 1.4.28　具有分支电流的网络

式(1.4.46)表明，由于助增电流的存在，使电源 A 距离Ⅱ段的测量阻抗不仅取决于短路点至安装点的距离，而且还取决于 $\dot{K}_b=\frac{\dot{I}_{BK}}{\dot{I}_{AB}}$，因为，$|\dot{I}_{BK1}|>|\dot{I}_{AB}|$，故 $K_b>1$，所以实际增大了测量阻抗，使保护范围缩小了，保护的灵敏性降低了，但并不影响与下一线路距离Ⅰ段配合的选择性。为了保证保护 1 距离Ⅱ段的保护范围，可在整定计算保护 1 距离Ⅱ段的动作阻抗时，引入一个大于 1 的分支系数，适当增大距离Ⅱ段的动作阻抗，以抵消由于助增电流的存在距离Ⅱ段保护范围缩小的影响。分支系数的大小与运行方式有关，因此在引入分支系数时，应取各种可能的运行方式下的最小值。这样，在出现使分支系数较大的其他运行方式时，距离Ⅱ段的保护范围只可能缩小而不致失去选择性。

另外，当保护 1 的距离Ⅲ段需作为相邻线路末端短路的后备保护时，考虑到助增电流的影响，在校验灵敏系数时，也应引入一个大于 1 的分支系数，且应按使分支系数为最大的运行方式进行。

（二）汲出电流的影响

若保护安装处与短路点连接的不是分支电源线路而是平行线路，如图 1.4.28(b)所

示单回线路与平行线路相连接的电网中，当平行线路的 K 点发生短路时，由 A 侧电源供给的短路电流 $\dot{I}_{AB}$，在母线 B 处分成两路，流向短路点 K。其中 $\dot{I}_{BK2}$ 由母线 B 直送短路点，$\dot{I}_{BK1}$ 由母线 B 经非故障线路再送往短路点。这样，流过故障线路的电流 $\dot{I}_{BK2}=\dot{I}_{AB}-\dot{I}_{BK1}$ 小于流过保护 1 的电流 $\dot{I}_{AB}$，故 $\dot{I}_{BK1}$ 叫做汲出电流。由于汲出电流的存在，保护 1 距离Ⅱ段的测量元件的测量阻抗为

$$
\begin{aligned}
Z_r &= \frac{\dot{I}_{AB}Z_1L_{AB}+\dot{I}_{BK2}Z_1L_K}{\dot{I}_{AB}} = Z_1L_{AB}+\frac{\dot{I}_{BK2}}{\dot{I}_{AB}}Z_1L_K \\
&= Z_1L_{AB}+K_bZ_1L_K
\end{aligned}
\tag{1.4.47}
$$

式中　K_b——分支系数，$K_b=\dfrac{\dot{I}_{BK2}}{\dot{I}_{AB}}$，考虑汲出电流影响的分支系数，其值小于 1。

式(1.4.47)表明，由于汲出电流 $\dot{I}_{BK1}$ 的存在，使电源 A 的距离Ⅱ段的测量阻抗减小了，因而其保护范围扩大，故可能导致保护无选择性的动作。为防止这种无选择性动作，在整定计算保护 1 距离Ⅱ段的动作阻抗时，应引入一个小于 1 的分支系数，适当减小保护的动作阻抗，以抵消由于汲出电流存在使其保护范围扩大的影响。在引入分支系数时，应取其在各种可能运行方式下的最小值。这样，当运行方式改变，使分支系数增大时，只会使其测量阻抗增大，保护范围缩小，但不会造成无选择性动作。

综上所述，K_b 是一个与电网接线有关的分支系数，其值可能大于 1、等于 1 或小于 1。当 $K_b>1$ 时，阻抗继电器的测量阻抗增大，即助增电流的影响使阻抗继电器的灵敏度下降；当 $K_b<1$ 时，阻抗继电器的测量阻抗减小，即汲出电流的影响可能使保护失去选择性。因此，正确计及助增电流和汲出电流是保证阻抗继电器正确工作的重要条件之一。为了在各种运行方式下都能保证相邻保护之间的配合关系，应按 K_b 为最小运行方式来确定距离保护第Ⅱ段的整定值；对于作为相邻线路远后备保护的距离Ⅲ段保护，其灵敏系数应按助增电流为最大的情况来校验。

习　题

1. 何谓距离保护？试画图说明三段式距离保护的时限特性。

2. 根据三段式距离保护构成的单相原理框图，说明三段式距离保护的工作原理。

3. 在 R—X 复数平面上画出具有相同整定阻抗的全阻抗继电器、方向阻抗继电器的动作特性圆，并用绝对值比较方式列出它们的特性方程。

4. 简述方向阻抗继电器为何存在动作死区，通常采用什么方法减少和消除死区。

5. 有一方向阻抗继电器，其整定阻抗 $Z_{set}=8\angle 60°$，若测量阻抗 $Z_r=7.5\angle 30°\ \Omega$，试问该继电器能否动作？若测量阻抗 $Z_r=6.5\angle 30°\ \Omega$ 又如何？为什么？

6. 何谓阻抗继电器的精工电流？当短路时加入继电器的电流小于精确工作电流时，会给保护带来什么影响？

7. 何谓阻抗继电器的 0°接线方式，此种接线方式可以反映哪些故障类型？

8. 在图 1.4.29 所示网络中，各线路首端均装设距离保护，线路正序阻抗 $Z_1=0.4$ Ω/km。试计算 AB 线路距离保护Ⅰ、Ⅱ的动作阻抗、距离Ⅱ段的动作时限及校验距离Ⅱ段的灵敏性。

9. 已知线路的短路阻抗角 $\varphi_K=70°$，通过线路的负荷功率因素为 0.8，在此线路上装设测量元件为 0°接线的相间距离保护，问：在躲过负荷能力相同的条件下，当线路发生金属性短路时，距离Ⅲ段的测量元件采用方向阻抗继电器与采用全阻抗继电器比较，哪个的灵敏系数大？大多少？

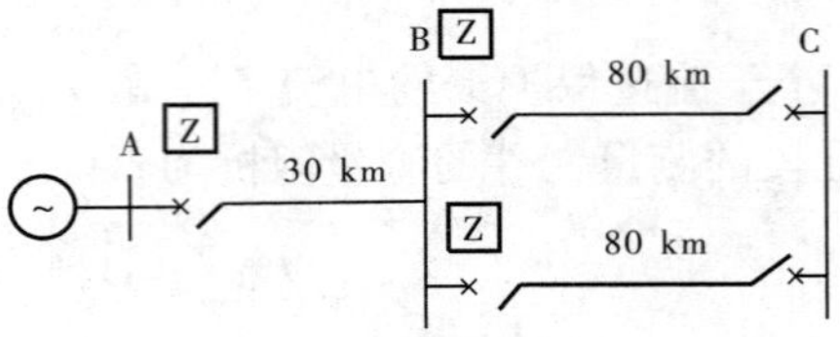

图 1.4.29　习题 8 的网络图

10. 简述如何通过瞬时测量装置防止过渡电阻对阻抗继电器工作的影响？。

11. 试分析系统振荡时，距离保护Ⅰ、Ⅱ段误动的可能性及采取的措施。插入电压的形成方法。

第五章　电力变压器的继电保护

教学目标　通过教学，使学生了解变压器故障、异常运行状态的形式及其危害；掌握变压器保护的种类及其配置原则；掌握瓦斯保护的构成、工作原理、特点；了解变压器电流速断保护的工作原理、整定计算和特点；掌握差动保护的工作原理；掌握变压器差动保护中影响不平衡电流的因素及其解决办法、接线、整定计算方法；掌握变压器相间短路后备保护的配置、工作原理；熟悉其原理接线和整定计算方法；了解变压器接地短路保护的配置、工作原理。

教学重点　电力变压器各种保护装置原理图的识读、整定方法；能根据给定的变压器配备相应的保护装置。

教学难点　影响变压器纵联差动保护不平衡电流的因素及其解决措施；变压器纵联差动保护的整定计算。

第一节　电力变压器的故障、异常工作状态及保护配置

电力变压器是电力系统中十分重要和贵重的电气设备。它是一种静止的电气设备，结构比较可靠，较发电机等旋转设备发生故障的机会相对较少，但它一旦发生故障将会严重影响供电的可靠性和系统的正常运行，并造成巨大的经济损失。为了保证变压器的安全运行，防止故障的扩大，按照变压器可能发生的故障和异常工作状态，装设灵敏、快速、可靠和选择性好的保护装置是十分必要的。

本章主要介绍中小型容量、油浸式、双绕组电力变压器的保护。

一、变压器的故障

变压器的故障可分为油箱内部故障和油箱外部故障。

油箱内部故障是指发生在变压器油箱内变压器绕组的相间短路、接地短路和匝间短路，其中最常见的是绕组匝间短路。发生内部故障是很危险的，因为故障点的高温电弧不仅会烧坏绕组绝缘和铁芯，而且由于变压器油和绝缘材料在高温下强烈分解，产生大量气体，严重时将引起油箱的爆炸，危及周围的电气设备和工作人员的安全，后果严重。

变压器油箱外部常见的故障是油箱外绝缘套管和引出线的相间短路和接地短路。

二、变压器的异常工作状态

变压器的异常工作状态主要有：

(1)由于外部短路而引起的过电流；

(2)由于对称过负荷而引起的过电流；

(3)由于漏油等原因引起的油面降低;

(4)变压器上层油温的升高或者过高。

另外,对于中性点直接接地变压器还有外部接地短路引起的中性点过电压、大型变压器的由于过电压或频率降低引起的过励磁、变压器油箱压力过高和冷却系统故障等。

三、变压器保护的配置

针对上述各种故障与异常工作状态,变压器应配置相应的继电保护。需要说明的是,不同形式、不同容量的变压器,所配的保护形式和种类有所不同,在配置保护时应根据变压器的实际情况,按照国家颁布的《继电保护和安全自动装置技术规程》(GB/T 14285—2006)区别对待。

(一)瓦斯保护

瓦斯保护(包括重瓦斯保护、轻瓦斯保护)用来反映变压器油箱内的所有故障(包括油面降低)。容量为0.8 MVA及以上的油浸式变压器和0.4 MVA及以上的室内油浸式变压器均应装设瓦斯保护。其中,轻瓦斯保护作用于信号,重瓦斯保护作用于跳开变压器各侧的断路器。

(二)纵联差动保护或电流速断保护

纵联差动保护或电流速断保护用来反映变压器绕组、套管及引出线的各种短路故障。电压在10 kV及以下,容量在10 MVA及以下的变压器采用电流速断保护;电压在10 kV以上,容量在10 MVA以上的变压器采用纵差保护。对于电压为10 kV的重要变压器,当电流速断保护灵敏度不符合要求时也可采用纵差保护。保护瞬时动作于跳开变压器各侧的断路器。

(三)过电流保护或负序电流保护

过电流保护用来反映外部相间短路引起的变压器过电流,同时作为变压器内部相间短路(瓦斯和纵差保护)的后备保护。当采用过电流保护灵敏度不能满足要求时,可采用复合电压启动的过电流保护或负序电流保护。保护延时动作于跳开变压器各侧的断路器。

(四)零序(接地)保护

零序(接地)保护用来反映变压器各侧单相接地故障。对于中性点不接地(或经消弧线圈接地)系统,一般配置无选择性的零序电压保护,延时动作于信号;对于电压为110 kV及以上中性点直接接地电网中的变压器,一般应装设零序电流保护,保护延时动作于跳开变压器各侧的断路器。

(五)过负荷保护

过负荷保护用来反映变压器对称过负荷引起的过电流。容量为0.4 MVA及以上的变压器,数台并列运行或单独运行且作为其他负荷的备用电源时,应装设过负荷保护。对于自耦变压器和多绕组变压器,其过负荷保护应能反映公共绕组及各侧的过负荷,过负荷保护动作后延时发出信号。对无人值班的变电站,过负荷保护动作后,可启动自动减负荷装置,必要时跳开断路器。

（六）温度保护

温度保护反映变压器上层油温的升高和过高。A 级绝缘的变压器，保护的定值分别为 85 ℃和 95 ℃，由反映变压器上层油温的温度信号器启动，动作于发信号和跳闸。

另外，对于高压侧为 330 kV 及以上的变压器，为防止由于频率降低或电压升高引起变压器磁密过高而损坏变压器，应装设过励磁保护。

对于变压器油箱内的压力升高超过允许值和冷却系统故障，应装设动作于跳闸或信号的保护装置。

第二节 变压器的瓦斯保护

变压器油是良好的绝缘和冷却介质，故绝大多数电力变压器都是油浸式的，在油箱内充满着油，油面达到油枕的中部。因此，油箱内发生任何类型的故障或异常工作状态都会引起箱内油的状态发生变化：

（1）发生相间短路或单相接地故障时，故障点处由短路电流或接地电容电流造成的电弧温度很高，使附近的变压器油及其他绝缘材料受热分解产生大量气体，并从油箱流向油枕上部；

（2）发生绕组的匝间或层间短路时，局部温度升高也会使油的体积膨胀，排出溶解在油内的空气，形成上升的气泡；

（3）箱壳出现严重渗漏时，油面会不断下降。

瓦斯继电器具有反映油箱内油、气状态和运行情况变化的功能，用它构成的瓦斯保护能反映包括纵联差动保护不能反映的轻微故障在内的油箱内的各种故障和异常工作状态。因此，瓦斯保护作为变压器的主保护之一，被广泛地应用在容量为 800 kVA 及以上的油浸式变压器上。

一、瓦斯继电器的构成和动作原理

（一）瓦斯继电器的安装

瓦斯继电器（KG）是一种反映气体的有无和多少而工作的继电器，安装在油箱与油枕之间连接导管的中部。为了使油箱内的气体能顺利通过瓦斯继电器而流向油枕，在安装变压器时，要求其顶盖与水平面间有 1% ~ 1.5% 的坡度，安装继电器的连接导管有 2% ~ 4% 的坡度，均朝油枕的方向向上倾斜，且瓦斯继电器上的红色箭头也应由油箱指向油枕。如图 1.5.1 所示。

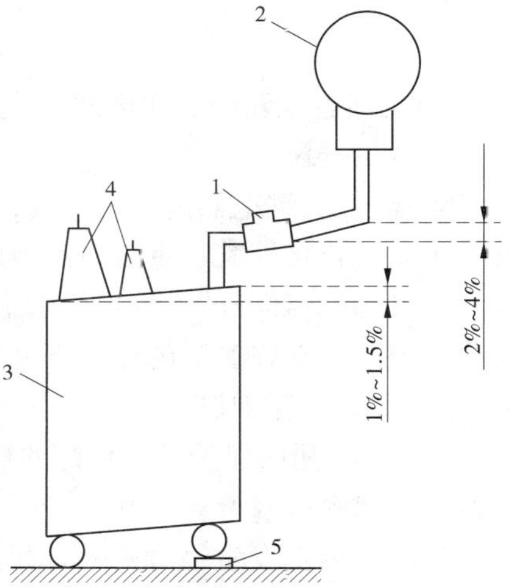

1—气体继电器；2—油枕；3—油箱；
4—高、低压套管；5—垫铁

图 1.5.1 气体继电器安装示意图

（二）瓦斯继电器的结构形式

早期的瓦斯继电器是浮筒式的，空心的浮筒长时间浸在油中经常会向内渗油，水银接点的抗震性能差，常常发生误动作，已被淘汰。经过改进,目前国内采用的有浮筒挡板式和开口杯挡板式两种结构的瓦斯继电器。其中 QJ1－80 型瓦斯继电器,用开口杯代替密封浮筒,克服了浮筒渗油的缺点;用干簧接点代替水银接点,提高了抗震性能,是较好的瓦斯继电器,图 1.5.2 示出了 QJ1－80 型瓦斯继电器的结构图。

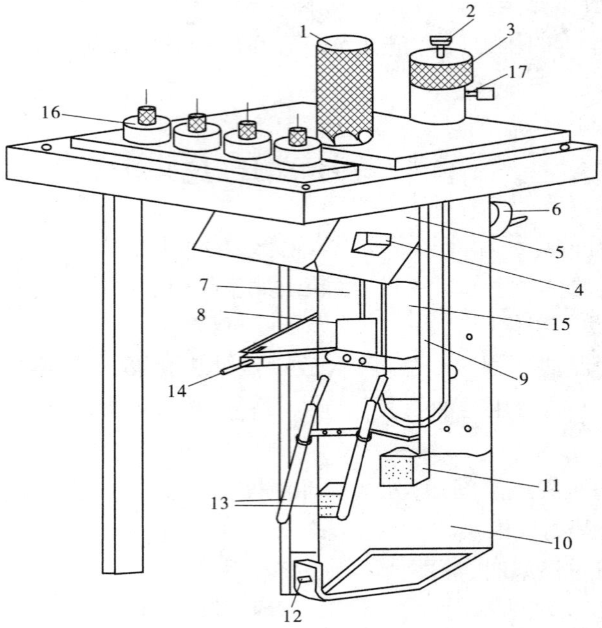

1—罩;2—顶针;3—气塞;4、11—磁铁;5—开口杯;6—重锤;7—探针;
8—开口销;9—弹簧;10—挡板;12—螺杆;13、15—重瓦斯、轻瓦斯的干簧接点;
14—调节标;16—套管;17—排气口

图 1.5.2　QJ1－80 型瓦斯继电器结构图

(三)瓦斯继电器的工作原理

1. 正常运行时

正常运行时,继电器内充满了油,向上开口的开口杯 5 和重锤 6 固定在它们之间的一个转轴上。开口杯因其自重抵消浮力后的力矩小于重锤自重抵消浮力后的力矩而处在上浮位置,固定开口杯旁的磁铁 4 位于干簧接点 15 的上方,干簧接点可靠断开,轻瓦斯保护不动作;挡板 10 在弹簧 9 的作用下处在正常位置,磁铁 11 远离干簧接点 13,干簧接点也是断开的,重瓦斯保护也不动作。由于采取了两个干簧接点 13 串联和用弹簧 9 拉住挡板 10 的措施,使重瓦斯保护具有良好的抗震性能。

2. 变压器内部轻微故障时

当变压器内部发生轻微故障时,所产生的少量气体逐渐聚集在继电器的上部,使继电器内的油面缓慢下降,降到油面低于开口杯时,开口杯自重加上杯内油重抵消浮力后的力矩将大于重锤自重抵消浮力后的力矩,使开口杯的位置随着油面下降,磁铁 4 逐渐靠近干簧接点 15,接近到一定程度时接点闭合,发出轻瓦斯动作的信号。

3. 变压器内部严重故障时

当变压器内部发生严重故障时，所产生的大量气体形成从变压器冲向油枕的强烈气流，带油的气体直接冲击着挡板10，克服了弹簧9的拉力使挡板偏转，磁铁11迅速靠近干簧接点13，接点闭合（即重瓦斯保护动作）启动保护出口继电器，使变压器各侧断路器跳闸。

二、瓦斯保护的接线

瓦斯保护的原理接线如图1.5.3所示。瓦斯继电器KG的上接点（15）由开口杯控制，当轻微故障发生闭合后发延时动作信号。KG的下接点（13）由挡板控制，当严重故障发生闭合后经信号继电器KS启动出口继电器KCO，使变压器各侧断路器跳闸。

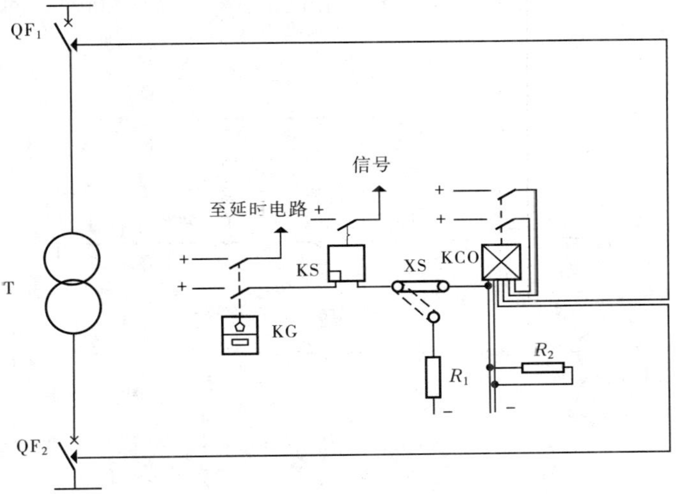

图1.5.3　瓦斯保护原理接线

为了防止变压器油箱内严重故障时油流不稳定，使重瓦斯接点时通时断，不断抖动造成断路器不能可靠跳闸，出口中间继电器KCO应采用带自保持电流线圈的中间继电器，即重瓦斯接点一旦闭合，出口中间继电器就启动并保持直到断路器跳开，由断路器的辅助接点复归中间继电器。

在保护出口回路设有切换片XS，其作用是将重瓦斯的出口方式（跳闸或信号）进行切换。在现场进行下列工作时，重瓦斯保护应由“跳闸”位置切换到“信号”位置：

（1）变压器进行注油、滤油时；

（2）更换硅胶或疏通呼吸器时；

（3）在瓦斯保护及其二次回路上工作时；

（4）开闭瓦斯继电器连接管上的阀门、打开放油放气的阀门时。

在上述工作完成后，经1 h试运行后，方可将重瓦斯投入到跳闸。

瓦斯继电器动作后，在继电器上部的排气口（17）收集气体，检查气体的化学成分和可燃性，从而判断出故障的性质。变压器加油或换油后，也应从排气口处排气，以避免变压器投运后瓦斯保护误动作。

瓦斯保护的主要优点是灵敏度高、动作迅速、简单经济。当变压器内部发生严重漏油或匝数很少的匝间短路时,往往纵联差动保护等其他保护均不能动作,而瓦斯保护却能动作(这也正是纵联差动保护不能代替瓦斯保护的原因),但是瓦斯保护只反映变压器油箱内的故障,不能反映油箱外套管与断路器间引出线上的故障,因此它也不能作为变压器唯一的主保护。通常瓦斯保护需和纵联差动保护配合共同作为变压器的主保护。

第三节　变压器的电流速断保护

对于电压在 10 kV 及以下,容量在 10 MVA 及以下的变压器,当其过电流保护的动作时限大于 0.5 s 时,可在电源侧装设电流速断保护。它与瓦斯保护配合,以反映变压器绕组及变压器电源侧的套管和引出线上的各种相间故障。电流速断保护的单相原理接线如图 1.5.4 所示。

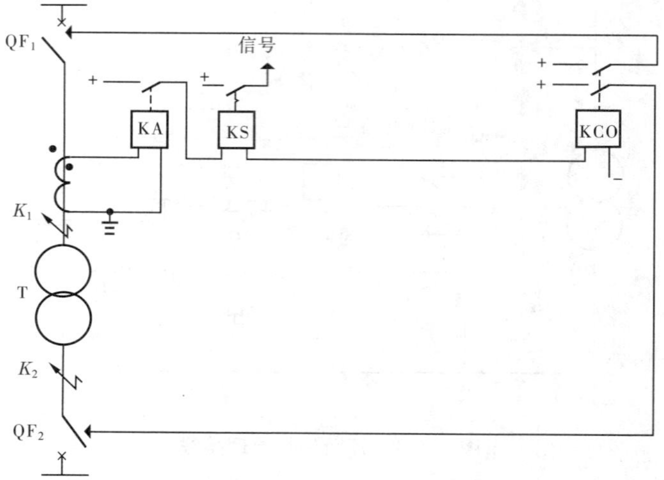

图 1.5.4　变压器电流速断保护单相原理接线图

保护采用三相完全星形接线,瞬时动作于跳开两侧断路器。

保护的整定计算如下:

(1)保护的动作电流:按以下两个条件计算,然后取其中较大者。

按大于变压器负荷侧母线上 K_2 点(见图 1.5.4)短路时流过保护的最大短路电流计算,即

$$I_{op} = K_{rel} I_{K_2.\max}^{(3)}$$

式中　K_{rel}——可靠系数,对 DL-30 继电器,取 1.3~1.4;

$I_{K_2.\max}^{(3)}$——K_2 点短路时流过保护的最大短路电流。

按大于变压器空载投入时的励磁涌流计算,通常取

$$I_{op} = (3 \sim 5) I_N$$

式中　I_N——保护安装(电源)侧变压器的额定电流。

(2)保护的灵敏度校验:按在电源侧 K_1 点短路时最小两相短路电流校验,即

$$K_{sen}=\frac{I_{K1.min}^{(2)}}{I_{op}}\geqslant 2$$

电流速断保护具有接线简单、动作迅速等优点，但它不能保护变压器的全部，因此不能单独作为变压器的主保护。

第四节　变压器的纵联差动保护

一、纵联差动保护的构成原理

（一）纵联差动保护的构成

纵联差动保护是按比较被保护元件（发电机、变压器、输电线路、电动机）始端和末端电流的大小和相位的原理而工作的。为了实现这种比较，在被保护元件的两侧各设置一组型号相同、变比一致的电流互感器 TA1、TA2，其二次侧按环流法接线，即若两端的电流互感器的正极性端子均置于靠近母线一侧，则将它们二次侧的同极性端子相连，再将差动继电器的线圈并入，构成差动保护。其中差动继电器线圈回路称为差动回路，而两侧的回路称为差动保护的两个臂。

（二）纵联差动保护的工作原理

（1）正常运行和区外故障时，被保护元件两端的电流 $\dot{I}_{\mathrm{I}}$ 和 $\dot{I}_{\mathrm{II}}$ 的方向如图 1.5.5（a）所示，则流入继电器的电流为

$$\dot{I}_r=\dot{I}_{\mathrm{I}.2}-\dot{I}_{\mathrm{II}.2}=\frac{1}{n_{TA}}(\dot{I}_{\mathrm{I}}-\dot{I}_{\mathrm{II}})=0$$

继电器不动作。

（2）区内故障时，被保护元件两端的电流 $\dot{I}_{\mathrm{I}}$ 和 $\dot{I}_{\mathrm{II}}$ 的方向如图 1.5.5（b）所示，则流入继电器的电流为

$$\dot{I}_r=\dot{I}_{\mathrm{I}.2}-\dot{I}_{\mathrm{II}.2}=\frac{1}{n_{TA}}(\dot{I}_{\mathrm{I}}+\dot{I}_{\mathrm{II}})=\frac{\dot{I}_{K\Sigma}}{n_{TA}}$$

此时为两侧电源提供的短路电流之和，电流很大，故继电器动作，跳开两侧的断路器。

由上分析可知，纵联差动保护的范围就是两侧电流互感器所包围的全部区域，即被保护元件的全部（含其间所接的其他设备），而在保护范围外故障时，保护不动作。因此，纵联差动保护不需要与相邻元件的保护在动作时间和动作值上进行配合，是全线快速保护，且具有不反映过负荷与系统振荡及灵敏度高等优点。

二、纵联差动保护的几个问题

（一）纵联差动的不平衡电流

前述分析中得出结论，正常运行和区外故障时流过差动继电器（差动回路）的电流为零，实际上，由于两侧电流互感器的励磁特性不同和其他原因，在这两种情况下，差动回路中是存在电流的，称在正常运行和区外故障时流过差动保护的电流为不平衡电流 $\dot{I}_{unb}$。

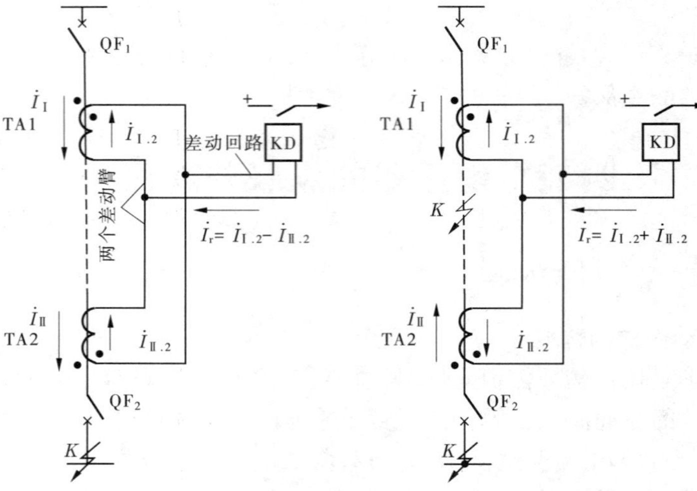

(a)正常运行和区外故障时　　(b)区内故障时

图 1.5.5　纵联差动保护单相原理接线图

在正常运行、区外故障时稳态、区外故障时暂态的不平衡电流的大小是不一样的，在上述三种状态下依次增大，具体见图 1.5.6 和图 1.5.7。因此，为防止区外故障时保护误动作，应设法减小不平衡电流对保护的影响，以提高保护的灵敏度。

在发电机、输电线路的纵差保护中，不平衡电流主要由两侧电流互感器的励磁特性不同而引起；而在变压器差动保护中，引起不平衡电流的原因多且其值较大，克服或减小不平衡电流是变压器纵差保护的特殊问题。

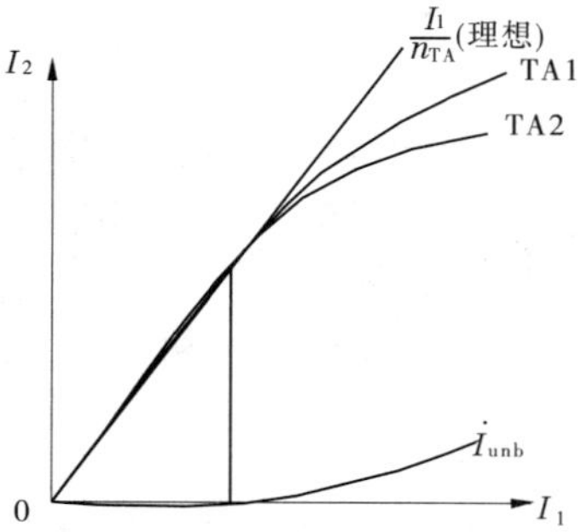

图 1.5.6　电流互感器的励磁特性及不平衡电流

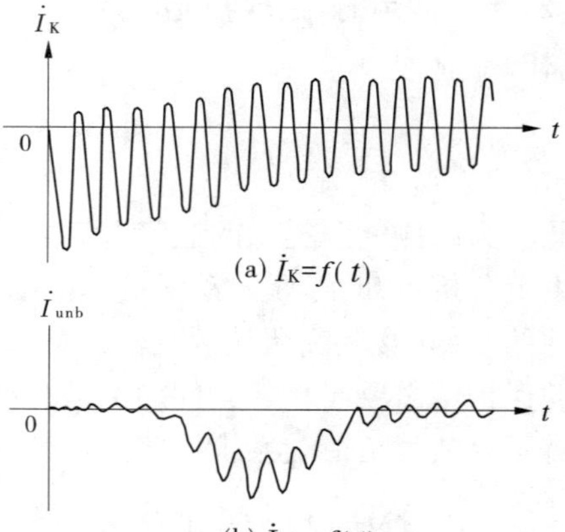

(a) $\dot{I}_K=f(t)$

(b) $\dot{I}_{unb}=f(t)$

图 1.5.7　区外故障时暂态不平衡电流

(二)在线路上应用纵差保护存在的问题

虽然纵差保护具有一系列优点，但是在输电线路上具体应用时存在着以下问题。首先必须敷设和被保护线路一样长的辅助导线，可以是电缆或光纤，因而经济性差；然后当辅助导线发生断线或短路时，保护会发生误动或拒动，于是为了监视辅助导线的完整性，还必须装设专门的监视装置；再则纵差保护不能作下一线路的后备保护，因此还需装设专用的后备保护。

由于上述问题的存在限制了纵差保护在输电线路上的使用，只有在短线路上（小于10 km）采用其他更简单的保护不能满足要求时才采用纵差保护。但随着微机保护的普及，在高压和超高压线路中敷设辅助导线经济性差的问题较保护的基本要求的满足而言就显得不重要，因此采用光纤差动的也较普遍。

三、变压器纵联差动保护的特殊问题

变压器的纵联差动保护用来反映变压器绕组、套管及引出线上的各种短路故障，是变压器的主保护之一。保护的构成原理前面已经分析，由于电流互感器的误差、变压器的接线方式及励磁涌流等因素的影响，差动回路中流过较大的不平衡电流 $\dot{I}_{\text{unb}}$，则其特殊问题就是根据各不平衡电流的特点如何克服或减小之，以提高保护的灵敏度。

（一）变压器励磁涌流的影响及防止措施

1. 励磁电流与纵差保护的关系

由于变压器的励磁电流只流经它的电源侧，即在差动保护的两个臂上只有一侧有电流，从而在差动回路内产生不平衡电流。在正常运行时，此励磁电流很小，一般不超过变压器额定电流的2% ~10%；外部故障时，由于电压降低，励磁电流也相应减小，其影响更小。因此，由正常励磁电流引起的不平衡电流影响不大，可以忽略不计。但是，当变压器空载投入和外部故障切除后电压恢复时，可能出现很大的励磁电流，其值可达变压器额定电流的6 ~8 倍，称此时的励磁电流为励磁涌流。因此，励磁涌流将在差动回路中引起很大的不平衡电流，可能导致保护的误动作。

2. 励磁涌流的特点

通过《电机学》中“变压器空载合闸状态”分析可知，励磁涌流具有以下特点：

（1）励磁涌流很大，其中含有大量的非周期分量；

（2）励磁涌流中含有大量的高次谐波，其中以二次谐波为主；

（3）励磁涌流的波形有间断角。

励磁涌流的大小和衰减速度与断路器合闸瞬间电压的相位、铁芯剩磁的大小和方向、电源和变压器的容量有关。

3. 克服励磁涌流的办法

为了消除励磁涌流的影响，在纵联差动保护中通常采取的措施是：

（1）接入速饱和变流器。为了消除励磁涌流非周期分量的影响，通常在差动回路中接入速饱和变流器 T_{sat}，如图 1.5.8 所示。当励磁涌流进入差动回路时，其中很大的非周期分量使速饱和变流器 T_{sat} 的铁芯迅速严重饱和，励磁阻抗锐减，使得励磁涌流中几乎全部非周期分量及部分周期分量电流从速饱和变流器 T_{sat} 的一次绕组通过，传变到二次回路（进入电流 KA）的电流很小，故差动继电器不动作。

（2）采用差动电流速断保护。利用励磁涌流随时间衰减的特点，借保护固有的动作时间,躲开最大的励磁涌流,从而取保护的动作电流 $I_{op}=(2.5\sim3.5)I_N$,即可躲过励磁涌流的影响。

(3)采用以二次谐波制动原理构成的纵联差动保护装置。

(4)采用鉴别波形间断角原理构成的差动保护。

(二)变压器接线组别的影响及其补偿措施

三相变压器的接线组别不同时,其两侧的电流相位关系也就不同。以常用的 Y,d11 接线的电力变压器为例,它们两侧的电流之间就存在着 30°的相位差。这时,即使变压器两侧电流互感器二次电流的大小相等,也会在差动回路中产生不平衡电流 $\dot{I}_{unb}$,如图 1.5.9所示。为了消除这种不平衡电流的影响,就必须消除纵联差动保护中两臂电流的相位差。通常都是采用相位补偿的方法,即将变压器星形接线一侧电流互感器的二次绕组接成三角形,而将变压器的三角侧电流互感器的二次绕组接成星形,以便将电流互感器二次电流的相位校正过来。采用了这样的相位补偿后,Y,d11 接线变压器差动保护的接线方式及其有关电流的相量图,如图 1.5.10(a)和(b)所示。

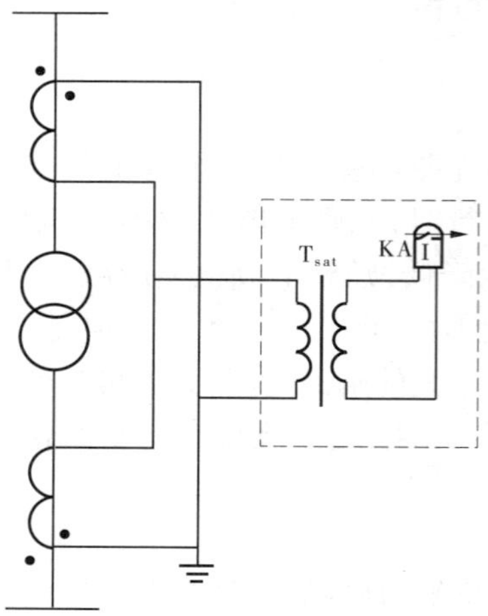

图 1.5.8　速饱和变流器的接入

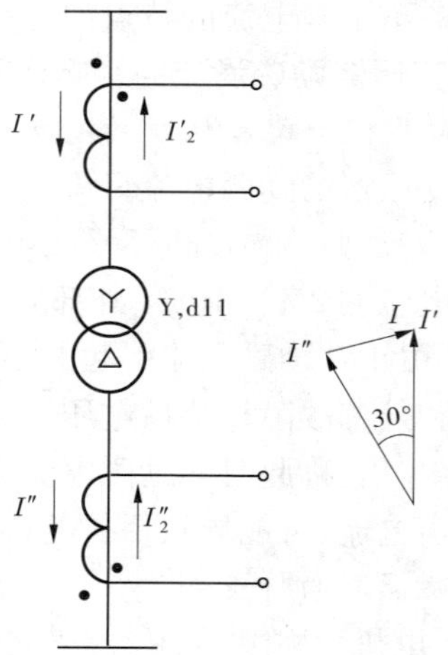

图 1.5.9　Y,d11 接线变压器两侧电流互感器二次电流及不平衡电流

图 1.5.10 中 $\dot{I}_{A.Y}$、$\dot{I}_{B.Y}$和 $\dot{I}_{C.Y}$分别表示变压器星形侧的 3 个线电流,和它们对应的电流互感器二次电流为 $\dot{I}'_{a.Y}$、$\dot{I}'_{b.Y}$和 $\dot{I}'_{c.Y}$,由于电流互感器的二次绕组为三角形接线,所以流进差动臂的电流为

$$\dot{I}_{a.Y}=\dot{I}'_{a.Y}-\dot{I}'_{b.Y}$$
$$\dot{I}_{b.Y}=\dot{I}'_{b.Y}-\dot{I}'_{c.Y}$$
$$\dot{I}_{c.Y}=\dot{I}'_{c.Y}-\dot{I}'_{a.Y}$$

它们分别超前 $\dot{I}_{A.Y}$、$\dot{I}_{B.Y}$和 $\dot{I}_{C.Y}$30°,如图 1.5.10(b)所示。在变压器的三角形侧,其三个相绕组中的电流分别为 $\dot{I}'_{A.d}$、$\dot{I}'_{B.d}$和 $\dot{I}'_{C.d}$,相位与 $\dot{I}_{A.Y}$、$\dot{I}_{B.Y}$和 $\dot{I}_{C.Y}$同相。因此,该侧

变压器输出的三个线电流为 $\dot{I}_{A.d}=\dot{I}'_{A.d}-\dot{I}'_{B.d}$、$\dot{I}_{B.d}=\dot{I}'_{B.d}-\dot{I}'_{C.d}$、$\dot{I}_{C.c}=\dot{I}'_{C.d}-\dot{I}'_{A.d}$，它们分别超前 $\dot{I}'_{A.d}$、$\dot{I}'_{B.d}$和 $\dot{I}'_{C.d}$30°。

由于三角侧电流互感器为星形连接，所以流进差动臂的三个电流就是它们的二次电流 $\dot{I}_{a.d}$、$\dot{I}_{b.d}$和 $\dot{I}_{c.d}$。$\dot{I}_{a.d}$、$\dot{I}_{b.d}$和 $\dot{I}_{c.d}$分别与 $\dot{I}_{A.d}$、$\dot{I}_{B.d}$和 $\dot{I}_{C.d}$同相，但各超前 $\dot{I}'_{A.d}$、$\dot{I}'_{B.d}$和 $\dot{I}'_{C.d}$30°。所以，变压器两侧电流互感器二次侧流入差动臂的电流 $\dot{I}_{a.Y}$、$\dot{I}_{b.Y}$和 $\dot{I}_{c.Y}$恰好分别与 $\dot{I}_{a.d}$、$\dot{I}_{b.d}$和 $\dot{I}_{c.d}$是同相的，这就使 Y,d11 变压器两侧电流的相位差得到了校正，从而有效地消除了因两侧电流相位不同而引起的不平衡电流。

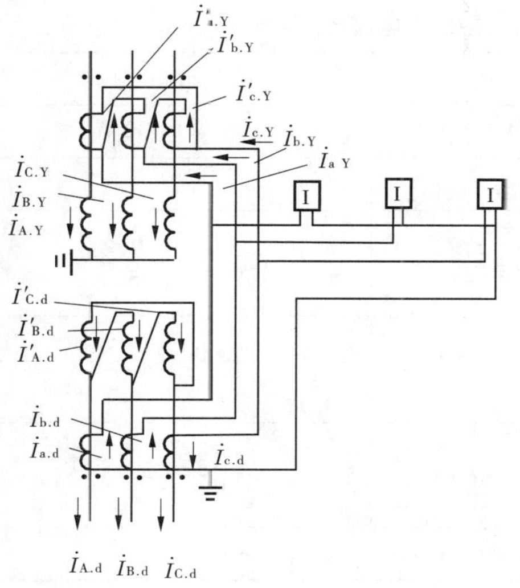

(a)接线图

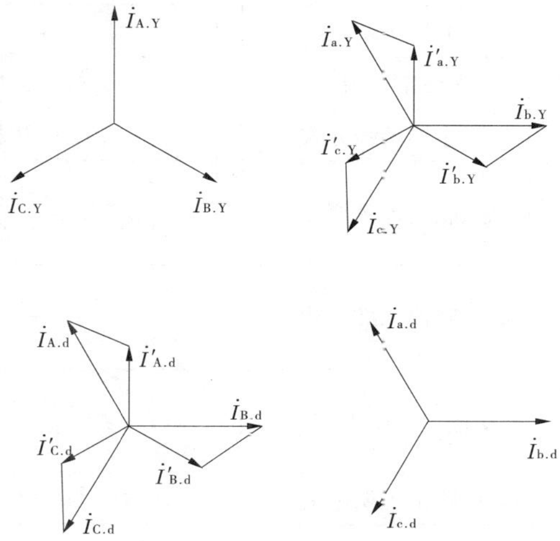

(b)相量图

图 1.5.10　Y,d11 接线变压器纵联差动保护的接线及相量图

采用了相位补偿接线后，在电流互感器绕组接成三角形的一侧，流入差动臂中的电流要比电流互感器的二次电流大$\sqrt{3}$倍。为了在正常工作及外部故障时使差动回路中没有电流（即使两差动臂的电流大小相等），那么这一侧电流互感器的变比就应加大$\sqrt{3}$倍。考虑到电流互感器的二次额定电流为 5 A，故变压器星形侧（其电流互感器接成三角形）电流互感器的变比应为

$$n_{TA(Y)}=\frac{\sqrt{3}I_{N(Y)}}{5}$$

而变压器三角形侧电流互感器的变比为

$$n_{TA(d)}=\frac{I_{N(d)}}{5}$$

式中　$I_{N(Y)}$——变压器绕组接成星形侧的额定电流；

　　　$I_{N(d)}$——变压器绕组接成三角形侧的额定电流。

根据以上两式的计算结果，选定一个接近并稍大于计算值的标准变比为实际变比。

需要说明的是，当变压器采用微机保护时，这种由两侧电流相位不同引起的不平衡电流可以不通过相位补偿法来补偿，而是通过软件的设置来补偿。具体方法见变压器的微机保护。

（三）电流互感器实际变比与计算变比不同时的影响及其平衡办法

由于电流互感器选用的是定型产品，而定型产品的变比都是标准化的，这就出现电流互感器的计算变比与实际变比不完全相符的问题，以致在差动回路中产生不平衡电流。现以一台 Y,d11 接线的变压器（容量为 31.5 MVA，变比为 115/10.5）为例，将计算出的两侧电流互感器的二次电流及在差动回路中产生的不平衡电路列于表 1.5.1 中。

表 1.5.1　Y,d11 变压器两侧电流互感器二次电流计算实例

电压侧	115 kV（Y 接）	10.5 kV（d 接）
一次额定电流	$I_{N(Y)}=158\ A$	$I_{N(d)}=1\ 732\ A$
电流互感器接线方式	d 接	Y 接
电流互感器计算变比	$n_{TA(Y)}=\frac{\sqrt{3}\times 158}{5}=\frac{273}{5}$	$n_{TA(d)}=\frac{1\ 732}{5}$
电流互感器标准变比	$\frac{300}{5}=60$	$\frac{2\ 000}{5}=400$
差动保护臂中电流	$I_{2.Y}=\frac{\sqrt{3}\times 158}{60}=4.56(A)$	$I_{2.d}=\frac{1\ 732}{400}=4.33(A)$
差动回路不平衡电流	$I_{unb}=4.56-4.33=0.23(A)$	

表 1.5.1 说明，在正常情况下，差动回路中存在 0.23 A 的不平衡电流。可想而知，当外部短路时，这种由变比不合适引起的不平衡电流将会更大。为了减小不平衡电流对纵联差动保护的影响，一般采用自耦变流器或利用差动继电器的平衡线圈予以补偿，如图 1.5.11所示。图 1.5.11(a)中，自耦变流器 TBL 接于变压器 d 侧电流互感器的二次绕组。改变自耦变流器 TBL 的变比，使 $\dot{I}_{2.Y}=\dot{I}'_{2.d}$，从而补偿了不平衡电流。图 1.5.11(b)中，差动继电器 KD 铁芯上绕有两个一次线圈，W_d 为差动线圈，接入差动回路，W_b 为平衡线圈，接入变压器 d 侧电流互感器的二次绕组。若极性连接和电流正方向如图中所示，并且 $I_{2.Y}>I_{2.d}$，则适当选择 W_d 和 W_b 的匝数，使之满足磁势平衡关系式：

$$W_bI_{2.d} = W_d(I_{2.Y}-I_{2.d})$$

则差动继电器铁芯的磁化力为零，其二次线圈 W2 无感应电动势，继电器 KD 中的电流为零，从而补偿了不平衡电流。实际上，差动继电器平衡线圈只有整数匝可供选择，因而其铁芯的磁化力不会等于零，其二次线圈中仍有残余不平衡电流，这在保护的整定计算中应予以考虑。

（四）两侧电流互感器型号不同而产生的不平衡电流及克服办法

由于变压器两侧的额定电压不同，所以其两侧电流互感器的型号也不会相同。例如，

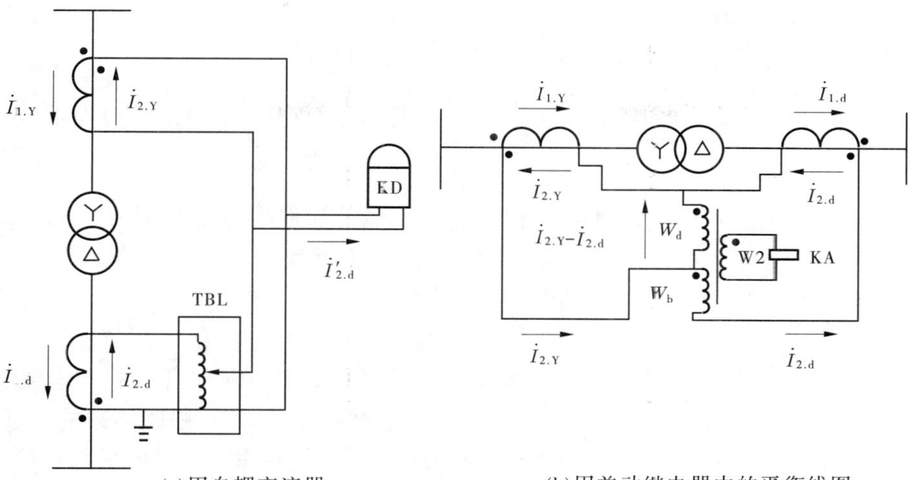

(a)用自耦变流器　　　　(b)用差动继电器中的平衡线图

图 1.5.11　不平衡电流的补偿

在高压侧一般采用套管式电流互感器,而低压侧一般采用绕线式电流互感器,它们的饱和特性和励磁电流(归算到同一侧)都是不相同的。因此,在变压器的差动保护中将引起较大的不平衡电流。在外部短路时,这种不平衡电流可能会很大。为了解决这个问题,一方面,应按 10% 误差的要求选择两侧的电流互感器,以保证在外部短路的情况下,其二次电流的误差不超过 10%。另一方面,在整定差动保护的动作电流时,引入一个同型系数 K_{st} 来反映互感器不同型的影响。当两侧电流互感器的型号相同时,取 $K_{st}=0.5$,不相同时取 $K_{st}=1.0$。这样,当两侧电流互感器的型号不相同时,实际上是采用较大的 K_{st} 值来提高纵联差动保护的动作电流,以躲开不平衡电流的影响。

(五)变压器调压分接头的改变产生的不平衡电流及克服办法

调压分接头的改变实际上就是改变变压器的变比,其结果必然将破坏已经按额定分接头整定好的电流互感器二次电流的平衡关系,产生新的不平衡电流。由于变压器分接头的调整是根据系统运行的要求随时都可能进行的,所以在纵联差动保护中不可能采用改变平衡绕组匝数的方法来加以平衡。因此,应在变压器差动保护整定计算中加以考虑,即在整定计算中引入一个调压系数 ΔU,用提高保护动作电流的方法来躲过这种不平衡电流的影响。

根据以上分析,采用上述措施后,变压器差动保护在整定计算时应躲过的最大不平衡电流为:

$$I_{unb.max} = (K_{np}K_{st}f_i + \Delta U + \Delta f_s)I_{K.max}^{(3)}$$

式中　K_{np}——非周期分量影响系数,取 1;

K_{st}——电流互感器的同型系数,同型时取 0.5,不同型时取 1;

f_i——电流互感器允许的最大相对误差,10%;

ΔU——由变压器分接头改变引起的相对误差,取调压范围的一半;

Δf_s——由电流互感器变比或平衡线圈匝数与计算值不同时所引起的相对误差,初算时取 0.05；

$I_{K.max}^{(3)}$——区外故障时穿越差动保护的最大短路电流。

四、用带加强型速饱和变流器的差动继电器（DCD－2）构成的纵联差动保护

变压器励磁涌流中含有大量的非周期分量，采用带加强型速饱和变流器的差动继电器（如 BCH－2 型或 DCD－2 型），能更有效地躲开励磁涌流。

（一）DCD－2 型继电器的构成原理

1. DCD－2 型继电器的结构

DCD－2 型继电器的结构如图 1.5.12 所示，它由加强型速饱和变流器和电流继电器 KA 组成。加强型速饱和变流器是一个三柱铁芯，中间柱 B 的截面积比两边柱 A、C 的截面积大一倍，即 $S_B = 2S_A = 2S_C$。在中间柱上除绕有差动线圈 W_d 和两个平衡线圈 W_{b1} 和 W_{b2}（即变流器的原方绕组）外，为了加强躲开带非周期分量的不平衡电流的能力，还绕有短路线圈 W'_K。在左边铁芯柱 A 上，绕有短路绕组 W''_K，且 $W''_K = 2W'_K$。

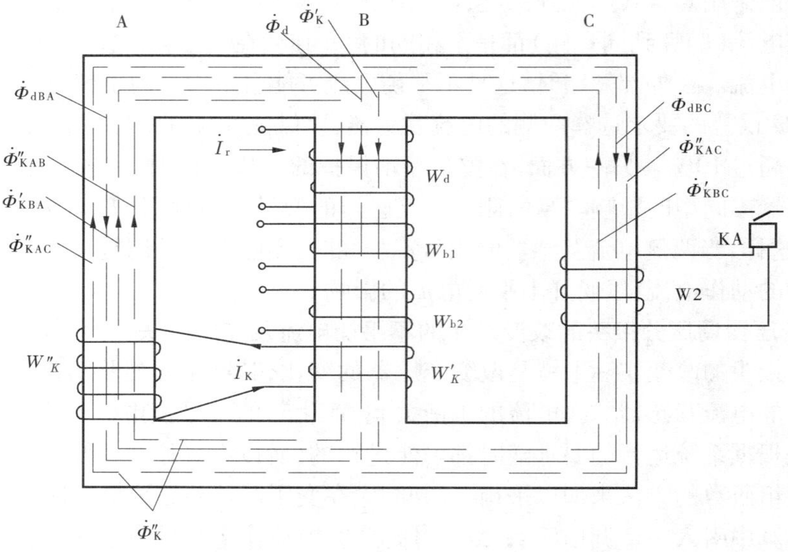

图 1.5.12　DCD－2 型差动继电器的结构图

W'_K 和 W''_K 对铁芯柱 A 来说，产生的磁通是同向串联的。在铁芯柱 C 上，绕有二次绕组 W2，它与电流继电器 KA 线圈相连接。

2. 短路线圈的作用

当在差动线圈 W_d 上流过电流 $\dot{I}_r$ 时，在中间柱 B 上产生磁通 $\dot{\Phi}_d$ 分为 $\dot{\Phi}_{dBA}$ 和 $\dot{\Phi}_{dBC}$ 两部分，分别通过铁芯柱 A 和柱 C，并在短路线圈 W'_K 中感应电势 $\dot{E}_K$，产生电流 $\dot{I}_K$。$\dot{I}_K$ 在短路线圈 W'_K 中流通，产生磁势 $\dot{I}_K W'_K$ 和相应的磁通 $\dot{\Phi}'_K$。$\dot{\Phi}'_K$ 也分为 $\dot{\Phi}'_{KBA}$ 和 $\dot{\Phi}'_{KBC}$ 两部分，分别通过铁芯柱 A 和柱 C。当 $\dot{I}_K$ 流过短路线圈 W''_K 时，也产生磁势 $\dot{I}_K W''_K$ 和相应

的磁通 $\dot{\Phi}''_K$，$\dot{\Phi}''_K$ 也分为 $\dot{\Phi}''_{KAB}$和 $\dot{\Phi}''_{KAC}$两部分，分别通过铁芯柱 B 和柱 C。因此，根据图示各磁通的方向，通过铁芯柱 C 的磁通为

$$\dot{\Phi}_C = \dot{\Phi}_{dBC} + \dot{\Phi}''_{KAC} + \dot{\Phi}'_{KBC}$$

磁通 $\dot{\Phi}_C$ 在二次线圈 W2 中感应电势，产生电流，该电流达到继电器 KA 动作值时，继电器即动作。继电器动作条件与 $\dot{\Phi}_{dBC}$、$\dot{\Phi}''_{KAC}$、$\dot{\Phi}'_{KBC}$的关系有关，$\dot{\Phi}''_{KAC}$、$\dot{\Phi}_{KBC}$是由短路线圈产生的，下面讨论短路线圈的作用。

(1)短路线圈开路。短路线圈开路即相当于短路线圈不存在，此时 $\dot{I}_K = 0$，则 $\dot{\Phi}_C = \frac{\dot{I}_r W_d}{R_m}$，即为普通速饱和变流器的情况。

(2)若给 W_d 通以交流电流(周期分量电流)，由于 $S_B = 2S_A = 2S_C$，$W''_K = 2W'_K$，则 $\dot{\Phi}''_{KAC} = \dot{\Phi}'_{KBC}$，即短路线圈产生的助磁作用和去磁作用相等，相当于短路线圈不起作用，短路线圈的内部接线见图 1.5.13，只要采取相同字母标号的抽头，就能够保证继电器的动作磁势为(60 ±4)安匝。

(3)若给 W_d 通以含有非周期分量的电流(外部短路或者空投变压器)，当变压器外部短路时(或空投变压器时)，速饱和变流器一次线圈 W_d 中流过较大的非周期分量电流。由于速饱和变流器的固有特性，这些非周期分量电流不易传到二次侧，而是作为励磁电流使铁芯迅速饱和，使铁芯柱 C 上的 $\dot{\Phi}_{dBC}$减小，即 $\dot{\Phi}_C$ 减小。另外，由于 W''_K 绕于柱 A，W'_K 绕于柱 B，且 $S_B = 2S_A$，柱 A 到柱 C 的磁路比柱 B 到柱 C 的磁路要长，当铁芯饱和后，柱 A 到柱 C 的漏磁损失比柱 B 到柱 C 的漏磁损失大，即 $\dot{\Phi}''_{KAC} < \dot{\Phi}'_{KBC}$，即助磁作用小于去磁作用，则 $\dot{\Phi}_C$ 更进一步减小，从而加强了躲开非周期分量的能力，加强型的名称由此而来。保持 $W''_K = 2W'_K$ 不变，短路绕组的绝对匝数越多(选 A—B)，躲过非周期分量的能力越强。

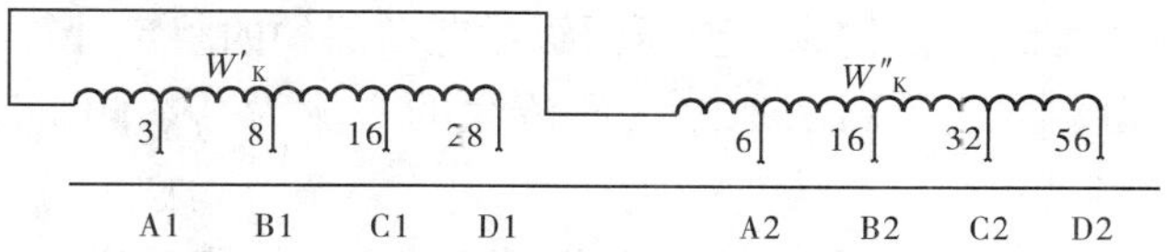

图 1.5.13　短路线圈的抽头位置

3. 平衡线圈的作用

(1)在变压器差动保护中，两个平衡绕组分别串入两个差动臂，以克服由于电流互感器的计算变比和实际变比不同而引起的不平衡电流(前已叙述)；

(2)在发电机和输电线路的纵联差动保护中，如果差动线圈的匝数不够，则可借用平衡线圈做差动线圈用，将其与差动线圈顺极性串联使用；

(3)在发电机纵联差动保护的高灵敏度接线中，将平衡线圈串入中性线，以提高保护的灵敏度。

(二)用 DCD－2 型继电器构成的变压器纵联差动保护的接线

1. 单相原理图

图 1.5.14 示出用 DCD－2 型继电器构成的双绕组变压器纵联差动保护单相接线图。

DCD－2 型继电器的两个平衡线圈 W_{b1}、W_{b2} 分别接于两差动臂，其差动线圈 W_d 接入差动回路。适当选择各线圈的匝数，使它们在正常情况下满足 $I_{2Y}(W_{b1}+W_d)=I_{2d}(W_d+W_{b2})$，以实现电流补偿。

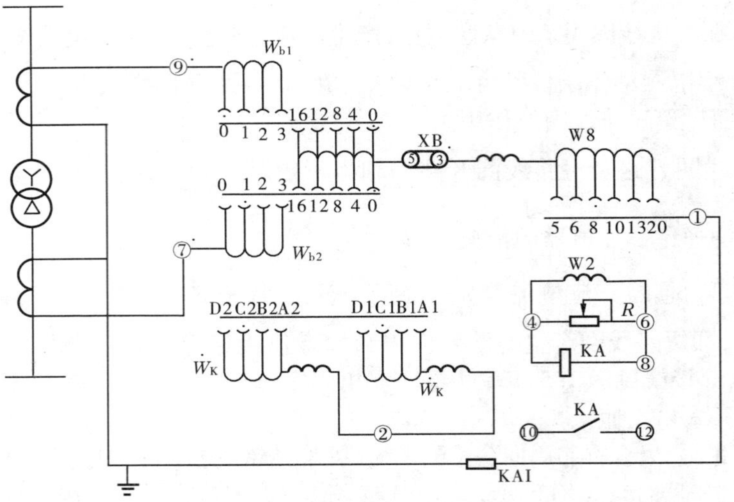

图 1.5.14　双绕组变压器纵联差动保护单相接线图

2. 三相原理图

图 1.5.15 为接线组别为 Y，d11 接线的变压器差动保护三相原理接线图，采用 DCD－2型继电器，图中表示了相位补偿法和两个差动臂分别接平衡绕组的接法。在中性线上串接电流继电器 KAI，当差动回路断线时发信号。XS 为试验盒，用来在线灵活测试差动回路的电流。

（三）用 DCD－2 型继电器构成的变压器纵联差动保护的整定计算

（1）选择电流互感器实际变比，取二次电流大的一侧为基本侧。计算和选择方法见表 1.5.1。

（2）计算变压器各侧外部短路时穿越纵差保护的最大短路电流，并归算至基本侧。

（3）保护装置动作电流的确定。保护装置的动作电流可按下面 3 个条件计算，取较大者为动作电流计算值。

①躲过变压器的励磁涌流。

$$I_{op}=K_{rel}I_N$$

式中　K_{rel}——可靠系数，取为 1.3；

I_N——变压器基本侧的额定电流。

②躲开外部短路时的最大不平衡电流。

$$I_{op}=K_{rel}I_{unb.max}=K_{rel}(K_{np}K_{st}f_i+\Delta U+\Delta f_s)I_{K.max}$$

式中　K_{rel}——可靠系数，取为 1.3；

其他各符号的含义同前。

③考虑电流互感器二次回路断线，应躲开变压器正常运行时的最大负荷电流。

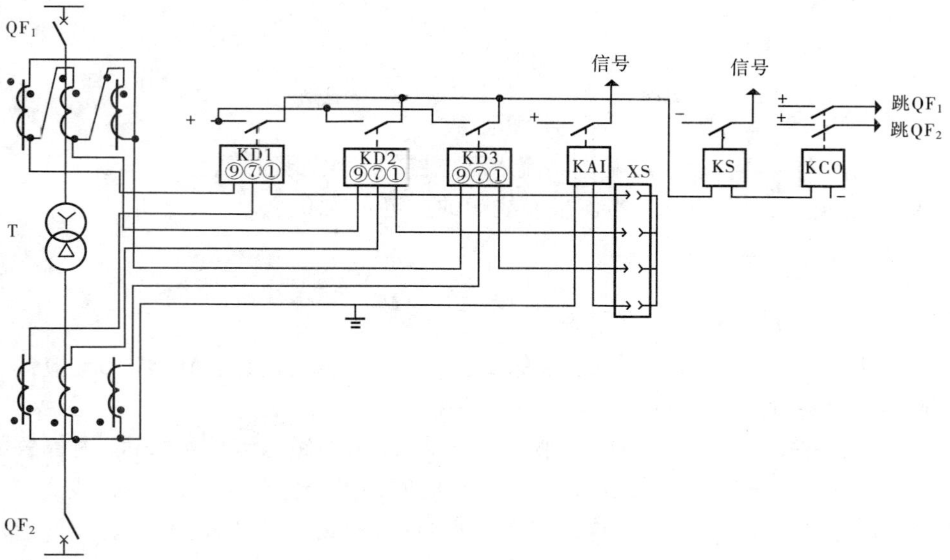

图 1.5.15　变压器差动保护三相原理接线图

$$I_{op} = K_{rel} I_{L.max}$$

式中　K_{rel}——可靠系数，取 1.3；

$I_{L.max}$——正常运行时的最大负荷电流，在最大负荷电流无法确定时，可用变压器的额定电流。

根据以上三个条件，选其最大者为基本侧的动作电流 $I_{op.b.c}$。

(4)基本侧继电器工作绕组匝数的确定。基本侧继电器的动作电流可按下式计算

$$I_{op.r.b.c} = K_{con} \frac{I_{op.b.c}}{n_{TA}}$$

根据下式计算基本侧继电器的工作线圈匝数计算值：

$$W_{b.W.c} = \frac{(AW)_0}{I_{op.r.b.c}} = \frac{60}{I_{op.r.b.c}}$$

式中，60 为 DCD－2 型继电器的动作安匝。

根据继电器线圈的实有抽头，按 $W_{b.W.set} \leqslant W_{b.W.c}$ 选用为工作线圈的整定匝数 $W_{b.W.set}$。则基本侧的实际工作线圈匝数为

$$W_{b.W.set} = W_{d.set} + W_{b.b.set}$$

式中　$W_{d.set}$——差动线圈的整定匝数；

$W_{b.b.set}$——基本侧平衡线圈的整定匝数。

根据实际整定工作匝数 $W_{b.W.set}$ 计算出继电器的实际动作电流 $I_{op.r.b.set}$ 和保护的一次动作电流。

$$I_{op.r.b.set} = \frac{60}{W_{b.W.set}}$$

$$I_{op.b.set} = \frac{I_{op.r.b.set} n_{TA}}{K_{con}}$$

(5)确定非基本侧的平衡线圈的计算匝数。

$$W_{nb.b.c} = W_{b.W.set}\frac{I_{2b.c}}{I_{2nb.c}} - W_{d.set}$$

式中 $W_{nb.b.c}$——非基本侧平衡线圈的计算匝数；

$I_{2b.c}$、$I_{2nb.c}$——基本侧和非基本侧流入继电器的二次回路电流。

按 $W_{nb.b.set} \approx W_{nb.b.c}$ 选用非基本侧平衡线圈的整定匝数 $W_{nb.b.set}$。

(6)按下式校验 Δf_s 取值，即

$$\Delta f_s = \left| \frac{W_{nb.b.c} - W_{nb.b.set}}{W_{nb.b.c} + W_{d.set}} \right|$$

计算结果 $\Delta f_s < 0.05$ 时，说明以前取的 $\Delta f_s = 0.05$ 是合适的，若 $\Delta f_s > 0.05$，应代入考虑不平衡电流计算动作电流的公式重新核算动作电流。

(7)确定短路线圈的抽头。对中、小型变压器，由于励磁涌流倍数较大，内部故障电流中的非周期分量衰减较快，对保护装置的动作时间又可降低要求，因此短路线圈应采用较多匝数，反之可选用较少匝数。这样选取是否合适，应在保护装置投入运行时，通过变压器空载试验确定。

(8)灵敏度的校验。灵敏度校验应按内部短路时的最小短路电流来进行，即

$$K_{sen} = \frac{I_{K.min}^{(2)}}{I_{op.b.set}} \geqslant 2$$

式中 $I_{K.min}^{(2)}$——内部故障时归算到基本侧的最小短路电流。

第五节　变压器相间短路的后备保护和过负荷保护

变压器相间短路的后备保护既是变压器主保护（瓦斯和纵联差动保护）的后备保护，又是相邻母线或线路的后备保护。根据变压器容量的大小和系统短路电流的大小，变压器相间短路的后备保护可采用过电流保护、复合电压启动的过电流保护和负序电流保护等。

一、过电流保护

过电流保护宜用于降压变压器，其单相原理接线图如图 1.5.16 所示。

过电流保护采用三相式接线，且保护应装设在电源侧。保护的动作电流 I_{op} 应按躲过变压器可能出现的最大负荷电流 $I_{L.max}$ 来整定。

$$I_{op} = \frac{K_{rel}}{K_{re}} I_{L.max}$$

式中 K_{rel}——可靠系数，一般取 1.2 ~ 1.3；

K_{re}——返回系数，取 0.85。

确定 $I_{L.max}$ 时，应考虑下述两种情况：

(1)对并列运行的变压器，应考虑切除一台变压器以后所产生的过负荷。若各变压器容量相等，可按下式计算

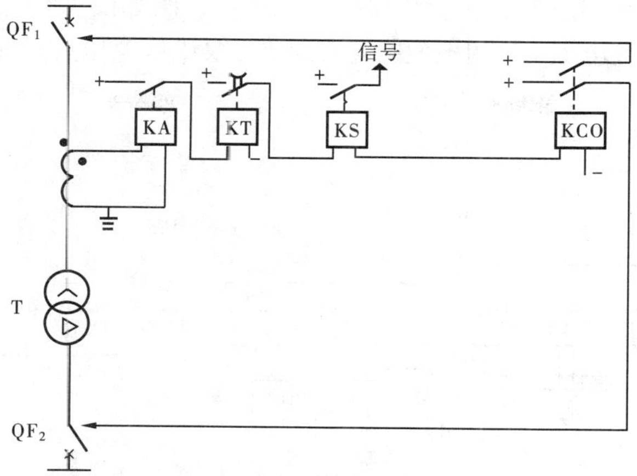

图 1.5.16　变压器过电流保护单相原理接线图

$$I_{L.max} = \frac{m}{m-1} I_N$$

式中　m——并列运行变压器的台数；

I_N——每台变压器的额定电流。

(2)对降压变压器,应考虑负荷中电动机自启动时的最大电流,则

$$I_{L.max} = K_{ss} I'_{L.max}$$

式中　K_{ss}——自启动系数,其值与负荷性质及用户和电源间的电气距离有关。对 110 kV 降压变电站,6～10 kV 侧,$K_{ss}=1.5\sim2.5$;35 kV 侧,$K_{ss}=1.5\sim2.0$;

$I'_{L.max}$——正常运行时最大负荷电流。

保护的动作时限应与下级保护时限配合,即比下级保护中最大动作时限大一个阶梯时限 Δt。

保护的灵敏度

$$K_{sen} = \frac{I^{(2)}_{K.min}}{I_{op}}$$

式中　$I^{(2)}_{K.min}$——最小的运行方式下,在灵敏度校验点发生两相短路时,流过保护装置的最小短路电流。

在被保护变压器受电侧(保护安装处对侧)母线上短路时,要求 $K_{sen}\geqslant1.3\sim1.5$(近后备保护);在下级元件末端短路时,要求 $K_{sen}\geqslant1.2$(远后备保护)。若灵敏度不满足要求,则选用灵敏度较高的其他后备保护。

二、复合电压启动的过电流保护

(一)复合电压启动的过电流保护构成原理

若过电流保护的灵敏度不满足要求,还可以采用低电压启动的过电流保护,但是保护中的低电压继电器灵敏系数在不对称短路时往往也不容易满足要求,因此现在大多采用在对侧短路时全电压和不对称短路时负序电压构成的复合电压来反映短路时电压的变化，构成复合电压启动的过电流保护。保护的原理接线图如图 1.5.17 所示。负序电压继电器 KVN 和低电压继电器 KV 组成复合电压元件，取代低电压启动过流保护中的低电压继电器。

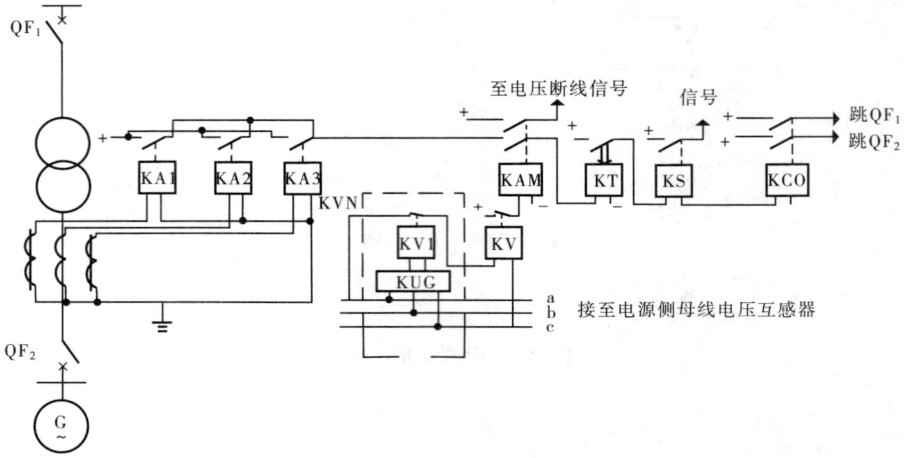

图 1.5.17　复合电压启动过电流保护原理接线图

负序电压继电器 KVN 由负序电压滤过器 KUG 和过电压继电器组成，其中负序电压滤过器 KUG 的工作原理已在第一章介绍。当发生不对称短路时，负序电压滤过器 KUG 有输出，过电压继电器线圈带电，其动断接点断开，称负序电压继电器 KVN 动作，此时低电压继电器 KV 线圈失电，其动断接点闭合，启动中间继电器 KAM，其接点闭合，同时故障相电流继电器的动合接点因短路而闭合，共同启动时间继电器 KT，KT 的线圈回路接通，经 KT 的整定延时后，KT 的接点闭合，启动出口中间继电器 KCO，KCO 动作于断开变压器两侧断路器。当发生对侧（三相）短路时，短路开始瞬间将出现负序电压，KVN 的动断接点打开，KV 失电，其动断接点闭合。在负序电压消失后，KVN 的动断接点重新闭合，但 KV 在三相短路而降低了的电压 U_{ac} 作用下，仍然维持其动作状态，与电流继电器一起，按低电压启动过电流保护的动作方式作用于跳闸。

（二）复合电压启动的过电流保护的整定计算

1. 动作电流

按躲过变压器的额定电流整定。

即

$$I_{op} = \frac{K_{rel}}{K_{re}} I_N$$

因而其动作电流比过电流保护的启动电流小，提高了保护的灵敏性。

2. 低电压的动作电压

按躲开正常运行时最低工作电压整定。一般，$U_{op} = 0.7U_N$（U_N 为变压器的额定电压）。

3. 负序电压的动作电压

按躲开正常运行情况下负序电压滤过器输出的最大不平衡电压整定。

据运行经验，取 $U_{op.2}=(0.06\sim0.12)U_N$。

动作时限的整定和电流元件的灵敏系数校验同过电流保护。电压元件的灵敏系数按下式校验

$$K_{sen}=\frac{U_{op}}{U_{K.max}}$$

式中　$U_{K.max}$——最大运行方式下，灵敏系数校验点短路时，保护安装处的最大残压，灵敏系数校验点的确定和灵敏系数的要求同过电流保护。

三、三绕组变压器后备保护的配置原则

对于三绕组变压器的后备保护，当变压器油箱内部故障时，应断开各侧断路器；当油箱外部故障时，只应断开近故障点侧的变压器断路器，使变压器的其余两侧继续运行。

(1)对单侧电源的三绕组变压器，应设置两套后备保护，分别装于电源侧和负荷侧，如图 1.5.18 所示。负荷侧保护的动作时限 t_{II}，按比该侧母线所连接的元件保护的最大动作时限大一个阶梯时限 Δt 选择。电源侧保护带两级时限，以较小的时限 t_{III}（$t_{\text{III}}=t_{\text{II}}+\Delta t$）跳开变压器Ⅲ侧断路器 QF_3，以较大的时限 t_{I}（$t_{\text{I}}=t_{\text{III}}+\Delta t$）断开变压器各侧断路器。

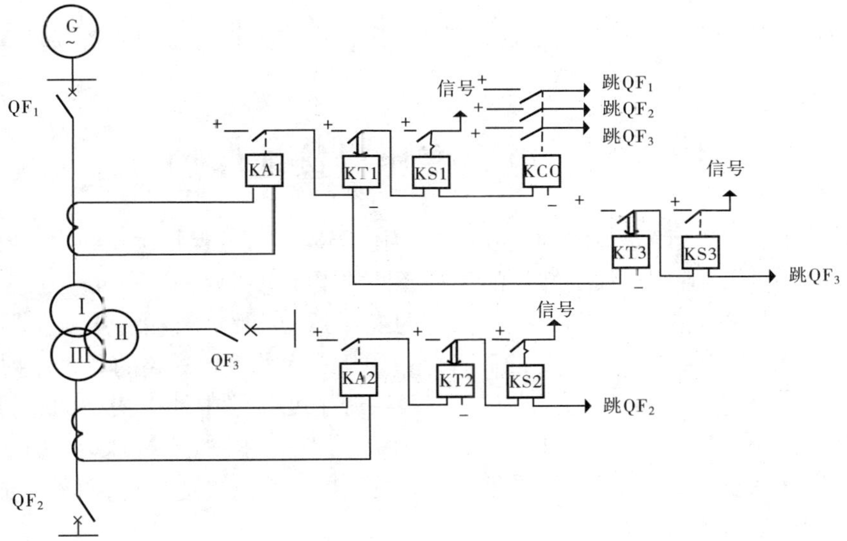

图 1.5.18　单侧电源三绕组变压器的后备保护配置图

(2)对于多侧电源的三绕组变压器，应在三侧都装设后备保护。对动作时限最小的保护，应加方向元件，动作功率方向取为由变压器指向母线。各侧保护均动作于跳开本侧短路器。在装有方向性保护的一侧，加装一套不带方向的后备保护，其时限应比三侧保护最大的时限大一个阶梯时限 Δt，保护动作后，断开三侧断路器，作为内部故障的后备保护。

四、变压器的过负荷保护

变压器的过负荷保护反映变压器对称过负电荷引起的过电流。保护用一个电流继电器接于一相电流，和后备保护共用电流互感器，经延时动作于信号。

过负荷保护的安装侧，应根据保护能反映变压器各侧绕组可能过负荷情况来选择：

(1)对双绕组升压变压器，装于发电机电压侧。

(2)对一侧无电源的三绕组升压变压器，装于发电机电压侧和无电源侧。

(3)对三侧有电源的三绕组升压变压器，三侧均应装设。

(4)对于双绕组降压变压器，装于高压侧。

(5)仅一侧电源的三绕组降压变压器，若三侧的容量相等，只装于电源侧；若三侧的容量不等，则装于电源侧及容量较小侧。

(6)对两侧有电源的三绕组降压变压器，三侧均应装设。

装于各侧的过负荷保护，均经过同一时间继电器作用于信号。

过负荷保护的动作电流，应按躲开变压器的额定电流整定，即

$$I_{op} = \frac{K_{rel}}{K_{re}} I_N$$

式中 K_{rel}——可靠系数，取 1.05；

K_{re}——返回系数，取 0.85。

为了防止过负荷保护在外部短路时误动作，其时限应比变压器的后备保护动作时限大一个 Δt。

第六节　电力变压器接地保护

电力系统中，接地故障是故障的主要形式，因此需要相应的保护去反映之。在小接地电流电网中，用变压器各侧母线上装设的无选择性的零序电压保护反映，配以交流绝缘监察装置查找接地故障点。大电流接地系统中的变压器，一般要求在变压器上装设接地(零序)保护，作为变压器本身主保护的后备保护和相邻元件接地短路的后备保护。

系统接地短路时，零序电流的大小和分布与系统中变压器中性点接地的数目和位置有关。通常，对只有一台变压器的升压变电站，变压器都采用中性点接地运行方式。对有若干台变压器并联运行的变电站，则采用一部分变压器中性点接地运行，而另一部分变压器中性点不接地运行的方式。

一、中性点直接接地变压器的零序电流保护

图 1.5.19 示出了中性点直接接地双绕组变压器的零序电流保护原理接线图。保护用电流互感器接于中性点引出线上。其额定电压可选择低一级，其变比根据接地短路电流的热稳定和动稳定条件来选择。

保护的动作电流按与被保护侧母线引出线零序电流保护后备段在灵敏度上相配合的条件来整定。即

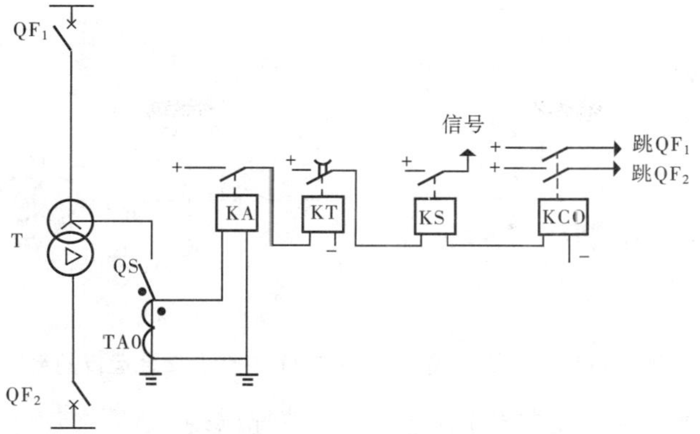

图 1.5.19　中性点直接接地变压器零序电流保护原理接线图

$$I_{op.0} = K_c K_b I_{op.0L}$$

式中　$I_{op.0}$——变压器零序过电流保护的动作电流；

K_c——配合系数，取 1.1～1.2；

K_b——零序电流分支系数，其值等于引出线零序电流保护后备段保护范围末端短路时，流过本保护的零序电流与流过引出线的零序电流之比；

$I_{op.0L}$——引出线零序电流保护后备段的动作电流。

保护的灵敏系数按后备保护范围末端接地短路校验，灵敏系数应不小于 1.2。

保护的动作时限应比引出线零序电流后备的最大动作时限大一个阶梯时限 Δt。

为了缩小接地故障的影响范围及提高后备保护动作的快速性，通常配置为两段式零序电流保护，每段各带两级时限。零序Ⅰ段作为变压器及母线的接地故障后备保护，其动作电流以与引出零序电流保护Ⅰ段在灵敏系数上配合整定，以较短延时（通常取 0.5 s）作用于断开母联断路器或分段断路器；以较长延时（$0.5+\Delta t$）作用于断开变压器的断路器。零序Ⅱ段作为引出线接地故障的后备保护，其动作电流按式 $I_{op.0} = K_c K_b I_{op.0L}$ 选择。第一级（短）延时与引出线零序后备段动作延时配合，第二级（长）延时比第一级延时长一个阶梯时限 Δt。

二、中性点可能接地或不接地变压器的接地保护

当变电站部分变压器中性点接地运行时，如图 1.5.20 所示两台升压变压器并列运行，其中 T1 中性点接地运行，T2 中性点不接地运行。当线路上发生单相接地时，有零序电流流过 QF_1、QF_3、QF_4 和 QF_5 的 4 套零序过电流保护。按选择性要求应满足 $t_1 > t_3$、$t_5 > t_4$，即应由 QF_3 和 QF_4 的两套保护动作于 QF_3 和 QF_5 跳闸。

若因某种原因造成 QF_3 拒绝跳闸，则应由 QF_1 的保护动作于 QF_1 跳闸。当 QF_1 和 QF_4 跳闸后，系统成为中性点不接地系统，而且 G2 和 T2 仍带着接地故障继续运行。T2 的中性点对地电压将升高为相电压，两非接地相的对地电压将升高$\sqrt{3}$倍，如果在接地故障点处出现间歇性电弧过电压，则对变压器 T2 的绝缘危害更大。如果 T2 为全绝缘变压器，可利用在其中性点不接地运行时出现的零序电压，实现零序过电压保护，作用于断开

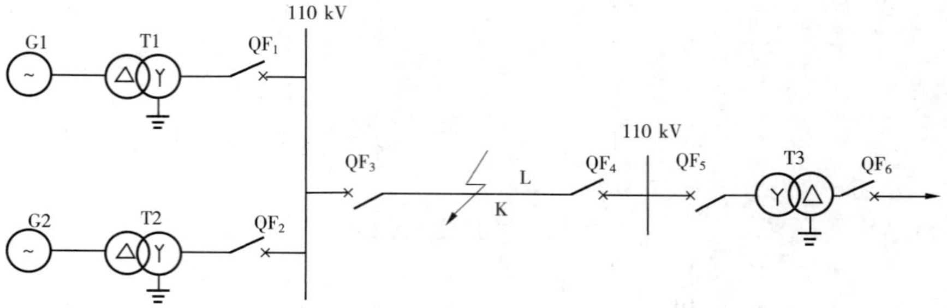

图 1.5.20　两台升压变压器并列运行，T1 中性点接地运行的系统图

QF_2。如果 T2 是分级绝缘变压器，则不允许上述情况出现，必须在切除 T1 之前，先将 T2 切除。

因此，对于中性点有两种运行方式的变压器，需要装设两套相互配合的接地保护装置：零序过电流保护——用于中性点接地运行方式；零序过电压保护——用于中性点不接地运行方式，并且还要按下列原则来构成保护：对于分级绝缘变压器应先切除中性点不接地运行的变压器，后切除中性点接地运行的变压器；对于全绝缘变压器应先切除中性点接地运行的变压器，后切除中性点不接地运行的变压器。

（一）分级绝缘变压器

图 1.5.21 为分级绝缘变压器的零序过电流和零序过电压保护原理接线图。当系统发生接地故障时，中性点不接地运行变压器的 TA0 无零序电流，保护装置中的 KA 不动作，零序过电流保护不启动，KV 因有零序电压 $3U_0$ 而动作。这时，与之并列运行的中性点接地运行变压器的零序过电流保护则因 TA0 有零序电流，KA 动作并经其时间继电器 KT1 的瞬时闭合动后接点将正电源加到小母线 WB 上。此正电源经中性点不接地运行变压器的 KV 接点和 KA 的常闭接点使 KT2 启动零序过电压保护。在主保护拒绝动作的情

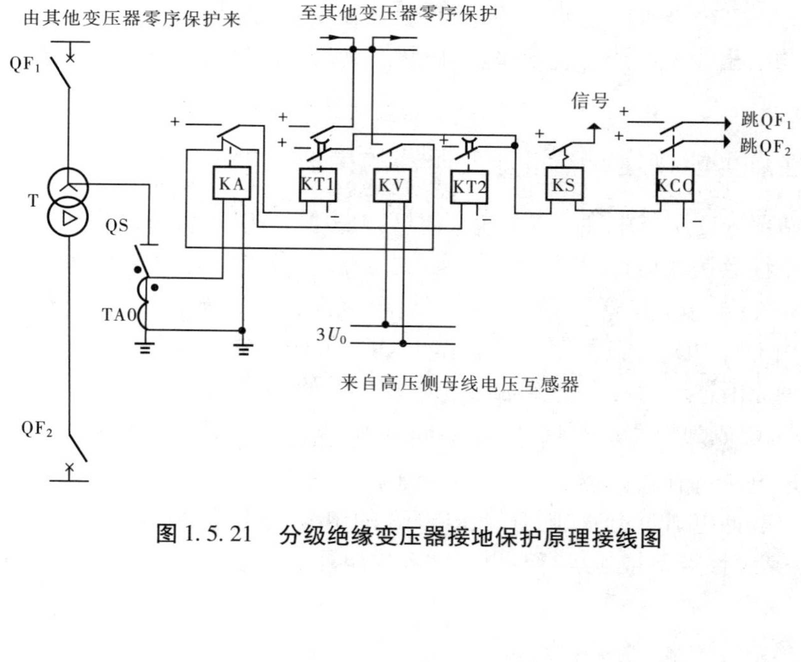

图 1.5.21　分级绝缘变压器接地保护原理接线图

况下，经过较短时限使 KCO 动作，先动作于中性点不接地运行变压器的两侧断路器跳闸。与之并列运行的中性点接地运行变压器的 KV 虽然也已动作，但由于 KA 已处于动作状态，其常闭接点已断开，故小母线上的正电源不能使 KT2 动作，其零序过电压保护不能启动，要等到整定时限较长的 KT1 延时接点闭合时，才动作于中性点接地变压器的两侧断路器跳闸。

(二)全绝缘变压器

图 1.5.22 为全绝缘变压器的零序过电流和零序过电压保护原理接线图。当系统发生接地故障时，中性点接地运行变压器的零序过电流保护和零序过电压保护都会启动，因 KT1 的整定时限较短，故在主保护拒绝动作的情况下，先动作于中性点接地运行变压器的两侧断路器跳闸，与之并列运行的中性点不接地运行变压器，则只有零序过电压保护启动，其零序过电流保护并不启动。因 KT2 的定时限较长，故后切除中性点不接地运行变压器的两侧断路器。

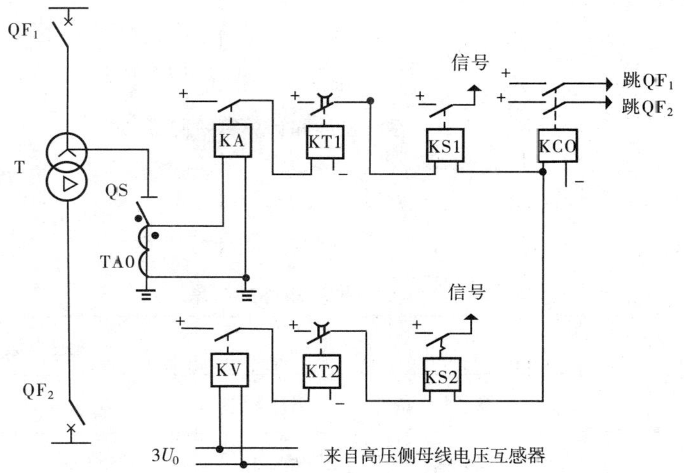

图 1.5.22　全绝缘变压器接地保护原理接线图

第七节　变压器保护装置的整定计算实例

某小型水电站的电气一次接线如图 1.5.23(a)所示。试对容量为 16 MVA 的双绕组升压变压器所配置的纵联差动保护、复合电压启动过电流保护和过负荷保护进行整定计算并选择继电器(采用电磁式继电器)。

已知条件如下。

(1)(G1、G2)的参数(两台相同)：额定容量 $P_N=6\ 000$ kW；额定电压 $U_N=6.3$ kV；功率因数 $\cos\varphi=0.8$；次暂态电抗 $X''_K=0.2$。

(2)升压变压器(T)的参数：额定容量 $S=16\ 000$ kVA；额定电压 38.5(1 ± 2 × 2.5%)/6.3 kV；阻抗电压 $U_K=8\%$。

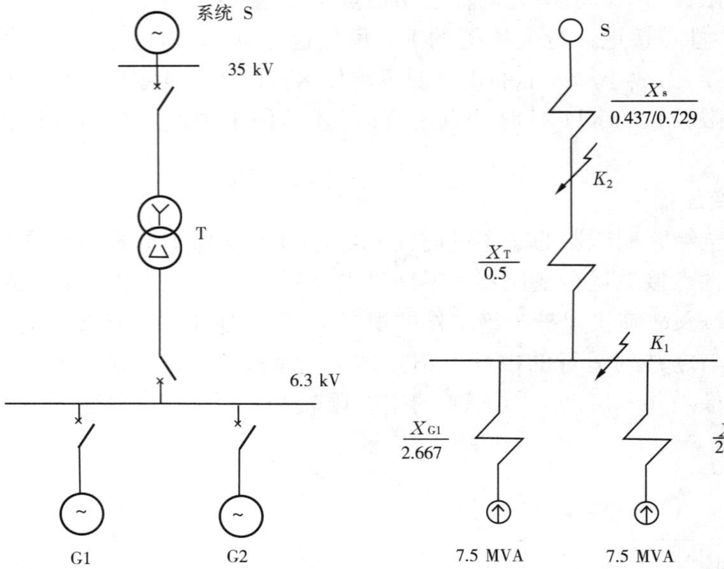

(a)系统图　　(b)等值阻抗图

图 1.5.23　系统接线和计算等效网络

一、短路电流计算结果

三相短路计算结果列于表 1.5.2。

表 1.5.2　三相短路计算结果

运行方式及故障点 / 电流分布	最大运行方式		最小运行方式	
	K_1	K_2	K_1	K_2
系 统 供	9 775.9	20 958.1	7 453.2	12 565.2
发电机供	2 650.4 ×2	2 155 ×2	2 650.4	2 376.8
总计	15 076.7	25 268.1	10 103.6	14 942

二、变压器保护装置的整定计算及继电器选择

(一)纵联差动保护(采用 DCD－2 型继电器)

1. 各侧参数计算

各侧参数计算列于表 1.5.3。

2. 选定基本侧

以电流互感器二次回路额定电流较大的一侧 6.3 kV 侧作为基本侧，计 $I_{2b.c}$，电流互感器的接线方式为 Y，接线系数 $K_{con}=1$。

表 1.5.3　双绕组变压器两侧参数计算表

额定电压 U_N(kV)	6.3	38.5
额定电流 I_N(A)	$\frac{16\ 000}{\sqrt{3}\times 6.3}=1\ 466.3$	$\frac{16\ 000}{\sqrt{3}\times 38.5}=239.9$
电流互感器的接线方式	Y	d
电流互感器的计算变比	$\frac{1\ 466.3}{5}$	$\frac{\sqrt{3}\times 239.9}{5}=\frac{415.6}{5}$
电流互感器的标准变比	$\frac{1\ 500}{5}$	$\frac{500}{5}$
电流互感器二次回路额定电流	$\frac{1\ 466.3}{300}=4.89=I_{2b.c}$	$\frac{415.6}{100}=4.16=I_{2nb.c}$

3. 继电器的动作电流计算

(1) 按躲过外部短路的最大不平衡电流条件整定:

$I_{K.max}^{(3)}$取在外部 K_1、K_2 点短路分别由系统提供的9 775.9 A 和发电机提供的2 155 ×2 电流中的大者,即9 775.9 A

$$I_{op.r}=\frac{K_{rel}(K_{np}K_{st}f_i+\Delta U+\Delta f_s)I_{K.max}}{n_{TA}}$$

$$=\frac{1.3(1\times 1\times 0.1+0.05+0.05)\times 9\ 775.9}{300}=8.47(A)$$

(2) 躲过电流互感器二次回路线断路时变压器的最大负荷电流

$$I_{op.r}=\frac{K_{rel}I_{L.max}}{n_{TA}}=\frac{1.3\times 1\ 466.3}{300}=6.35(A)$$

(3) 躲过变压器的励磁涌流

$$I_{op.r}=\frac{K_{rel}I_N}{n_{TA}}=\frac{1.3\times 1\ 466.3}{300}=6.35(A)$$

取基本侧继电器动作电流的计算值为:$I_{op.r.b.c}=8.47A$

4. 差动继电器的工作线圈匝数选定

(1) 基本侧工作线圈匝数

$$W_{b.W.c}=\frac{(AW)_0}{I_{op.r.b.c}}=\frac{60}{8.47}=7.08(匝)$$

选定 $W_{b.W.set}=7$ 匝,其中 $W_{d.set}=6$ 匝,$W_{b.b.set}=1$ 匝。

继电器的实际动作电流(整定值)

$$I_{op.r.b.set}=\frac{60}{7}=8.57>8.47(A)$$

故不会出现无选择性动作。

(2) 非基本侧平衡线圈匝数

$$W_{nb.b.c}=W_{b.W.set}\frac{I_{2.b.c}}{I_{2.nb.c}}-W_{d.set}=7\times\frac{4.89}{4.16}-6=2.228(匝)$$

选定 $W_{nb.b.set}=2$ 匝，即非基本侧工作线圈匝数。

$$W_{nb.W.set}=W_{d.set}+W_{nb.b.set}=6+2=8(\text{匝})$$

5. 相对误差 Δf_r 计算

$$\Delta f_r=\frac{W_{nb.b.c}-W_{nb.b.set}}{W_{nb.b.c}+W_{d.set}}=\frac{2.228-2}{2.228+6}=0.028<0.05$$

相对误差满足要求。

6. 短路线圈抽头选定

初步选用“C—C”抽头。

7. 灵敏度校验

以短路电流总值较小的 K_1 点（变压器低压侧）为校验点

$$K_{sen}=\frac{I^{(2)}_{K_1.min.b}\times\left(\frac{K_{con}}{n_{TA}}\right)_b\times W_{b.W.set}}{(AW)_0}+\frac{I^{(2)}_{K_1.min.nb}\times\left(\frac{K_{con}}{n_{TA}}\right)_{nb}\times W_{nb.W.set}}{(AW)_0}$$

$$=\frac{0.866\times2\,650.4\times\frac{1}{300}\times7+0.866\times7\,453.2\times\frac{6.3}{37}\times\frac{\sqrt{3}}{100}\times8}{60}=3.43>2$$

满足要求。

（二）复合电压启动过电流保护

以下是装设在 6.3 kV 侧的整定计算。

1. 电流元件的整定值和灵敏度

（1）过电流继电器的动作电流（采用三相完全星形接线）

$$I_{op.r}=\frac{K_{rel}K_{con}}{K_{re}\times n_{TA}}\times I_N=\frac{1.2\times1}{0.85\times300}\times1\,466.3=6.9(\text{A})$$

（2）电流元件灵敏度校验（以 35 kV 母线故障为校验点）

$$K_{sen}=\frac{K_{con}I^{(2)}_{K_2.min}}{n_{TA}I_{op.r}}=\frac{1\times0.866\times2\,376.8}{300\times6.9}=0.994<1.2(\text{A})$$

由于变压器的额定电流较大而 35 kV 母线故障时，由一台发电机供给的短路电流不大，电流元件的灵敏度不能满足要求。只好把装置改成为装设在 35 kV 侧，利用系统供给的短路电流实现对变压器的近后备保护（当变压器发生区内故障时，发电机的复合电压启动电流保护已能对其起远后备作用）。

以下是装置装设在 35 kV 侧的整定计算。

2. 电流元件的整定值和灵敏度

（1）过电流继电器的动作电流

$$I_{op.r}=\frac{K_{rel}K_{con}}{K_{re}\times n_{TA}}\times I_N=\frac{1.2\times1}{0.85\times300}\times239.9=1.13(\text{A})$$

（2）电流元件灵敏度校验（以低压侧引出线上故障为校验点）

$$K_{sen}=\frac{K_{con}I^{(2)}_{K.min}}{n_{TA}I_{op.r}}=\frac{1\times0.866\times7\,453.2\times\frac{6.3}{37}}{100\times1.13}=9.72>1.5(\text{A})$$

满足要求。选用 DL－31/6 型电流继电器,整定范围为 1.5～6 A。

3. 低电压元件的整定值和灵敏度

(1)低电压继电器的动作电压

$$U_{op.r}=\frac{0.7U_N}{n_{TA}}=\frac{0.7\times 35\ 000}{\frac{35\ 000}{100}}=70(V)$$

(2)低电压元件灵敏度校验。低压侧引出线上电路故障时,35 kV 母线上的最大残余电压为

$$U_{K.max}=\sqrt{3}I_{K.max}X_T=\sqrt{3}I_{K.max}\frac{U_K}{100}\times\frac{U_N^2}{S_N}$$

$$=\sqrt{3}\times 9\ 775.9\times\frac{6.3}{37}\times 0.08\times\frac{35^2}{16}=17\ 658.85(V)$$

$$K_{sen}=\frac{U_{op.r}\times n_{TA}}{U_{K.max}}=\frac{70\times 350}{17\ 658.33}=1.39<1.5$$

此时可在低压母线上加装一组低压元件。选用 DY－36/160 型电压继电器,整定范围为 40～160 V。

4. 负序电压元件的整定值和灵敏度

(1)负序电压继电器的动作电压

$$U_{op.r}^{(2)}=\frac{0.06U_N}{n_{TA}}=\frac{0.06\times 35\ 000}{\frac{35\ 000}{100}}=6(V)$$

(2)负序电压元件灵敏度校验。

负序电压 $U_{K.min}^{(2)}$ 要通过对负序网络计算取得。由于通常负序电压元件都有足够高的灵敏度,为了简化计算,可不进行此项校验。

选用 DY－4 型负序电压继电器,整定范围为 6～12 V。

5. 装置的动作时限

比 35 kV 出线过电流保护的最长动作时限大一个时限级差 Δt。一般选用 DS－33C 型时间继电器,整定范围为 1～10 s。

(三)过负荷保护

以下是装置装设在 6.3 kV 侧的整定计算。

1. 电流继电器的动作电流

$$I_{op.r}=\frac{K_{con}K_{rel}}{K_{re}\times n_{TA}}\times I_N=\frac{1\times 1.05}{0.85\times 300}\times 1\ 466.3=6.04(A)$$

选用 DL－31/10 型电流继电器,整定范围为 2.5～10 A。

2. 装置的动作时限

比变压器的过电流保护动作时限大一个至数个时限级差。一般选用 DS－33C 型时间继电器,整定范围为 1～10 s。

第八节　电力变压器保护全图举例

现以电压 121/6.3 kV，容量为 7.5 MVA 及以上，两台并列运行的分级绝缘双绕组升压变压器为例，用展开图形式介绍它的保护回路接线图，详见图 1.5.24。

此变压器装有瓦斯继电器和压力式温度计，并用风扇进行冷却，故设有轻、重瓦斯和温度保护，冷却风扇采用电流启动两种启动方式。如图 1.5.24 中各种保护装置分述如下。

一、纵联差动保护

KD1 ~ KD3 采用 DCD－2 型差动继电器，两组平衡线圈分别串入高、低压侧差动臂中，高压侧接在由 TA5、TA6 二次侧串联后的 d 形接线上，低压侧接在 TA1 的 Y 形接线上，中性线回路上接有监视差动回路的电流继电器 KVI，KD1 ~ KD3 动作时直接启动出口继电器 KCO，动作于两侧断路器 QF_1 和 QF_2 同时跳闸，发生差动回路断线时 KAI 动作，经 KT5 延时发生“差动回路断线”的光字牌及预告音响信号。

二、瓦斯保护

重瓦斯动作时 KG 接点闭合直接启动 KCO，动作于 QF_1 和 QF_2 同时跳闸，进行重瓦斯试验时将切换片 XS1 切到试验位置，当 KG 闭合时信号继电器 KS4 动作，瞬间发生“重瓦斯”的光字牌信号，轻瓦斯动作时 KG 接点闭合，瞬间发生“轻瓦斯动作”的光字牌及预告音响信号。

三、复合电压启动过电流保护

电流回路用低压侧的电流互感器 TA2。电压回路接在低压侧的母线电压互感器 TV1 上，在过电流继电器 KA1 ~ KA3 及低电压继电器 KV 都动作的情况下，KT1 动作。经延时后启动 KCO，动作于 QF_1 和 QF_2 同时跳闸。在 TV1 的二次回路断线时，由 KM 的接点闭合经过合闸位置继电器 KCP 已闭合的接点，发出“TV1 电压回路断线”的光字牌及预告音响信号。

四、零序过电流及过电压保护

零序过电流继电器 KA0 接在变压器中性点接地引线的零序电流互感器 TA0 上，只有在中性点接地运行情况下，系统发生接地短路时，KA0 才会动作启动 KT2。KT2 动作后，其瞬时接点闭合 ，将正电源加在小母线 WB 上，供给中性点不接地运行变压器，启动 KT3 的电源。如果主保护拒绝动作，在零序过电压继电器 KV0 已动作的情况下，中性点不接地运行变压器的 KT3 延时接点先闭合启动其 KCO，动作于中性点不接地运行变压器的 QF_1 和 QF_2 同时跳闸。然后到中性点接地运行变压器的 KT2 延时接点闭合启动其 KCO，动作于中性点接地运行变压器的 QF_1 和 QF_2 同时跳闸。

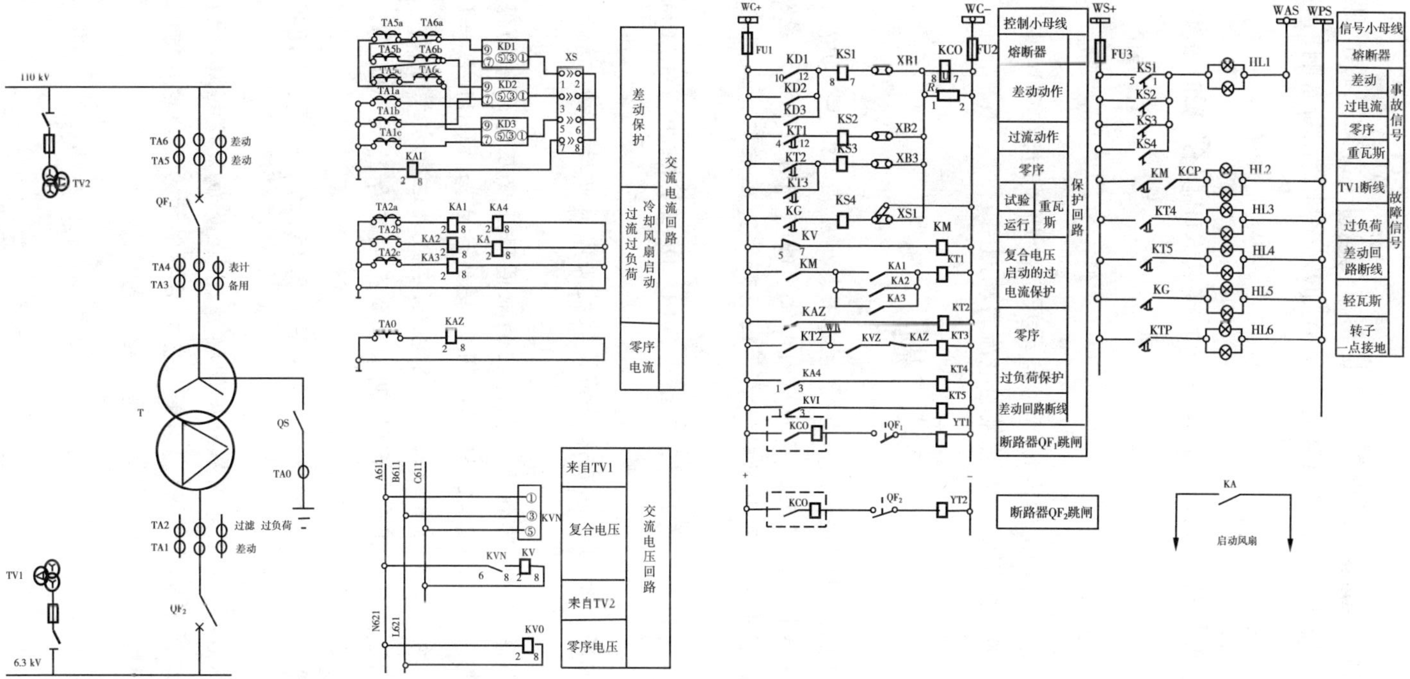

图1.5.24　变压器保护全图示例

五、过负荷保护

反映对称过负荷的一相电流继电器 KA4 也接在 TA2 上，当变压器出现过负荷情况 KA4 动作启动 KT4。经延时后发出“变压器过负荷”的光字牌及预告音响信号。

六、温度保护

当变压器的上层油温超限时，压力式温度计的接点 KTP 闭合，瞬时发生“温度过高”的光字牌及预告音响信号。

七、冷却风扇电流启动

为实现变压器负荷超过 2/3 额定负荷时自动开启冷却风扇，在 TA 回路中串入一相电流继电器 KA，将其接点接至变压器通风的电流启动回路。

习 题

1. 电力变压器可能出现哪些故障和异常运行状态？应装设哪些保护？

2. 为什么说瓦斯保护是反映变压器油箱内部故障的一种有效保护方式？

3. 变压器纵差保护中产生不平衡电流的原因有哪些？应采取什么措施避开不平衡电流的影响？

4. 在具有加强型速饱和变流器的差动继电器（DCD－2）中，平衡绕组和短路绕组分别起什么作用？

5. 为什么复合电压启动的过电流保护的灵敏度要比低电压启动的过电流和一般的过电流保护高？

6. 用 DCD－2 型差动继电器作为单独运行的双圈降压变压器的差动保护。变压器的容量为 15 MVA，电压为 $35 \pm 2 \times 2.5\%/6.6$ kV，接线方式为 Y,d11，$U_{\mathrm{d}} = 0.08$。35 kV 母线短路时归算至平均电压 37 kV 的三相短路电流，在最大运行方式时，$I_{\mathrm{K.max}}^{(3)} = 3\ 570$ A，在最小运行方式时，$I_{\mathrm{K.min}}^{(3)} = 2\ 140$ A，6.6 kV 侧最大负荷电流 $I_{\mathrm{L.max}} = 1\ 000$ A。试对该变压器的差动保护进行整定计算。

7. 试画出变压器差动保护三相原理图（见图 1.5.15）的展开图，并说明在接线中应注意哪些问题？

8. 已知条件如第 6 题，降压变压器低压侧接负载，在负载末端短路时的最小两相短路电流为 850 A（已归算至 35 kV 侧）。该变压器的后备保护为复合电压启动的过电流保护。试对该保护进行整定计算并选择电流电压继电器。

第六章 水轮发电机的继电保护

教学目标 通过教学，使学生了解水轮发电机的故障、异常运行状态及其危害；掌握水轮发电机继电保护的种类及其配置；掌握发电机纵联差动保护的工作原理、整定计算、特点；掌握发电机相间短路后备保护的工作原理、整定计算和配置原则；掌握发电机定子绕组单相接地保护的工作原理；掌握发电机过电压保护的工作原理、整定计算；熟悉发电机转子一点和两点接地保护、过负荷保护、失磁保护的工作原理；掌握发电机保护接线全图的识读；熟悉发电机—变压器组继电保护装置的配置和特点。

教学重点 水轮发电机各种继电保护的工作原理、整定方法；保护全图的识读；能根据具体的发电机配备继电保护。

教学难点 发电机和发电机—变压器组的纵联差动保护、相间短路后备保护的整定计算。

第一节 水轮发电机的故障、异常运行方式和继电保护装置

一、水轮发电机的故障和异常运行方式

水轮发电机的安全运行对保证电力系统的正常工作和电能质量起着决定性的作用。水轮发电机发生故障后，如果继续运行，不仅使发电机遭到严重破坏，而且可能破坏系统的稳定性，扩大事故范围。为了使发电机在故障时能迅速、可靠地从系统中退出运行，而在异常情况下能根据其对系统和机组本身安全所造成威胁的程度，将发电机切除或及时发出警告信号，必须针对各种不同的故障和异常情况，设置各种专门的、性能好的继电保护装置。

运行中的发电机，可能发生的故障如下：

(1)定子绕组相间短路。定子绕组相间短路时，由于短路电流大，故障点的电弧会破坏绝缘、烧损绕组和铁芯，甚至引起火灾，这是发电机内部最严重的故障。

(2)定子绕组单相接地。由于绝缘破坏而引起绕组一相碰壳时，发电机电压系统的电容电流将经接地点过渡到定子铁芯，当此电流较大时可能烧坏铁芯，还可能扩大成为相间短路。

(3)定子绕组匝间短路。定子绕组匝间短路时，被短路的各匝将有短路电流流过，产生局部过热，破坏绕组绝缘，以致转变为单相接地或相间短路。

(4)转子绕组接地。当发电机转子绕组发生一点接地时，由于没有构成接地电流的通路，故对发电机没有直接危害。但要抬高转子某些点的电压，若处理不及时，长期运行，抬高电压点的绝缘会被破坏，易形成两点接地，此时，转子磁通的对称性被破坏，使发电机产生强烈的机械振动，尤其对具有凸极式转子的水轮发电机更为严重，所以水轮机发电机

不允许励磁回路带一点接地长期运行。

(5)转子励磁回路失去励磁电流。发电机转子绕组断线或自动调节励磁装置故障或自动灭磁装置误动作等原因造成励磁电流消失或减少即失磁故障,此时发电机要从系统吸收大量无功功率,以致发电机端电压降低,定子电流增大,引起发电机过热。

(6)定子绕组过电压。当发电机突然甩负荷时,由于水轮发电机调速系统惯性大,在突然甩负荷时,调速器来不及反应,造成机组转速急剧上升,以致引起定子绕组过电压。

发电机的不正常工作状态主要有:

(1)由于负荷超过发电机的额定容量而引起过电流。

(2)由于外部短路,非同期重合闸以及系统振荡而引起过电流。

以上两种情况都使定子电流增大,温度升高,从而加速绝缘老化,缩短发电机寿命;同时,长期的过热也可能引起发电机的内部故障。

二、水轮发电机保护动作结果的解释

水轮发电机的继电保护应根据故障和异常运行方式的性质,分别动作于以下结果:

(1)停机:断开发电机的断路器、灭磁,关闭导水叶至机组停机状态;

(2)解列灭磁:断开发电机断路器、灭磁,关闭导水叶至机组空转;

(3)解列:断开发电机断路器、关闭导水叶至空载;

(4)减出力:将水轮发电机出力减到给定值;

(5)缩小故障影响范围:例如断开母联断路器;

(6)信号:发出声光信号。

三、水轮发电机继电保护配置

针对发电机在运行中可能出现的故障和异常运行情况,根据《继电保护和安全自动装置技术规程》(GB/T 14285—2006)和《水力发电厂继电保护设计导则》(DL/T 5177—2003),对水轮发电机应配置以下保护。

(1)纵联差动保护。作为1 MW以上的发电机定子绕组及其引出线相间短路的主保护,瞬时动作于停机。

对于1 MW及以下与其他发电机或电力系统并列运行的发电机,应装设电流速断保护作为主保护。

对于100 MW以下的发电机—变压器组接线,当发电机与变压器之间有断路器时,发电机与变压器宜分别装设单独的纵联差动保护。

(2)过电流保护。反映发电机区外相间短路所引起的过电流,并作为发电机定子绕组及其引出线相间短路的后备保护。

对于1 MW及以下与其他发电机或电力系统并列运行的发电机,应装设过电流保护。

对于1 MW以上的发电机,宜装设复合电压启动的过电流保护。

对于50 MW及以上的发电机,宜装设负序过电流保护和单元件低压过电流保护。

以上各后备保护装置宜带有二段时限,以较短的时限动作于缩小故障影响的范围或动作于解列,以较长的时限动作于停机。

(3)定子绕组单相接地保护。反映发电机定子绕组单相接地故障。

当单相接地故障电流小于规定值时,可装设单相接地监视装置,动作于信号。

当单相接地故障电流大于规定值时,应装设有选择性的单相接地保护装置,动作于停机。

(4)匝间短路保护。反映发电机定子绕组的匝间短路故障。

对于发电机定子绕组为星形连接,每相有并联分支且中性点侧有分支引出端的发电机,应装设横差保护;50 MW 及以上发电机,当定子绕组为星形接线,中性点只有 3 个引出端子时,根据用户和制造厂的要求也可采用零序电压保护。

以上保护应瞬时动作于停机。

(5)转子一点接地保护。反映发电机转子一点接地故障。

对于 1 MW 及以下的发电机,可装设定期检测装置;

对于 1 MW 以上的发电机应装设专用的转子一点接地保护装置,延时动作于信号,宜减负荷平稳停机。

(6)失磁保护。反映发电机励磁电流急剧下降或消失的保护。

对于不允许失磁运行的发电机及失磁对电力系统有重大影响的发电机应装设专用的失磁保护。对水轮发电机失磁保护延时动作于解列。

(7)定子过电压保护。反映水轮发电机突然甩负荷后引起定子绕组过电压保护,延时动作于解列灭磁。

(8)定子过负荷保护。反映发电机因对称过负荷引起定子绕组过电流,延时动作于信号。

发电机保护的配置见图 1.6.1。

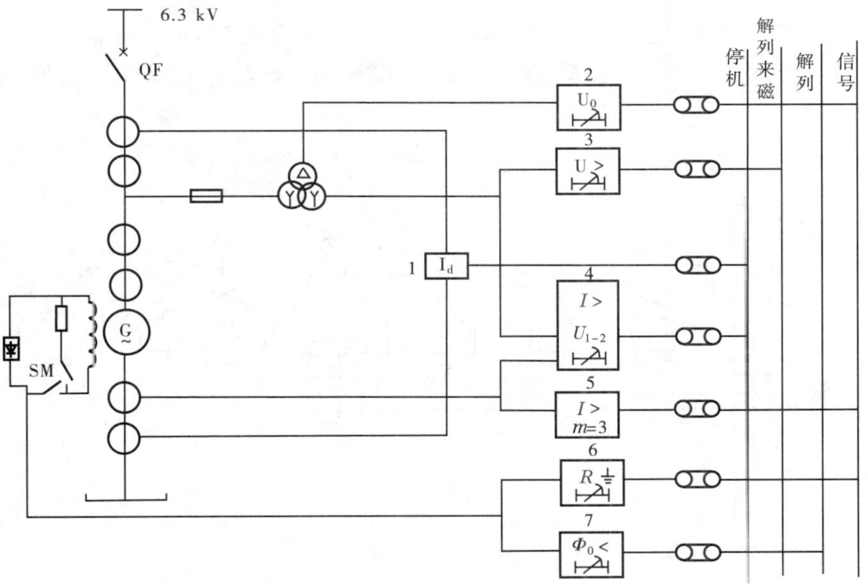

1—纵联差动保护;2—定子绝缘监视装置;3—定子过电压保护;4—复合电压启动的过电流保护;5—定子过负荷保护;6—转子一点接地保护;7—失磁保护

图 1.6.1　水轮发电机保护配置图

第二节　水轮发电机的纵联差动保护

容量大于 1 000 kW 的发电机，其中性点侧有分相引出线时，应采用纵联差动保护作为发电机定子绕组及引出线的相间短路的主保护。

一、纵联差动保护的原理

发电机纵联差动保护和变压器的纵联差动保护一样，按环流法原理对发电机两侧电流的大小和相位进行比较，从而实现在整个保护区内故障时瞬时动作，在正常运行和区外故障时，差动继电器中只流过不平衡电流。相对于变压器，引起发电机纵联差动保护不平衡电流的原因主要是两侧电流互感器的励磁特性不同，因此小得多，即为：

$$I_{\text{unb. max}} = \frac{K_{\text{np}}K_{\text{st}}K_{\text{err}}}{n_{\text{TA}}}I_{\text{K. max}}^{(3)}$$

只要纵联差动保护的动作电流大于区外故障时的最大不平衡电流，就可保证发电机在正常运行或区外故障时保护不误动作。

因此，发电机纵差保护只需采取以下措施就可克服其不平衡电流：

(1) 两侧电流互感器采用型号、变化相同和励磁特性尽可能一致的 D 级电流互感器，K_{st}取为 0.5（否则取 1），当区外故障有最大短路电流流过时，能满足 10% 误差曲线的要求。

(2) 利用中间速饱和变流器的直流助磁特性来抑制非周期分量电流的影响，K_{np}取 1（否则取 1.5 ~2）。

从避开暂态不平衡电流的影响考虑，由带短路线圈速饱和变流器的差动继电器（DCD－2型）构成发电机纵联差动保护的效果较好，故被广泛采用，其原理接线如图 1.6.2所示。

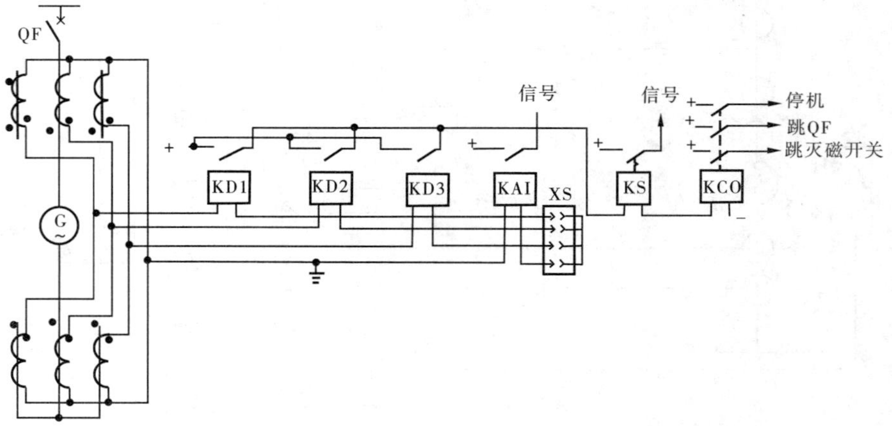

图 1.6.2　带断线监视的发电机纵联差动保护原理接线图

二、带断线监视的纵联差动保护

(一)原理接线

原理接线见图 1.6.2。图中 KD1 ~ KD3 采用 DCD－2 型差动继电器,KS 采用电磁型的电流型信号继电器,KCO 采用电磁型中间继电器,KAI 采用电磁型电流继电器,XS 为试验盒,用于灵活方便地检测差动回路的电流。

在正常运行及保护区外短路时,流过继电器 KD1 ~ KD3 的不平衡电流小于继电器动作电流,继电器不动。差动回路三相电流之和流入断线监视继电器 KAI,该电流近似为零,KAI 不动作。

当发电机定子绕组及引出线发生相间短路时,则短路相的差动继电器中流过短路电流使之动作,其接点闭合启动 KS 和 KCO。KS 动作发出纵联差动保护动作的信号,KCO 动作后跳开发电机出口的断路器 QF 和灭磁开关 SM,并关闭水轮机的导水叶。而流入继电器 KAI 的电流仍接近于零,KAI 不动作。

装设于发电机中性点侧的电流互感器,由于发电机振动,其二次接线端子可能松动,造成二次回路断线。断线后中性线上有负载电流流过,使 KAI 动作,发出“差动回路断线信号”。

(二)整定计算

1. 差动继电器动作电流

(1)躲过区外短路故障时的最大不平衡电流,即

$$I_{\text{op. r}} = \frac{K_{\text{rel}}K_{\text{np}}K_{\text{st}}K_{\text{err}}}{n_{\text{TA}}}I_{\text{K. max}}^{(3)} \tag{1.6.1}$$

式中 K_{rel}——可靠系数,取为 1.3;

K_{np}——非周期分量影响系数,取为 1;

K_{st}——同型系数,同型时取为 0.5;

K_{err}——电流互感器允许最大相对误差,取为 0.1;

n_{TA}——电流互感器的变比;

$I_{\text{K. max}}^{(3)}$——区外短路故障时,流过保护的最大短路电流。

(2)躲过电流互感器二次回路断线时,流过差动保护的电流,即

$$I_{\text{op. r}} = \frac{K_{\text{rel}}I_{\text{N}}}{n_{\text{TA}}} = K_{\text{rel}}I_{\text{N2}} \tag{1.6.2}$$

式中 K_{rel}——可靠系数,取为 1.3;

I_{N2}——发电机额定电流的二次值。

差动继电器的动作电流按上述两个条件整定,并取较大值作为动作电流计算值。计为 $I_{\text{op. r. c}}$。

2. 差动继电器工作线圈匝数

差动继电器工作线圈匝数为

$$W_{\text{w. c}} = \frac{AW_0}{I_{\text{op. r. c}}} \tag{1.6.3}$$

式中 AW_0——DCD－2 型继电器的动作安匝，$AW_0=60$ 安匝；

$W_{w.c}$——工作线圈匝数计算值。

根据差动继电器的实际抽头，按 $W_{w.set} \leqslant W_{w.c}$ 来选择工作线圈整定匝数 $W_{w.set}$。如果差动线圈的匝数能够满足工作线圈的要求，则只选差动线圈 $W_{w.set}=W_{d.set}$；如果差动线圈匝数不够，需要借用平衡线圈，即将它们串联使用，则

$$W_{w.set}=W_{d.set}+W_{b.set}$$

这样，差动继电器的动作电流的整定值为

$$I_{op.r.set}=\frac{AW_0}{W_{w.set}} \tag{1.6.4}$$

3. *纵联差动保护的灵敏度校验*

纵联差动保护的灵敏系数

$$K_{sen}=\frac{I_{K.min}^{(2)}}{I_{op.set}}=\frac{I_{K.min}^{(2)}W_{w.set}}{n_{TA}AW_0}=\frac{I_{K.min}W_{w.set}}{60n_{TA}} \geqslant 2 \tag{1.6.5}$$

式中 $I_{K.min}$——发电机内部金属性短路时，流过保护的最小短路电流，取单机运行时或系统最小运行方式下自同期并列时，发电机机端两相短路时的电流；

$I_{op.set}$——差动保护动作电流整定值。

4. *差动回路短线监视继电器 KVI 的动作电流*

按躲过正常运行时的三相不平衡电流整定，根据运行经验，其值一般为

$$I_{op.r}=\frac{0.2I_N}{n_{TA}}=0.2I_{N2} \tag{1.6.6}$$

式中 n_{TA}——电流互感器的变比；

I_{N2}——发电机额定电流的二次值。

为防止发生区外故障时，差动回路中的不平衡电流造成断线监视装置误发信号，一般考虑延时发信号，其动作时限应大于发电机后备保护动作时限一个级差 Δt。

三、高灵敏度的发电机纵联差动保护

（一）原理接线

发电机纵联差动保护中的不平衡电流通常比较小，因此保护装置的动作电流往往按额定电流整定，其值为 $1.3I_{N2}$，故存在一定的动作死区。对容量稍大和阻抗较大的发动机，为提高差动保护的灵敏度需降低整定值。当差动保护由 DCD－2 型继电器构成时，只需将带断线监视的差动保护接线图稍加改变即可实现。如图 1.6.3 所示，图中 W_{da}、W_{db}、W_{dc}和 W_{ba}、W_{bb}、W_{bc}分别为三只差动继电器的差动线圈和平衡线圈，KAI 仍为断线监视继电器。差动线圈分别接在各相差动回路中，平衡线圈串联后接在中性回路中，并且与差动线圈反极性连接。

当保护区内发生相间短路时，短路电流流入故障相继电器的差动线圈，而该继电器的平衡线圈接在中性线回路中，流过的电流接近于零。因此，故障相的差动继电器动作于跳闸，而非故障相的继电器和 KAI 不会动作。

当电流互感器二次回路断线时，断线相差动继电器的差动线圈和三个平衡线圈均通

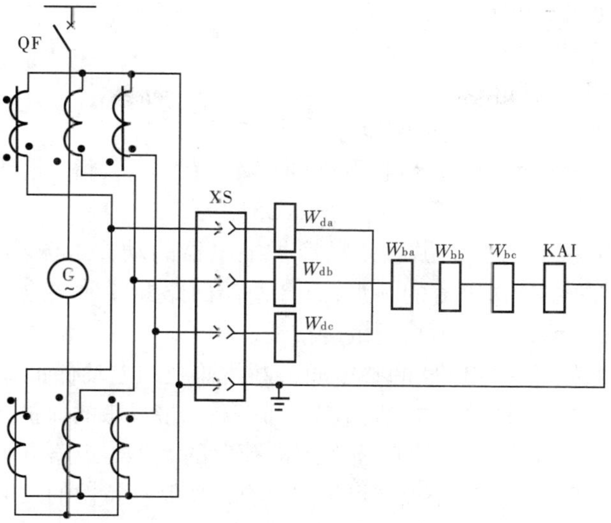

图 1.6.3 高灵敏度接线的发电机纵联差动保护原理接线图

过数值相等的负荷电流。由于差动线圈和平衡线圈的反极性相连，因此断线相差动继电器铁芯中的工作磁通互相抵消，继电器不会误动作，而非断线相的差动继电器中，只有平衡线圈通过负荷电流。只要适当选择平衡线圈的匝数，就可以做到非断线相的差动继电器也不会误动作。

当发电机电压系统中出现两相接地短路，且其中一点在发电机纵联差动保护区内时，短路电流将流过一个差动线圈和三个平衡线圈，保护的灵敏度比保护区内发生相间短路时低。

（二）整定计算

（1）平衡线圈匝数：按差动回路断线时，纵联差动保护不应动作的条件。即由于差动回路继线时，非断线相差动继电器只有平衡线圈中通过负荷电流，此时该继电器不应动作。因此，平衡线圈的计算匝数为

$$W_{b.c} \cdot I_{N2} \leqslant AW_0$$

$$W_{b.c} = \frac{AW_0}{K_{rel} I_{N2}} \tag{1.6.7}$$

式中 K_{rel}——可靠系数，取 1.1；

I_{N2}——发电机额定电流的二次值；

AW_0——差动继电器的动作安匝。

按 $W_{b.set} \leqslant W_{b.c}$ 选择平衡线圈的整定匝数 $W_{b.set}$。

（2）差动线圈的匝数：同样按差动回路断线时，纵联差动保护不应动作条件，即由于差动回路断线时，断线相差动继电器中的差动线圈和平衡线圈都通过同一电流，此时为使该继电器不误动作，应当满足

$$I_{N2} \cdot (W_{d.c} - W_{b.set}) \leqslant AW_0$$

$$W_{d.c} = \frac{AW_0}{K_{rel} I_{N2}} + W_{b.set} \tag{1.6.8}$$

式中　$W_{d.c}$——差动线圈计算匝数；

$W_{b.set}$——平衡线圈整定匝数；

K_{rel}——可靠系数，取1.1。

按 $W_{d.set} \leqslant W_{d.c}$ 选择差动线圈整定匝数。

若取 $W_{b.set} = W_{b.c}$ 代入式(1.6.8)且考虑到 $AW_0 = I_{op.r}W_{d.c}$，得

$$I_{op.r} = 0.55I_{N2} \tag{1.6.9}$$

由式(1.6.9)可见，该接线的纵联差动保护继电器的动作电流小于发电机的额定电流，约为带断线监视接线动作电流的一半，而且差动回路断线时不会误动作，因此有效提高了保护的灵敏度，故称该接线为高灵敏度接线。

灵敏度校验和断线监视继电器的整定同带断线监视的差动保护，此处略。

以上介绍的纵联差动保护是发电机内部相间短路的最灵敏的保护，但也有一定死区，例如靠近中性点侧相间短路时，差动保护不能动作，死区的大小与短路点的过渡电阻和保护的动作电流数值有关。要想尽量减小死区可采用具有比率制动特性的发电机纵联差动保护。

由于纵联差动保护不能反映发电机同一相绕组的匝间短路，因此对同一相定子绕组具有两个以上并联支路的发电机，除装设纵联差动保护外，还应装设定子绕组的匝间短路保护。

四、发电机差动保护整定计算实例

【例1.6.1】 某小型水电站的电气一次接线如图1.6.4所示，要求对水轮发电机纵联差动保护装置进行整定计算，已知参数如下。

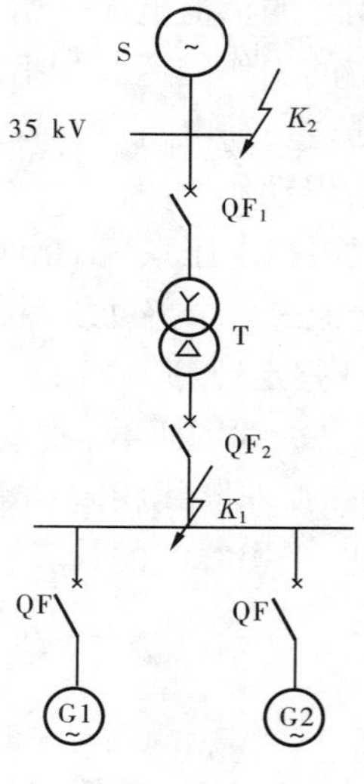

图1.6.4　电气一次接线图

(1)发电机(G1、G2)的参数(两台相同)：额定容量$P_N = 6\ 000$ kW，额定电压 $U_N = 6.3$ kV，功率因素 $\cos\varphi = 0.8$，次暂态电抗 $X''_K = 0.2$（假设发电机的正序阻抗和负荷阻抗相等）。

(2)升压变压器T的参数：额定容量 $S_N = 16\ 000$ kVA，额定电压38.5×(1±2×2.5%)/6.3 kV，阻抗电压 $U_K = 8\%$。

(3)三相短路电流计算结果见表1.6.1。

解　差动保护采用DCD－2型继电器。

1. 带断线监视接线

(1)发电机的额定电流。

$$I_N = \frac{P_N}{\sqrt{3}U_N\cos\varphi} = \frac{6\ 000}{\sqrt{3} \times 6.3 \times 0.8} = 687.3(\text{A})$$

选定电流互感器变比

$$n_{TA} = \frac{800}{5} = 160$$

$$I_{N2} = \frac{687.3}{160} = 4.3(\text{A})$$

表 1.6.1　三相短路电流计算结果

短路点		K_1	K_2
最大运行方式	系统供	9 775.9	20 958.1
	G1 供	2 650.4	2 155
	G2 供	2 650.4	2 155
最小运行方式	系统供	7 453.2	12 565.2
	发电机供	2 650.4	2 376.8

(2) 动作电流计算值。

①躲开区外故障时的最大不平衡电流

$$I_{op.r} = \frac{K_{rel}K_{np}K_{st}K_{err}}{n_{TA}}I_{K.max}$$

$$= \frac{1.3 \times 1 \times 0.5 \times 0.1 \times 2\,650.4}{160} = 1.08(A)$$

②躲过电流互感器二次回路继线时差动回路中的电流

$$I_{op.r} = K_{rel}I_{N2} = 1.3 \times 4.3 = 5.59(A)$$

取 $I_{op.r} = 5.59$ A。

(3) 差动继电器的工作线圈匝数

$$W_{w.set} = \frac{AW_0}{I_{op.r}} = \frac{60}{5.59} = 10.73(\text{匝})$$

取 $W_{w.set} = 10$ 匝，其中差动线圈 $W_{d.set} = 10$ 匝，平衡线圈 $W_{b.set} = 0$ 匝。

(4) 差动线圈的实际动作电流

$$I_{op.r} = \frac{AW_0}{W_{d.set}} = \frac{60}{10} = 6(A)$$

(5) 灵敏度校验

$$K_{sen} = \frac{I_{K.min}W_{w.set}}{60AW_0} = \frac{0.866 \times 2\,650.4 \times 10}{60 \times 160} = 2.39 > 2$$

满足要求。

(6) 差动回路断线监视。

①监视继电器 KAI 的动作电流。

$$I_{op.r} = 0.2I_{N2} = 0.2 \times 4.3 = 0.86(A)$$

取 $I_{op.r} = 1$ A。

②差动回路监视的动作时限 $t = 2$ s。

2. 高灵敏度接线

(1) 平衡线圈匝数

$$W_{b.c} = \frac{AW_0}{K_{rel}I_{N2}} = \frac{60}{1.1 \times 4.3} = 12.68(\text{匝})$$

取 $W_{b.set} = 10$ 匝。

(2) 差动线圈的匝数

$$W_{d.c} = \frac{AW_0}{K_{rel}I_{N2}} + W_{b.set} = 12.68 + 10 = 22.68(\text{匝})$$

取 $W_{d.set}=20$ 匝。

(3)灵敏度校验

$$K_{sen} = \frac{0.866 \times 2\,650.4 \times 20}{60 \times 160} = 4.78 \geqslant 2$$

经计算比较,两种接线所使用的继电器相同,但高灵敏度接线的灵敏度为带断线监视接线的2倍。

第三节　水轮发电机定子匝间短路保护

容量较大的发电机每相都有两个或两个以上的并联支路。同一支路绕组匝间或同相不同支路绕组匝间短路,都称为定子绕组的匝间短路。匝间短路时,短路线匝流过短路电流,而纵联差动保护不能反映。

当发电机定子绕组每相有两个并联分支,且分别接成星形,并在中性点侧有引出线时,匝间短路保护可采用单继电器式的横差保护。

单继电器横联差动保护的原理接线简图如图1.6.5所示。每相的两个并联分支分别接成星形,两星形接线的中性点 O_1、O_2 间用导线连接起来,电流互感器TA接在两中性点的连线上,电流继电器接在电流互感器的二次侧。

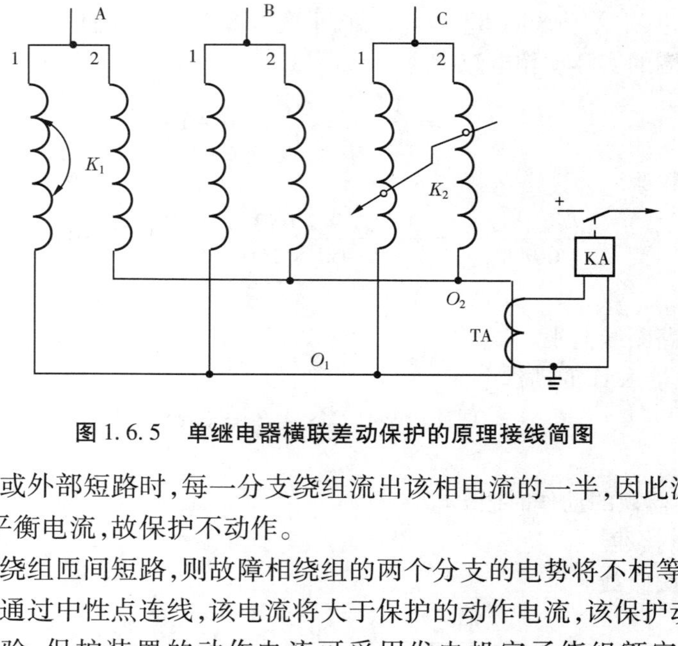

图1.6.5　单继电器横联差动保护的原理接线简图

在正常运行或外部短路时,每一分支绕组流出该相电流的一半,因此流过中性点连线的电流,只是不平衡电流,故保护不动作。

若发生定子绕组匝间短路,则故障相绕组的两个分支的电势将不相等,因而在定子绕组中出现环流。通过中性点连线,该电流将大于保护的动作电流,该保护动作于停机。

根据运行经验,保护装置的动作电流可采用发电机定子绕组额定电流的20%~30%,即

$$I_{op} = (0.2 \sim 0.3)I_N \qquad (1.6.10)$$

电流互感器 TA 应满足动稳定的要求,其变比按下式计算

$$n_{\mathrm{TA}} = \frac{0.25I_{\mathrm{N}}}{5} \qquad (1.6.11)$$

单继电器式横联差动保护接线简单,动作可靠,死区小,同时能反映定子绕组中可能出现的分支开焊故障,因而得到广泛应用。

第四节　水轮发电机的电流电压保护

发电机相间故障的后备保护同变压器一样,根据发电机的容量不同也可采用过电流保护、复合电压启动的过电流保护、负序过电流保护和单元件低压过电流保护。各保护的整定计算方法同变压器相应的保护,唯应考虑保护的安装位置不同。在发电机后备保护中,电流元件应安装在发电机中性点,电压元件应安装在发电机出口侧。

一、复合电压启动的过电流保护

复合电压启动过电流保护,在不对称短路时,电压元件有较高的灵敏度。在 Y,d 接线的变压器后的不对称故障,电压元件的灵敏度与变压器的接线方式无关,因此这种保护在容量为 1 000 kW 以上及 50 000 kW 以下的发电机上可广泛使用。复合电压启动过电流保护的动作原理、接线和各元件的整定计算都与变压器的相同,其原理接线如图 1.6.6 所示。

(一)整定计算

(1)过电流继电器的动作电流及灵敏系数:

$$I_{\mathrm{op.r}} = \frac{K_{\mathrm{rel}}}{K_{\mathrm{re}}} I_{\mathrm{N}} / n_{\mathrm{TA}} \qquad (1.6.12)$$

$$K_{\mathrm{sen}} = \frac{I_{\mathrm{K.min}}^{(2)}}{n_{\mathrm{TA}} I_{\mathrm{op.r}}} \qquad (1.6.13)$$

式中　K_{rel}——可靠系数,取为 1.2;

K_{re}——返回系数,取为 0.85;

n_{TA}——电流互感器的变比;

I_{N}——发电机额定电流;

$I_{\mathrm{K.min}}^{(2)}$——后备保护区末端金属性短路时,流过保护的最小短路电流,近后备时取发电机出口短路电流,要求 $K_{\mathrm{sen}} \geq 1.3 \sim 1.5$,远后备时取主变高压侧短路电流,要求 $K_{\mathrm{sen}} \geq 1.2$。

(2)负序电压继电器的动作电压及灵敏系数:

$$U_{\mathrm{op.r.2}} = (0.06 \sim 0.12) U_{\mathrm{N}} / n_{\mathrm{TV}} \qquad (1.6.14)$$

式中　U_{N}——发电机额定线电压;

n_{TV}——电压互感器的变比。

$$K_{\mathrm{sen}} = \frac{U_{\mathrm{K.min}}^{(2)}}{n_{\mathrm{TV}} U_{\mathrm{op.r.2}}} \qquad (1.6.15)$$

式中　$U_{\mathrm{K.min}}^{(2)}$——后备保护范围末端金属性不对称短路时,保护安装处的最小负序电压。

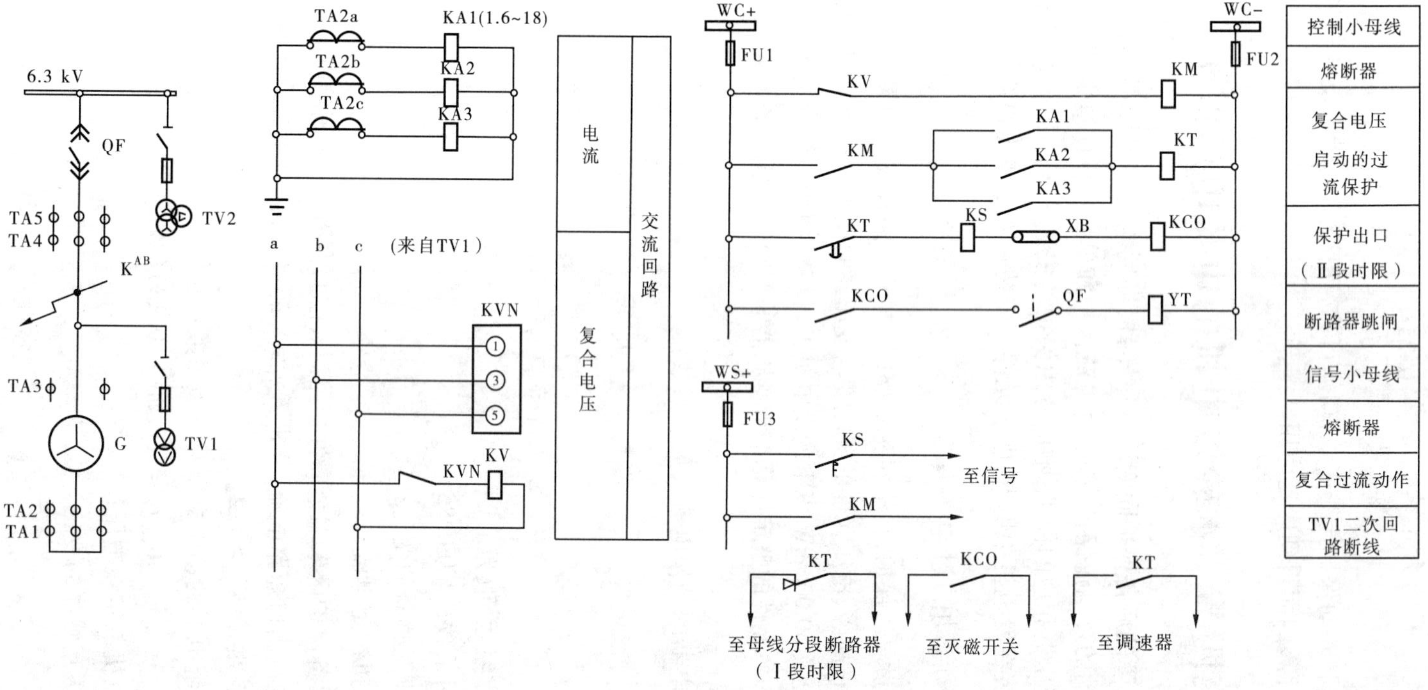

图1.6.6 发电机复合电压启动的过流保护展开图

灵敏度校验点的取法和灵敏系数的要求同电流元件。

(3)低电压继电器的动作电压及灵敏系数。

$$U_{op.r}=\frac{0.7U_N}{n_{TV}} \tag{1.6.16}$$

$$K_{sen}=\frac{U_{op.r}n_{TV}}{U_{K.max}^{(3)}} \tag{1.6.17}$$

式中 $U_{K.max}^{(3)}$——后备保护区末端三相金属性短路时,保护安装处的最大残余相间电压。

灵敏度校验点的取法和灵敏系数的要求同电流元件。

(4)装置的动作时限应比发电机电压母线上所连接元件中的最大保护动作时限大1~2个时限级差。

$$t=t_{max}+(1\sim 2)\Delta t \tag{1.6.18}$$

(二)整定计算实例

【例1.6.2】 根据例题1.6.1所给出的已知条件,对复合电压启动过电流保护进行整定计算。

解:(1)电流继电器KA1~KA3的动作电流:

$$I_{op.r}=\frac{K_{rel}I_N}{K_{re}n_{TA}}=\frac{1.2\times 687.3}{0.85\times 160}=6.06(\text{A})$$

(2)低电压继电器KV的动作电压:

$$U_{op.r}=\frac{0.7U_N}{n_{TV}}=\frac{0.7\times 6\,300}{60}=73.5(\text{V})$$

(3)负序电压继电器KVN的动作电压:

$$U_{op.r.2}=\frac{0.06U_N}{n_{TV}}=\frac{0.06\times 6\,300}{60}=6.3(\text{V})$$

(4)灵敏度校验。

①过电流元件。

近后备:以发电机出口母线K_1点短路为灵敏度校验点

$$K_{sen}=\frac{I_{K.min}^{(2)}}{n_{TA}I_{op.r}}=\frac{0.866\times 2\,650.4}{160\times 6.06}=2.37>1.3\sim 1.5$$

远后备:以主变高压侧K_2点短路为灵敏度校验点

$$K_{sen}=\frac{I_{K.min}^{(2)}}{n_{TA}I_{op.r}}=\frac{0.866\times 2\,376.8}{160\times 6.06}=2.1>1.2$$

满足要求。

②低电压元件:近后备保护的校验点为发电机出口母线,三相短路时残压为零,故不需要校验。

远后备保护的校验点为35 kV母线,此时发电机出口处测得的最大残余电压为:

$$U_{K.max}^{(3)}=\sqrt{3}I_{K_2.max}^{(3)}X_T=\sqrt{3}I_{K_2.max}^{(3)}\frac{U_N^2U_K}{100S_N}\times\%$$

$$=\sqrt{3}\times(2\times 2\,155)\times\frac{6.3^2\times 0.08}{16}=1\,481.5(\text{V})$$

$$K_{sen} = \frac{U_{op.r} n_{TV}}{U_{K.max}^{(3)}} = \frac{73.5 \times 60}{1\ 481.5} = 2.98 > 1.2$$

满足要求。

③负序电压元件：

$$K_{sen} = \frac{U_{K.min}^{(2)}}{n_{TV} U_{op.r.2}} = \frac{0.5 \times 6\ 300}{60 \times 6.3} = 8.33 > 1.2$$

满足要求。负序最小电压 $U_{K_2.min}^{(2)}$应经负序网络计算而得，这里假定其为 $0.5U_N$。

(5)装置的时限应比主变压器的过电流保护时限大一个时限级差。

$$t = 2.5 + 0.5 = 3(s)$$

二、负序过电流保护

对 50 MW 及以上容量的发电机，通常应设负序过电流保护。它的主要作用是：

(1)可以进一步提高不对称短路时的灵敏度，大容量发电机的额定电流很大，而相邻元件末端两相短路时的短路电流可能较小，以致采用复合电压启动的过电流保护灵敏度不满足要求。

(2)当系统发生不对称短路或非全相运行时，发电机定子绕组中将流过负序电流，并产生负序旋转磁场，其旋转方向与转子旋转方向相反，所以，以两倍的同步转速切割转子，在转子绕组以及转子铁芯内感应出两倍频率的交变电流，这个电流可能使转子局部发热而损坏，同时还会产生 100 周的脉动电磁力矩使发电机产生机械振动，因此在大型发电机中必须考虑装设负序过电流保护。

发电机负序过电流保护的接线如图 1.6.7 所示，负序电流元件由负序电流滤过器 ZUN 和 KA1、KA2 组成，其中 KA2 具有较大的整定值，它与时间继电器 KT2、信号继电器 KS、出口中间继电器 KCO 构成负序过电流保护，作用于跳发电机断路器和灭磁开关及停机，KA1 具有较小的整定值，它与时间继电器 KT1 构成不对称过负荷保护，作用于信号。

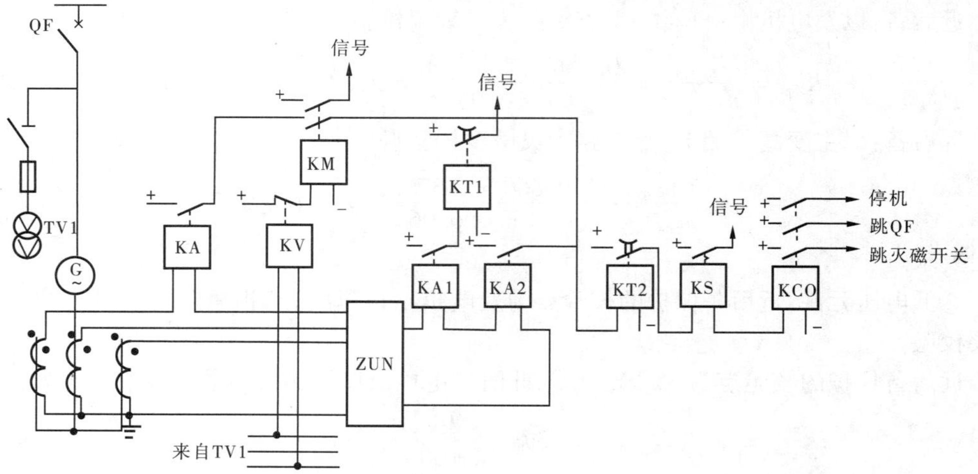

图 1.6.7　发电机负序过电流保护和单相式低压过流保护原理接线图

由于负序过电流保护不能反映三相短路，因此图1.6.7中还增加了一套低电压启动的过电流保护，它由接在相电流上的一个电流继电器KA和接在相间电压上的一个低电压继电器KV构成，并与负序过电流保护共用一个时间继电器KT2。发生三相短路时保护动作，经KT2延时后，与负序过流保护的动作结果相同。

三、发电机过负荷保护

发电机定子对称过负荷保护由一个过电流继电器KA和一个时间继电器KT组成，如图1.6.8所示，当出现对称过负荷时，KA动作，启动KT，经整定的延时后发出过负荷信号。通常过负荷保护和过电流保护共用一组电流互感器。

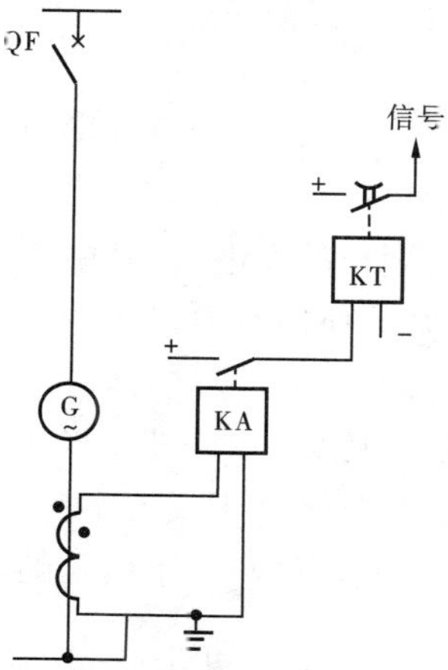

图1.6.8 发电机过负荷保护原理接线图

电流继电器KA的动作电流按下式整定：

$$I_{op.r} = \frac{K_{rel} I_N}{K_{re} n_{TA}} \quad (1.6.19)$$

式中 K_{rel}——可靠系数，取为1.05；

K_{re}——返回系数，取为0.85；

n_{TA}——电流互感器变比；

I_N——发电机额定电流。

为防止外部短路时过负荷保护误动作，其动作时限应比发电机电流保护的动作时限大一个时限级差，通常取10 s左右。

四、水轮发电机过电压保护

发电机突然甩负荷时，由于调速器具有较大的惯性，使发电机转速升高，机端电压升高。为防止发电机定子绕组的绝缘遭受破坏，应装设过电压保护，动作于断开发电机断路器、灭磁开关及停机。

图1.6.9所示为过电压保护原理接线图，由于三相对称，故只用一个过电压继电器

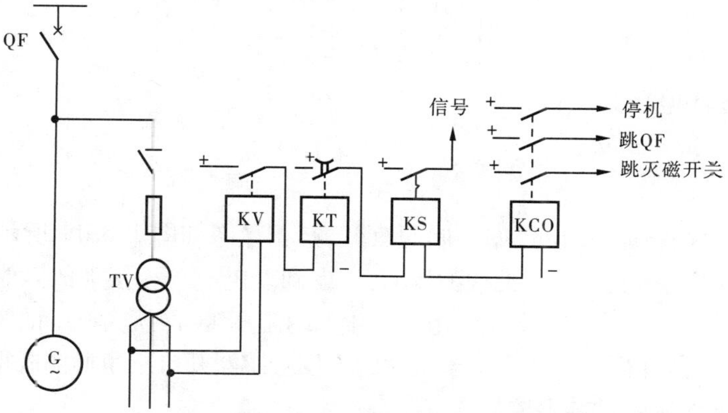

图1.6.9 过电压保护原理接线图

KV,接在机端电压互感器 TV 的二次侧,发生过电压时,经一定延时跳开发电机断路器和灭磁器开关以及作用于停机,同时发出过电压保护动作的信号。

保护装置的动作电压可根据定子绕组情况决定,对水轮发电机一般动作电压为(1.5~1.7)U_N,U_N 为发电机额定线电压。动作时限为 0.3~0.5 s,以防止励磁系统振荡引起保护误动作和以便考虑给自动励磁调节器进行强行减磁装置以控制电压上升的时间。

第五节　发电机定子接地保护

现代的发电机,其中性点都是不接地或经消弧线圈接地的,而发电机的外壳通常都是接地的,所以只要定子绕组与铁芯之间的绝缘受损,就会发生单相接地故障,是发电机最常见的内部故障之一。当接地电流比较大,能在故障点引起电弧时,将使绕组的绝缘和定子铁芯烧坏,并且进一步发展成匝间或相间短路,造成更大的危害。因此,规程规定,当接地电容电流等于或大于 5 A 时,应装设动作于跳闸的单相接地保护,当接地电流小于 5 A 时,一般装设作用于信号的接地保护。

一、发电机定子绕组单相接地的特点

(一)单相接地时零序电压

发电机的定子绕组连接中性点不接地网络,定子绕组发生单相接地,也就是发电机电压电网的单相接地,因此也具有前面所述中性点不接地电网单相接地时零序电压及零序电流的一般特点。不同之处在于故障点的零序电压将随发电机内部接地点的位置而改变。

假设 A 相在距中性点 α 处(α 表示从故障点到中性点的匝数占每相总匝数的百分数)的 K 点发生接地故障,见图 1.6.10。定子绕组每相对地电容为 C_{0g},除故障发电机,电网每相对地电容为 C_{01},则各相电势为 $\alpha\dot{E}_a$、$\dot{E}_b$、$\dot{E}_c$,各相对地电压为:

$$\begin{cases}\dot{U}_{Ka} = (1-\alpha)\dot{E}_a \\ \dot{U}_{Kb} = \dot{E}_b - \alpha\dot{E}_a \\ \dot{U}_{Kc} = \dot{E}_c - \alpha\dot{E}_a\end{cases} \tag{1.6.20}$$

故障点 K 处的零序电压为:

$$\dot{U}_{K0} = \frac{\dot{U}_{Ka} + \dot{U}_{Kb} + \dot{U}_{Kc}}{3} = -\alpha\dot{E}_a \tag{1.6.21}$$

上式表明零序电压随故障点位置的不同而改变,其相量图如图 1.6.11 所示。

故障点的零序电压实际上是无法测量的,考虑到发电机单相接地故障时的零序电流很小,因而可以忽略各相电流在发电机绕组上产生的内阻压降,即认为机端的零序电压等于故障点的零序电压。这样便可以利用接于机端的电压互感器开口三角形侧取得零序电压。

(二)单相接地时的零序电流

根据上述分析可作出发电机内部单相接地的零序等效网络,如图 1.6.12(a)所示。

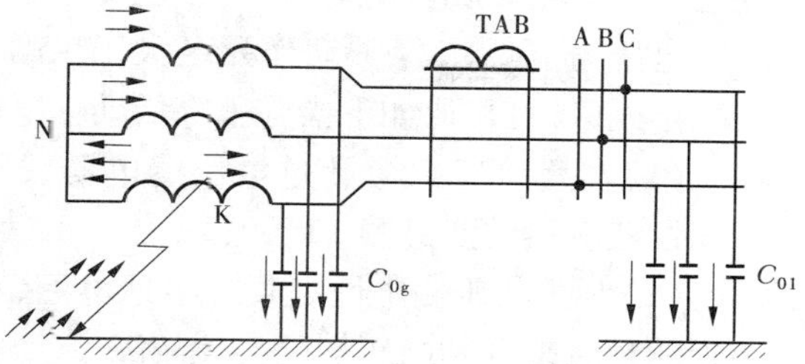

图 1.6.10　定子绕组 A 相接地时的电流分布图

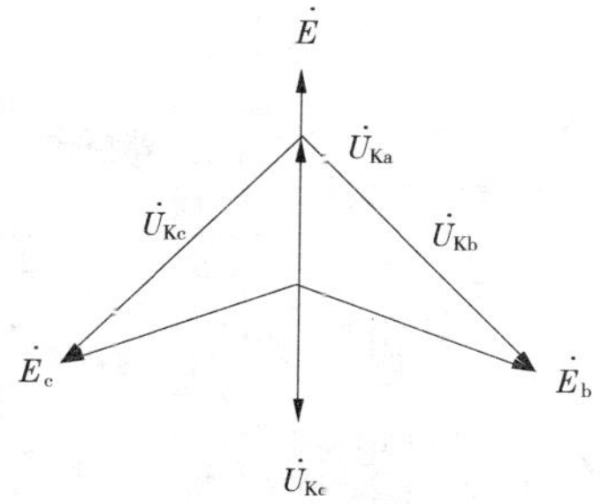

图 1.6.11　a 处单相接地时的相量图

由此可求出发电机的接地电容电流和电网的接地电容电流分别为

$$\begin{cases}\dot{I}_{0g\alpha} = -\mathrm{j}3\omega C_{0g}\alpha\dot{E}_{a} \\ \dot{I}_{0s\alpha} = -\mathrm{j}3\omega C_{01}\alpha\dot{E}_{a}\end{cases} \tag{1.6.22}$$

故障点 K 处的总接地电容电流为

$$\dot{I}_{0\sum\alpha} = \dot{I}_{0g\alpha} + \dot{I}_{0s\alpha} = -\mathrm{j}3\omega(C_{0g} + C_{01})\alpha\dot{E}_{a} \tag{1.6.23}$$

由此知流经接地点的总电流与 α 成正比，当发电机内部单相接地时，流过出口侧零序电流互感器的是除故障发电机以外电压网络的对地电容电流 $3\omega C_{01}\alpha E_a$，而当发电机外部单相接地时，流过 TA0 的零序电流为发电机本身的对地电容电流 $3\omega C_{0g}\alpha E_a$，如图 1.6.12(b) 所示。从以上分析可知，发电机内部与外部接地故障时电容电流的大小及方向均不同。利用零序电压或零序电流的这些特点可构成单相接地保护。

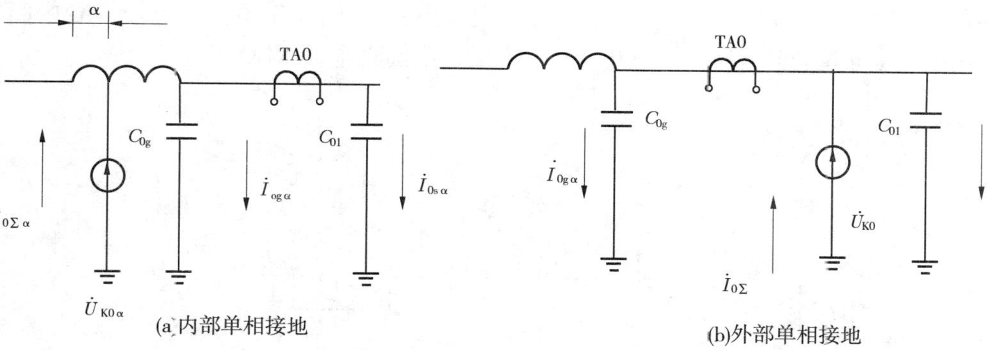

图 1.6.12　发电机单相接地的零序等值网格

二、利用零序电压构成的接地保护

作用于信号的接地保护，一般反映零序电压而动作，其接线如图 1.6.13 所示。用一个过电压继电器妾在发电机出口处电压互感器的二次开口三角侧上构成。

正常运行时，由于发电机的相电压中含有三次谐波成分，在变压器高压侧，发生接地短路时，由于变压器高低压绕组之间有电容存在，发电机端也会产生零序电压。为了保证动作的选择性，其整定值应躲过上述三次谐波电压与零序电压，按照运行经验，过电压继

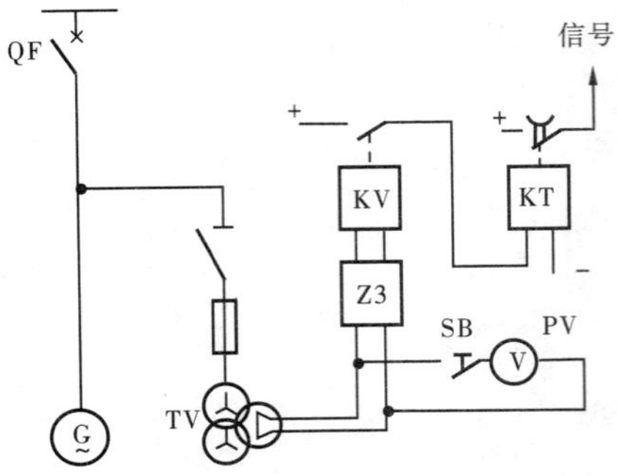

图 1.6.13　反映零序电压的发电机定子绕组单相接地保护

电器的动作电压一般整定为 15 ~ 30 V。如果在发电机出口处单相接地时开口三角形侧输出的零序电压为 100 V，保护动作死区大于 15%，为了减小死区，可采取如下措施来降低动作电压。

（1）在开口三角形和过电压继电器线圈之间加设三次谐波滤过器 Z3。

（2）对于高压侧中性点直接接地电网，利用装置的延时来躲开高压侧的接地故障。

（3）在高压侧中性点非直接接地电网中，利用高压侧的零序电压来将发电机接地保护闭锁或实现制动。

采取上述措施后，中性点附近死区范围可缩小至 5% ~ 15%。该保护只适用于中小型发电机。

三、利用零序电流构成的接地保护

该保护是反映接地故障时零序电流而动作的，安装在接地电容电流超过 5 A 的发电机上，并动作于跳闸。

在实现接地保护时，对零序电流互感器要求很高。一方面正常运行时，互感器输出的不平衡电流要小，而在接地故障时，在很小的零序电流作用下，互感器输出的功率要足以使保护装置动作。为此通常采用交流助磁式零序电流互感器构成接地保护，交流助磁的目的是为了提高电流互感器在通过较小的一次电流时的导磁率，增大其二次输出功率。保护接线图如图 1.6.14 所示。保护由零序电流互感器 TA0，灵敏电流继电器 KA，中间继电器 KAM，时间继电器 KT，信号继电器 KS 和出口中间继电器 KCO 等组成。

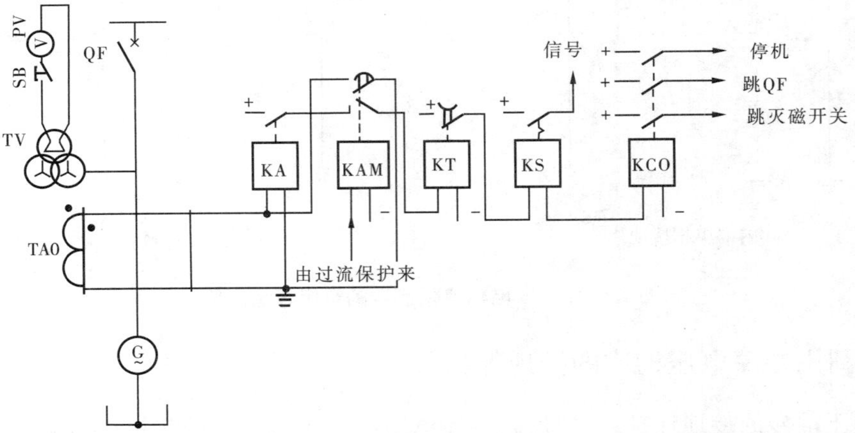

图 1.6.14　反映零序电流的发电机定子绕组单相接地保护

保护的一次动作电流应小于 5 A，并应尽可能灵敏，为了防止外部相间短路时产生的不平衡电流引起接地保护误动作，设有中间继电器 KAM。当外部相间短路时，过电流保护的电流继电器一动作，立即启动 KAM 中间继电器，KAM 一方面将接地保护中的电流继电器 KA 线圈短接，以防不平衡电流流入 KA 线圈，另一方面断开 KA 的输出回路，保证闭锁。KAM 的动后接触点在返回时具有 0.3 s 的延时，用以防止外部故障切除后不平衡电流未能减小到保护的动作值以下而使保护误动作。采用闭锁后，保护的动作电流只须躲过外部单相接地时发电机本身的电容电流，以及由于零序电流互感器一次侧三相导线排列不对称而正常情况下二次侧出现的不平衡电流来整定。动作时限为 1 ~2 s，以躲开外部单相接地瞬间流过保护的暂态电容电流。保护在发电机未并入系统前不起作用，为此在机端电压互感器开口三角形侧接入一个电压表，用以检查发电机并入系统前的绝缘情况。在发电机定子绕组中性点附近发生单相接地时，由于接地电容电流太小，保护存在死区。

第六节　发电机转子绕组的接地保护

一、发电机转子绕组的接地故障

发电机转子绕组发生一点接地故障时，由于不能形成接地电流通路，励磁电压仍然正常，对发电机并无直接危害，但由于各部分对地泄漏电阻的不均匀，绕组各部分的对地电压有所改变，当励磁绕组的一端接地时，另一端对电压将升高为全部励磁电压，即较正常时升高一倍。长期运行对励磁绕组中绝缘薄弱处，就可能发生第二点接地。励磁绕组发生两点接地时该绕组将被短接一部分，使其铁芯气隙磁通畸变，引起机组振动。对于凸极式转子的水轮发动机振动更加强烈，危害更大，故障点的电弧将烧伤转子绕组和铁芯。所以水轮发电机一般都装设一点接地保护，作用于信号，以便及时消除一点接地故障。

二、转子绕组一点接地保护

（一）定期检查绝缘装置

绝缘装置图见图 1.6.15。

设励磁电压为 U_e，正极对地电压为 U_+，负极对地电压为 U_-，R_1 和 R_2 分别为正极和负极的对地等值电阻，则

$$\begin{cases} U_+ = \dfrac{R_1}{R_1 + R_2}U_e \\ U_- = \dfrac{R_2}{R_1 + R_2}U_e \end{cases} \qquad (1.6.24)$$

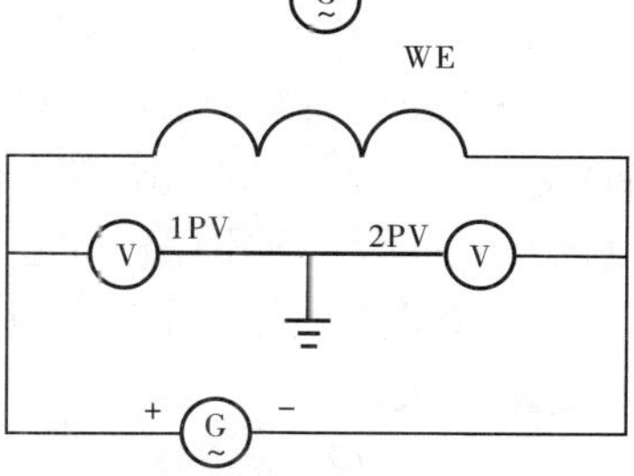

图 1.6.15　转子绕组一点接地定期检查绝缘装置

当励磁绕组对地绝缘正常，泄漏电阻分布均匀时，$R_1 = R_2$ 正负极对地电压 $U_+ = U_- = \dfrac{U_e}{2}$相等，并为励磁电压一半，即两个电压表读数相等。当某一极的对地等值电阻降低时，该极的对地电压也随之降低，而另一极的对地电压则升高。

当励磁绕阻中点接地，$R_1=R_2$ 由 U_1 和 U_2 测得的 $U_+=U_-=\frac{U_e}{2}$，和正常情况相同，所以该装置有死区。

(二)叠加交流电压的转子绕组一点接地保护

ZBZ－2A 型转子绕组一点接地保护的原理接地如图 1.6.16 所示，中间变压器 TV 的二次侧电压通过灭磁开关触点 SM 加于发电机转子绕组 WE 上，中间变压器 TV 还起隔离作用，将交流电网与转子回路分开。交流电压另一端经电容 C_2 和连接片 XB 接到发电机轴上。C_2 起隔离作用，将接地刷与转子回路隔离。

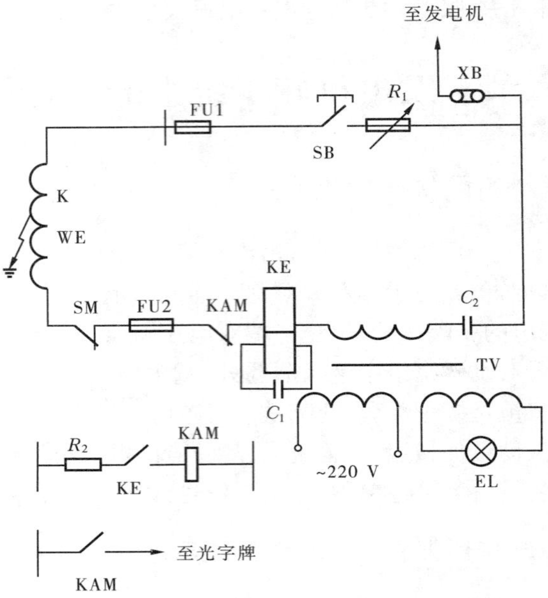

图 1.6.16　ZBZ－2A 型转子绕组一点接地保护原理接线图

正常时，转子回路绝缘良好，绕组对地泄漏电阻很大，回路电流很少，不足以使 KE 动作。当转子回路绝缘下降到一定程度或出现一点接地时，绕组与大轴之间的泄漏电阻值变得很小或完全接地，电流经 TV 的二次绕组→KE 线圈→KAM 常闭接点→2FU→SM 的闭合触点→C_2→TV 的二次绕组构成回路，KE 动作，启动 KAM 发出故障信号。同时，由其常闭接点断开上述回路，防止 KE 的线圈长期通过较大电流烧坏。KE 失电返回后，KAM 也失电返回，但其接点仍保持在动作状态，上述回路仍断开，要经过手动复位后，才能恢复正常状态。

在对装置进行试验时，揿下按钮 SB，由 TV 的二次绕组→KE 线圈→KAM 常闭触点→FU2→SM 的闭合触点→WE→1FU→SB→C_2→TV 的二次绕组构成回路，KE 动作，启动 KAM 发出信号。动作后必须手动复位 KAM 才能使装置恢复到正常状态，否则装置将不能再次动作。当电容 C_2 被击穿时，应即时断开连接片 XB，使保护退出运行，以避免励磁回路的一端与大地接通。接地继电器 KE 有两个线圈，一个串联接于电压回路，另一个经电容 C_1 短接，后者的作用是为了构成继电器动作具有不小于 0.15 s 的延时，以防止回路绝缘瞬间下降和回路产生暂态过程可能引起的保护误动作。

叠加交流的转子一点接地保护灵敏性受转子回路对地电容值的限制，尤其对其大容量的水轮发电机，由于转子绕组对地电容大，正常运行时，有较大的电容电流流过继电器 KE 线圈，为避免保护误动作，必须提高动作电流，使保护灵敏度降低。

叠加交流电源的转子一点接地保护还有整流型（LD－3）和晶体管型（BD－1A），其构成原理和 ZBZ－2A 是一样的，内部结构在此不再赘述，需要时查相关的设备手册。

第七节　水轮发电机的失磁保护

一、发电机失磁运行及其影响

发电机失磁是指发电机的励磁电流降低到静态稳定极限所对应的励磁电流值或励磁电流完全消失。

发电机失磁的原因主要有：转子绕组故障、励磁回路开路、半导体励磁系统故障、灭磁开关误跳闸、自动调节励磁装置故障或运行人员误操作等。

发电机失磁后，由同步运行过渡到异步运行，转子出现转差，转子回路中出现差频电流，定子电压降低，定子电流增大，有功功率下降，无功功率反向并增大，系统电压降低和某些回路过电流。严重时将破坏电力系统的稳定运行，影响发电机的安全。

二、发电机失磁后参数的变化

（1）机端电压降低；

（2）无功功率反向并增大；

（3）励磁电流降低；

（4）励磁电压降低；

（5）机端测量阻抗由第一象限变化到第四象限。

三、发电机失磁保护的构成方式

（1）利用灭磁开关的常闭辅助接点联动跳开发电机出口断路器。此种方式不能反映除灭磁开关误跳外的其他原因引起的失磁故障，因此一般还应同时考虑另一种方式共同构成保护。

（2）利用失磁后参数变化构成保护：①根据失磁后机端测量阻抗的变化，利用阻抗继电器构成。②根据失磁后无功功率反向并增大，利用方向继电器构成。③引用励磁系统的接点构成失磁保护。

第八节　水轮发电机保护回路接线图举例

现以容量为 6 000 kW 的水轮发电机为例，根据图 1.6.1 水轮发电机继电保护配置图，用展开图形式介绍保护回路。如图 1.6.17 所示。

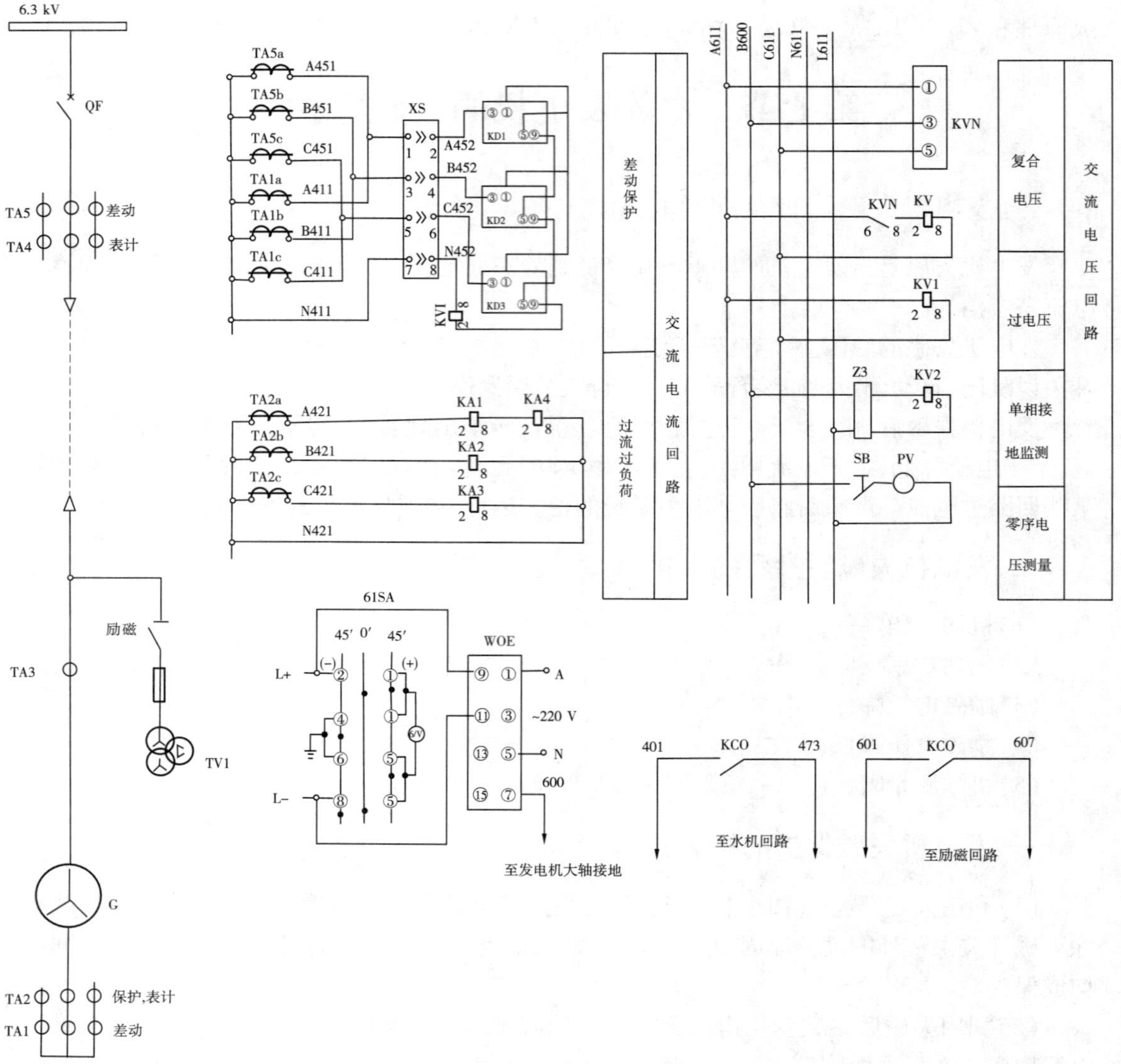

图 1.6.17　发电机保护全图示例

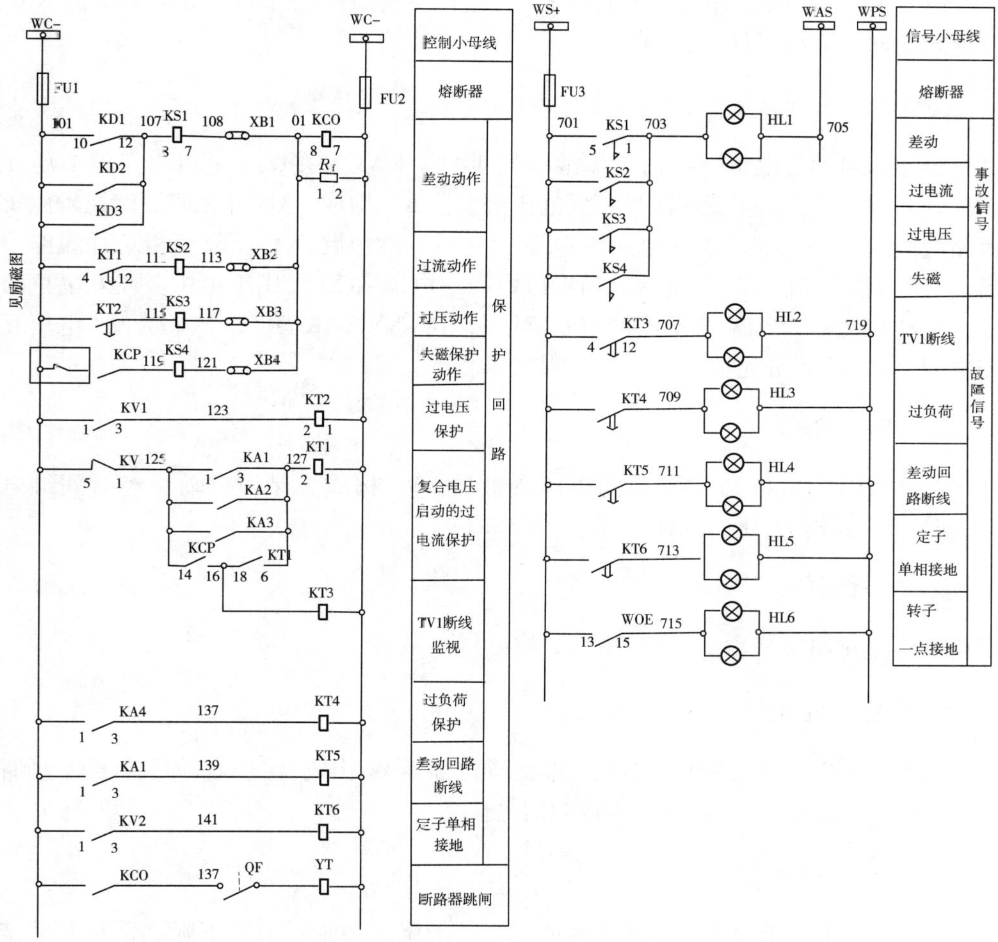

WC-
FU1
101
KD1
107
KS1
108
XB1
01
KCO
WC-
FU2
Rf
KD2
KD3
KT1
KS2
113
XB2
KT2
115
KS3
117
XB3
KCP
119
KS4
121
XB4
见励磁图
KV1
123
KT2
KV
125
KA1
127
KT1
KA2
KA3
KCP
KT1
KT3
KA4
137
KT4
KA1
139
KT5
KV2
141
KT6
KCO
137
QF
YT
控制小母线
熔断器
差动动作
过流动作
过压动作
失磁保护动作
过电压保护
复合电压启动的过电流保护
TV1断线监视
过负荷保护
差动回路断线
定子单相接地
断路器跳闸
保护回路
WS+
FU3
701
KS1
703
HL1
705
KS2
KS3
KS4
KT3
707
HL2
719
KT4
709
HL3
KT5
711
HL4
KT6
713
HL5
WOE
715
HL6
WAS
WPS
信号小母线
熔断器
差动
过电流
过电压
失磁
事故信号
TV1断线
过负荷
差动回路断线
定子单相接地
转子一点接地
故障信号

一、纵联差动保护

纵联差动保护由 DCD－2 型差动继电器 KD1～KD3 构成，采用高灵敏度接线。保护范围在TA1～TA5，是发电机相间短路故障的主保护。差动继电器动作后，直接启动出口中间继电器 KCO，瞬时断开发电机断路器，灭磁开关发出停机脉冲。电流继电器 KAI 用于监视差动回路断线，延时发信号。

二、复合电压启动过电流保护

复合电压启动过电流保护由电流继电器 KA1～KA3 及接在发电机出口端电压互感器 TV1 上的负序电压继电器 KVN 和低电压继电器 KV 构成，是区外相间短路及发电机内部短路故障的后备保护。负序电压继电器反映不对称短路，KV 反映三相对称短路。保护启动经时间继电器 KT1 延时后启动出口中间继电器 KCO 动作于停机。在发电机断路器已合闸的情况下，若 TV 二次侧的熔断器熔断引起 KV 和 KAM 动作，将发出“电压互感器二次回路断线”的灯光信号及预告音响信号。

三、过电压保护

由接在发电机出口端 TV1 上的电压继电器 KV1 构成。保护启动后经时间继电器 KT2 延时后启动 KCO，延时动作于停机。

四、失磁保护

由励磁系统引来的接点反应，动作于停机。

五、过负荷保护

由接在 A 相电流互感器 TA2 上的电流继电器 KA4 构成，保护启动后经 KT4 延时发出“定子绕组过负荷”的灯光及预告音响信号。

六、转子一点接地保护

由转子一点接地保护装置 WOE 构成。当转子绕组中绝缘电阻下降到低于其整定值时，将发出“转子一点接地”的灯光及预告音响信号，并可经切换开关 61SA 和电压表 61 V 在线测量转子的绝缘。

七、定子绝缘监视和零序电压检测

由低定值过电压继电器 KV2 和电压表 PV 等元件构成。为滤掉三次谐波电压，电压继电器 KV2 经三次谐波滤过器 Z3 接入开口三角形线圈。当发生接地故障时出现零序电压，启动电压继电器，延时发出“定子绕组接地”的信号。

图中的继电器大多采用电磁型，为便于全面熟悉保护回路，图中还标示了回路编号和继电器及二次器具的接线桩头号。

第九节　发电机 - 变压器组的继电保护

一、发电机 - 变压器组的接线方案

对于大型坑口火电厂、水电站和对安全要求极高的核电站，往往远离负荷中心，除少量近区负荷外，绝大部分功率都经升压变压器送入系统，这类电站通常将发电机与变压器接成发电机—变压器组的接线，其接线可分为单元接线和扩大单元接线。单机容量较大的往往采用前者，单机容量小的多机组电站则采用后者，以节省投资和简化主接线。图 1.6.18示出发电机—变压器组单元接线的各种接线方案，图 1.6.19 为发电机 - 变压器组扩大单元接线的各种接线方案。

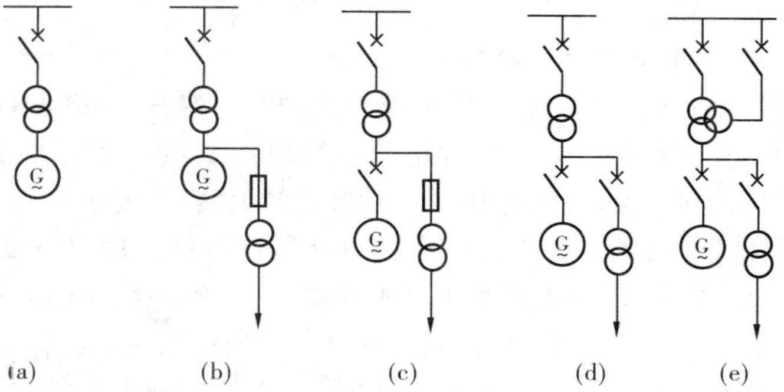

图 1.6.18　发电机 - 变压器组单元接线的一次方案图

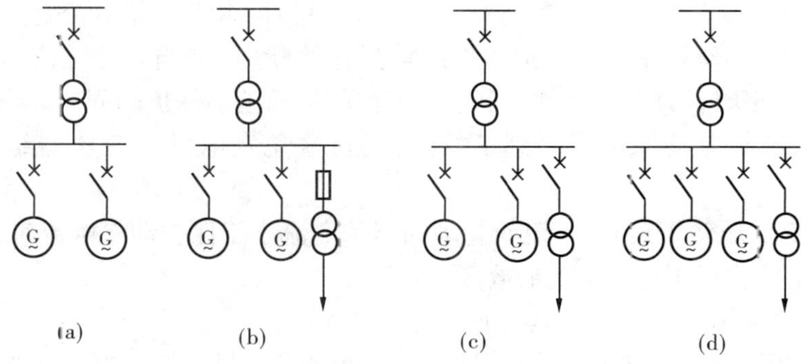

图 1.6.19　发电机 - 变压器组扩大单元接线的一次方案图

二、发电机 - 双绕组变压器组保护的配置

(1)变压器瓦斯保护。

(2)发电机 - 变压器组差动保护。

(3)复合电压启动过电流保护或负序电流保护。

(4)发电机匝间短路保护。

(5)升压变压器高压侧零序保护。

(6)定子单相接地保护。

(7)转子一点接地保护。

(8)过电压保护。

(9)失磁保护。

(10)对称过负荷保护。

(11)变压器温度保护。

(12)变压器冷却系统故障保护。

由上述发电机－变压器组保护的配置可知，基本上综合了发电机和变压器各自的保护配置，只是由于发电机－变压器组相当于一个工作元件，故某些类型相同的保护应该全组共用。下面从5个方面来说明其特点。

(一)纵联差动保护的特点

1. 当发电机与变压器之间无断路器时

对100 MW及以下的发电机可只装设发电机－变压器组共用差动保护，如图1.6.20(a)所示。对100 MW以上的发电机或当整组共用差动保护的动作电流大于1.5倍发电机额定电流时，为提高发电机故障时保护的灵敏度，发电机尚须加装一套纵联差动保护，如图1.6.20 (b)所示。如果有采用熔断器保护的厂用电分支，厂用变压器低压侧短路时流入差动保护的故障电流小于其工作电流时，整组共用的差动保护可采用不完全差动接线，如图1.6.20 (c)所示，否则厂用电分支应作为一侧的差动臂，接入整组共用的差动回路中，如图1.6.20 (d)所示。厂用电分支采用熔断器保护时多整组共用的不完全差动保护的影响如下。

(1)当短路故障发生在熔断器前属差动保护范围，保护应动作。

(2)当短路故障发生在熔断器与厂用变压器之间时，由于短路电流是熔断器熔丝额定电流的数十倍，熔丝将在差动保护动作之前先行熔断(例如当短路电流是熔断器熔丝额定电流的5.5倍时，熔丝的熔断时间只需约0.02 s，而差动保护的固有动作时间则约为0.1 s)。这样，虽然差动保护检测到了故障，仍可避免发电机－变压器组被不必要的切除。

(3)厂用变低压侧短路时，当流经差动回路的电流小于保护动作电流时，保护不会误动，由熔断器来切除厂用电分支上的故障。

2. 发电机与变压器之间有断路器时

发电机和变压器应分别装设差动保护，最好能将发电机的断路器置于发电机差动保护区和变压器差动保护区的重叠区中，这种接法的厂用电分支也应包括在变压器的纵差动保护范围内，如图1.6.20(e)和图1.6.21(a)所示。这时分支线上电流互感器的变比应与发电机回路的电流互感器变比相同。在采用扩大单元接线时，为简化变压器差动保护接线，也可不设发电机和变压器差动保护的重叠区，但这种接法只能由发电机－变压器的后备保护来切除两者差动保护重叠区外发生的短路故障，而厂用电分支需另设主保护(如电流速断保护)和后备保护，如图1.6.21(b)所示。如果主变压器是三绕组，则增加一侧差动臂如图1.6.21 (c)和图1.6.21 (f)所示。如果有近区用电分支，亦应接入变压

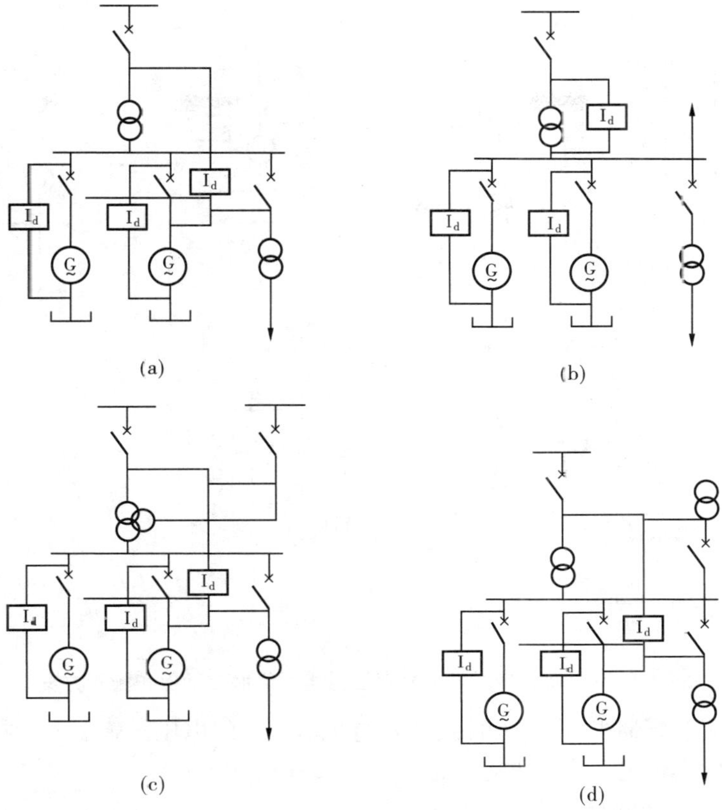

图 1.6.20　扩大单元接线发电机变压器组的纵联差动保护配置方案

器差动回路,如图 1.6.21（d)所示。

虽然三绕组变压器各侧绕组的额定容量不一定相同,而发电机和厂用变压器的额定容量又比主变的额定容量小,但当共同构成纵联差动保护时,为实现正常运行或区外故障时,总差动回路中的电流平衡,凡是接入主变差动保护各差动臂的电流互感器,其二次额定电流应按主变额定容量的100%进行计算。

(二)相间短路后备保护的特点

无论发电机与主变压器之间有无断路器,发电机－变压器组的相间短路后备保护都是作为发电机和主变压器的近后备保护,以及其相邻元件(包括高压输电线路、近区变压器和厂用变压器等)的远后备保护。

对于发电机双绕组变压器组,通常利用发电机后备保护,不再在主变压器低压侧另设后备保护,在发电机与主变压器之间有断路器,而且有采用断路器的厂用点分支时,后备保护应有两段时限:以较短的时限跳开主变压器高压侧断路器来切除高压侧的区外故障,保证厂用电的继续供电,以较长的时限断开各侧的断路器和发电机的灭磁开关。厂用电分支上应另设设备保护,作为厂用变压器的近后备保护,以及厂用低压馈线的远后备保护。

复合电压启动过电流保护作为发电机－变压器组的后备保护,其电流元件接在发电

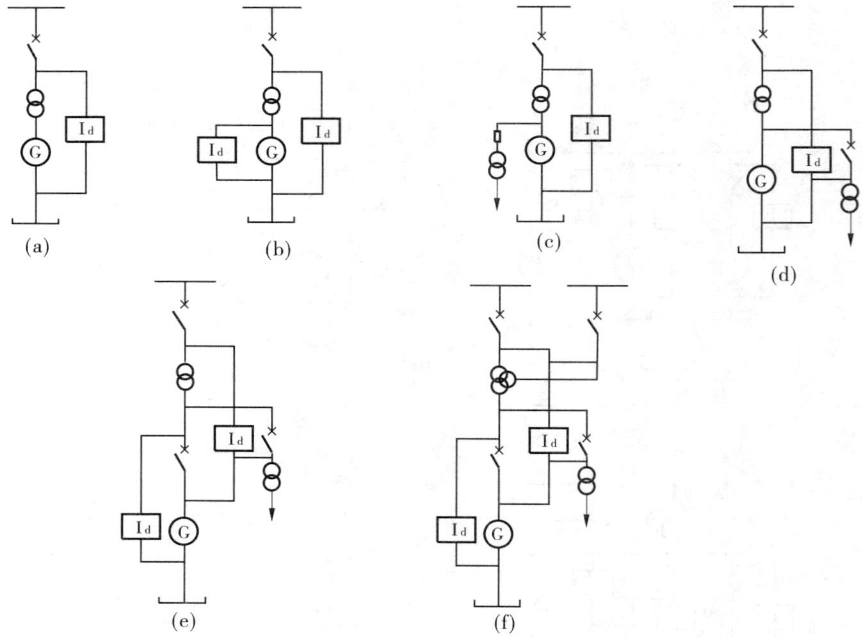

图 1.6.21 单元接线发电机变压器组的纵联差动保护配置方案

机中性点的电流互感器上,电压元件接在发电机出口端的电压互感器上。在发变组上,根据情况还可装设不带电压启动的过电流保护和负序电流保护。

(三)发电机电压侧接地保护的特点

由于接在发电机电压网络上的元件很少,其中性点一般不接地,接地故障时的电容电流很小,因此只需要在发电机与主变压器之间装设一套零序电压检测和绝缘监视装置,动作于信号。发电机—变压器组之间有断路器时,零序电压应采取自主变压器低压侧电压互感器,这样,当发电机的断路器断开时,主变压器仍有零序电压保护。至于发电机在断路器合闸前的单相接地故障可能性很小,只需在发电机端装设测量电压的电压表就可以了。对于大型机组,则应采用保护范围为 100% 的接地保护。

(四)对称过负荷保护的特点

因为主变压器比发电机有较大的过负荷能力,发电机双绕组变压器只在发电机中性点侧装设过负荷保护。主变压器的高、中压侧均无电源的发电机三绕组变压器组也只需在发电机中性点处装设过负荷保护。

主变压器高、中压侧的一侧或两侧有电源时,应在该两侧各加装一套过负荷保护。主变压器的低压侧一般都不必装设过负荷保护。

(五)高压侧零序保护

升压变压器高压侧与大电流接地系统连接时,其零序保护装置的构成和变压器接地保护相同。但其中动作于变压器“解列”的保护元件,应同时动作于停机。

当变压器与小电流接地系统连接时,变压器的零序过电压保护装设在母线电压互感器的开口三角侧,一般连同线路单相接地保护一起考虑。

三、发电机—变压器组保护整定计算

(1)独立的差动保护分别按发动机差动保护和变压器差动保护的整定计算原则进行。整组共用的差动保护按变压器差动保护的整定计算原则进行。当采用厂用电分支不接入差动回路的不完全差动保护时,差动保护的动作电流还应考虑躲开厂用变压器后(低压侧)故障时,流过保护的最大短路电流的条件,即

$$I_{op} = K_{rel} I_{K.max} \tag{1.6.25}$$

式中 K_{rel}——可靠系数,取 1.3;

$I_{K.max}$——厂用变压器后短路时流过保护的最大短路电流。

(2)装设在发电机中性点电流互感器和出口端电压互感器上的后备保护,按发电机后备保护的整定计算原则进行,并校验作为发电机主变压器组近后备保护和相邻元件(输电线路、厂用变压器和近区变压器等)远后备保护的灵敏度。远后备保护的最低限度要满足对各侧母线上发生两相短路时的灵敏要求。

在时限配合上应按照下列原则:

①远后备保护的动作时限比相邻元件后备保护中的最长动作时限大一个时限级差。

②主变压器近后备保护的动作时限比相邻元件远后备保护的动作时限大一个时限级差。

③发电机近后备保护的动作时限比主变压器近后备保护的动作时限大一个时限级差。

(3)发电机电压侧接地保护。装设在发电机与主变压器之间的零序电压检测和绝缘监视装置的动作电压,按躲开主变压器高压侧发生单相接地故障时,发电机电压侧电压互感器开口三角形线圈出现的不平衡电压条件整定,即

$$U_{op.r} = K_{rel} U_{unb} \tag{1.6.26}$$

式中 K_{rel}——可靠系数,取 1.3 ~ 1.5;

U_{unb}——发电机电压侧的零序不平衡电压。

主变压器高压侧为中性点不接地系统时,此零序不平衡电压按下式计算:

$$U_{unb} = \frac{3\sqrt{U_3^2 U_g^2}}{n_{TV}} \tag{1.6.27}$$

式中 n_{TV}——电压互感器零序电压变比;

U_3——发电机相电压波形畸变时出现的高次谐波电压(以三次谐波为主);

U_g——主变压器高压侧单相接地时,因绕组之间静电感应,在低压绕组上出现的基波电压。

主变压器高压侧为中性点直接接地系统时,此零序不平衡电压正比于电压波形畸变时出现的高次谐波电压,即

$$U_{unb} = 3U_3 / n_{TV} \tag{1.6.28}$$

通常取 $U_{op.r}$ = 15 V,已能躲开上述两种情况下出现的零序不平衡电压。

(4)对称过负荷保护。装设在发电机中性点处的过负荷保护,按躲过发电机的额定电流条件整定。装设在主变压器高、中压侧的过负荷保护,按躲过根据该侧绕组实际容量

计算的额定电流条件整定。

习 题

1. 发电机应装设哪些反映故障的保护？它们动作的结果有什么特点?

2. 试分析用 DCD－2 型继电器构成的发电机差动保护装置,在发生内部故障、电流互感器二次回路断线等情况下的动作过程。二次回路断线时外部故障,保护将如何反应?

3. 试定量分析用 DCD－2 型的差动继电器构成的两种接线的差动保护中,如果电流互感器的极性或者相别接错,会产生什么后果?

4. 为什么发电机复合电压启动的过电流保护应接在发电机中性点侧的电流互感器和发电机出口侧的电压互感器上?

5. 发电机容量 2 500 kW,6.3 kV,$\cos\varphi=0.8$,$X''_d=0.2$,中性点和出口侧电流互感器变比为 $n_{TA}=400/5$ A,差动保护用 DCD－2 型继电器,试对发电机两种接线的差动保护进行整定计算。

6. 目前采用的发电机转子一点接地保护有哪些方案?

7. 试问有哪些判据可以判断发电机的失磁运行?

8. 线路、发电机、变压器的差动保护有何异同?

9. 发电机－变压器组保护有何特点(对典型一次接线方案画出配置图)?

第二篇　微机型继电保护

第一章　微机继电保护概述

教学目标　通过教学，使学生了解微机保护的发展史，掌握微机保护装置的特点，与常规保护相比较微机保护装置的优、缺点。

教学重点　微机保护装置的特点；与常规保护相比较微机保护装置的优、缺点。

一、计算机在继电保护领域中的应用和发展概况

近几十年来电子式计算机特别是微型计算机技术发展很快，其应用已广泛而深入地影响着科学技术、生产和生活的各个领域。它给各部门的面貌带来了巨大的并且往往是质的变化，水电站继电保护技术也不例外。在水电站继电保护技术领域，计算机除了用做故障分析和保护动作性能分析，1965 年已提出用计算机构成继电保护装置。早期发表的关于计算机保护的研究报告，揭示了它的巨大潜力，引起世界各地继电保护工作者的兴趣。在 20 世纪 70 年代，掀起了研究热潮，研究工作仅限于理论探索，只有个别部门做了一些现场试验，主要是因为计算机硬件的制造水平以及价格问题，当时还不具备商业性生产计算机继电保护装置的条件。到了 20 世纪 70 年代末期，出现了一批功能足够强的微型计算机，价格也大幅度降低，因而无论在技术上还是经济上，已具备用一台微型计算机来完成一个电气设备保护功能的条件。甚至为了增加可靠性，还可以设置多重化的硬件，用几台微型计算机互为备用地构成一个电气设备的保护装置，从而大大提高了可靠性。1979 年，美国电气和电子工程师学会的教育委员会组织过一次世界性的计算机继电保护研究班。在此之后，世界各大继电器制造商都先后推出了各种定型的商业性微型计算机保护装置产品，目前发展最快的是日本。

微机保护是指将微型机、微控制器等器件作为核心部件的继电保护。我国在计算机保护方面的研究工作起步较晚，但进步却很快。1984 年，华北电力学院研制的第一台以 6809（CPU）为基础的距离保护样机在经过试运行后通过了科研鉴定，它标志着我国计算机保护的开发开始进入了重要的发展阶段。

预计未来几年内，微机保护将朝着高可靠性、简便性、开放性、通用性、灵活性和网络化、智能化、模块化、动作过程透明化方向发展，并可以与电子式互感器、光学互感器实现连接，同时，要跳出传统的“继电器”概念，并充分利用计算机的优势，结合自适应原理、模糊理论等，设计出性能更为优良和维护工作量更少的微机保护设备。

二、微机继电保护装置的特点

(一)维护调试方便

目前,由于我国大量使用整流型或晶体管型继电保护装置,因此调试工作量大,尤其是一些复杂的保护,调试一套保护常常需要较长的时间。究其原因,这类保护装置是布线逻辑,保护的每一种功能都由相应的器件和连线来实现。为确保保护装置完好,需要把所具备的各种功能通过模拟试验来校核一遍。微机继电保护则不同,它的硬件是一台计算机,各种复杂的功能是由相应的程序来实现的,即微机保护是由只会做几种单调的、简单操作的硬件,配以程序,把许多简单操作组合而完成各种复杂功能的。因而只要用简单的操作就可以检验微机的硬件是否完好。同时,微机保护装置具有自诊断功能,对硬件各部分和存放在 EPROM 中的程序不断进行自动检测,一旦发现异常就会报警。通常只要接通电源后没有报警,就可确认装置是完好的,所以对微机保护装置可以说几乎不用调试,从而大大减轻运行维护的工作量。

(二)可靠性高

计算机在程序指挥下,有极强的综合分析和判断能力,因而微机继电保护装置可以实现常规保护很难办到的自动纠错,即自动地识别和排除干扰,防止由于干扰而造成误动作。另外,微机继电保护装置有自诊断能力,能够自动检测出计算机本身硬件的异常部分,配合多重化可以有效地防止拒动,因此可靠性很高。

(三)易于获得附加功能

使用微型计算机后,如果配置一台打印机或其他设备,可以在系统发生故障后提供多种信息。如保护各个部分的动作顺序和动作记录,故障类型和相别及故障前后电压和电流的波形记录等,还可以提供故障点到保护安装处的距离。这样有助于运行部门对事故的分析处理。

(四)灵活性大

由于计算机保护的特性主要由程序决定,所以不同原理的保护可以采用通用的硬件,只要改变程序就可以改变保护的特性和功能,因此可灵活地适应电力系统运行方式的变化。

(五)保护性能得到很好改善

采用微型计算机构成保护,使原有型式的继电保护装置中存在的技术问题,可以找到新的解决办法。如对距离保护如何区分振荡和短路,如何识别变压器差动保护励磁涌流和内部故障等问题,都提供了许多新的原理和解决方法。

应当指出,尽管微机保护具有一系列突出的优点,而且从发展方向看有着广阔的前景,但它毕竟是新事物,还有待于不断总结经验。要使微机保护发挥其效益,广大继电保护工作人员应尽快掌握计算机保护的原理和技术。

三、微机继电保护优、缺点

从微机继电保护出现以来,人们都不断对它的发展、前途和优缺点等作出过评述和估计。微机保护的优、缺点如下。

(一)优点

(1)程序可以实现自适应性,可按系统运行状态而自动改变整定值和特性。

(2)有可存取的存储器。

(3)在现场可灵活地改变继电器的特性。

(4)可以使保护性能得到更大的改进。

(5)有自检能力。

(6)有利于事故后分析。

(7)可与计算机交换信息。

(8)可增加硬件的功能。

(9)可在低功率传变机构内工作。

(二)缺点

(1)与传统的保护有根本性的背离。

(2)使用者较难维护。

(3)要求硬件和软件有高度可靠性。

(4)硬件很快过时。

(5)在操作和维护过程中,使用人员较难掌握。

微机保护的优缺点既取决于技术方面,又与各国的技术经济发展状况有关。例如,微机继电保护对长期从事传统继电保护维护运行人员来说是不熟悉的,要普遍使用则要有一个过程。计算机良好的记忆存储能力和强大的运算能力这两个重要优点,正在逐步引起重视。

利用计算机的记忆能力,可以方便地获取故障分量并保持较长时间且有较好的准确性。而在模拟式保护装置中,其记忆时间主要靠电感、电容元件的"惯性"来实现存储的,而这些"惯性"的存储是随时间而衰减的,因此要定量地利用所记忆的电量来准确地获取故障分量是不容易的。

利用计算机强有力的运算能力,可以将自动控制理论的一些成果引入继电保护。如自适应控制、随机控制以及模糊控制等。由于这些理论的应用,可以使继电保护的动作特性得到一些根本上的改进。这方面的发展已引起重视和初步应用。

习 题

1. 简述微机型继电保护的特点。
2. 与常规保护相比较,微机型继电保护有哪些优、缺点?

第二章　微机继电保护的硬件原理

教学目标　通过教学,使学生掌握微机继电保护的硬件组成;掌握微机继电保护各硬件组成部分的作用与工作原理;了解 DSP 技术;了解微机继电保护装置的抗干扰措施。

教学重点　微机继电保护的硬件组成;微机继电保护各硬件组成部分的作用与工作原理。

教学难点　微机继电保护装置各硬件组成部分的工作原理。

第一节　微机保护装置的硬件结构

微机继电保护硬件系统如图 2.2.1 所示,一般包括 5 个基本部分,即数据采集系统、CPU 主系统、开关量输入/输出系统、人机接口与通信系统及电源系统。

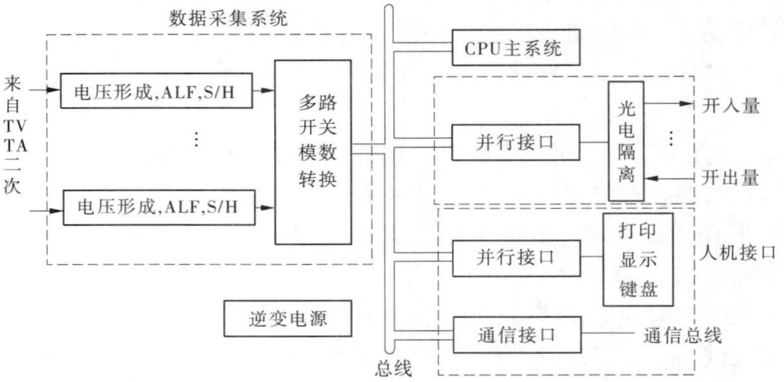

图 2.2.1　微机继电保护硬件示意框图

(一)数据采集系统(或称模拟量输入系统)

模拟量输入系统包括电压形成、模拟滤波(ALF)、采样保持(S/H)、多路转换(MPX)以及模数转换(A/D)等功能块。该系统将完成将模拟输入量准确地转换为所需的数据量。

(二)CPU 主系统

CPU 主系统包括微处理器(MPU)、只读存储器(一般用 EPROM)、随机存取存储器(RAM)以及定时器等。MPU 执行存放在 EPROM 中的程序,将数据采集系统得到的信息输入 RAM 区的原始数据进行分析处理,以完成各种继电保护的功能。

一般为了提高保护装置的容错水平,目前大多数保护装置已采用多 CPU 系统。尤其是较复杂的保护装置,其主保护和后备保护都是相互独立的微机保护系统。它们的 CPU 是相互独立的,任何一个保护的 CPU 或芯片损坏均不影响其他保护正常工作,除此之外各保护的 CPU 线均不引出；输入及输出的回路均经光隔离处理；各保护具有自检与互检功能，能将故障定位到插件或芯片，从而大大提高了保护装置运行的可靠性。但是对于比较简单的微机保护，为了简化保护结构，大都采用单 CPU 系统。

（三）开关量（或数据量）输入/输出系统

开关量输入/输出系统包括若干个并行接口适配器、光电隔离器件及有接点的中间继电器等。该系统完成各种保护的出口跳闸、信号警报、外部接点输入及人机对话等功能。

（四）人机接口与通信系统

在许多情况下，CPU 主系统必须接受操作人员的干预，如整定值输入、工作方式的变更，对 CPU 主系统状态的检查等都需要人机对话。这部分工作在 CPU 控制之下完成，通常可以通过键盘、汉化液晶显示、打印机及信号灯、音响或语言告警等来实现人机对话。

（五）电源系统

微机保护系统对电源要求较高，通常这种电源是逆变电源，即将直流逆变为交流，再把交流整流为微机系统所需要的直流电压。它把水电站的强电系统的直流电源与微机的弱电系统电源完全隔离开。通过逆变后的直流电源具有极强的抗干扰水平，对来自水电站中因断路器跳合闸等原因产生的强干扰可以完全消除掉。

目前，微机保护装置均按模块化设计，也就是说对于成套的微机保护，都是由上述 5 个部分的模块电路组成的。所不同的是，软件系统及硬件模块化的组合与数量不同。不同的保护用不同的软件来实现，不同的使用场合按不同的模块化组合方式构成，这样的微机成套保护装置，给设计、运行及维护、调试人员都带来极大方便。

第二节　微机保护的数据采集系统（模拟量输入系统）

电力系统中的电量显然都是模拟量，而微机继电保护的实现则是基于微型计算机对数字量进行计算和判断。所以，为了实现微机继电保护，必须对来自被保护设备和线路的模拟量进行一系列预处理，从而得到所需形式的数字量提供给保护功能处理程序。

模拟量的数据采集系统有两种：一种是由电压形成回路、低通滤波器、采样保持器、多路转换开关和逐次逼近型 A/D 转换器组成；另一种由电压形成回路、压频转换器（VFC）、光电隔离器和计数器构成。

一、ADC 数据采集系统

（一）电压形成回路

微机继电保护要从被保护的电力线路或设备的电流互感器、电压互感器或其他变换器上取得信息。但这些互感器的二次数值、输入范围对典型的微机继电保护电路却不适用，需要降低和变换。在微机继电保护中通常要求输入信号为 ±5 V 或 ±10 V 的电压信号，具体决定于所用的模数转换器。因此，一般采用测量变换器来实现以上的变换。交流电流的变换一般采用电流变换器，此外也有采用电抗变换器的。两者各有优缺点如下：

（1）电抗变换器有阻止直流、放大高频分量的作用，因此当一次存在非正弦电流时，其二次电压波形将发生严重的畸变，这是所不希望的。电抗变换器的优点是线性范围较大,铁芯不易饱和,有移相作用。另外,其抑制非周期分量的作用在某些应用中也可能成为优点。

(2)电流中间变换器的最大优点是:只要铁芯不饱和,则其二次电流及并联电阻上的二次电压的波形可基本保持与一次电流波形相同且同相,即它的传变可使原信号不失真。传变的信号不失真对微机继电保护是很重要的,因为只有在这种条件下作精确的运算或定量分析才有意义。至于移相、提取某一分量等,在微机继电保护中,根据需要可通过软件容易实现。但电流中间变换器在非周期分量的作用下容易饱和,线性度较差,动态范围也较小,这在设计和使用中应予以注意。

电压形成回路除了起电量变换作用,还起到隔离作用。它使微机电路在电气上与电力系统相隔离,从而防止了来自高压系统的电磁干扰。

(二)采样保持器(S/H)

1. 采样基本原理

时间取量化的过程称之为采样。采样过程是将模拟信号 $f(t)$ 首先通过采样保持器,每隔 T_s 采样一次(定时采样)输入信号的即时幅度,并把它存放在保持电路里,供 A/D 转换器使用。经过采样以后的信号称为离散时间信号,它只表达时间轴上一些离散点(0,T_s,$2T_s$,… ,nT_s,…)上的信号值 $f(0)$,$f(T_s)$,$f(2T_s)$,… ,$f(nT_s)$,… ,从而得到一组特定时间下表达数值的序列。

采样保持器(S/H)的作用是在一个极短的时间内测量模拟输入量在该时刻的瞬时值,并在模拟 - 数字转换器进行转换的期间保持其输出不变。它的工作原理可用图 2. 2. 2来说明。它由一个电子模拟开关 AS ,电容 C_h 以及两个阻抗变换器组成。开关 AS 受逻辑输入端电平控制。在高电平时 AS 闭合,电路处于采样状态。电容 C_h 迅速充电或放电到 U_{sr}在采样时刻的电压值。

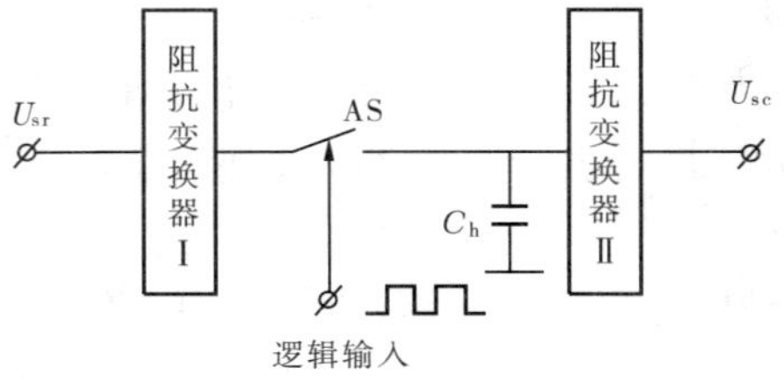

图 2. 2. 2　采样保持电路原理图

电子模拟开关 AS 每隔 T_s 短暂闭合一次,将输入信号接通,实现一次采样。如果开关每次闭合的时间为 T_C,那么采样器的输出将是一串重复周期为 T_s 宽度为 T_C 的脉冲,而脉冲的幅度,则是重复着的在这段 T_C 时间内的信号幅度。

电子模拟开关 AS 的闭合时间应满足使 C_h 有足够的充电或放电时间即采样时间。显然希望采样时间越短越好,因而应用阻抗变换器 UR,它在输入端呈高阻抗,而输出阻抗很低,使 C_h 上的电压能迅速跟踪 U_{sr} 值。电子模拟开关 AS 打开时,电容 C_h 上保持着 AS 打开瞬间的电压值,电路处于保持状态。同样,为了提高保持能力,电路中应用了另一个阻抗变换器,它对 C_h 呈现高阻抗,而输出阻抗很低,以增强带负载能力。阻抗变换器可由运算放大器构成。

采样保持过程如图 2. 2. 3 所示。T_C 为采样脉冲宽度,T_s 为采样周期(或称采样间隔)。

2. 对采样保持电路的要求

高质量的采样保持电路应满足以下几点：

(1)使电容 C_h 上电压按一定的精度(如误差小于0.1%)跟踪 U_{sr} 所需的最小采样宽度 T_C(或称截获时间)，对快速变化的信号采样时，要求 T_C 尽量短，以便可用很窄的采样脉冲，这样才能准确地反映某一时刻的 U_{sr} 值。

(2)保持时间要长。通常用下降率 $\frac{\Delta u}{T_s - T_C}$ 来表示保持能力。

(3)模拟开关的动作延时、闭合电阻和开断时的漏电流要小。

上述(1)和(2)两个指标一方面决定于图2.2.2所用阻抗变换器的质量，另一方面也和电容器 C_h 的容量有关。就截获时间而言，希望 C_h 越小越好，但必须远大于杂散电容；就保持时间而言，希望 C_h 越大越好。因此，设计者应根据使用场合的特点，在二者之间权衡后选择合适的 C_h 值，同时要求选择漏电流小的电容 C_h。

3. 采样频率与采样定理

采样间隔 T_s 的倒数称为采样频率 f_s。采样频率的正确选择，直接关系到采样信号是否真实反映输入的信号。

微机保护所反映的电力系统参数是经过采样离散化之后的数字量。那么，连续时间信号经采样离散化成为离散时间信号后是否会丢失一些信息，也就是说离散信号能否真实地反映被采样的连续信号呢？为此可分析如图2.2.4所示的采样频率选择的示意图。

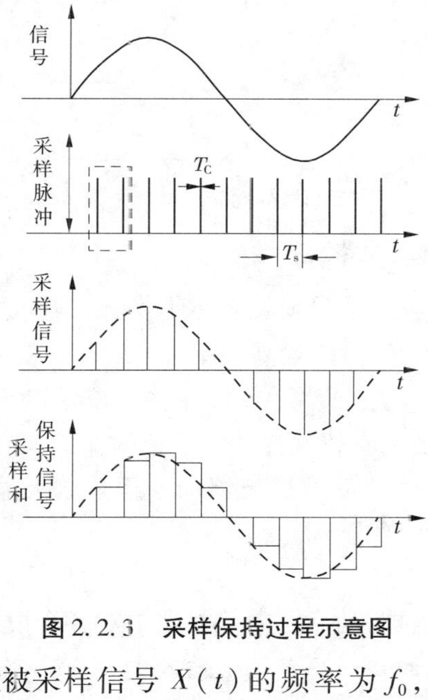

图2.2.3 采样保持过程示意图

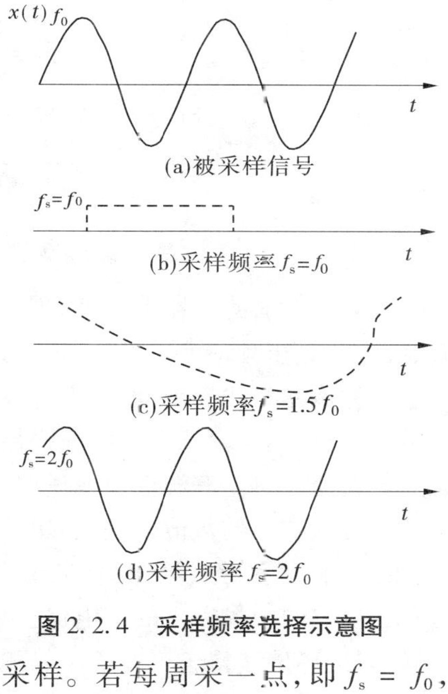

图2.2.4 采样频率选择示意图

设被采样信号 $X(t)$ 的频率为 f_0，对其进行采样。若每周采一点，即 $f_s = f_0$，由图2.2.4(b)可见，采样所得到的为一个直流量。若每周采1.5点，即 $f_s = 1.5f_0$ 时，采样得到的是一个频率比 f_0 低的低频信号。当 $f_s = 2f_0$ 时，采样所得波形为 f_0，这时波形仍然有失真现象。显然，只有 $f_s > 2f_0$，则采样后所得到的信号才有可能较为真实地代表输入信号 $X(t)$。也就是说，一个高于 $f_s/2$ 的频率成分在采样后将被错误地认为是一个低频信号。

只有在$f_s > 2f_0$后，才可能不会出现这种失真现象。因此，若要不丢失信息，完好地对输入信号采样，就必须满足$f_s > 2f_0$这一条件。总之，为了使信号采样后能够不失真地还原，采样频率必须大于信号最高频率两倍以上，这就是乃奎斯特采样定理。工程中一般取$f_s = (2.5 \sim 3) f_{max}$。

（三）模拟低通滤波器（ALF）

电力系统在故障的暂态期间电压和电流都含有较高的频率成分，如果要对所有的高次谐波成分均不失真地采样，那么其采样频率就要取得很高，这对硬件速度提出很高要求，使成本增高，是不现实的。实际上，目前大多数微机保护原理都是反映工频分量的，或者是反映某种高次谐波（例如五次谐波分量）的，故可以在采样之前将最高信号频率分量限制在一定频带之内，以降低f_s，一方面降低了对硬件的速度要求，另一方面也不至于使所需的最高频率信号的采样失真。

要限制输入信号的最高频率，只需在采样前用一个模拟低通滤波器（ALF）将$f_s/2$以上的频率分量滤去即可。而采样频率在很大程度上取决于保护原理和算法的要求。目前绝大多数微机保护的采样间隔T_s都在0.8～1.8 ms之间，基本上能满足硬件速度对最高频率的不失真采样。

模拟低通滤波器分无源和有源两种。图2.2.5是常用的无源低通滤波器原理电路及特性图。

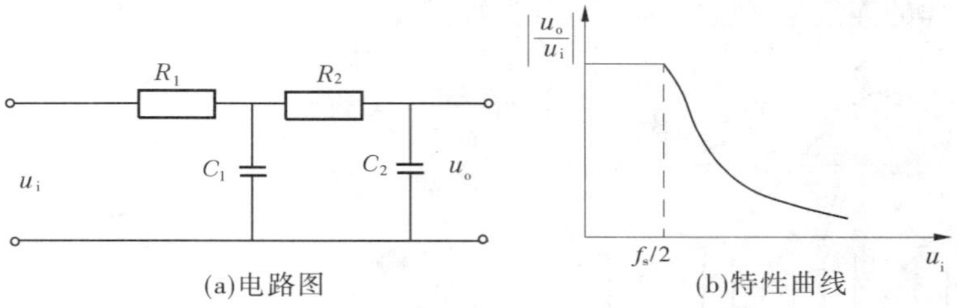

图2.2.5　无源低通滤波器原理电路及其特性

这种无源低通滤波器由两级RC滤波器构成。显然只要调整RC数值就可成为低通滤波器，此时截止频率就可设计为$f_s/2$，以限制输入信号的最高频率。

这种滤波器接线简单，但电阻与电容回路对信号有衰减作用，并会带来延迟，对快速保护不利，仅适用于要求不高的微机保护。对于要求有较好特性又快速的保护，必须采用有源的低通滤波器。有源低通滤过器通常由上述无源低通滤波器加上运算放大器构成，此时电容可取较小的数值，从而加快了保护动作速度。

（四）模拟量多路转换开关（MPX）

对于反映两个量以上的继电保护装置，例如阻抗、功率方向等都要求对各个模拟量同时采样，以准确地获得各个量之间的相位关系，因而要对每个模拟输入量设置一个电压形成、抗混叠低通滤波和采样保持电路。为此，把所有采样保持器的逻辑输入端并联后由一个定时器同时供给采样脉冲，因此保证了同时采样和依次模数变换的要求。由于保护装置所需同时采样的电流和电压模拟量不会很多，只要模数变换器的转换速度足够高，在一个采样周期的保持时间内上述各种模拟量依次模数变换的要求是能满足的。但由于模数转换器价格昂贵，通常不是每个模拟量输入通道设一个 A/D，而是共用一个，中间经多路转换开关切换轮流由共用的 A/D 转换成数字量输入给微机。多路转换开关包括选择接通路数的二进制译码电路和由它控制的多路电子开关，它们被集成在一个集成电路芯片中。

(五) 模数转换器 (A/D 转换器或称 ADC)

1. ADC 的一般原理

微机保护用的模数变换器绝大多数是应用逐次逼近法的原理实现的，如图 2.2.6 所示。

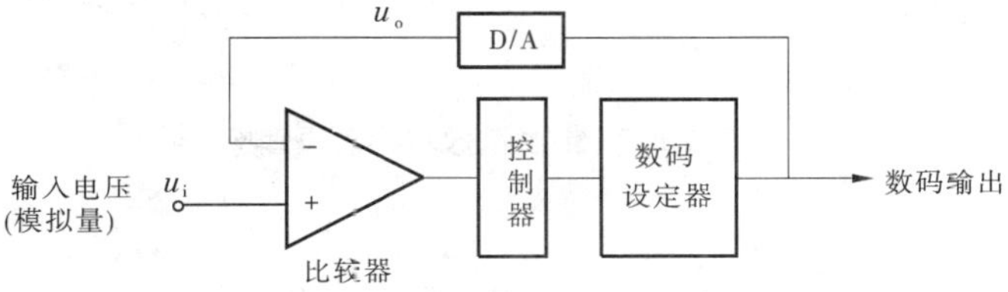

图 2.2.6 逐次比较式 A/D 转换原理图

变换开始时，控制器首先在数码设定器中设置一个最高位数码“1”，(例如 100…00) 该数码经 D/A 数模变换为模拟电压 u_o，反馈到输入侧的比较器一端，与输入电压 u_i 相比较。如果设定值 $u_o < u_i$ 则保留该位原设置的数码“1”，然后由控制器在数码设定器中附加次高位设置数码“1”，形成新的数码(110…000)，再反馈到输入侧比较器与 u_i 比较。若设定值 $u_o > u_i$，则原设定次高位数码“1”换为“0”，然后附加上次高位设置数码如(100…000)。重复上述的比较与设置，直到所设定的数码总值转换成的反馈电压 u_o 尽可能地接近 u_i 值。若其误差小于所设定数码中可改变的最小值(最小量化单位)，此时数码设定器中的数码总值即为变换结果。

2. 数模转换器 (DAC 或 D/A 转换器) 的作用

数模转换器的作用是将数字量 D 经一解码电路变成模拟电压输出，数字量是用代码数位的权组合起来表示的，每一位代码都有一定的权，即代表一具体数值。因此，为了将数字量转换成模拟量，必须将每一位代码按其权的值转换成相应的模拟量，然后将代表各位的模拟量相加，即得到与被转换数字量相当的模拟量，亦即完成了数模转换。图 2.2.7 是按上述原理构成的一个 4 位数模转换器的原理图。图中电子开关 $K_0 \sim K_3$ 分别受输入 4 位数字量 $B4 \sim B1$ 控制。在某一位为“0”时其对应开关倒向右侧，即接地。而为“1 ”时，开关倒向左侧，即接至运算放大器 A 的反相输入端。运算放大器反相端的总电流 I_Σ 反映了 4 位输入数字量的大小，它经过带负反馈电阻 R_F 的运算放大器，变换成电压 u_{sc} 输出。根据虚地概念，运算放大器 A 的反相输入端的电位实际上也是地电位，因此无论各开关倒向哪一侧，对图 2.2.7 中电阻网络的电流分配是没有影响的。从电阻网络 $-U_R$、a、b、c 4 点分别向右看，网络的等值电阻都是 R，因而 a 点电位必定是 $U_R/2$，b 点的电位则为 $U_R/4$，c 点为 $U_R/8$。

图 2.2.7 中各电流分别为

$$I_1 = \frac{U_R}{2R}, I_2 = \frac{1}{2}I_1, I_3 = \frac{1}{4}I_1, I_4 = \frac{1}{8}I_1$$

$$I_\Sigma = \frac{U_R}{R}(B_1 2^{-1} + B_2 2^{-2} + B_3 2^{-3} + B_4 2^{-4}) = \frac{U_R}{R}D \qquad (2.2.1)$$

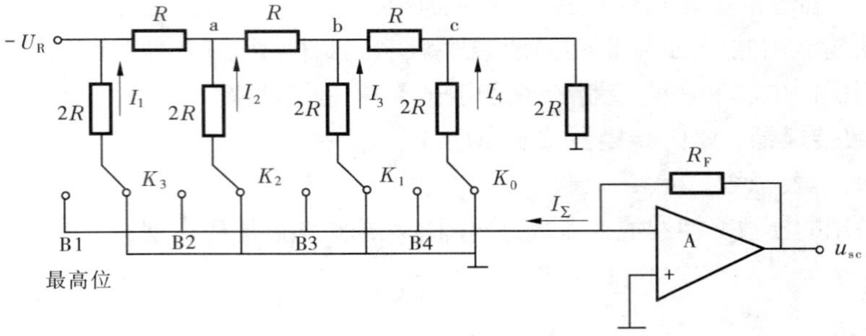

图 2.2.7　4 位模数转换器原理图

而输出电压为

$$u_{sc} = I_{\sum} R_F = \frac{U_R R_F}{R} D$$

可见，输出模拟电压正比于控制输入的数字量 D，比例常数为$\frac{U_R R_F}{R}$。

如图 2.2.7 所示的数模转换器电路通常被集成在一块芯片上。由于采用激光技术，集成电阻值可以做得相当精确。因而数模转换器的精度主要取决于参考电压或称基准电压 U_R 的精度。

如图 2.2.7 所示 D/A 转换器的电路只是很多方案中的一种。由于微机继电保护用 D/A 转换只是为了实现 A/D 转换，而在实际应用中都选用包含 D/A 转换部分的 A/D 转换芯片。

二、VFC 式数据采集系统

(一) VFC 的原理及特点

在一般场合，模数变换可以采用 ADC 变换器，但在精度要求较高时，A/D 芯片内部结构就较复杂，成本很高，与计算机的接口也较复杂。这时，往往采用 VFC 型的变换方式。VFC 型的模数变换是将电压模拟量 u_i 线性地变换为数字脉冲式的频率 f，然后由计数器对数字脉冲计数，供 CPU 读入。其原理框图如图 2.2.8 所示。

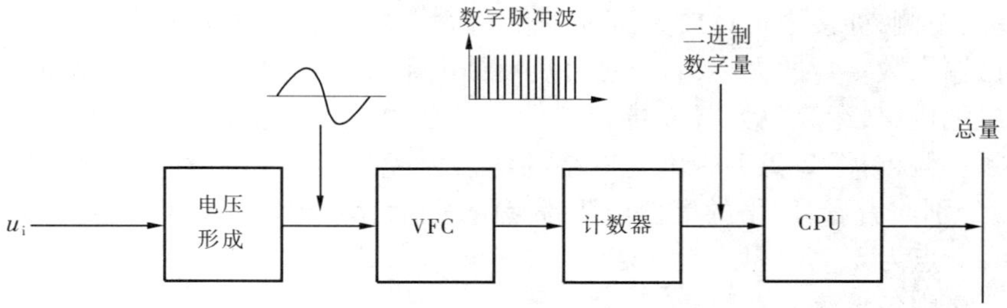

图 2.2.8　VFC 型 A/D 变换原理图

图中 VFC 可采用 AD654 芯片，计数器可采用 8098 内部计数器，也可采用可编程的集成电路计数器 8253。CPU 每隔一个采样间隔时间 T_s，读取计数器的脉冲计数值，并算出

输入电压 u_i 对应的数字量，从而完成了模数变换。

VFC 型的 A/D 变换方式及与 CPU 的接口，要比 ADC 型变换方式简单得多，其优点可归纳为几点：①工作稳定、线性好、精度高。②抗干扰能力强。VFC 是数字脉冲式的电路，不是模拟电路，因此它不怕脉冲干扰和随机高频噪声，可以方便地在 VFC 输出和计数器输入端之间接入一个光隔，从而大大提高抗干扰能力，这对继电保护装置是十分可贵的特点。③同 CPU 接口简单，并且可以很方便地实现多 CPU 共享 VFC 变换。

（二）VFC 芯片结构及其工作原理

（1）VFC 芯片 AD654 的结构。AD654 芯片是一个单片 VFC 变换芯片，最高频率 500 kHz。它是由输入放大器、压控振荡器和一个驱动输出级回路构成。其内部结构如图 2.2.9（a）所示。该芯片只需外接一个简单的 RC 网络，输入阻抗可达 250 MΩ，经驱动级输出可带 12 个 TTL 负载或光电耦合器材。

（2）AD654 的工作电路。AD654 芯片的工作方法为正端输入方式，因此 4 端接地，3 端输入信号，如图 2.2.9（b）所示。由于 AD654 芯片只能转换单极性信号，所以对于交流电压的信号输入，必须有个偏置电压在 3 端输入，此偏置电压为 −5 V。其压控振荡频率与网络电阻的关系为

$$f_{sc} = 1/10\,C_T[5/(R + R_{P1}) + u_i/(R_1 + R_{P2})] \tag{2.2.2}$$

式中 u_i——输入电压；

C_T——外接振荡电容。

由式（2.2.2）可见，输出频率 f_{sc} 与输入电压 u_{sr} 呈线性关系。R_{P1} 用来调整偏置值，使无外部输入电压时输出频率为 250 kHz，从而使输入交流电压的测量范围控制在 ±5 V 的峰值内，这也叫做零漂调整。各通道的平衡度及刻度比可用电位器 R_{P2} 来调整。R_1 和 C_1 为浪涌吸收回路。VFC 的变换特性与输入交流信号的变换关系如图 2.2.10 所示。

（3）VFC 的工作原理。当输入电压 $u_{sr}=0$ 时，由于偏置电压 −5 V 加在输入端 3 上，输出信号是频率为 250 kHz 的等幅等宽的脉冲波，如图 2.2.11（a）所示。当输入信号是交变信号时，经 VFC 变换后输出的信号是被 u_{sr} 交变信号调制了的等幅等宽脉冲高频波，如图 2.2.11（b）所示。可见 VFC 的功能是将输入电压变换成一连串重复频率正比于输入电压的等幅脉冲波。VFC 芯片的中心频率越高，其转换的精度也就越高。在新型的第三代微机保护中采用 VFC100 芯片，该芯片的中心频率为 2 MHz，是 AD654 的 8 倍，因此变换精度有了较大提高。

计数采样。计数器对 VFC 输出的数字脉冲计数值是脉冲计数的累计值，如 CPU 每隔一个采样间隔时间 T_s 读取计数器的半数值记做…，R_{K-1}，R_K，R_{K+1}，…，则在（$t_K - NT_s$）至 K 次采样时刻 t_K 这一段时间内计数器计到的脉冲数为 $D_K = R_{(K-N)} - R_K$（一般保护装置选 $N=2$）如图 2.2.11（c）所示。

$$U_{sr} = (D_d - D_0)k_b \tag{2.2.3}$$

式中 D_0——250 kHz 中心频率值对应的脉冲常数；

k_b——每个脉冲数对应的电压值，在保护装置的定值整定清单中 k_b 常用 VBL 表示电压比例系数。

值得注意的是，这只是在极短时间内的瞬时测定值，如要计算正弦波的有效值，还必

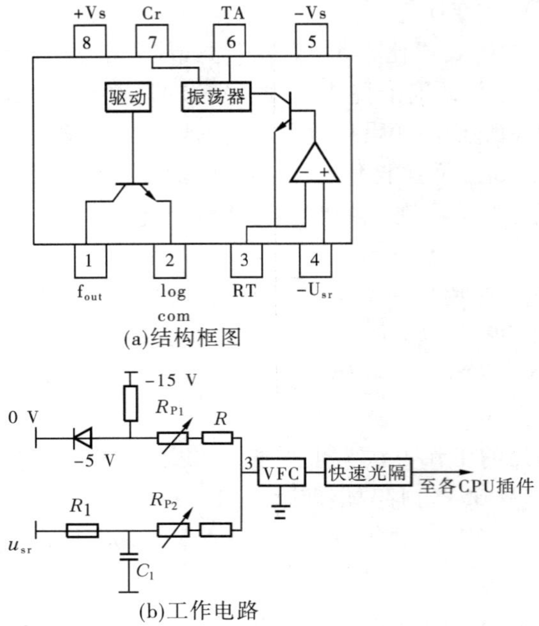

(a)结构框图

(b)工作电路

图 2. 2. 9　AD654 结构电路图

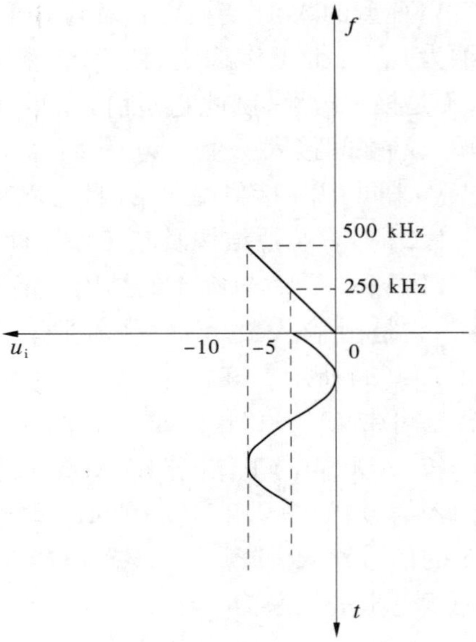

图 2. 2. 10　VFC 变换关系图

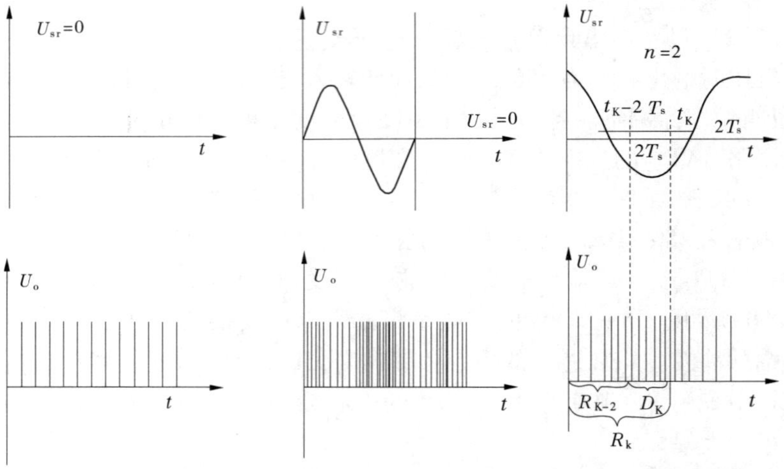

(a)$U_{sr}=0$　　(b)U_{sr}正弦交流电压　　(c)采样计算

图 2. 2. 11　VFC 工作原理和采样计算

须对该正弦信号连续采样，然后由软件按公式计算有效值。

(三)光隔处理

由于经 VFC 变换后是数字脉冲波，因此就使得其抗干扰光隔处理变得十分容易。

1. 光隔电路

VFC 变换后的数字脉冲信号经 6N137 快速光隔芯片送至计数器计数。6N137 芯片结构图如图 2. 2. 12 所示。

2. 光隔原理

VFC 输出的频率信号是数字脉冲量。该数字脉冲输入光隔芯片的快速发光二极管时，对应每一个脉冲发出一个光脉冲，当光脉冲照射在光隔芯片内输出放大器的快速光敏三极管基极时，三极管导通使输出放大器输出一个同相脉冲。由于发光二极管及光敏三极管均具有快速响应特性，因此能适应 VFC 输出的高频脉冲要求，所以光隔芯片的输入与输出波形完全相同，并几乎没有延迟。光隔电路实际上是光电耦合电路，在这个电路上输入与输出既无电的联系，也无磁的联系，起到了极好的抗干扰及隔离作用。

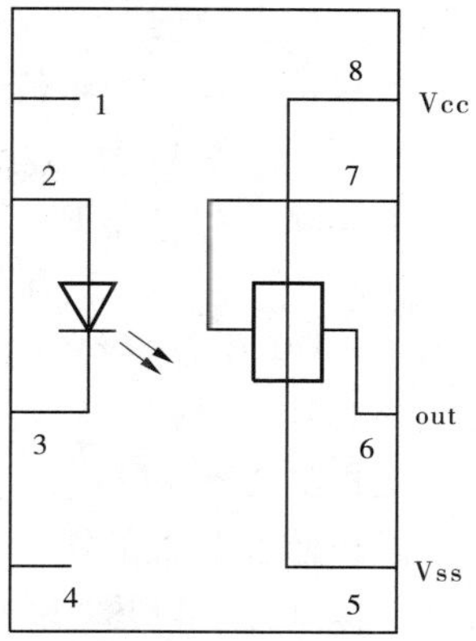

图 2.2.12　6N137 芯片内部结构图

第三节　保护 CPU 插件部分

一、保护 CPU 插件原理

目前，我国微机保护装置的CPU大多采用16位的8089单片微机。虽然8089片内除了无 ROM，其他各种功能都比较齐全，但是限于容量较小等原因，8089 单片微机还必须扩展其功能来构成保护的 CPU 插件。

保护的 CPU 插件，就是利用 8089 单片微机具有较强的外部扩展功能，通过标准的电路来构成保护的单片微机系统。由 8089 单片微机构成的保护 CPU 插件的原理框图，如图 2.2.13 所示。

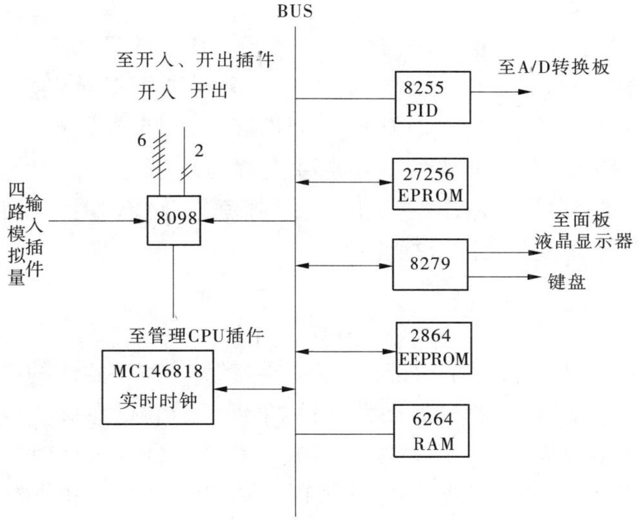

图 2.2.13　保护 CPU 插件原理框图

由于 8089 单片微机片内无 ROM 只读存储器，因此在扩展插件中必须扩展有紫外线可擦除的只读存储器 EPROM(27256),用以存储保护装置的程序。

作为保护装置的整定值(数值型定值)和保护功能投入、退出控制字(开关型定值,即软压板)应能更改,以满足各种运行方式的需要。因此,这些数值型和开关型定值必须存放在电可擦除的存储器 EEPROM 内,随时供调度人员远方整定或继电保护检修人员就地修改。

由于 8089 片内 RAM 的容量仅 232 bit,因此在保护的 CPU 插件上扩展有 6264RAM 芯片。该芯片容量达 8 K×8,用于存放数值计算及逻辑运算过程的中间数据及其结果。

在保护的 CPU 插件板上扩展有带后备电池的实时时钟芯片 MC146818。该时钟接受变电所微机监控装置的统一校时。在保护动作信息、自诊断信息和各种操作记录中均带有时间存储和显示。这些信息中的时间就是采样于扩展的实时时钟芯片。

利用实时时钟芯片不断地发出时钟脉冲信号,保护 CPU 插件还可构成“看门狗”(WATCHDOG),即当干扰和其他异常情况致使保护程序走死时,能自动复位重投入。“看门狗”功能对提高保护可靠性起了十分重要的作用。

8098 芯片具有并行 I/O 功能端口,但输入和输出的开关量必须先经光隔处理后才能进入保护的 CPU 插件。从图 2.2.13 中可看出 8098 芯片有 8 根线引至开入、开出插件,其中 6 根是开关量输入线,2 根是开关量输出线。

8098 芯片还具有串行 I/O 功能端口。该端口将通过串行口构成电流环与保护屏里的管理单元通信。水电站的微机监控系统可以通过各保护屏中的管理单元对屏内各保护单元实现各种远方功能。它包括监视保护运行情况、远方查询各保护单元测量值及各项整定值、保护自诊断信息和保护动作信息、远方整定各保护单元的整定值、投退某项保护功能等。

二、A/D 转换的扩展

8098 片内设有 4 路带采样保持、多路转换开关的 10 位 A/D 变换就显得不够用了,必须扩展 A/D 变换功能。对于主变压器的保护,所要采样的模拟量更多,也需要扩展 A/D 变换功能。所以在主变压器保护的 CPU 插件上扩展有 8255 并行接口芯片,以供 AD574 模数变换器扩展 16 路 12 位 A/D 变换。AD574 芯片可以另外安装在专用的 A/D 变换插件上,仅将扩展后的 8255 并行输出线引出,从而避免了总线(BUS)引出保护 CPU 插件板,提高了保护装置的可靠性及抗干扰能力。

三、人机接口电路的扩展

一般来说单片机的人机接口是指键盘、显示器与保护 CPU 插件的接口电路。为了简便操作,单片机键盘不像 PC 计算机那么繁杂,对于保护装置键盘设置就更少。许多保护面板上键盘只有 6 个键,通常只是用来选择菜单和参数,这样可以使得电路十分简单,操作也很方便。目前显示器多采用液晶显示屏,而且均已改进为汉化,因此显示屏幕较大,一般采用 128×64 点阵液晶显示屏,以 16×16 点阵汉字和 16×8 点阵字符显示,可获得友好的接口界面。为了减轻保护 CPU 的负担,人机接口电路可通过可编程键盘和显示器接口芯片 8279 来完成。

第四节　开关量输入输出回路原理

一、开关量输入回路

开关量输入(简称开入)主要用于识别运行方式、运行条件等,以便控制程序的流程。如重合闸方式、同期方式和定值区号等。

开关量输入回路包括断路器和隔离开关的辅助接点或跳合闸位置继电器接点、外部装置闭锁重合闸接点、气体继电器接点,还包括某些装置上压板位置输入等。

对微机保护装置的开关量输入,即接点状态(接通或断开)的输入可以分为两大类:一类是本装置面板上的接点,例如用于人机对话的键盘、面板上或本装置的继电器切换接点;另一类是装置外部经过端子排引入装置的接点,例如外部继电器的接点。这两类接点可以分别按图 2.2.14(a)、(b)所示的电路输入开关量。

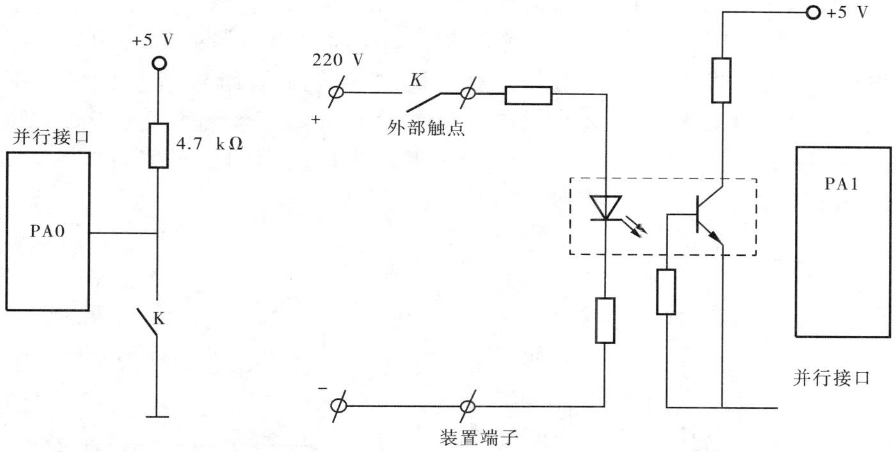

(a)装置内接点输入电路　　(b)装置外接点输入电路

图 2.2.14　开关量输入电路

图 2.2.14(a)是用本装置电源 +5 V,将本装置上的接点状态直接输入 CPU 的并行输入接口 PA0。图 2.2.14(b)是通过光隔元件输入,光敏三极管的导通和截止完全反映外部接点状态,同时必须注意外接点应加 ±220 V 直流电源,以击穿外触点上形成的氧化膜,避免接触不良现象,但输入计算机并行端口 PA1 部分的电源应是 +5 V,而且与外电源不共地。

二、开关量输出回路及出口闭锁电路

开关量输出主要包括跳闸出口、重合闸出口及本地和中央信号等。开关量输出回路一般都采用并行输出端口来控制有接点的继电器。为了提高抗干扰能力,都要经过一级光电隔离,如图 2.2.15 所示。

此外,在出口跳闸回路中,并行接口 PB0 和 PB1 安排不同的电平输出,PB0 输出

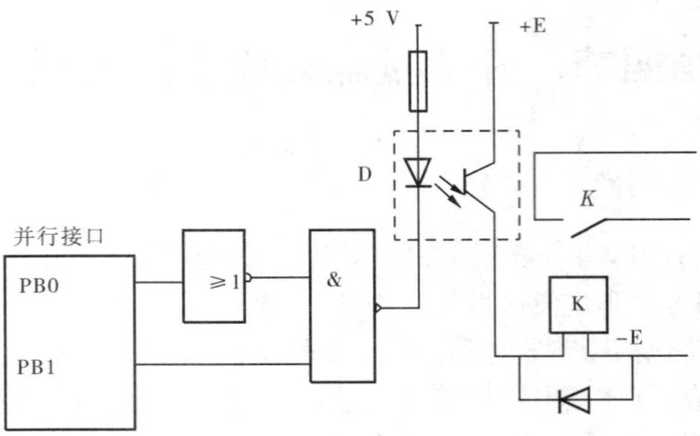

图 2.2.15　开关量输出电路

“0”;PB1 输出“1”,使与非门 & 输出“1”,驱动发光二极管。这样的安排,可防止在拉合直流电源过程中继电器 K 的短时误动。因为在拉合直流电源时形同复位,PB0 和 PB1 都是相同电平输出,不可能驱动发光二极管,从而防止了误动。

当程序令 CPU 插件的并行 PB0 口输出“0”,PB1 口输出“1”时,经反相器和与非门 & 电路驱动发光二极管发出光脉冲,光敏三极管随之导通,出口继电器 K 励磁。在实际保护装置中应考虑出口的闭锁,以防止保护误动作,因此光敏三极管的集电极必须经启动继电器 KQ 接点接正电源,形成保护出口闭锁回路。出口闭锁的逻辑关系如图 2.2.16 所示,图中虚线框内电路为出口闭锁逻辑回路示意图。

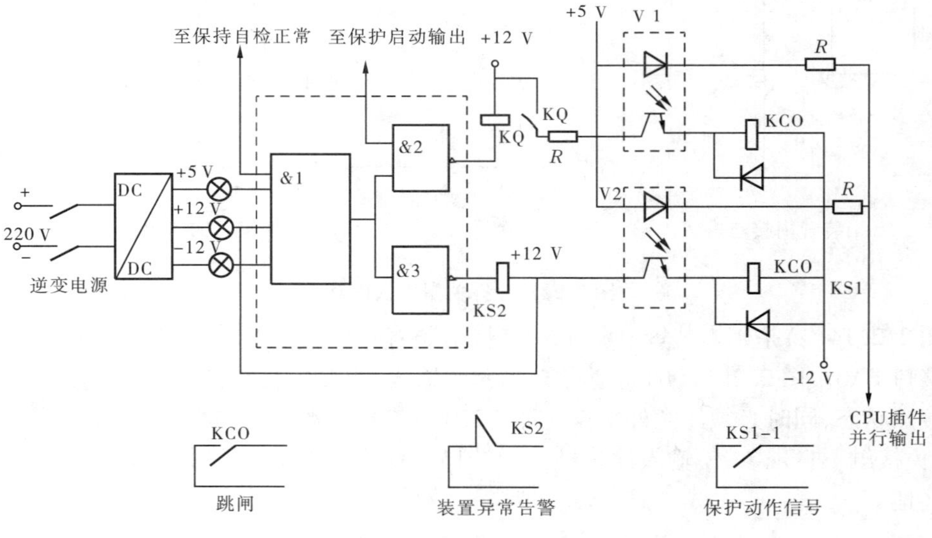

图 2.2.16　出口闭锁逻辑电路

这种出口闭锁回路能可靠地防止保护误动作,电路也很简单。当保护 +5 V、±12 V 电源及保护自检正常时,与门 &1 输出“1”态。这时如保护启动元件启动,与非门 &2 输出“0”态电平,启动继电器 KQ 励磁,KQ 接点闭合,保护出口回路才获得正电源,于是保护闭锁解除。这时如保护软件逻辑判断跳闸动作,CPU 插件并行接口 PB0 和 PB1 分别输出“0”和“1”态，如图 2.2.15 所示，光电二极管与 V_1、V_2 光敏三极管导通，继电器 KCO 动作跳闸。如果电源或保护自检不正常，或者启动元件未判启动，与非门 &2 输出“1”态电平，启动继电器 KQ 失磁，保护出口因失去正电源而被闭锁住。另外，当电源或保护自检不正常时，与门 &1 输出“0”态，经与门 &3 输出“1”态电平，硬件自检信号继电器 KS2 失磁，其动断接点报出装置异常告警信号继电器。所以，该出口闭锁回路也可称为保护自检回路。

跳闸信号继电器 KS1 的正电源不经闭锁回路闭锁，经光敏三极管集电极直接接电源，当保护软件逻辑判断动作时，该信号继电器励磁，发出保护跳闸信号。因此，通过 KS2 和 KS1 信号继电器，可以综合判断保护电源及软硬件的故障。

第五节　DSP 技术的应用

数字信号处理器 DSP 是进行数字信号处理的专用芯片，它伴随微电子学、计算技术等学科的发展而产生，是体现各学科综合科研成果的新器件。由于它特殊的设计，可以把数字信号处理的一些理论和算法予以实时实现，并逐步进入控制器领域，因而在计算机领域中得到广泛的使用。可以说，信息化的基础是数字化，数字化的核心技术之一就是数字信号处理，而 DSP 技术在数字信号处理中起着重要的作用。

DSP 主要对输入的一系列信号进行过滤或操作，如建立一支待过滤的信号值队列或者对输入值进行一些交换。DSP 通常将常数和值进行加法或乘法运算后，先形成一系列串行条目，再逐条地予以累加，担当了一个快速倍增器/累加器（MAC），并且常常在一个周期中执行多次 MAC 指令。为了减少在建立串行队列时的额外消耗，DSP 有专门的硬件支持，实现零开销循环，并安排地址提取操作数和建立适当的条件，用以判别是继续计算队列里的元素，还是已经完成了计算。

大多数的 DSP 采用了哈佛结构，将存储器空间划分成两个，分别存储程序和数据。它们有两组总线连接到处理器核，允许同时对它们进行访问。这种安排将处理器和存储器的带宽加倍，更重要的是同时为处理器核提供数据和指令。在这种布局下，DSP 得以实现单周期的 NAC 指令。DSP 速度的最佳化是通过硬件予以实现的，每秒能够执行 10 M 条以上的指令；同时，采用循环寻址方式，实现了零开销的循环，大大增进了如卷积、相关、矩阵运算、FIR 等算法的实现速度。另外，DSP 指令集能够使处理器在每个指令周期内完成多个操作，从而提高每个指令周期的计算效率。

由于 DSP 技术有着强大、快速的数据处理能力和定点、浮点的运算功能，因此将 DSP 技术融合到微机保护的硬件设计中，必将极大地提高微机保护对原始采样数据的预处理和计算能力，提高运算速度，更容易做到实时测量和计算。例如，在保护中可以由 DSP 在每个采样间隔内完成全部的相间和接地阻抗计算，完成电压、电流测量值的计算，并进行相应的滤波处理。应用 DSP 技术后，保护模块的简要构成示意图如图 2.2.17 所示。

DSP 的主要特点概括如下：

（1）哈佛结构。在这种结构中，程序与数据存储空间相互分开，各自占有独立的空间，具有独立的地址总线和数据总线，取指令和读数可以同时进行，直接在程序和数据之间进行信息的传递，减少访问冲突，从而获得高速运算能力。目前的水平已经达到浮点运

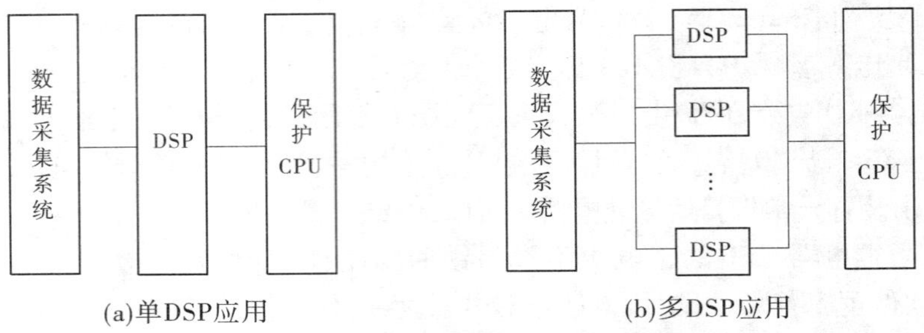

图 2.2.17　DSP 与 CPU 结合的简要构成示意图

算 90 亿次/s。

(2)用管道式设计加快执行速度。所谓管道式设计,就是采用流水线技术,保证取指令和执行指令操作可以重叠进行。

(3)同时执行多个操作。DSP 在每一个时钟周期内,每一条指令都自动安排空间、编址和取数;支持硬件乘法器,使得乘法能用单周期指令来完成,这也有利于提高执行速度。通常 DSP 的指令周期为纳秒级。

(4)支持复杂的编址。一些 DSP 有专用的硬件,支持模数和位翻转编址,以及其他运算编址模式。

(5)独立的硬件乘法器。乘法指令在单周期内完成优化卷积、数字滤波、FFT、相关、矩阵运算等算法中的大量重复乘法。

(6)特殊的 DSP 指令。如循环寻址、位倒序等特殊指令,实现零开销的循环,使 FFT、卷积等运算中的寻址、排序及计算速度大大提高。1024 点 FFT 的时间已小于 1 μs。

(7)多处理器接口。使多个处理器可以很方便地实现并行或串行工作,以提高处理速度。

(8)DSP 面向寄存器和累加器。

(9)支持前后台处理。

(10)DSP 拥有简便的单片机内存和内存接口等。

DSP 在部分领域的典型应用,如表 2.2.1 所示。

表 2.2.1　DSP 在部分领域的典型应用

领域	典型应用						
数字信号处理	数字滤波	卷积	相关	快速傅里叶变换	自适应滤波	加窗	波形发生
通信	数据加密	通道多路复用	扩频通信	调制/解调	数字语言内插	报文分组交换	自适应均衡器
自动化	引擎控制	振荡分析	驾驶控制	导航	数字雷达	声控	全方位
图形/图像	机器人视觉	模式识别	图像增强	三维旋转	图像传递/压缩	同态处理	动画
仪器仪表	频谱分析	函数发生	模式匹配	瞬态分析	锁相环	地震处理	
工业	机器人	数码控制	保密存储	电力线监控器			
控制	机器人	马达控制	引擎控制	伺服机构	磁盘控制	激光打印	

下面，以常用的 TMS320C25 为例，简要说明 DSP 内部的结构和主要部件的功能。图 2.2.18 为TMS320C25 的内部结构简化框图。

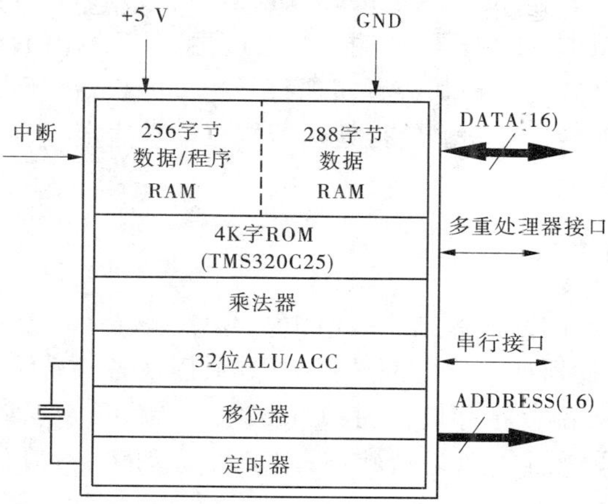

图 2.2.18　TMS320C25 内部结构简化框图

一、片内数据存储器 RAM

占有两个空间的片内数据存储器 RAM，总容量为 544 字节，每个字节 16 位。其中之一既可以设置为程序存储器，又可以设置为数据存储器，从而增加了系统设计的灵活性。片外可直接寻址 64 K 数据存储器的地址空间，便于实现 DSP 的更多算法。

二、片内程序存储器 ROM

片内程序存储器为 4 K 字的大块掩膜 ROM，通过这种设计，可以在降低系统成本的前提下，提供一个实际的单片 DSP；其余更多的程序可以放置在片外的存储空间，也可以将程序从慢速的外部存储器装入到片内 RAM 中，实现全速运行。

三、算术逻辑单元和累加器 ALU/ACC

32 位的算术逻辑单元和累加器均以 2 的补码方式参加运算。算术逻辑单元是一个通用目的算术单元，它所使用的运算数据取自数据 RAM 或来自立即指令的 16 位字，也可以是乘积寄存器中的 32 位乘积结果。除了通常的算术指令，算术逻辑单元还可以执行布尔运算，提高高速控制器需要的位操作能力。

四、乘法器

以单指令周期完成 16×16 位 2 的补码数相乘，结果为 32 位。乘法器由 T 寄存器、P 寄存器和乘法器阵列 3 部分组成。16 位的 T 寄存器用来临时存放乘数，P 寄存器存储 32 位乘积。快速的片内乘法器对执行卷积、相关和滤波等基本算法非常有效。

五、定标移位器

定标移位器有一个16位的输入连接到数据总线，另外有一个32位的输出连接到累加器。定标移位器按照指令的编程，使输入数据产生左移，输出的最低有效位(LSB)填补0，而最高有效位(MSB)或者填补0或者实现符号扩展，这取决于状态寄存器中符号扩展方式位的状态。所附加的移位功能使得处理器能扫描数值定标、二进制位提取、扩展运算和防止溢出。

六、局部存储器接口

接口包括一个16位的并行数据总线(D15～D0)，一个16位的地址总线(A15～A0)，三个用于数据/程序存储器或I/O空间选择的引脚，以及各种系统的控制信号。当使用片内RAM、ROM或高速外部程序存储器时，TMS320C25就可以全速运行，无等待状态。还可以利用READY信号，产生允许等待状态，用于与低速的片外存储器进行通信。

七、堆栈

多至8级的硬件堆栈，用于在中断和子程序调用期间保护程序计数器的内容。PUSH和POP指令允许的嵌套级仅受RAM容量的限制。

八、串行口

DSP的两个串行口存储器映像寄存器(数据发送/接收寄存器)能够以8位字节方式工作，也能以16位字节方式工作。每一个寄存器都有一个外部时钟输入信号、一个帧同步输入信号和一个相应的移位寄存器，串行通信可应用于多重处理器之间。

第六节　微机继电保护装置的抗干扰措施

可靠性是对继电保护的基本要求之一，它包括不误动和不拒动两个方面。除了保护的基本原理应满足可靠性要求，还有两个因素影响保护的可靠性，这就是干扰和元件损坏，这些都不应该引起误动和拒动。现在微机保护发生元件损坏的概率越来越小了，主要受干扰的影响大。因为微机保护装置的工作环境恶劣，电磁干扰严重。干扰将可能导致两种后果：一种后果往往表现为由于数据或地址的传送出错而导致计算出错或程序出格；另一种后果可能导致保护误动或可能造成元件损坏。

一般干扰信号的频率高、幅度大、前沿陡，因而可以顺利通过各种分布电容的耦合。但这些干扰的持续时间短，所以常规保护可以通过适当的延时躲过干扰，而微机保护中由于计算机是在时钟节拍的控制下以极高的速度同步工作的，所以必须采取一些常规保护所无法实现的抗干扰措施。

一、抗干扰措施

为了防止由于干扰使保护的可靠性下降，微机保护通常在硬件方面及软件方面采取如下防范措施。

(一)硬件方面

1. 隔离和屏蔽

隔离是一种切断电磁干扰传播途径的抗干扰措施。为了有效地抑制共模干扰，通常将保护装置中与外界相连的导线、电源线等经过隔离后再连入装置内部。屏蔽主要是用来阻隔来自空间电磁场的辐射干扰。

2. 接地

信号接地是通过把装置中的两点或多点接地点用低阻抗的导体连在一起，为内部微机电路提供一个电位基准。功率接地是将微机保护电源回路串入的以及低通模拟滤波回路耦合进的各种干扰信号滤除。屏蔽接地是将保护装置外壳以及电流、电压变换器的屏蔽层接地，以防止外部电磁场干扰以及输入回路串入的干扰。安全接地是保证人身安全和静电放电，通常将微机保护装置的外壳接地。

3. 微机采用逆变电源

微机用电源一般都用逆变电源，由蓄电池直流 220 V 逆变成高频电压后经高频变压器隔离，再变成弱电直流电压供微机使用，这样可以削弱电源回路引入的干扰。

4. 合理布置插件

隔离和屏蔽还不能完全消除浪涌电压。为防止剩余的浪涌电压引起的恶果，在整个电路的布局上应合理，使微机工作的核心部分远离干扰源或与干扰有联系的部件。主要指 CPU 芯片、EFROM、重要的 RAM、模数变换及有关的地址译码电路等核心部件。

5. 采用多 CPU 结构

采用多个独立的 CPU 后，每个 CPU 负责一种或几种保护功能，如一个 CPU 插件损坏不会影响其他 CPU 的正常工作。采用多 CPU 之后，除了各 CPU 自检外，上位机还可以对各 CPU 进行巡检，任何部位电子器件故障，都能方便地检测出故障所在的插件。

(二)软件方面

一旦干扰突破了由硬件组成的防线，可由软件来进行纠正，以防造成微机工作出错，导致保护误动或拒动。

1. 对输入数据进行检查

对于各路模拟量输入通道，只要提供一定的冗余通道，即使由于干扰造成错误的输入数据，也有可能被计算机排除。例如对于电流通道，在设置三个相电流通道 I_a、I_b、I_c 之后本来可以将三个量用程序相加而获得 $3I_0$，但为了校对可以再增加一个硬件输入通道接在 $3I_0$ 回路，于是可以对每一个采样点 n，检查是否有下面的关系

$$i_a(n) + i_b(n) + i_c(n) \approx 3i_0(n) \tag{2.2.4}$$

式(2.2.4)提供了一个判断各通道的采样值是否可信的依据。每次采样后都按式(2.2.4)分析，满足此关系才允许这一组数据保留，如果由于干扰导致采样数据有错而不满足此关系，就取消这一组数据，直到干扰消失，数据恢复正常后再保留采样数据。这种关系也适用于三相电压和开口三角形的电压 $3U_0$。

对于没有上述关系可利用的模拟信号，可以对每个信号设置两个通道，只在两个通道读数一致时才可信，否则取用以后的数据，相当于让保护带延时以躲过干扰，不过这种延

时不是固定的。

2. 对运算结果进行核对

为了防止干扰可能造成的运算出错,可以将整个运算进行两次,对运算结果进行核对,比较两次计算结果是否一致。

3. 出口的闭锁

前面提到程序出格绝大多数的可能是 CPU 停止工作。但是不能绝对保证它不在出格后取得一个非预期的操作码正好是跳闸指令而误动作,可以用以下措施来防止:

(1)在设计出口跳闸回路的硬件时应当使该回路必须在执行几条指令后才能输出,不允许一条指令就输出。

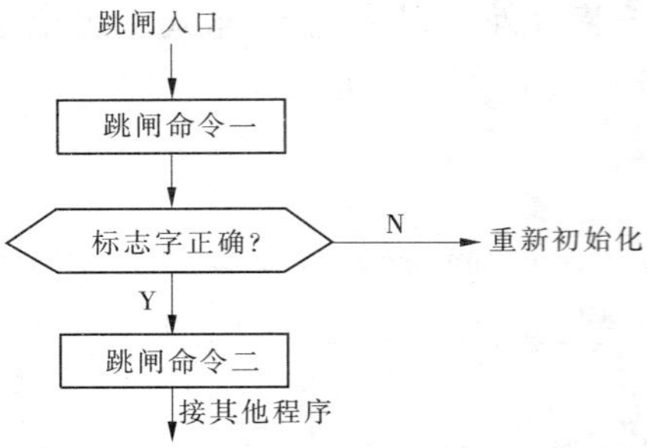

图 2.2.19　跳闸出口的闭锁

(2)采取上述措施后,仍不能绝对避免在程序出格后错误地转移到跳闸程序入口而误动,为此可以将跳闸程序安排成图 2.2.19 的情形,在构成跳闸条件的两相指令中间插入一段校对程序,它将检查 RAM 区存放的各种标志。保护装置通过各种正当途径进入跳闸程序时应在这些标志字留下相应的标志,例如启动元件动作,测量元件判为区内故障等,若校对未通过,CPU 将转至重新初始化,从程序出格状态恢复正常运行。

4. 自动检测

常规保护要实现经常的、全面的在线自动检测是困难的,因为这类保护的各部分在正常运行时都是“静止”的,无法检出正常时导通的三极管短路或正常时截止的三极管的开路这一类元件的损坏。而微机保护是一动态系统,无论电力系统有无故障,其微机部分硬件都处在同样的工作状态中,如数据的采集、传送和运算。因此,任何元件损坏都会及时表现出来。实际上,在正常运行时,CPU 在两个相邻采样间隔内,执行中断服务程序后总有富裕时间,可以利用这一段时间执行一段自检程序,对装置各部分进行检测,可以准确地查出损坏元件的部位并打印出相应信息。常见的硬件故障类型有:①任一片 RAM 损坏。②数据采集系统任何一部分故障,包括采样保持、模数变换器或 VFC 等元件。③大多数接插件接触不良。④定值出错。⑤屏上同微机有联系的各转换开关接触不良。

在 CPU 回路中,只有极少部分电路不能对其进行自检,例如 CPU 芯片本身和 CPU 插件上的地址译码电路等。因为这些电路故障,CPU 将无法正确执行自检程序,因而不能打印出故障部位。但此时装置定将通过硬件自恢复电路发出警报。

综上所述,微机保护对装置本身采用了一系列有效的抗干扰措施,使微机保护装置的可靠性已超过了常规保护,再加上各级微机及微机保护的联网,使整个厂站的微机保护装置都处于经常监控之中,因此提高了整个厂站保护运行的可靠性。同时为实现整个厂站的微机化、自动化管理和运行打下了基础,这是常规保护无法比拟的。

二、抑制窜入干扰影响的软、硬件对策

上述各种抗干扰对策的目的是将干扰“拒之门外”，使内部干扰不要发生，检验微机保护装置的抗干扰能力，应以此作为技术要求。但是，由于现场环境复杂，上述抗干扰措施并不能保证万无一失，考虑到微机保护装置受干扰影响后果的严重性，还应利用数字电路软硬件技术的长处，采取针对性措施，防止窜入的干扰导致误动和拒动这类严重后果发生。

（一）采样数据的干扰辨识

采样输入数据由于干扰（或者是其他原因）发生错误会导致整个保护方案的失败，辨识的目的是要找到坏数据并加以剔除，然后用随后输入的正确数据提供给保护功能程序使用。模拟通道信号干扰的辨识是通过通道的冗余来实现的。

（二）防止程序运行出轨的对策

防止程序运行出轨的方法也就是通常所说的“WATCHDOG（看门狗）”技术。使用独立于 CPU 的定时中断来监视程序的运行情况，具体方法是设置定时器的定时时间略大于程序周期运行时间，并在保护程序周期性执行中对定时器时间刷新操作。

（三）关键输出口编码校核

为防止失控程序对重要的输出口进行非正常操作，导致如保护跳闸等误动作，必须对输出口的操作进行校核，解决的办法是使用软件编码后，经硬件解码才能启动出口驱动电路。

三、电磁兼容性的问题

随着科学技术的进步，大量的电气电子设备越来越广泛地应用于日常的生活和工作，一方面促进了社会的进步，另一方面也带来了一些负面的影响，即电磁兼容性问题。根据国际电工委员会（IEC）的定义：所谓电磁兼容（EMC），指的是设备或系统在其电磁环境中能不受干扰地正常工作，而且其自身所发出电磁能量也不至于干扰和影响其他设备的正常运行。简单地说，电磁兼容就是各种设备和系统在共同的电磁环境中互不干扰，并能各自保持正常工作的能力。

（一）干扰的形成及其基本要素

干扰产生的原因很多，有的来自与系统结构无关的外部环境（如雷电、开关操作等），也有的来自系统内部（如系统结构及元器件布局不合理、生产工艺不完善等）。总之，只要会发射电磁能量就可以成为干扰源，而只要接收到此能量并受其影响就成为被干扰对象。干扰的形成包括干扰源、传播途径和被干扰对象 3 个基本要素。要解决好电磁兼容问题，必须针对这 3 个基本要素：抑制干扰源、阻断干扰传播通道以及提高设备自身抗干扰能力。

（二）电磁干扰的传播途径和耦合方式

电磁干扰的传播途径包括两种，一种途径是通过金属导体以及电感、电容、变压器或电抗器等的传导。这种传导方式的特点，是这些载体在传导电磁干扰信号的同时也消耗干扰源的能量。另一种途径是以电磁波的形式在空间中的辐射干扰。这种传播方式的特点为干扰源对外辐射能量具有一定的方向性，并且辐射的能量随着距离的增加而逐渐减弱。这两种传播途径在传播过程中可以相互转换。

电磁干扰的耦合方式可以分为：

(1)共阻抗性耦合。在两设备之间存在诸如电源线、数字量 I/O 以及公共地线等连线的情况下，它们各自的电流均流过一个公共阻抗，并在此公共阻抗上分别产生电压降，从而相互引起电压波动，干扰各自的正常运行。

(2)电感性耦合。当两回路之间存在互感时，任一个电路中的电流发生变化，都会通过磁通交链影响到另一个电路。这种耦合所导致的干扰，随着干扰源频率的增加而增强。

(3)电容性耦合。两个导体之间的电位差使一个导线上的电荷通过它们之间的分布电容耦合到另一个导线上，即形成干扰。这种耦合所导致的干扰随着对地电阻和干扰源的频率的增加而增强。因此，降低对地电阻，减少线间分布电容，将有利于抑制这种电容性耦合所造成的干扰。

(4)电磁耦合。无线电通信、高频电子电路以及电晕放电等均会向空间辐射电磁波。而装置的输入信号线、外部电源线以及装置的机壳等只要暴露在电磁场中，就像一个天线，接收外界的电磁信号，形成电磁干扰。

(三)电磁干扰的分类

根据干扰作用方式的差异，一般将干扰分为共模干扰和差模干扰。

共模干扰是作用于信号回路和地之间的干扰，通常是由于干扰信号通过信号回路和地之间分布电容的耦合，导致回路和地之间电位发生突变所引起的。它不但可能造成设备运行异常，甚至有可能由于信号回路和地之间电压过高而导致设备损坏。因此，必须十分注意共模干扰的抑制和消除。

所谓差模干扰，指的是存在于信号回路之间且与正常信号相串联的一种干扰，抑制这种干扰通常采用在信号回路接入低通滤波器的方法。

对于微机保护继电保护设备来说，由于其工作在较为严酷的电磁环境中，且设备的功率较小，与周围的电磁环境比较而言，微机保护设备对外产生的电磁干扰相对较小，因此微机保护现阶段的电磁兼容研究基本上较少涉及设备本身对外的电磁干扰，而把重点放在研究微机保护设备能不能承受使用环境的电磁干扰上。一般情况下，检验的标准主要是进行 IEC6100－4 系列抗扰度试验。该系列标准规定了电气、电子设备对不同干扰的抗扰性试验程序、试验设备及配置、对被试设备的评价及谐波测量仪的技术要求，是 EMC 的基础标准。

为了验证微机保护设备的抗电磁干扰能力，通常在设备投入使用之前，应进行 EMC 的试验与验证，提前确认软件、硬件和装置整体的设计合理性，以保证微机保护在实际使用中的可靠性。

被试设备在某个等级条件下进行试验时，有如下几种情况出现：

(1)在技术范围内，性能正常。

(2)功能或性能暂时降低或丧失，但可自行恢复。

(3)功能或性能暂时降低或丧失，要由操作人员干预或系统复位才能恢复正常。

(4)由于设备或软件的损坏、数据丧失，造成不可自行恢复的功能降低或丧失。

在进行试验等级判定时，IEC 认为：如果设备满足(1)的情况，则判定为通过该等级试验；如果出现(4)的情况，则判定为不通过；(2)、(3)两种情况需要用户与制造商通过协商进行判定。

根据微机保护设备的可靠性要求和连续不间断工作的实际情况，可以说如果出现(3)的现象，也基本上应判定为不通过。

根据微机保护设备的可靠性要求和连续不间断工作的实际情况，一般要做如下试验并符合相应的标准：

(1)辐射电磁场干扰试验，符合国标：GB/T 14598.9 的 3 级；

(2)快速瞬变干扰试验，符合国标：GB/T 14598.10 的 4 级；

(3)静电放电试验，符合国标：GB/T 14598.14 的 4 级；

(4)脉冲群干扰试验，符合国标：GB/T 14598.13 的 4 级；

(5)射频场感应的传导干扰抗扰度试验，符合国标：GB/T 17626.6 的 3 级；

(6)工频磁场抗扰度试验，符合国标：GB/T 17626.8 的 5 级；

(7)脉冲磁场抗扰度试验，符合国标：GB/T 17626.9 的 5 级；

(8)浪涌(冲击)抗扰度试验，符合国标：GB/T 17626.5 的 3 级。

习　题

1. 微机保护装置一般由哪几部分组成？各部分的主要作用是什么？
2. 什么是采样？为什么要进行采样？采样频率如何进行选择？
3. 微机保护的数据采集系统由哪几部分组成？各部分的主要作用是什么？
4. 简述逐位逼近法模数转换器的基本原理。
5. 简述 VFC 的工作原理。
6. 简述光电隔离电路的工作原理。
7. 什么是“看门狗”功能？
8. 对开关量输入和输出回路分别有什么要求？
9. DSP 是什么？DSP 的主要特点有哪些？
10. 微机保护装置抗干扰的主要措施有哪些？

第三章　微机继电保护的软件原理

教学目标　通过教学，使学生了解微机保护软件系统的结构；掌握微机保护主程序、采样中断服务程序、故障处理程序流程；了解微机保护算法的概念、作用和种类；掌握两点乘积算法、导数算法、半周积分算法、突变量算法、解微分方程算法、傅里叶算法的基本原理与应用；了解数字滤波器的概念、作用。

教学目标　微机保护主程序、采样中断服务程序、故障处理程序流程，微机保护算法（两点乘积算法、导数算法、半周积分算法、突变量算法、解微分方程算法、傅里叶算法）的基本原理与应用。

教学目标　微机保护算法的基本原理。

第一节　微机保护系统程序流程

一、微机保护软件系统的结构

微机保护装置的软件通常可分为监控程序和运行程序两部分。执行哪一部分程序，由主菜单显示后选择决定。在主菜单下选择“退出”，则进入监控程序；选择“运行”，则进入运行程序。

监控程序包括对人机接口的键盘命令处理程序即为 CPU 插件调试、整定预设等配置的程序。所谓运行程序，简单地说就是在运行状态下执行的保护主程序、中断服务程序和故障处理程序。一般在主程序中要完成初始化、装置全面自检、开放及等待中断。当电源上电或按 EXIT 键时，程序自动回到主程序的开始部分，从初始化开始执行程序。

在保护主程序中通常配置有三个中断服务程序：键盘中断服务程序、采样中断服务程序和串行口中断服务程序。

（一）键盘中断服务程序

在运行保护主程序时，为了随时准备接受值班人员的查询等工作，设置了键盘中断服务程序。当工作人员按下键盘某一键时，就由人机接口装置对 CPU 提出中断申请。当中断响应时，就转入执行键盘中断服务程序。在该程序中主要也是键盘命令处理程序，可以在运行中完成各种查询和部分预设功能，如此时发生保护动作事件，装置将自动退出原显示窗口，立即显示保护动作事件。

（二）采样中断服务程序

采样中断服务程序又称定时器中断服务程序。因为一般保护总是定时采样，由 CPU 的定时器定时发出采样中断请求。当中断响应时，就转入采样中断服务程序。在采样中断服务程序中，除了执行采样计算，往往包含保护的许多主要计算。因此，该程序是微机保护的重要软件部分。

(三)串行口中断服务程序

串行口中断服务程序是该保护 CPU 插件与保护管理试验单元的管理 CPU 插件之间的串行通信程序。当管理 CPU 插件对保护 CPU 插件定时查询,或者水电站微机监控系统通过管理 CPU 对保护进行远方整定、复归、校对时间时,向保护 CPU 插件提出串行通信中断要求,当中断响应时就转入串行口中断服务程序。

二、主程序框图原理

主程序框图如图 2.3.1 所示。

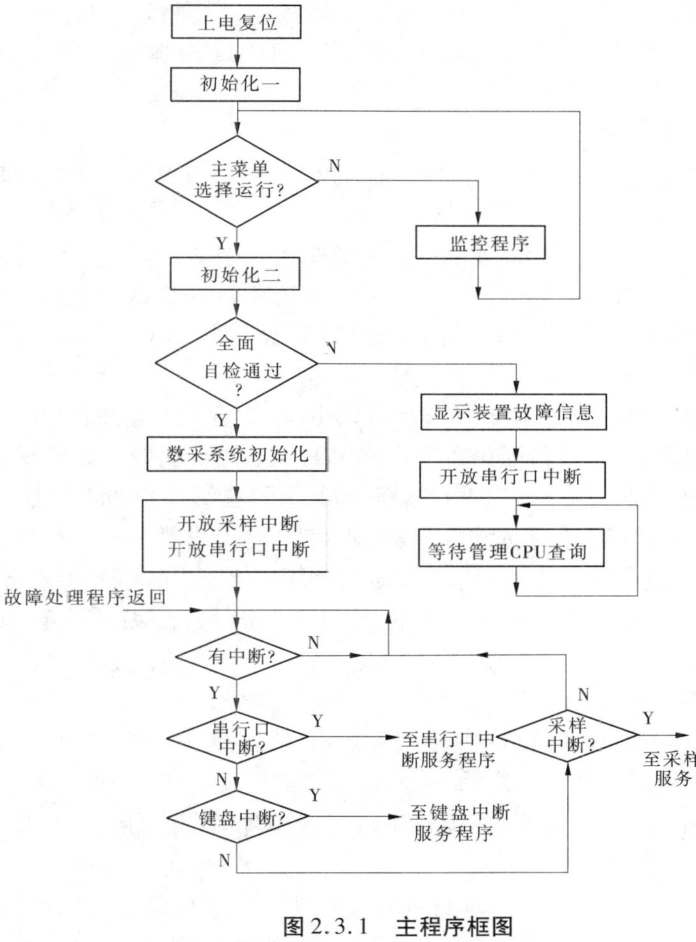

图 2.3.1　主程序框图

(一)初始化

"初始化"工作是指保护装置在上电或按下复位键时首先执行的工作。它主要是设置 CPU 及可编程芯片的工作方式、参数,以便在后面程序中按预定方案工作。例如 CPU 的各种地址指针的设置、并行口、串行口及定时器等可编程芯片的工作方式和参数的设置。初始化有初始化一、初始化二及数据采集系统初始化 3 个部分。

（1）初始化一是对单片微机及其扩展芯片的初始化。对输出开关量出口初始化，赋以正常值，以保证出口继电器均不动作。初始化一是运行与监控程序都需要用的初始化工作。初始化一后通过人机接口液晶显示器显示主菜单，由工作人员选择运行或调试（退出运行）工作方式。如选择“退出运行”就进入监控程序，进行人机对话并执行调试命令。如选择“运行”，则开始初始化二。

（2）初始化二包括采样定时器初始化、控制采样间隔时间、对 RAM 区中所有运行时要使用的软件计数器及各种标志位清零等项目。初始化二完成后，开始对保护装置进行全面自检。如装置不正常则显示装置故障信息，然后开放串行口中断，等待管理系统 CPU 通过串行口中断来查询自检状况，向微机监控系统及调度传送各保护的自检结果。

（3）如装置自检通过，则进行数据采集系统的初始化。这部分的初始化主要是针对存放地址指针初始化。如果是 VFC 式采样方式，开放采样定时器中断和串行口中断，等待中断发生后转入中断服务程序。

（二）自检的内容和方式

在完成初始化二之后进入全面自检。全面自检包括对 RAM、EPROM、EEPROM 等回路的自检。

（1）RAM 区的读写检查。对 RAM 的某一单元写入一个数，再从中读出，并比较两者是否相等。如发现写入与读出的数值不一致，说明随机存储器 RAM 有问题，则驱动显示器显示故障信号（故障字符代码）和故障时间，故障类型说明“RAM 故障”。显示故障的同时开放串行口中断并等待管理单元 CPU 查询。

（2）EPROM 求和自检。自检 EPROM 时，将 EPROM 中存放的程序代码从第一个字节加到最后一个字节，将求和结果与固化在程序末尾的和数进行比较。如发现自检和结果不符，则显示器显示相应故障字符、代码和故障时间、类型说明“EPROM 故障”。

（3）定值检查。每套定值在存入 EEPROM 时，都自动固化若干个校验码。若发现只读存储器 EEPROM 定值求和码与事先存放的定值和不一致，说明 EEPROM 有故障，则驱动显示故障字符代码和故障时间，故障类型说明“EEPROM 故障”及故障范畴（定值区和参数区）。

（三）开放中断与等待中断

在初始化时，采样中断和串行口中断仍然被 CPU 的软开关关断，这时模/数转换和串行口通信均处于禁止状态。初始化之后，进入运行之前应开始模/数变换，并进行一系列采样计算。所以必须开放采样中断，使采样定时器开始计时，并每隔 T_s 发出一次采样中断请求信号。

同样的道理，进入运行之前应开放串行口中断，以保证管理 CPU 对保护的正常管理。

在开放了中断后，主程序就进入循环状态（故障处理程序结束后将进入此循环状态）。它不断地等待采样定时器的采样中断请求信号、键盘中断请求信号和串行口通信中断请求信号。当保护 CPU 收到请求中断信号，在允许中断后，程序就进入中断服务程序。每当中断服务程序结束后，又回到主程序并继续等待中断请求。应该指出，各种保护装置的主程序、中断服务程序、处理故障程序不可能完全相同，本章所述的各种程序及其框图只能是一种典型的格式而已。

三、采样中断服务程序框图原理

采样中断服务程序框图如图 2.3.2 所示。

(一)采样计算

保护的采样计算就是采用某种适当的算法分别计算各相电压、电流的幅值、相位、频率及阻抗等。还可以再根据需要分别计算各序电压、电流及各序功率方向,并分别存入 RAM 指定的区域内,供后续的程序调用和逻辑判断及进一步故障计算使用,使得保护得以实现的复杂动作特性变得十分简单灵活而方便。

进入采样中断服务程序,首先进行采样计算。在计算之前必须分别对三相电流、零序电流、三相电压、零序电压及线路电压的瞬时值同时采样。每隔一个采样周期采样一次,例如采样频率可取每周 12 次或 24 次。采样后将其瞬时值存入随机存储器 RAM 的某一地址单元内。

计算正弦交流量应按一定的算法,从某个模拟量的同一周期的一组瞬时值来计算其正弦交流量,其算法是多种多样的。例如两点乘积算法、导数算法、解微分方程算法、傅里叶算法等,下一节将对算法做一定的介绍。

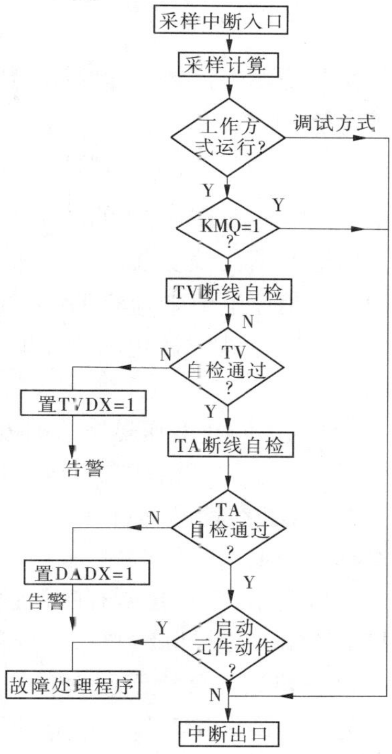

图 2.3.2 采样中断程序框图

无论是运行还是调试,工作方式都要进入采样中断服务程序,都要进行采样计算。因此,在采样中断服务程序中,完成采样计算后,需查询现在处于何种工作方式。

(二)TV 断线的自检

在保护判断启动之前,必须先检查电压互感器 TV 二次侧是否断线。在小接地电流系统中,可简单地按两个判据检查 TV 二次侧是否断线:①正序电压小于 30 V,而一相电流大于 0.1 A;②负序电压大于 8 V。

在系统发生故障时正序电压也会下降,负序电压会增大,因此当满足上述任一条件后还必须延时 10 s 才能报母线 TV 断线,发出运行异常“TV 断线”信号,待电压恢复正常后信号自动消失。在 TV 断线期间,并通过程序安排闭锁自动重合闸。保护根据整定控制字选择决定是否退出与电压有关的保护。

(三)TA 断线的自检

在 TA 二次回路断线或电流通道的中间环节接触不良时,有的保护(例如变压器差动保护)有可能误动作,因此对 TA 断线必须监视并报警。由于变压器保护中各侧引入电流均采用“Y”接线,因此 TA 断线的判断变得简单明了,对大接地电流系统可采用如下两个零序电流的判断。

（1）变压器“Δ”侧出现零序电流则判为该侧断线。

（2）“Y”接线侧，比较自产零序电流（$\dot{I}_A+\dot{I}_B+\dot{I}_C$）和变压器中性点侧 TA 引入的零序电流（$3I_0$），出现差流则判断侧 TA 断线。具体判据为：

$$\|\dot{I}_A+\dot{I}_B+\dot{I}_C| - |3\dot{I}_0\| > I_1$$

在系统发生接地故障时 $3I_0$ 数值增大，因此 TA 断线还必须增加另一判据，即系统 $3I_0$ 小于定值，即

$$|3\dot{I}_0| < I_2$$

式中　I_1、I_2——TA 断线的两个电流定值。

以上判据比较复杂，对于中低压变电所也可选择较简单的判断方法。下面是变压器保护采用负序电流来判断 TA 断线的两个判据。

（1）TA 断线时产生的负序电流仅在断线一侧出现，而在故障时至少有两侧会出现负序电流。

（2）为了防止变压器空载时发生故障，仅电源侧出现负序电流，误判 TA 断线，要求降压变压器低压侧三相都有一定的负荷电流。

在 TA 断线期间，软件同样要置标志位 DLDX = 1，来标志 TA 断线，并根据整定控制字选择是否退出运行。

应该指出，并不是所有的保护都必须做 TV 和 TA 断线自检，应根据 TV 和 TA 断线对保护的影响来设计断线自检部分程序。

（四）启动元件框图原理

为了提高保护动作的可靠性，保护装置的出口均经启动元件闭锁，只有在保护启动元件启动后，保护装置出口闭锁才被解除。在微机保护装置里，启动元件是由软件来完成的。启动元件后，启动标志位 QDJ 置 1。

启动元件程序可采用多种方式来完成。目前系统中通常采用的方式是相电流突变量启动方式。具体做法是将每个采样点的相电流瞬时值与前一个工频周期的采样值进行比较，求出各相突变量电流差值 Δi_A、Δi_C。如发现连续 4 次相电流突变量差值大于整定值，则启动元件动作，其逻辑框图见图 2.3.3（a）。

相电流突变量启动方式程序较为简单，灵敏度高，但启动较为频繁，容易造成误启动。目前中低压变电所的线路保护采用常规保护的启动逻辑，即利用反映故障较灵敏的Ⅲ段电流超过整定值（L3）构成启动元件。启动元件的程序逻辑框图见图 2.3.3（b）。为了配合低周减载的要求，在满足低周减载的条件（LF）时，保护也应启动，以保证低周波运行能可靠跳闸。启动元件还应满足重合闸的要求，在重合闸“充电”完好情况下 CD = 1，同时满足位置不对应的条件（KTP），启动元件应启动，以保证可靠重合闸。所以Ⅲ段过电流、低周减载启动、重合闸启动，任一条件满足均记忆 10 s 启动继电器 KMQ。

当采样中断服务程序的启动元件判保护启动，则程序转入故障处理程序。在进入故障处理程序后，CPU 的定时采样仍不断进行。因此，在执行故障处理程序过程中，每隔采样周期 T_s，程序将重新转入采样中断服务程序。在采样计算完成后，检测保护是否启动过，如 KMQ = 1 则无须再进入 TV、TA 自检及保护启动程序部分，直接转到采样中断服务

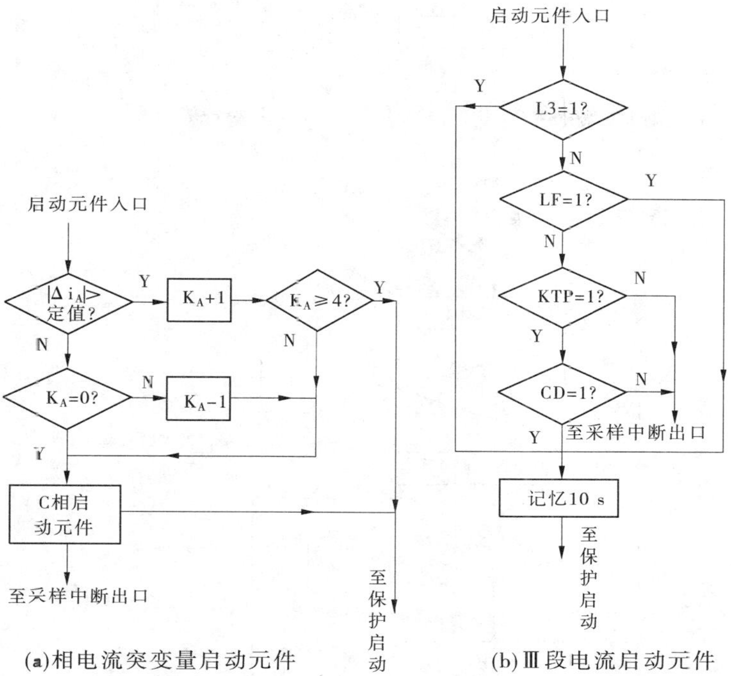

(a)相电流突变量启动元件　　(b)Ⅲ段电流启动元件

图 2.3.3　保护启动元件逻辑图

程序出口，然后再回到故障处理程序。

四、故障处理程序框图原理

(一)故障处理程序框图

故障处理程序包括保护软压板的投切检查、保护定值比较、保护逻辑判断、跳闸处理程序和后加速等部分，其框图如图 2.3.4 所示。

进入故障处理程序入口，首先置标志位 KMQ 为 1，驱动启动继电器开放保护。

微机保护一般总是多种功能的成套保护装置，一个 CPU 有时要分别完成多个保护功能。例如电容器保护中要处理电流速断、欠电压、过电压及零序过流等保护。因此，在故障处理程序中要安排处理多个保护的逻辑程序。

显然各种不同的保护装置，因功能不同，其故障处理程序是不会相同的。但就其原理而言，都需先查询保护"软压板"(即开关量定值)是否投入？其数值型定值有否超限？如果软压板未投入则转入其他保护功能的处理程序；如果该保护软压板已投入并超过整定值，则进入该保护的逻辑判断程序。若逻辑判断保护动作，则先置该保护动作标志为"1"，报出保护动作信号，然后进入跳合闸、重合闸及后加速的故障处理程序。在各保护逻辑判断中，如 A 相的数值型定值未超过整定值或逻辑判断程序未判保护动作则进入 B 相及 C 相的故障处理程序。

(二)跳闸及后加速逻辑程序框图

跳闸及后加速的逻辑处理程序框图如图 2.3.5 所示。

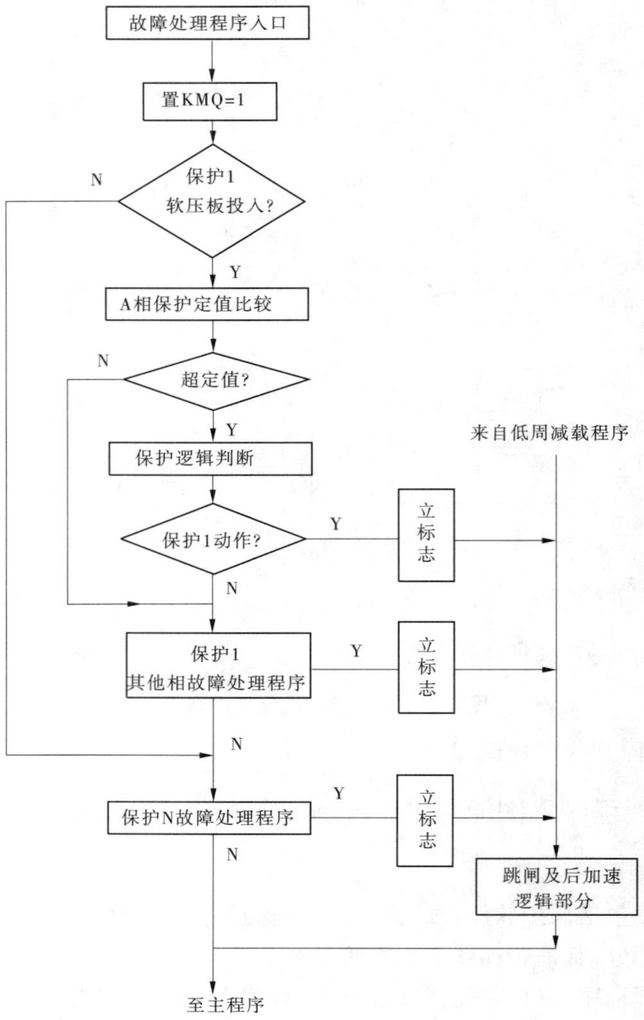

图 2.3.4　故障处理程序框图

1. 跳闸逻辑程序

进入跳闸逻辑程序时，立即发三相跳闸命令。跳闸命令是通过 CPU 插件并行接口的一个端口输出“1”态电平，紧接着执行延时 0.4 s 指令。0.4 s 时间为跳闸和重合闸的时间。它是通过 CPU 内部定时器延时实现的，而程序只用于查询 0.4 s 延时时间是否已到。如 0.4 s 时间未到则执行 40 ms 延时。此时 40 ms 是断路器跳闸的时间，它是通过程序循环延时，靠软件实现的。40 ms 后，程序检查是否已收回跳闸命令，如未收回则检查此时三相是否已无电流。其判据是当前采样值与“无流检查整定值”比较。如无电流表示已跳闸，则收回跳闸命令，程序再转回查询 0.4 s 延时时间是否已到。若三相仍有电流，说明跳闸命令发出后断路器还未断开，再经 0.25 s 后如仍未断开，说明断路器可能有故障，

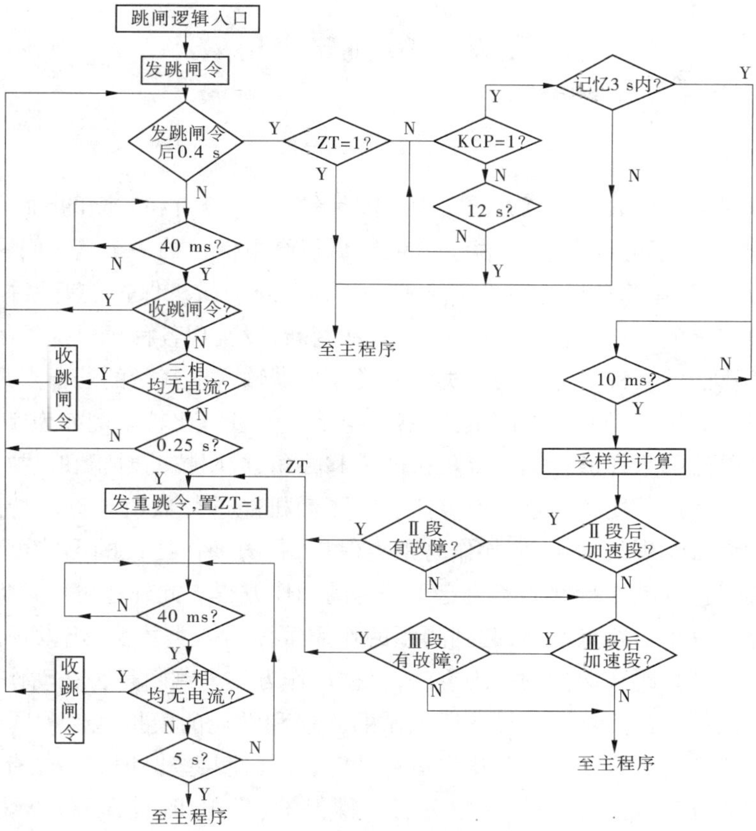

图 2.3.5　跳闸及后加速逻辑程序框图

就再发一次重跳 ZT 命令。经 5 s 循环时仍未跳开,即报警。如果在某种情况下 5 s 内断路器跳闸成功,则收回跳闸命令后转回 0.4 s 延时检测。

2. *后加速逻辑程序*

发跳闸命令经 0.4 s 延时后,正常情况下重合闸动作应当已完成。所以程序接下去是检测重合闸是否成功。程序首先检查合位继电器接点 KCP = 1? 如 KCP = 0,说明未重合闸,继续等待 12 s 仍未重合闸,即回到主程序。如 KCP = 1 并在后加速记忆的 3 s 时间内则等待 10 ms 后进入后加速程序。

进入后加速程序后,用当前采样值重新计算各相电流、电压的幅值与相位。如后加速Ⅱ段软压板已投入并在Ⅱ段范围内仍然存在故障,则立即发重跳 ZT 命令,置标志位 ZT = 1(即重跳后不再重合标志)。若Ⅱ段后加速压板未投入或在Ⅱ段范围无故障,即进一步查询加速Ⅲ段软压板是否投入,在Ⅲ段范围内是否有故障。如Ⅲ段范围内均无故障,即重合闸成功,结束故障处理程序,回到主程序循环。若Ⅱ段范围有故障,发重跳闸命令,置 ZT = 1,即转入跳闸处理程序部分。重跳后,程序在检测 ZT = 1 后,结束故障处理程序转至主程序。

第二节　微机保护算法

一、概述

微机继电保护是用数学运算方法实现故障量的测量、分析和判断的，而运算的基础是若干个离散的、量化了的数字采样序列。因此，微机继电保护的一个基本问题是寻找适当的离散运算方法，使运算结果的精确度能满足工程要求。微机保护装置根据模数转换器提供的输入电气量的采样数据进行分析、运算和判断，以实现各种继电保护的功能的方法称为算法。按算法的目标可分为两大类。一类是根据输入电气量的若干点采样值通过数学式或方程式计算出保护所反映的量值，然后与给定值进行比较。例如为实现距离保护，可根据电压和电流的采样值计算出复阻抗的模和幅角，或阻抗的电阻和电抗分量，然后同给定的阻抗动作区进行比较。这一类算法利用了微机能进行数值计算的特点，从而实现许多常规保护无法实现的功能，例如作为距离保护，它的动作特性的形状可以非常灵活，不像常规距离保护的动作特性形状决定于一定的动作方程。此外还可以根据阻抗计算值中的电抗分量推算出短路点距离，起到测距的作用等。另一类算法，仍以距离保护为例，它是直接模仿模拟型距离保护的实现方法，根据动作方程来判断是否在动作区内，而不计算出具体的阻抗值。虽然这一类算法所依循的原理和常规的模拟型保护同出一宗，但由于运用计算机所特有的数学处理和逻辑运算功能，可以使某些保护的性能有明显的提高。

继电保护的种类很多，按保护对象分有元件保护（发电机、变压器、母线）、线路保护等；按保护原理分有差动保护，距离保护，电流、电压保护等。然而，不论哪一类保护的算法，其核心问题归根结底不外乎是算出可表征被保护对象运行特点的物理量，如电流、电压等的有效值和相位以及复阻抗等，或者算出它们的序分量，或基波分量，某次谐波分量的大小和相位等。利用这些基本的电气量的计算值，就可以很容易地构成各种不同原理的保护。

算法是研究计算机继电保护的重点之一。分析和评价各种不同的算法优劣的标准是精度和速度。速度包括两个方面的内容：一是算法所要求的数据窗长度（或称采样点数）；二是算法运算工作量。精度和速度又总是相互矛盾的，若要计算精确则往往要利用更多的采样点和进行更多的计算工作量。

研究算法的实质是如何在速度和精度两方面进行权衡。所以有的快速保护选择的采样点数较少，而后备保护不要求很高的计算速度，但对计算精度要求就提高了，选择采样点数就较多。对算法除了有精度和速度要求之外，还要考虑算法的数字滤波功能，有的算法本身就具有数字滤波功能，所以评价算法时要考虑对数字滤波的要求。没有数字滤波功能的算法，其保护装置采样电路部分就要考虑装设模拟滤波器。微机保护的数字滤波用程序实现，因此不受温度影响，也不存在元件老化和负载阻抗匹配等问题。模拟滤波器还会因元件差异而影响滤波效果，可靠性较低。

二、正弦函数模型的算法

假定输入为正弦量的算法是基于提供给算法的原始数据为纯正弦量的理想采样值，以电流为例，可表示为

$$i(nT_s) = \sqrt{2}I\sin(\omega nT_s + \alpha_{0I}) \tag{2.3.1}$$

式中 ω——角频率；

I——电流有效值；

T_s——采样间隔；

α_{0I}——$n=0$ 时的电流相角。

实际上，故障后的电流、电压中都含有各种暂态分量，而且如第一章指出的，数据采集系统还会引入各种误差，所以这一类算法要获得精确的结果，必须和数字滤波器配合使用。

也就是说式(2.3.1)中的 $i(nT_s)$ 应当是数字滤波器的输出 $y(nT_s)$，而不是直接用应用模数转换器提供的原始采样值。

(一)两点乘积算法

以电流为例，设 i_1 和 i_2 分别为两个电气角度相隔为 $\pi/2$ 的采样时刻 n_1 和 n_2 的采样值(如图 2.3.6 所示)，即

$$\omega(n_2T_s - n_1T_s) = \frac{\pi}{2} \tag{2.3.2}$$

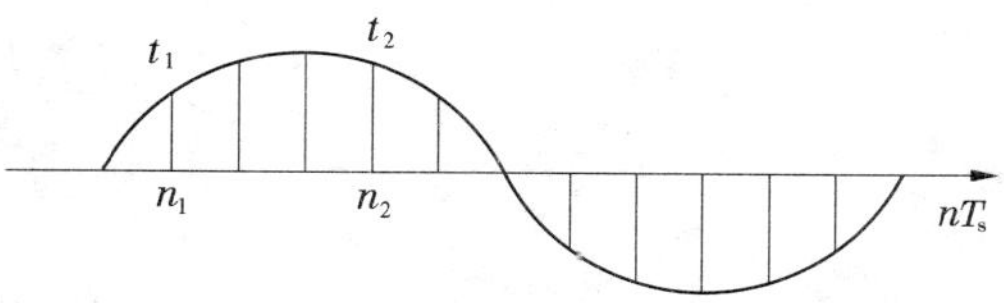

图 2.3.6 两点乘积算法采样示意图

根据式(2.3.1)有：

$$i_1 = i(n_1T_s) = \sqrt{2}I\sin(\omega n_1T_s + \alpha_{0I}) = \sqrt{2}I\sin\alpha_{1I} \tag{2.3.3}$$

$$i_2 = i(n_2T_s) = \sqrt{2}I\sin(\omega n_1T_s + \alpha_{0I} + \frac{\pi}{2})$$

$$= \sqrt{2}I\sin(\alpha_{1I} + \frac{\pi}{2}) = \sqrt{2}I\cos\alpha_{1I} \tag{2.3.4}$$

式中，$\alpha_{1I} = \omega n_1T_s + \alpha_{0I}$ 为 n_1 采样时刻电流的相角，可能为任意值。

将式(2.3.3)和式(2.3.4)平方后相加，即得

$$2I^2 = i_1^2 + i_2^2 \tag{2.3.5}$$

再将式(2.3.3)和式(2.3.4)相除，得：

$$\tan\alpha_{1I} = \frac{i_1}{i_2} \tag{2.3.6}$$

式(2.3.5)和式(2.3.6)表明，只要知道正弦量任意两个电气角度相隔 $\pi/2$ 的瞬时值，就可以计算出该正弦量的有效值和相位。

如欲构成距离保护，只要同时测出 n_1 和 n_2 时刻的电流和电压 u_1、i_1 和 u_2、i_2，类似采用式(2.3.5)、式(2.3.6)，就可求得电压的有效值 U 及在 n_1 时刻的相角 α_{1U}，即

$$2U^2 = u_1^2 + u_2^2 \tag{2.3.7}$$

$$\tan\alpha_{1U} = \frac{u_1}{u_2} \tag{2.3.8}$$

从而可求出视在阻抗的模值 Z 和幅角 α_Z

$$Z = \frac{U}{I} = \sqrt{\frac{u_1^2 + u_2^2}{i_1^2 + i_2^2}} \tag{2.3.9}$$

$$\alpha_Z = \alpha_{1U} - \alpha_{1I} = \arctan(\frac{u_1}{u_2}) - \arctan(\frac{i_1}{i_2}) \tag{2.3.10}$$

式(2.3.10)中要用到反三角函数。实用上,更方便的算法是求出视在阻抗的电阻分量 R 和电抗分量 X 即可。

将电流和电压写成复数形式

$$\dot{U} = U\cos\alpha_{1U} + \mathrm{j}U\sin\alpha_{1U}$$

$$\dot{I} = I\cos\alpha_{1I} + \mathrm{j}I\sin\alpha_{1I}$$

参照式(2.3.3)和式(2.3.4),有

$$\dot{U} = \frac{1}{\sqrt{2}}(u_2 + \mathrm{j}u_1)$$

$$\dot{I} = \frac{1}{\sqrt{2}}(i_2 + \mathrm{j}i_1)$$

于是

$$\frac{\dot{U}}{\dot{I}} = \frac{u_2 + \mathrm{j}u_1}{i_2 + \mathrm{j}i_1} \tag{2.3.11}$$

将式(2.3.11)的实部和虚部展开,其实部为 R,虚部为 X,所以

$$X = \frac{u_1 i_2 - u_2 i_1}{i_1^2 + i_2^2} \tag{2.3.12}$$

$$R = \frac{u_1 i_1 + u_2 i_2}{i_1^1 + i_2^2} \tag{2.3.13}$$

由于式(2.3.12)和式(2.3.13)中用到了两个采样值的乘积,所以称为两点乘积法。

上述两点乘积法用到了两个电气角度相隔 $\pi/2$ 的采样值,因而算法本身所需的数据窗长度为 1/4 周期,对 50 Hz 的工频来说为 5 ms。实际上,两点乘积算法从原理上并不是必须用电气角度相隔 $\pi/2$ 的两个采样值。可以证明,用正弦量任何两点相邻的采样值都可以算出有效值和相角,即可以使乘积法本身所需要的数据窗仅为很短的一个采样间隔。不过由于算式较复杂,有可能使算法所需运算时间的加长与采样间隔的缩短发生矛盾,因而限制了这种算法的广泛应用。然而,如果对乘积法采取特殊措施,如采用 DSP 器件,则这种算法的应用会获得很大的改善。

这种算法本身对采样频率无特殊要求,但是由于这种算法应用于有暂态分量的输入电气量时,必须先经过数字滤波,因而采样频率的选择要由所选用的数字滤波器来确定。合理选择采样频率可使数字滤波器的运算量大大降低。

(二)导数法

导数法只需要知道输入正弦量在某一时刻 t_1 的采样值及该时刻对应的导数,即可算出有效值和相位。仍以电流为例,设 i_1 为 t_1 时刻的电流瞬时值,表达式为

$$i_1 = \sqrt{2}I\sin(\omega t_1 + \alpha_{0I}) = \sqrt{2}I\sin\alpha_{1I} \tag{2.3.14}$$

则 t_1 时刻电流的导数为

$$i'_1 = \omega\sqrt{2}I\cos\alpha_{0I}$$

也可写成

$$\frac{i'_1}{\omega} = \sqrt{2}I\cos\alpha_{0I} \tag{2.3.15}$$

将式(2.3.14)、式(2.3.15)和式(2.3.3)、式(2.3.4)对比,可见式(2.3.15)中的$\frac{i'_1}{\omega}$与式(2.3.4)中的 i_2 表达式相同,因此可以用$\frac{i'_1}{\omega}$代替式(2.3.5)中的 i_2,即可写出

$$2I^2 = i_1^2 + \left(\frac{i'_1}{\omega}\right)^2 \tag{2.3.16}$$

$$\tan\alpha_{1I} = \frac{i_1}{i'_1}\omega \tag{2.3.17}$$

$$X = \frac{u_1\frac{i'_1}{\omega} - \frac{u'_1}{\omega}i_1}{i_1^2 + \left(\frac{i'_1}{\omega}\right)^2} \tag{2.3.18}$$

$$R = \frac{u_1 i_1 + \frac{u'_1}{\omega}\cdot\frac{i'_1}{\omega}}{i_1^2 + \left(\frac{i'_1}{\omega}\right)^2} \tag{2.3.19}$$

为求导数,可取 t_1 为两个相邻采样时刻 n 和 $n+1$ 的中点(如图 2.3.7 所示),然后用差分近似求导,则有

$$i'_1 = \frac{1}{T_s}(i_{n+1} - i_n) \qquad u'_1 = \frac{1}{T_s}(u_{n+1} - u_n)$$

而 t_1 时刻的电流、电压瞬时值则用平均值代替,有

$$i'_1 = \frac{1}{2}(i_{n+1} + i_n) \qquad u_1 = \frac{1}{2}(u_{n+1} + u_n)$$

可见导数法需要的数据窗较短,仅为一个采样间隔,且算式和乘积法相似,也不复杂。但是由于它要用到导数,这将带来两个问题:一是要求数字滤波器有良好的滤去高频分量的能力,因为求导数将放大高频分量;二是由于用差分近似求导,要求有较高的采样率,因为从图 2.3.8 可见,t_1 时刻的导数应当是直线 mn 的斜率,而用差分近似求得的导数则为直线 ab 的斜率。

分析指出,对于 50 Hz 的正弦量来说,只要采样率高于 1 000 Hz,则差分近似求导引入的误差远小于1%,是可以忽略的。

(三)半周期积分算法

半周期积分算法的依据是一个正弦量在任意半个周期内绝对值的积分为一常数 S,即

$$S = \int_0^{\frac{T}{2}}\sqrt{2}I\,|\sin(\omega t + \alpha)|\,\mathrm{d}t = \int_0^{\frac{T}{2}}\sqrt{2}I\sin\omega t\,\mathrm{d}t = \frac{2\sqrt{2}}{\omega}I \tag{2.3.20}$$

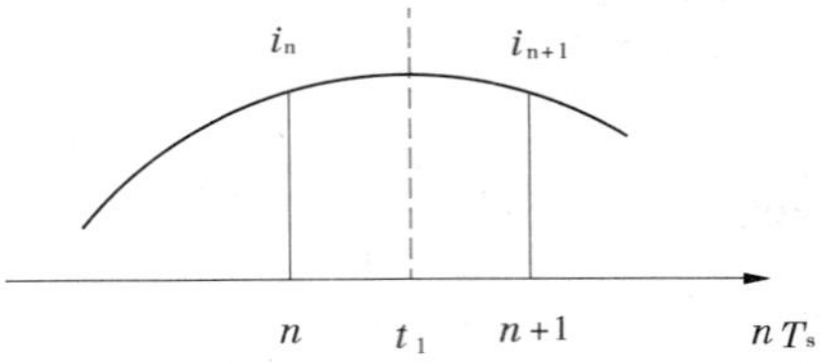

图 2.3.7 导数算法采样示意图

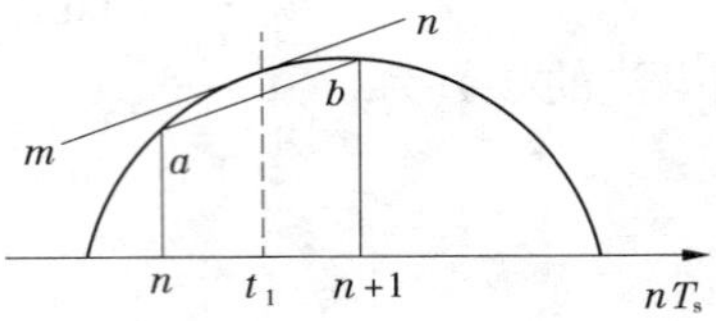

图 2.3.8 用差分近似求导示意图

由式(2.3.30)可知积分值 S 与积分起始的初相角无关，因为画有断面线的两块面积显然是相等的，如图2.3.9所示。式(2.3.20)的积分可以用梯形法则近似求出：

$$S \approx \left[\frac{1}{2} \mid i_0 \mid + \sum_{k=1}^{\frac{N}{2}-1} \mid i_k \mid + \frac{1}{2} \mid i_{\frac{N}{2}} \mid \right] T_s \tag{2.3.21}$$

式中 i_k——第 k 次采样值；

N——一周期的采样点数；

i_0——$k=0$ 时的采样值；

$i_{\frac{N}{2}}$——$k=\frac{N}{2}$时的采样值。

如图 2.3.10 所示，只要采样率足够高，用梯形法则近似积分的误差可以做到很小。求出 S 值后，应用式(2.3.20)即可求得有效值 $I=S\times\frac{\omega}{2\sqrt{2}}$。

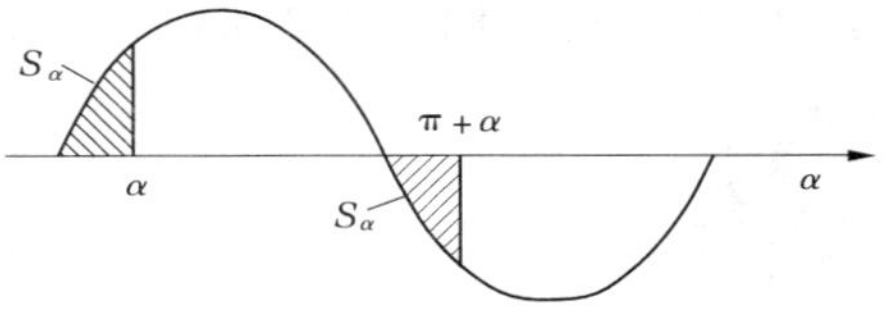

图 2.3.9 半周积分法原理示意图

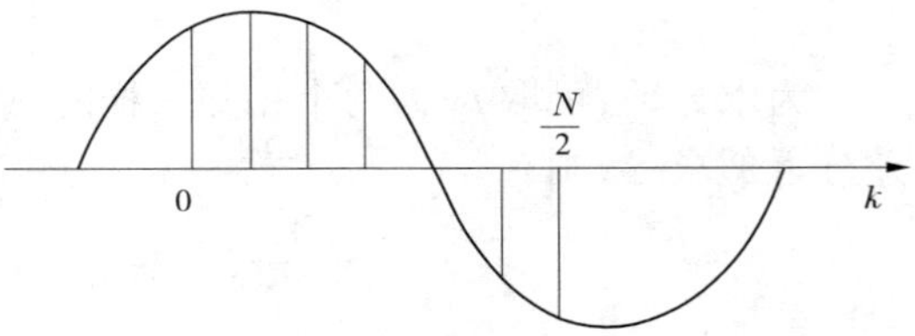

图 2.3.10 用梯形法近似半周积分示意图

半周积分法需要的数据窗长度为 10 ms，显然较长。但它本身有一定的滤除高频分量的能力，因为叠加在基频成分上的幅度不大的高频分量，在半个周期积分中其对称的正负部分可以互相抵消，剩余的未被抵消的部分占的比重就减小了，但它不能抑制直流分量。另外，由于这种算法运算量极小，可以用非常简单的硬件实现。因此，对于一些要求不高的电流、电压保护可以采用这种算法，必要时可另配一个简单的差分滤波器来抑制电流中的非周期分量。

三、突变量电流算法

线路发生故障时，短路示意图如图 2.3.11 所示。对于系统结构不发生变化的线性系统，利用叠加原理可以得到如图 2.3.12 所示的两个分解图。

图 2.3.12 中 $i_L(t)$ 为负荷电流；$i_k(t)$ 为故障电流分量。由叠加原理可得

$$i_m(t) = i_L(t) + i_k(t) \tag{2.3.22}$$

所以故障电流分量为

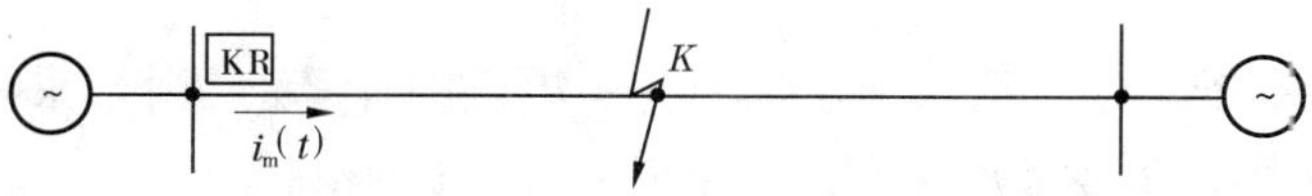

图 2. 3. 11　短路示意图

$i_m(t)$—故障后的测量电流

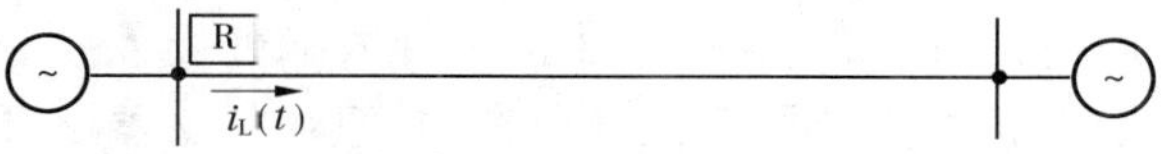

(a)正常运行状态

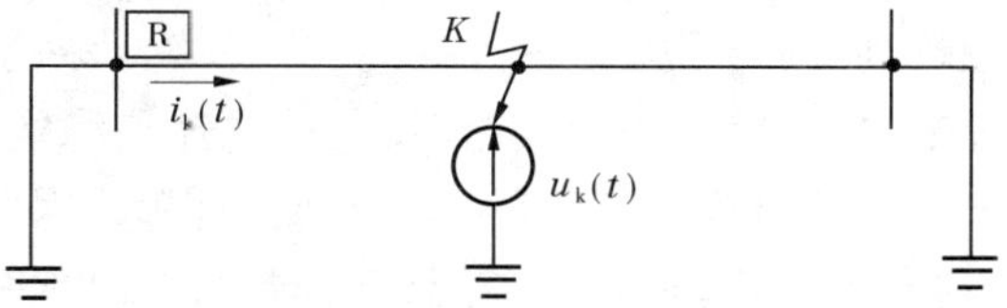

(b)短路附加状态

图 2. 3. 12　短路分解图

$$i_k(t) = i_m(t) - i_L(t) \tag{2.3.23}$$

对于正弦信号而言，在时间上间隔整周的两个瞬间值，其大小是相等的，即

$$i_L(t) = i_L(t - T)$$

式中　$i_L(t)$——t 时刻的负荷电流；

$i_L(t-T)$——比 t 时刻提前一个周期的负荷电流；

T——工频信号的周期。

所以，故障分量的计算式转化为

$$i_k(t) = i_m(t) - i_L(t - T) \tag{2.3.24}$$

由于 $i_L(t)$ 是连续测量的，所以在非故障阶段，测量电流就等于负荷电流，即

$$i_L(t - T) = i_m(t - T) \tag{2.3.25}$$

对于式(2. 3. 25)的理解，还可以参考图 2. 3. 13。图中虚线的波形为负荷电流的延续。于是，故障电流分量的计算式演变为

$$i_k(t) = i_m(t) - i_m(t - T) \tag{2.3.26}$$

式中，$i_m(t)$ 和 $i_m(t-T)$ 均为可以测量的电流。

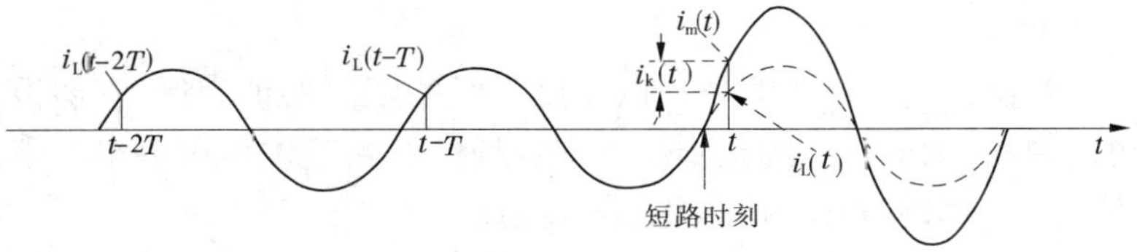

图 2. 3. 13　短路前后的电流波形示意图

将式(2. 3. 26)转换为采样值计算公式得

$$\Delta i_k = i_k - i_{k-N} \tag{2.3.27}$$

式中　Δi_k——故障分量 $i_k(t)$ 在 k 采样时刻($t = kT_s$)的计算值(由于采样间隔 T_s 基本固定,因此可以省略 T_s 符号,下同);

i_k——$i_k(t)$ 在 k 时刻的测量电流采样值;

i_{k-N}——k 时刻之前一周期的电流采样值(N 是一个工频周期的采样点数)。

由上述分析和推导可知:①系统正常运行时,式(2.3.27)计算出来的值等于0;②当系统刚发生故障的一周内,用式(2.3.27)求出的是纯故障分量。

式(2.3.27)是通过分析故障分量而推导出来的,但在断路器断开时(如切负荷、跳闸等),也可能算出数量值(视负荷电流的大小而定),因此式(2.3.27)实际上是电流有变化时,就有计算值"输出"。综合短路和断路器断开两种情况,不再单纯地称式(2.3.27)中的 Δi_k 为"故障分量",而称为"突变量"。

从图2.3.13可以看出,当系统在正常运行时,负荷电流是稳定的,或者说负荷虽时时有变化,但不会在一个工频周期这样短的时间内突然变化很大,因此这时 i_k 和 i_{k-N} 应当接近相等。如果在某一时刻发生短路,则故障电流突然增大,将出现突变量电流。突变量计算法式(2.3.27)存在的一个问题是电网频率偏离50 Hz时,会产生一定的不平衡电流,因为 i_k 和 i_{k-N} 的采样时刻差20 ms。这决定于微机的定时器,它是由石英晶体振荡器控制的,十分精确和稳定。电网频率变化后,i_k 和 i_{k-N} 对应电流波形的电角度将不再同相,而有一个差值 $\Delta\theta$,特别是当 K 落在电流过零附近时,由于电流变化较快,不大的 $\Delta\theta$ 引起的不平衡电流较大。为了补偿电网频率变化引起的不平衡电流,可以采用跟踪电网频率来调节采样间隔的方法,该方法在系统正常运行时,对测量 U、I、P、Q、f 有很好的效果,但是,在系统发生振荡等情况下,会对保护的测量产生不利的影响,在此不对这种方法进行叙述;也可以采用下式取得突变量电流,减小频率变化的影响,即

$$\Delta i_k = \| i_k - i_{k-N} | - | i_{k-N} - i_{k-2N} \| \tag{2.3.28}$$

如果由于频率偏高,造成 i_k 和 i_{k-N} 之间有一个相角差 $\Delta\theta$,则 i_k 和 i_{k-N} 之间的相角差也应当基本相同,因而式(2.3.28)右侧两相可以得到部分抵消。特别是当计算的 k 时刻处在电流过零附近时,这两项各自都可能较大,但由于 $\Delta\theta$ 很小时,$\sin\Delta\theta \approx \Delta\theta$,所以这两项将几乎完全抵消。用式(2.3.28)不仅可以补偿频率偏离产生的不平衡电流,还可以减弱由于系统静稳破坏而引起的不平衡电流。当然,这种分析只是定性的。

顺便指出,式(2.3.28)对应的突变量的存在时间不是20 ms而是40 ms。

四、解微分方程算法

(一)基本原理

解微分方程算法仅用于计算阻抗。以应用于线路距离保护为例,它假设被保护线路的分布电容可以忽略,因而从故障点到保护安装处的线路阻抗可用一个电阻和一个电感串联电路来表示。于是,在短路时下列微分方程成立

$$u = R_1 i + L_1 \frac{di}{dt} \tag{2.3.29}$$

式中　R_1、L_1——故障点至保护安装处线路段的正序电阻和电感;

u、i——保护安装处的电压、电流。

若用于反映线路相间短路保护，则方程中电压、电流的组合与常规保护相同；若用于反映线路接地短路保护，则方程中的电压用相电压，电流用相电流加零序补偿电流。

式(2.3.29)中的 u、i 和 $\mathrm{d}i/\mathrm{d}t$ 都是可以测量、计算的，未知数为 R_1 和 L_1。如果在两个不同的时刻 t_1 和 t_2 分别测量 u、i 和 $\mathrm{d}i/\mathrm{d}t$，就可得到两个独立的方程，即

$$u_1 = R_1 i_1 + L_1 D_1$$

$$u_2 = R_1 i_2 + L_1 D_2$$

式中 D 表示 $\mathrm{d}i/\mathrm{d}t$，下标"1"和"2"分别表示测量时刻为 t_1 和 t_2。

联立求解上述两个方程可求得两个未知数 R_1 和 L_1

$$L_1 = \frac{u_1 i_2 - u_2 i_1}{i_2 D_1 - i_1 D_2} \tag{2.3.30}$$

$$R_1 = \frac{u_2 D_1 - u_1 D_2}{i_2 D_1 - i_1 D_2} \tag{2.3.31}$$

在用微机处理时，电流的导数可用差分来近似计算，最简单的方法是取 t_1 和 t_2 分别为两个相邻的采样瞬间的中间值，如图2.3.14所示，于是近似有

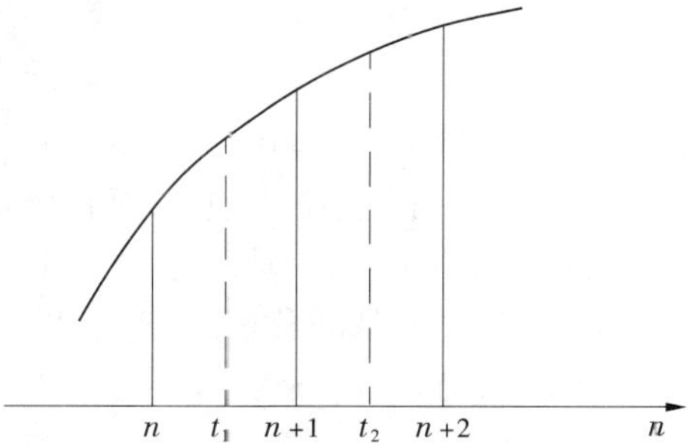

图2.3.14 用差分近似求导数法

$$D_1 = \frac{i_{n+1} - i_n}{T_s}$$

$$D_2 = \frac{i_{n+2} - i_{n+1}}{T_s}$$

电流、电压取相邻采样的平均值，有

$$i_1 = \frac{i_n + i_{n+1}}{2}$$

$$i_2 = \frac{i_{n+1} + i_{n+2}}{2}$$

$$u_1 = \frac{u_n + u_{n+1}}{2}$$

$$u_2 = \frac{u_{n+1} + u_{n+2}}{2}$$

从上述的方程可以看出，解微分方程法实际上解的是一组二元一次代数方程，带微分符号的量 D_1 和 D_2 是测量计算得到的已知数。有的文献称这种方法为R—L串联模拟法。

(二)对解微分方程算法的分析和评价

解微分方程算法所依据的微分方程式(2.3.29)忽略了输电线路分布电容。由此带来的误差只要用一个低通滤波器预先滤除电压和电流中的高频分量就可以基本消除，因为分布电容的容抗只有对高频分量才是不可忽略的。

一条具有分布参数的输电线路，在短路时保护装置所感受到的阻抗为

$$Z(f) = Z_{C1}\mathrm{th}(rd) \tag{2.3.32}$$

式中　Z_{C1}—— 输电线路的正序波阻抗；

r——每千米的正序传输常数；

d ——短路点到保护安装处的距离，km。

从式（2. 3. 32）可见，继电器感受的阻抗与短路点不成正比。但在 rd 较小时，有 $\text{th}(rd) \approx rd$，于是式（2. 3. 32）简化成

$$Z(f) \approx (r_1 + j\omega L_1)d = R_1 + j\omega L_1 \qquad (2.3.33)$$

这说明只要以上简化条件成立，则在相当宽的一个频率范围内，忽略分布电容是允许的。

解微分方程算法可以不必滤除非周期分量，因而算法时窗较短，且它不受电网频率变化的影响。但当将这种算法和低通滤波器配合使用时，它将受信号中的噪声影响比较大。

五、傅里叶算法

傅里叶算法的基本思路来自傅里叶级数，其本身有滤波作用。假定被采样的模拟信号是一个周期性时间函数，除了基波不含不衰减的直流分量和各次谐波，可表示为

$$x(t) = \sum_{n=0}^{\infty} [b_n \cos n\omega_1 t + a_n \sin n\omega_1 t] \qquad (2.3.34)$$

式中　n——自然数，$n = 0, 1, 2, \cdots$；

a_n、b_n——各次谐波的正弦项和余弦项的振幅。

由于各次谐波的相位是任意的，所以把它们写为分解成任意振幅的正弦项和余弦项之和。a_1、b_1 分别为基波分量的正、余弦项的振幅；b_0 为直流分量的值。根据傅里叶级数的原理，可以求出 a_1、b_1 分别为

$$a_1 = \frac{2}{T}\int_0^T x(t)\sin\omega_1 t\,dt \qquad (2.3.35)$$

$$b_1 = \frac{2}{T}\int_0^T x(t)\cos\omega_1 t\,dt \qquad (2.3.36)$$

于是 $x(t)$ 中的基波分量为

$$x_1(t) = a_1 \sin\omega_1 t + b_1 \cos\omega_1 t$$

合并正、余弦项，可写为

$$x_1(t) = \sqrt{2}X\cos(\omega_1 t + \alpha_1) \qquad (2.3.37)$$

式中　X ——基波分量的有效值；

α_1—— $t = 0$ 时基波分量的相角。

将 $\sin(\omega_1 t + \alpha_1)$ 用和角公式展开，不难得到 X 和 α_1 同 a_1、b_1 之间的关系为

$$a_1 = \sqrt{2}X\cos\alpha_1 \qquad (2.3.38)$$

$$b_1 = \sqrt{2}X\sin\alpha_1 \qquad (2.3.39)$$

因此，可根据 a_1 和 b_1，求出有效值和相角

$$2X^2 = a_1^2 + b_1^2 \qquad (2.3.40)$$

$$\tan\alpha_1 = \frac{b_1}{a_1} \qquad (2.3.41)$$

在用微机计算 a_1 和 b_1 时，通常都是采用有限项方法算得，即将 $x(t)$ 采样点数值代入

式(2.3.35)、式(2.3.36),通过梯形法求和代替积分法。考虑到 $N\Delta t = T, \omega_1 t = 2\pi k/N$ 时有

$$a_1 = \frac{1}{N}\left[2\sum_{k=1}^{N-1} x_k \sin k\frac{2\pi}{N}\right] \tag{2.3.42}$$

$$b_1 = \frac{1}{N}\left[x_0 + 2\sum_{k=1}^{N-1} x_k \cos k\frac{2\pi}{N} + x_N\right] \tag{2.3.43}$$

式中 N——一周期采样点数;

x_k——第 k 次采样值;

x_0、x_N——$k=0$ 和 N 时的采样值。

为了简化计算量,用傅里叶算法时采样间隔 T_s 一般为 $\omega_1 T_s = 30°$。

既然假定 $x(t)$ 是周期函数,那么求 a_1、b_1 所用的一个周期积分区间可以是 $x(t)$ 的任意一段。为此将式(2.3.35)和式(2.3.36)写成更一般的形式

$$a_1(t) = \frac{2}{T}\int_0^T x(t+t_1)\sin\omega_1 t\,\mathrm{d}t \tag{2.3.44}$$

$$b_1(t) = \frac{2}{T}\int_0^T x(t+t_1)\cos\omega_1 t\,\mathrm{d}t \tag{2.3.45}$$

如果在上二式中取 $t_1=0$ 即假定取从故障起始的一个周期来积分,当 $t_1>0$ 时,$x(t+t_1)$ 将相当于时间坐标的零点向左平移,相当于积分从故障后 t_1 开始。改变 t_1 不会改变基波分量的有效值,但基波分量的初相角 α_1 却会改变。因此,式(2.3.44)和式(2.3.45)中将 a_1 和 b_1 都写成为移动量 t_1 的函数。图 2.3.15 示出了 a_1 和 b_1 同 t_1 和 α_1 之间的函数关系。从式(2.3.38)和式(2.3.39)可见,$a_1(t_1)$ 和 $b_1(t_1)$ 都是 α_1(因而也是 t_1)的正弦函数,它们的峰值都是基波分量的峰值,但相位不同,a_1 超前 b_1 相位是 90°。a_1 和 b_1 随 t_1 而改变的概念对分析傅里叶算法的滤波特性很重要。将式(2.3.42)和式(2.3.43)改为下列表达式即可求得任意次谐波的振幅和相位,即

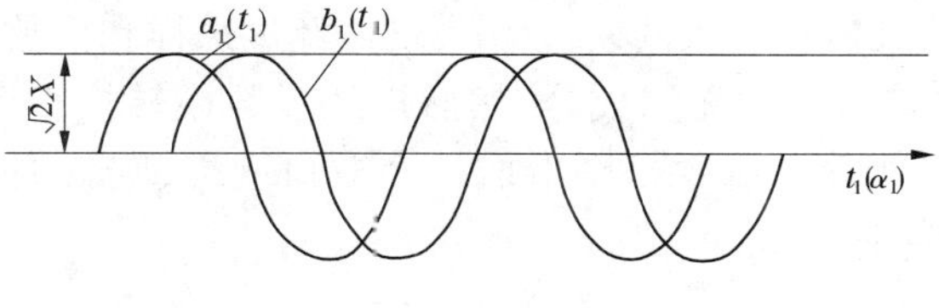

图 2.3.15 a_1、b_1 同 t_1、α_1 间的关系曲线

$$a_n = \frac{1}{N}\left[2\sum_{k=1}^{N-1} x_k \sin kn\frac{2\pi}{N}\right] \tag{2.3.46}$$

$$b_n = \frac{1}{N}\left[x_0 + 2\sum_{k=1}^{N-1} x_k \cos kn\frac{2\pi}{N} + x_N\right] \tag{2.3.47}$$

两点乘积算法要求用一个 50 Hz 带通滤波器获得基波正弦量,然后利用滤波器相隔 5 ms 的两点输出,计算有效值及相位。因此,它的总延时是滤波器的延时再加上 5 ms。导数算法则只要利用 50 Hz 带通滤波器的两个相邻输出,求出某一时刻的瞬时值和导数,就可以算出有效值和相位,其实质是利用正弦量的导数超前于自身 90°的原理,也是为了获得正弦量的两点。导数算法可以缩短数据窗,但由于求导带来了一些问题。傅里叶算

法则是同时利用两个对基频信号的相移相差90°的数字滤波器，故 $a_1(t_1)$ 超前于 $b_1(t_1)$ 为90°。同两点乘积法相比，$b_1(t_1)$ 相当于两点乘积法中的第一点 i_1 和 u_1，$a_1(t_1)$ 相当于第二点 i_2 和 u_2，只是它不再等于5 ms。它所需要的数据窗长度就等于滤波器数据窗的长度(20 ms)，这可从图2.3.15清楚地看到，在同一时刻 t_1 得到的 a_1 值正是再过5 ms后的 b_1 值。因此说傅里叶算法和两点乘积法本质是统一的。用傅里叶算法实现距离保护时，只要对电流和电压同样处理得到 a_{1I}、b_{1I}、a_{1U}、b_{1U}，则立即可写出

$$X = \frac{b_{1U}a_{1I} - a_{1U}b_{1I}}{a_{1I}^2 + b_{1U}^2} \tag{2.3.48}$$

$$R = \frac{b_{1U}b_{1I} + a_{1U}a_{1I}}{a_{1I}^2 + b_{1U}^2} \tag{2.3.49}$$

对比傅里叶法、两点乘积法和导数法，可见傅里叶算法既不用等于5 ms，又避免了采用导数法，这是它的突出优点。

把傅里叶算法理解成用两个相移90°的两点乘积法后，就可以从傅里叶级数的概念束缚中解放出来。实际上采用任何其他形式的两个50 Hz带通滤波器，只要它们对50 Hz的相移差90°，都可以用于这种算法。

第三节　数字滤波器概述

从广义上来说，滤波器就是一个装置或系统，用于对输入信号进行某种加工和处理，以达到取得信号中的有用信息而去掉无用成分的目的。在微机保护中，原则上有两种形式的滤波器可供选择，一种是传统的模拟滤波器，另一种是数字滤波器。模拟滤波器是应用无源或有源电路元件组成的一个物理装置或系统，它将模拟量输入信号首先经过滤波器进行滤波处理，然后对滤波后的连续型信号进行采样、量化和计算，其基本流程如图2.3.16所示。数字滤波器将输入的模拟信号 $x(t)$ 经过采样和模数转换变成数字量后，进行某种数学运算去掉信号中的无用成分，然后再经过数模转换得到模拟量输出 $y(t)$，其基本流程如图2.3.17所示。如果框图看成一个双口网络，则就网络的输入、输出端来看，两种滤波器的作用完全一样。

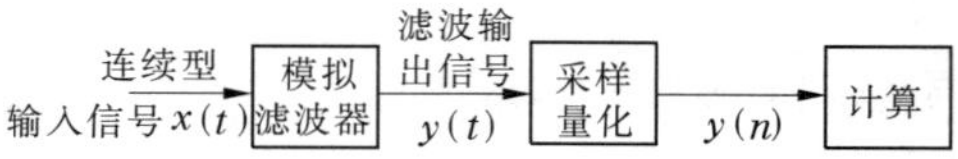

图2.3.16　模拟式滤波基本流程图

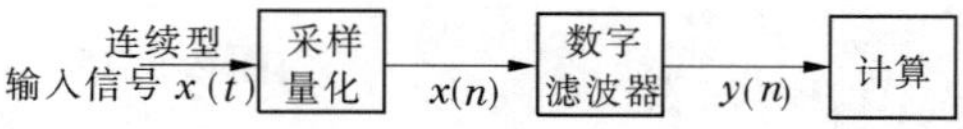

图2.3.17　数字式滤波基本流程图

高速继电保护装置都工作在故障发生后的最初瞬变过程中，这时的电压和电流信号由于混有衰减直流分量和复杂的谐波成分而发生严重的畸变。目前大多数保护装置的原理是建立在反映正弦基波或某些整数倍谐波基础之上，所以滤波器一直是继电保护装置的关键器件。目前所使用的微机继电保护几乎毫无例外地采用了数字滤波器，这是因为模拟滤波器为了实现某一用数学描述的特性，需要设计一物理电路，而数字滤波器则只需要按数学式进行设计和编制程序，不受物理条件的限制，实现起来比前者要灵活得多。数字滤波器与模拟滤波器比较，具有如下突出优点：

(1)滤波精度高。通过加大计算机所使用的字长,可以很容易地提高滤波精度。模拟滤波器中 R、L、C 元件要达到1%的精度就已经是精密元件了,在数字滤波器中,当字长取16位时,精度就可以达到的精度 $10^{-4.8}$,字长越长,精度就越高。

(2)灵活性好。通过改变滤波算法或某些滤波参数,可灵活调整数字滤波器的滤波特性,易于适应不同应用场合的要求。

(3)稳定性高。模拟器件受环境和温度的影响较大,而数字系统受这种影响要小得多,因而具有高度的稳定性和可靠性。

(4)特性一致性好。模拟滤波器存在由于所用 R、L、C 元件的不同造成特性不一致,数字滤波器只要所用算法是一样的话,不同的滤波器可以做到性能一致。

(5)不存在阻抗匹配的问题。

(6)可以抑制数据采集系统引入的各种噪声。例如,模数转换的整量化噪声,电压形成回路中各测量变换器的励磁电流造成的波形失真等。模拟滤波器是无法抑制模数转换的整量化噪声。

那么什么是数字滤波器?数字滤波器的实质又是什么呢?所谓数字滤波器通常是指一种程序或算法,在微机保护中,通常用运算方程来描述数字滤波器。下面通过一个例子来说明数字滤波器的实质。

【例2.3.1】 设一个模拟信号既包括了工频基波信号,也包含了三次谐波成分,表达式为

$$x(t) = \sin\omega_t t + 0.6\sin(3\omega_1 t) \tag{2.3.50}$$

式中 ω_t——工频基波角频率;

$3\omega_1$——三次谐波角频率。

式(2.3.50)的波形如图2.3.18所示。试分析经过采样计算如何滤去三次谐波。

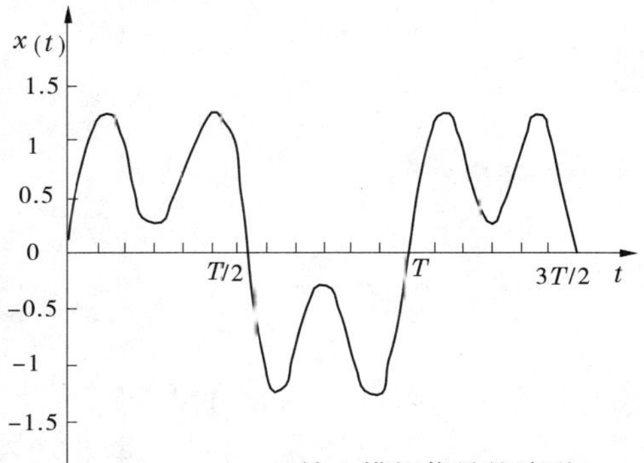

(a)输入模拟信号的波形

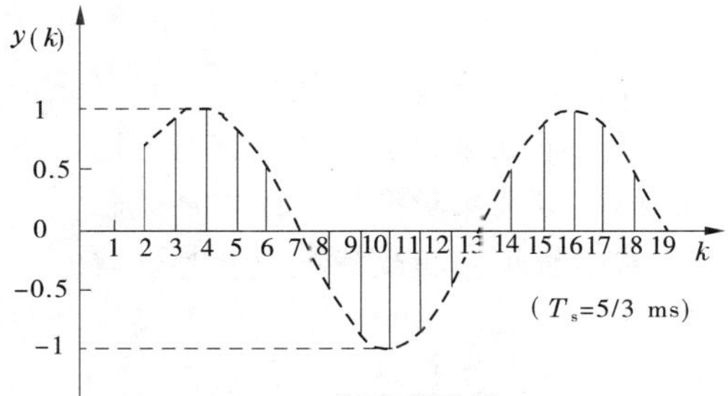

(b)新序列波形

图2.3.18 输入与输出波形

解:如果应用采样间隔 $T_s = 5/3$ ms($N = 12$)对该信号采样,那么微型机将得到一系列离散化的采样值 $x(k)$,如表2.3.1中第二行所示。当然,如果采用其他的采样间隔,就会得到另一组离散化的采样值。

表 2.3.1　采样值与计算值

k	0	1	2	3	4	5	6	7	8	9	10	11
$x(k)$	0	1.1	0.866	0.4	0.866	1.1	0	-1.1	-0.866	-0.4	-0.866	-1.1
$y(k)$			0.5	0.866	1	0.866	0.5	0	-0.5	-0.866	-1	-0.866

注:表中只列出部分采样值,并假设 A/D 转换等各环节的传变变比均为 1。

当微型机得到采样值后,可以应用下式进行计算

$$y(kT_s) = \frac{1}{\sqrt{3}}\{x(kT_s) + x[(k-2)T_s]\} \tag{2.3.51}$$

由于离散序列通常是按照间隔 T_s 采样而得到的,所以,一般情况下,忽略 T_s 的符号,将式(2.3.51)简写为

$$y(k) = \frac{1}{\sqrt{3}}[x(k) + x(k-2)] \tag{2.3.52}$$

经式(2.3.52)计算,微型机得到另一组新的离散序列 $y(k)$,如表 2.3.1 中的第三行所示,将新序列 $y(k)$ 再描绘出来的话,得到图 2.3.18(b)所示曲线。

由图 2.3.18(b)可以看出,新序列所得到的波形是一个比较规范的工频基波信号,其幅值与原始输入信号中的基波幅值是一样的,同时已经将三次谐波滤掉了。虽然,新序列信号与原始基波信号产生了一个规定位移,但此位移可以事先知道。因此,经过公式(2.3.52)的计算后,新序列 $y(k)$ 中完全反映了原始工频基波信号的幅值、初相位等基本特征,没有了三次谐波的任何影响。

由此可以得出数字滤波器的实质:对采样后的离散序列进行一定的数学计算,得到一组新的离散序列,而新的离散序列中,包含了有用信号的所有成分,滤去或抑制了无用信号的成分,达到了滤波的效果。

设计数字滤波器的过程就是如何设计出具体的计算公式,满足滤波特性的要求。最简单、最基本的数字滤波器有 4 种,分别是相减(差分)滤波、相加滤波、加减滤波和积分滤波。

习　题

1. 什么是监控程序?什么是运行程序?中断服务程序有哪几种?
2. 简述微机保护主程序流程?
3. 简述微机保护采样中断程序流程?
4. 简述微机保护故障处理程序流程?
5. 什么是微机保护的算法?算法一般分几类?衡量算法好坏的指标有哪些?
6. 简述正弦函数模型算法(两点乘积算法、导数算法、半周积分算法)的基本原理及优缺点。
7. 简述突变量算法的基本原理及应用情况。
8. 简述解微分方程算法的基本原理。
9. 简述傅里叶算法的优点。
10. 什么是数字滤波器?数字滤波器在微机保护中有什么作用?

第四章　微机线路保护

教学目标　通过教学，使学生掌握输电线路微机保护的种类、配置；WXH－823 和 WXH－811 微机线路保护装置中保护的配置及各保护的程序逻辑原理。

教学重点　微机线路保护的程序逻辑原理。

教学难点　距离保护的程序逻辑原理。

第一节　微机线路保护配置

微机线路保护的配置主要依据输电线路的电压等级、所处系统中性点的运行方式等因素来决定。

非直接接地系统或小电阻接地系统的中低压输电线路(66 kV 及以下电压等级)一般可以配置电流差动保护、三段经电压闭锁的方向过流保护(或二段过电流保护)、过电流加速保护、零序过流保护/网络小电流接地选线、三相一次重合闸、过负荷保护、低频减载保护、TV 断线告警、TA 断线告警、控制回路异常告警等保护。

中性点直接接地系统的 110 kV 输电线路一般可以配置三段式相间距离及接地距离保护、四段式零序电流保护、双回线相继速动保护、不对称故障相继速动保护、三相一次重合闸等保护。

本章所介绍的中低压输电线路的微机保护装置为 WXH－823，110 kV 输电线路的微机保护装置为 WXH－811。

第二节　WXH－823 微机线路保护装置

一、装置简介

WXH－823 微机线路保护装置是以电流差动保护、电流电压保护及三相一次重合闸为基本配置的成套线路保护装置，主要适用于 66 kV 及以下电压等级的非直接接地系统或小电阻接地系统，由电源插件、交流插件、CPU 插件、出口插件、光电插件以及人机对话插件构成。

二、保护程序逻辑原理

(一)三段电流电压方向保护

装置设三段电流电压方向过流保护，每一段保护的电压闭锁元件及方向元件均可单独投退，通过分别设置保护压板控制这三段保护的投退。原理框图如图 2.4.1 所示（T_n 为 n 段过流保护时限（n = 1、2、3））。

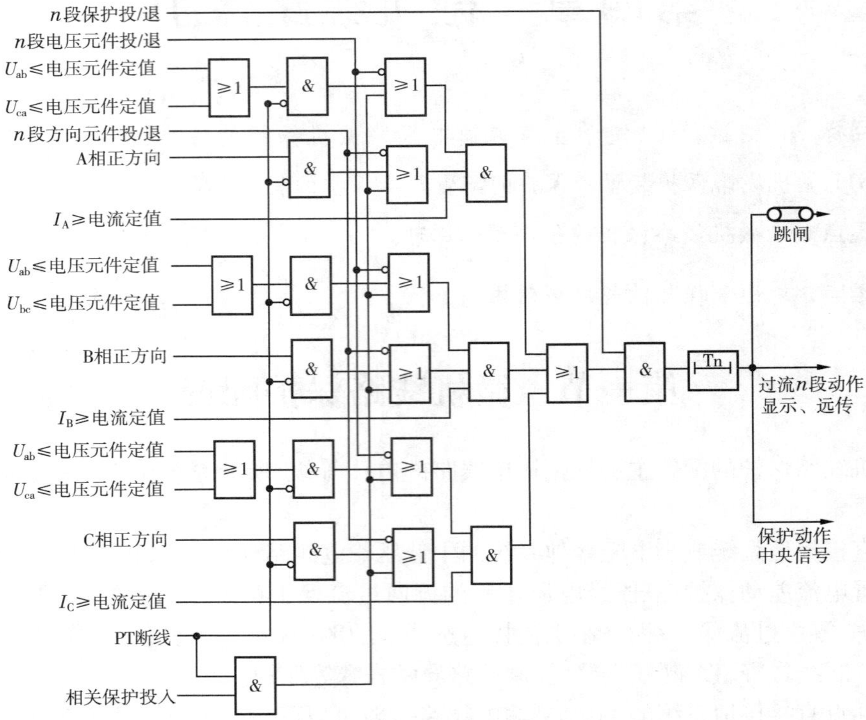

图 2.4.1　三段电流电压方向保护原理框图

在微机保护中有两种定值，一种是开关型定值，一种是数值型定值。开关型定值指 n 段保护投/退、电压元件投/退、方向元件投/退等；数值型定值指电流、电压定值等。

WXH－823 装置中过流Ⅲ段可通过控制字 YSFS 选择采用定时限还是反时限（若为 0，则过流Ⅲ段为定时限段，若为 1～3，则过流Ⅲ段为反时限段）。

（二）电流差动保护

各侧保护利用本地和对侧电流数据按相进行差动电流计算，任一相满足条件即动作。根据电流差动保护的制动特性方程进行判别，判为内部故障时动作跳闸，判为外部故障时保护不动作。各相差动保护判据如下：

（1）当 $I_{op} > I_{cd}$，且 $I_{op} < 3I_{cd}$ 时，$I_{op} > 0.6I_{res}$ 时满足动作条件；

（2）当 $I_{op} \geqslant 3I_{cd}$，且 $I_{op} > I_{res} - 2I_{cd}$ 时，满足动作条件。

其中，分相差动电流 $I_{op} = |I_M + I_N|$，分相制动电流 $I_{res} = |I_M - I_N|$；I_M、I_N 分别是任一相两侧的电流。

差动保护动作特性如图 2.4.2 所示。

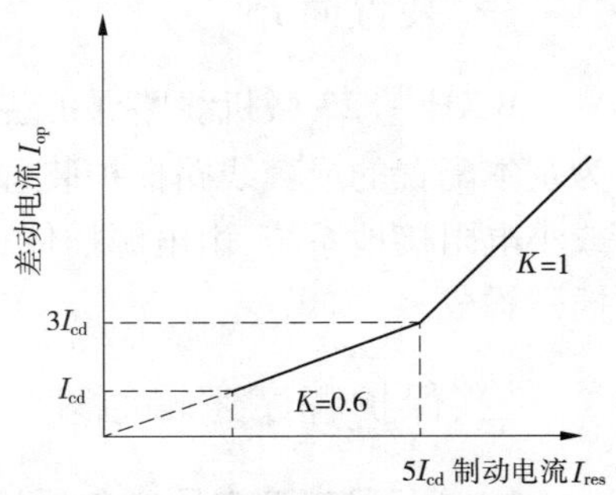

图 2.4.2　差动保护的动作特性

本保护中包括瞬时 TA 断线告警功能，可以选择 TA 断线时是否闭锁本保护。满足下述任一条件不进行瞬时 TA 断线判别:①比率差动保护启动前各侧最大相电流小于$0.08I_n$;②比率差动保护启动后最大相电流大于$1.2I_n$;③比率差动保护启动后电流比启动前电流增加。

机端、中性点的两侧六路电流同时满足下列条件认为是 TA 断线:①一侧 TA 的一相或两相电流减小至差动保护启动;②其余各路电流不变。

(三)零序过电流保护/网络小电流接地选线

装置设有一段零序过流保护,通过设置保护压板控制投退;通过通信网络,将本装置零序电流、电压信息传递给监控装置,由监控装置综合判断接地线路。

零序过流保护原理框图如图 2.4.3 所示。(T_{lx}为零序过流保护延时)。

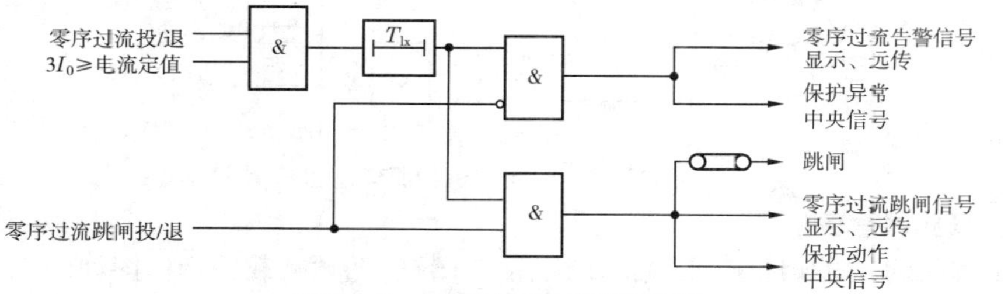

图 2.4.3　零序过流保护原理框图

(四)三相一次重合闸

装置设有三相一次重合闸功能,通过设置重合闸压板控制投退。当开关位于合位时重合闸充电,充电时间为 15 s,当开关由合位变为跳位时启动。当跳位启动后,若 10 s 内不满足重合闸条件则放电。三相一次重合闸原理框图如图 2.4.4 所示(T_{ch}为重合闸时限)。

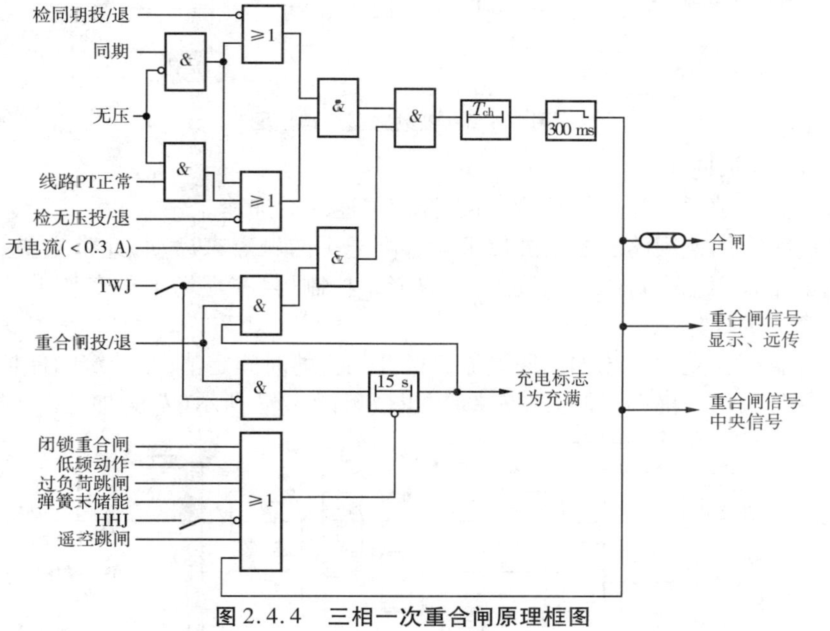

图 2.4.4　三相一次重合闸原理框图

1. 重合闸的启动

由断路器位置接点变位启动。

2. 重合闸的闭锁

重合闸的闭锁条件有：①HHJ 返回；②过负荷跳闸；③低周动作；④控制回路异常；⑤弹簧未储能；⑥闭锁重合闸；⑦遥控跳闸。

（五）过负荷保护

装置设有过负荷保护功能。过负荷可通过控制字定值选择动作于跳闸或告警。投跳闸时，跳闸后闭锁重合闸。过负荷保护原理框图如图 2.4.5 所示（T_{fh} 为过负荷保护延时）。

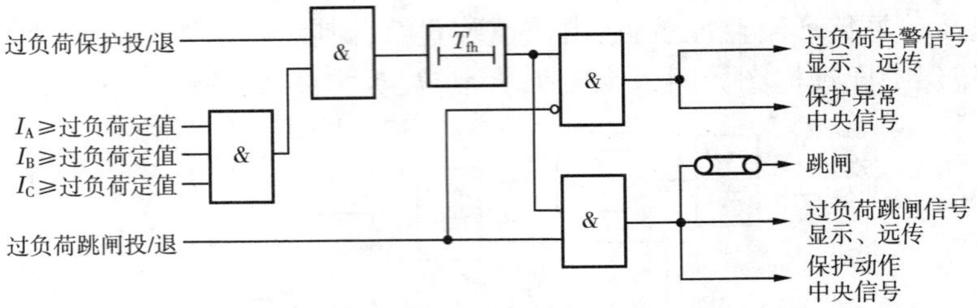

图 2.4.5　过负荷保护原理框图

（六）低频减载保护

低频减载设有电压闭锁、低电流闭锁、滑差闭锁，低频减载原理框图如图 2.4.6 所示（T_f 为低频减载运作时限）。

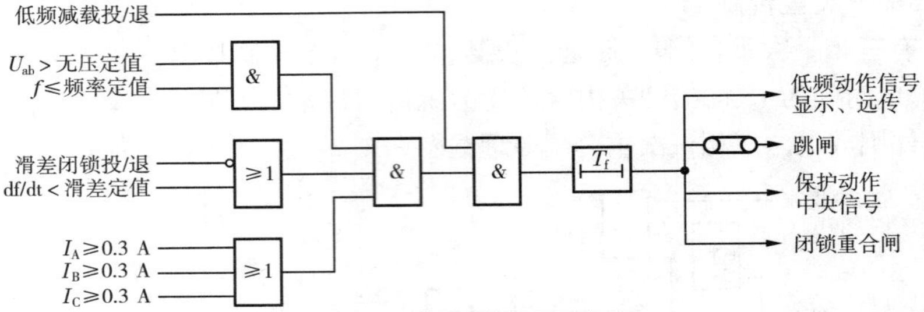

图 2.4.6　低频减载原理框图

（七）前/后加速保护

装置设置了独立的加速保护段，可选择前加速或后加速。

装置的手合加速回路不需由外部手动合闸把手的触点来启动，此举主要是考虑到目前许多水电站采用综合自动化系统后，已取消了控制屏，在现场不再安装手动操作把手，或仅安装简易的操作把手。

装置设置了独立的过流加速段电流定值及相应的时间定值，与传统的保护相比，使保护的配置更加灵活。前/后加速保护原理框图如图 2.4.7 所示（T_{js} 为加速保护时限）。

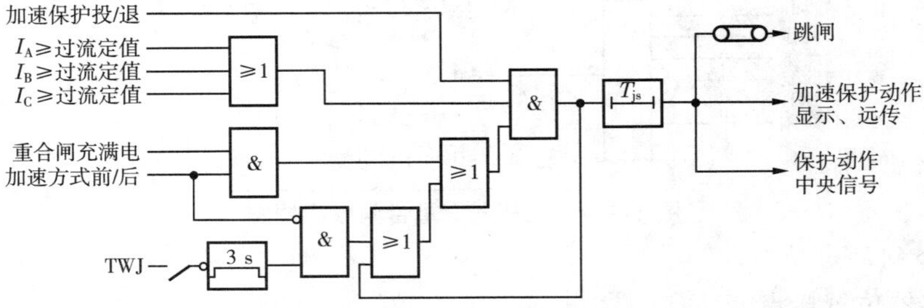

图 2.4.7　前/后加速保护原理框图

(八)PT 断线告警

1. 母线 PT 断线告警

母线 PT 断线后,将告警。待电压恢复正常后(线电压大于 80 V)保护返回。母线 PT 断线原理框图如图 2.4.8 所示。

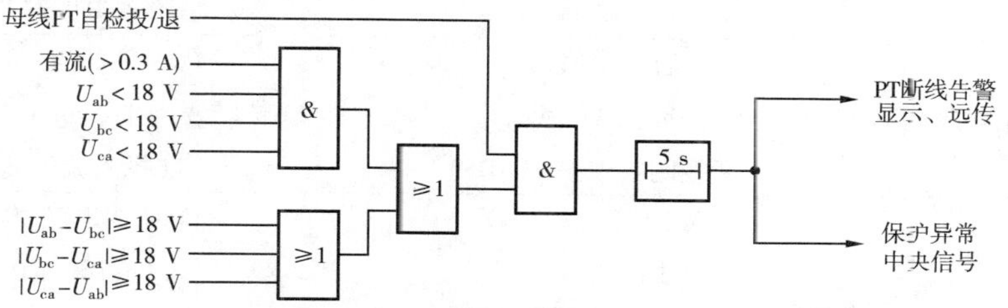

图 2.4.8 母线 PT 断线原理框图

2. 线路 PT 断线告警

对于含检无压或检同期要求的线路,装置在断路器处于合位时,检查线路抽取电压幅值大于无压值(30 V),否则报线路 PT 断线告警。线路 PT 断线原理框图如图 2.4.9 所示。

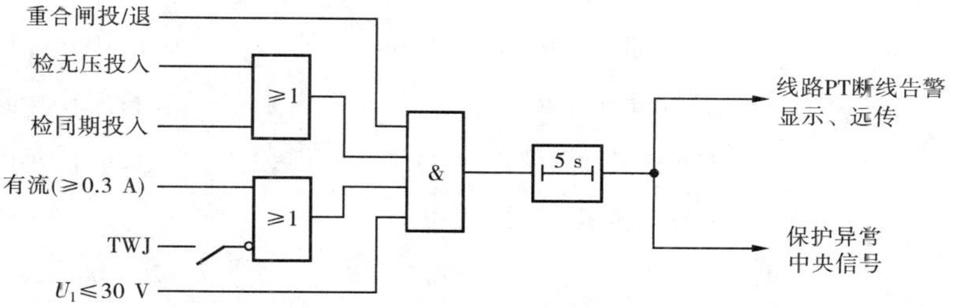

图 2.4.9 线路 PT 断线原理框图

(九)控制回路异常

装置采集断路器的跳位和合位,当控制电源正常、断路器位置辅助接点正常时,必有且只有一个跳位或合位,否则,经 3 s 延时报控制回路异常告警信号,同时重合闸放电,但不闭锁保护。控制回路异常原理框图如图 2.4.10 所示。

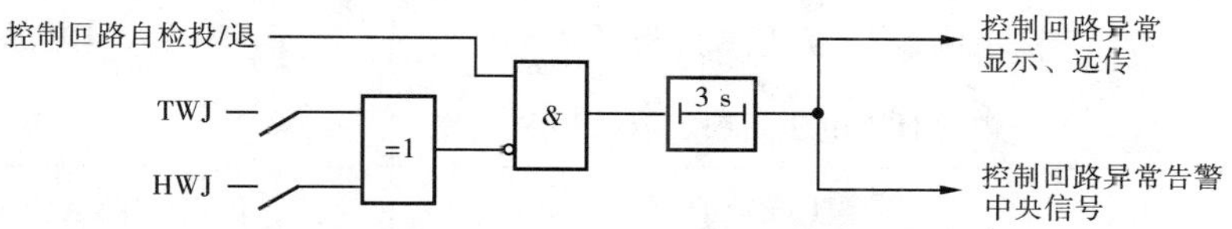

图 2.4.10 控制回路异常告警原理框图

(十)装置故障告警

保护装置的硬件发生故障(包括定值出错、定值区号出错、开出回路出错),装置的 LCD 可以显示故障信息,并闭锁保护的开出回路,同时发中央信号。

三、定值范围及动作告警信息

(一)定值范围及说明

装置可存储 8 套定值,对应的定值区号为 0 ~ 7。整定时,未使用的保护功能应退出压板，使用的保护功能投入压板，并对相关的控制字、电流、电压及时限定值进行整定。

（二）定值表

参见表2.4.1所示。

表2.4.1 WXH－823 定值范围

定值种类	定值项目（符号）	整定范围及步长
1. 电流差动保护	差动启动定值（I_{cd}）	$(0.1\sim20)I_n$，0.01 A
	二相式TA（TA2）	1/0（1为二相式TA，0为三相式TA）
	TA断线闭锁保护（TABS）	1（投入）/0（退出）
2. 电流Ⅰ段保护	电流Ⅰ段定值（I_{1zd}）	$(0.1\sim20)I_n$，0.01 A
	电流Ⅰ段时限（T_1）	0.1～100 s，0.01 s
	电流Ⅰ段方向压板（U_{1zd}）	1（投入）/0（退出）
	电流Ⅰ段灵敏角模式（Agl）	1（30°）/0（45°）
	电流Ⅰ段电压闭锁压板（UBL1）	1（投入）/0（退出）
	电流Ⅰ段电压闭锁定值（FBL1）	2～100 V，0.1 V
3. 电流Ⅱ段保护	电流Ⅱ段定值（I_{2zd}）	$(0.1\sim20)I_n$，0.01 A
	电流Ⅱ段时限（T_2）	0.1～100 s，0.01 s
	电流Ⅱ段方向压板（U_{2zd}）	1（投入）/0（退出）
	电流Ⅱ段灵敏角模式（Agl）	1（30°）/0（45°）
	电流Ⅱ段电压闭锁压板（UBL2）	1（投入）/0（退出）
	电流Ⅱ段电压闭锁定值（FBL2）	2～100 V，0.1 V
4. 电流Ⅲ段保护	电流Ⅲ段定值（I_{3zd}）	$(0.1\sim20)I_n$，0.01 A
	电流Ⅲ段时限（T_3）	0.1～100 s，0.01 s
	电流Ⅲ段方向压板（U_{3zd}）	1（投入）/0（退出）
	电流Ⅲ段灵敏角模式（Agl）	1（30°）/0（45°）
	电流Ⅲ段电压闭锁压板（UBL3）	1（投入）/0（退出）
	电流Ⅲ段电压闭锁定值（FBL3）	2～100 V，0.1 V
5. Ⅰ段零序过电流保护	零序Ⅰ段定值（I_{0zd}）	0.02～12 A，0.01 A
	零序Ⅰ段时限（T_0）	0～100 s，0.01s
	零序跳闸压板（L_{0t}）	1（投入）/0（退出）
6. 加速（前加速或后加速）	加速电流定值（I_{js}）	$(0.1\sim20)I_n$，0.01 A
	加速电流时限（T_{js}）	0.1～100 s，0.01 s
	加速类型（M_{js}）	0（后加速）/1（前加速）

续表 2.4.1

定值种类	定值项目(符号)	整定范围及步长
7. 三相一次重合闸	重合闸时限(T_{ch})	0.3～10 s,0.01 s
	重合闸方式(M_{ch})	0(无检定)/1(检无压)/2(检同期)
	抽取电压相别(U_{ch})	0(U_a)/1(U_b)/2(U_c)/3(U_{ab})/4(U_{bc})/5(U_{ca})
	检同期角度(Ach)	5°～50°,0.01°
	检无压定值(TUx)	2～100 V,0.1 V
8. 低频减载	低频减载定值(Fset)	49～49.5 Hz,0.01 Hz
	低频减载时限(T_f)	0～100 s,0.01 s
	低频低电压闭锁定值(U_f)	10～90 V,0.01 V
	滑差闭锁压板(DMJP)	1(投入)/0(退出)
	滑差定值(DF)	0.3～10 Hz/s,0.01 Hz/s
9. 过负荷保护	过负荷定值(Ighf)	(0.1～20)I_n,0.01 A
10. PT 断线自检	PT 断线自检压板(PT)	1(投入)/0(退出)
	PT 断线时相关保护(BH)	1(投入)/0(退出)

(三)软压板信息

差动保护与过流保护由外部硬压板与功能软压板构成与门投退,其余保护由功能软压板投退,见表 2.4.2 所示。

表 2.4.2　保护软压板信息

压板名称(符号)	控制字
差动保护压板	投入/退出
电流Ⅰ段压板(DL1)	投入/退出
电流Ⅱ段压板(DL2)	投入/退出
电流Ⅲ段压板(DL3)	投入/退出
加速压板(JS)	投入/退出
重合闸压板(CHZ)	投入/退出
低频减载压板(DPJZ)	投入/退出
零序过流压板(LX)	投入/退出
过负荷压板(GFH)	投入/退出

(四)保护动作信息及说明

保护运行中发生动作或告警时,自动开启液晶背光,将动作信息显示于 LCD,同时上传到保护管理机或当地监控。如多项保护动作,动作信息将交替显示于 LCD。开入等遥信量报告不弹出显示,但可在“报告”菜单下查阅。装置面板有复归按钮,也可以用通信命令复归；保护动作后如不复归，信息将不停止显示，信息自动存入事件存储区。运行中可在“检查”菜单下查阅所有动作信息，包括动作时间、动作值。动作信息掉电保持，在“报告”菜单下，可清除所有事件信息，见表 2.4.3 所示。

表 2.4.3　保护动作及告警信息

显示内容	动作	意义
差动保护跳闸	跳闸、跳闸信号	差动保护跳闸出口
电流Ⅰ段跳闸	跳闸、跳闸信号	电流Ⅰ段保护跳闸出口
电流Ⅱ段跳闸	跳闸、跳闸信号	电流Ⅱ段保护跳闸出口
电流Ⅲ段跳闸	跳闸、跳闸信号	电流Ⅲ段保护跳闸出口
零序电流跳闸	跳闸、跳闸信号	零序过电流保护跳闸出口
零序电流告警	告警信号	零序过电流告警信号
过流加速跳闸	跳闸、跳闸信号	过流加速保护跳闸出口
过负荷保护跳闸	跳闸、跳闸信号	过负荷保护跳闸出口
过负荷保护告警	告警信号	过负荷保护告警信号
重合闸动作	合闸、重合闸信号	重合闸保护合闸出口
低频减载跳闸	跳闸、跳闸信号	低频减载保护跳闸出口
控制回路异常	告警信号	控制回路异常告警信号
母线 TV 断线	告警信号	母线 TV 断线
线路 TV 断线	告警信号	线路 TV 断线
TA 断线	告警信号	TA 断线
定值出错	告警信号	各种保护退出
定值区号出错	告警信号	各种保护退出
EEPROM 故障	告警信号	EEPROM 出错，退出运行
A/D 出错	告警信号	装置的数据采集回路故障，保护功能全部退出
开出回路异常	告警信号	装置的继电器驱动回路故障，保护功能全部退出

第三节　WXH－811 微机线路保护装置

一、装置简介

WXH－811 微机线路保护装置是基于 32 位浮点型 DSP 的硬件平台和实时多任务操作系统的线路保护装置。该装置不仅适用于 110 kV 输电线路的保护装置，还含有双母线交流电压切换，适用于断路器单或双跳闸线圈的出口操作回路。

二、保护原理及配置

（一）装置主要元件

装置的保护用数据采集系统每周 24 点采样。

1. 启动元件

1) 相电流突变量启动元件 DI1

保护插件设有该启动元件,用于开放保护跳闸出口继电器(QDJ)回路和控制程序执行相应的故障处理程序。其判据为:

$$\Delta I_{\varphi.\max} > 1.25\Delta I_T + 0.15 I_n \tag{2.4.1}$$

其中,$I_\varphi = |i_\varphi(t) - 2 \cdot i_\varphi(t-T) + i_\varphi(t-2T)|$,为相电流突变量;$I_T = \max|I_\varphi(t-T) - 2 \cdot I_\varphi(t-2T) + I_\varphi(t-3T)|$,为相电流不平衡量的最大值;$0.15I_n$ 为固定门槛;ΔI_T 为浮动门槛,随着变化量输出增大而逐步自动提高,取 $1.25\Delta I_T$ 可保证门槛电压始终略高于不平衡输出;$\Delta I_{\varphi.\max}$ 是取三相中最大一相电流的积分值。

2) 零序电流辅助启动元件

为保证在远距离故障或经大电阻接地时,保护的启动继电器(QDJ)能动作,本装置设置了一个零序电流辅助启动元件,可以整定得很灵敏,动作后经 40 ms 延时同样驱动启动继电器(QDJ)。

3) 静稳破坏检测元件

为了检测系统正常运行状态下发生静态稳定破坏而引起的系统振荡,保护还设有静稳破坏 B、C 相阻抗辅助启动及 A 相电流辅助启动。动作后同样驱动相应插件的启动继电器(QDJ)。

2. 选相元件

采用相电流差突变量选相、稳态量选相相结合的方法,再辅助以综合选相判据,区分单相故障、两相接地故障、两相短路故障、三相短路故障。

1) 相电流差突变量选相

在保护启动后 40 ms 之内采用相电流差突变量选相。

2) 稳态量选相

在保护启动 40 ms 之后或由辅助元件引起的启动,采用稳态量选相,其中接地故障采用序分量和阻抗结合选相,不接地故障采用阻抗选相。

3) 综合选相

根据零序电流 I_0 判别接地故障与不接地故障,根据负序电流 I_2 判别对称故障与不对称故障。

3. 求和自检

自检时,将求和结果与固化在程序末尾的和数进行比较,如发现自检和结果不符,则显示故障信息。

4. TV 断线判别

保护设有两种检测 TV 断线的判据,两种判据都带延时,且仅在线路正常运行,启动元件不启动的情况下投入,一旦启动元件启动,TV 断线检测立即停止,等整组复归后才重新投入。

TV 断线判据为:$|U_A + U_B + U_C| > 7$ V(有效值)。

在 TV 断线的条件下,距离保护将被闭锁,装置继续监视 TV 电压,一旦电压恢复正常,距离保护将自动解除闭锁。

重合闸在检无压或检同期方式下对线路电压 U_X 进行检查，检查到电压低于 $0.85U_{XN}$ 且断路器在合位时，报电压断线。

5. 接地综合阻抗元件

接地距离保护采用多边形特性的综合阻抗元件（见图 2.4.11）。接地综合阻抗元件由 Z_A、Z_B、Z_C 三个阻抗元件、偏移阻抗元件、零序方向元件、电抗线和电阻线组成。

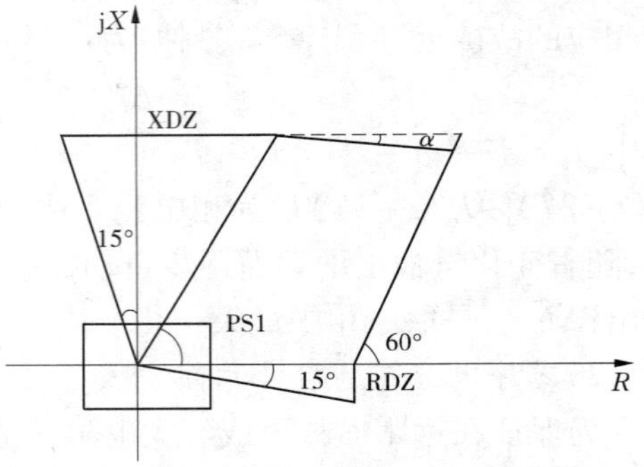

图 2.4.11　接地综合阻抗元件的多边形特性

（1）阻抗元件：

$$Z_\varphi = U_\varphi/(I_\varphi + K \cdot 3I_0)$$

式中　K——零序电流补偿系数，$K=\dfrac{Z_0-Z_1}{3Z_1}$。

（2）偏移阻抗元件。偏移阻抗元件是在原多边形特性基础上加一个包括坐标原点的小矩形特性，以保证出口短路可靠切除故障。矩形的 X、R 取值，按 110 kV 一次系统每千米 0.47 Ω 线路长度考虑：

$$X = R = \min\{0.3\Omega, 0.5\text{XD1}\}$$

式中　XD1——接地距离Ⅰ段电抗分量定值。

（3）零序方向元件。零序方向元件最大灵敏度角 −110°，保证接地距离的方向性。动作方程为：

$$-190° < \text{Arg}\frac{U_0}{I_0} < -30°$$

（4）电抗线。电抗线是为了防止接地距离超越，计算 X 后下倾 7°。

（5）电阻线。电阻线倾斜，与 R 轴夹角为 60°。

6. 相间综合阻抗元件

相间距离保护采用圆特性的阻抗元件。相间阻抗元件由 Z_{AB}、Z_{BC}、Z_{CA} 三个阻抗元件和偏移阻抗元件、电抗线、全阻抗圆、背后方向线、负荷特性曲线组成，相间阻抗元件是为保护二相、三相故障而设置的。

在故障发生 150 ms 之内采用带记忆的正序电压作极化量的欧姆继电器，记忆电压采用故障前 8 周电压。动作方程为：

$$90° - \theta_1 < \text{Arg}\frac{U_{1m|0|}}{U_{\varphi\varphi} - Z_{set}I_{\varphi\varphi}} < 270° - \theta_1$$

式中　$U_{1m|0|}$——故障前的正序电压；

　　$\varphi\varphi$ = AB 或 BC 或 CA；

　　θ_1——方向特性向第一象限的偏移角。

150 ms 之后取消记忆，采用正序电压作极化量，动作方程为：

$$90° - \theta_1 < \text{Arg}\frac{U_{1m}}{U_{\varphi\varphi} - Z_{set}I_{\varphi\varphi}} < 270° - \theta_1$$

若正序电压较低（15% U_n），为三相短路，为保证正方向故障能动作，反方向故障不动作，设置了偏移特性。在Ⅰ、Ⅱ段距离继电器暂态动作后，改用反偏阻抗继电器，保证继电器动作后能保持到故障切除。在Ⅰ、Ⅱ段距离继电器暂态不动作时，改用上抛阻抗继电器，保证母线及背后故障时不误动。对后加速则一直使用反偏阻抗继电器。反偏或上抛的阻抗值为：

$$Z_q = \min\{0.3\ \Omega, 0.5Z_{set}^{I}\}$$

式中　Z_{set}^{I}——相间距离Ⅰ段定值。

Ⅰ、Ⅱ段阻抗继电器暂态及稳态动作特性如图 2.4.12(a)、(b)所示。

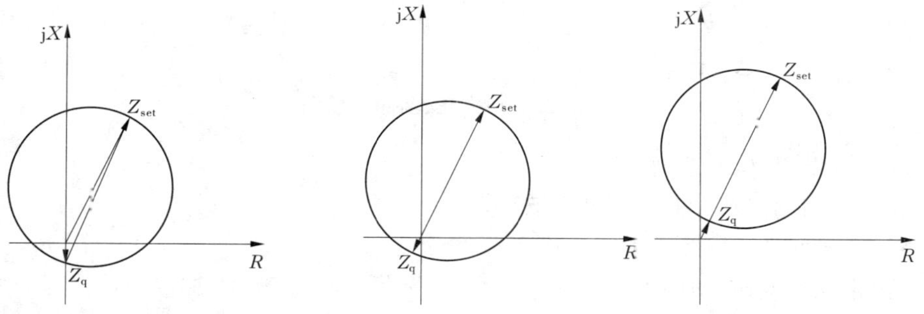

(a) Ⅰ、Ⅱ段阻抗继电器暂态特性　　(b) Ⅰ、Ⅱ段阻抗继电器稳态特性

图 2.4.12　Ⅰ、Ⅱ段阻抗继电器特性

Ⅲ段阻抗继电器的动作方程为：

$$90° < \mathrm{Arg}\frac{U_{1m}}{U_{\varphi\varphi} - Z_{set}I_{\varphi\varphi}} < 270°$$

7. 序阻抗元件

对于 Y,d 接线的变压器低压侧发生不对称故障时，在变压器高压侧不会有零序电流，且高压侧电流已经不能正确反映故障情况。

由于相间距离Ⅲ段一般作为远后备，在变压器后发生两相短路故障时，保护感受到的故障电流已经不能正确反映故障情况，相间距离Ⅲ段会发生拒动，而对于接地距离，由于有零序方向元件不动作，从而保护不会误动。为使保护能正确反映故障应增加序阻抗元件。

当发生两相故障时，根据叠加定理可得线路的正、负序分量图，如图 2.4.13 所示。对于故障点：$U_1 = U_2$。

以整定值为观测点，计算出整定点处的补偿正、负序电压，然后比较正、负压即可得到故障是否发生在区内。判别公式为：

$$\begin{cases} |\dot{U}_2'| > |\dot{U}_1'|，\text{则故障发生在区内} \\ |\dot{U}_1'| > |\dot{U}_2'|，\text{则故障发生在区外} \end{cases} \quad (2.4.1)$$

式中　$|\dot{U}_1'| = |\dot{U}_1| - \dot{I}_1 \cdot Z_{set}$；

$|\dot{U}_2'| = |\dot{U}_2| - \dot{I}_2 \cdot Z_{set}$；

U_1——保护安装处测量的正序电压；

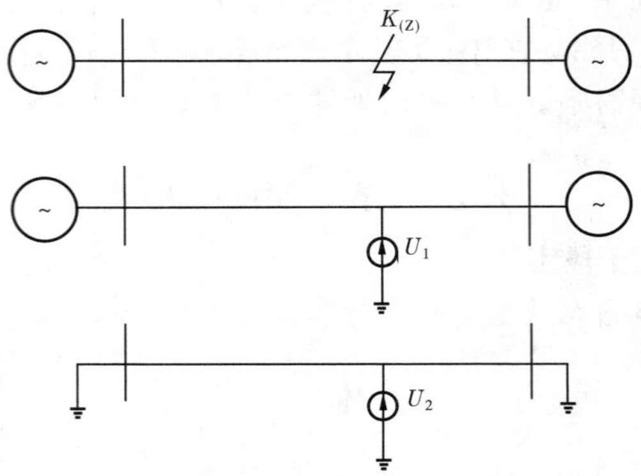

图 2.4.13　正、负序分量图

I_1——保护安装处测量的正序电流；

U_2——保护安装处测量的负序电压；

I_2——保护安装处测量的负序电流。

为防止反方向故障序阻抗元件的潜动和 TV 断线的影响，附加以下两个条件：

$$|\dot{U}_{\varphi\varphi}|_{\min} > 0.09U_N$$

$$|\dot{I}_2| > 0.1I_N$$

具体分析如下：

(1)如果故障发生在区内，整定值处的补偿正、负电压如图 2.4.14 所示，此时有$|\dot{U}_2'| > |\dot{U}_1'|$；

(2)如果故障发生在区外，整定值处的补偿正、负压如 2.4.15 所示，此时有$|\dot{U}_1'| > |\dot{U}_2'|$。

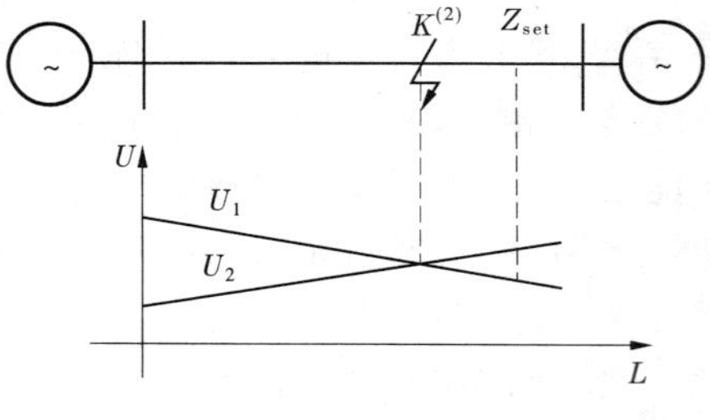

图 2.4.14　故障发生在区内，整定值处正、负序电压

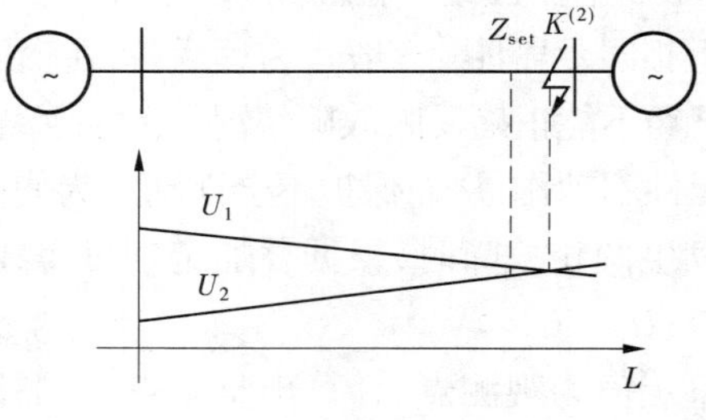

图 2.4.15　故障发生在区外，整定值处正、负序电压

考虑经变压器后，变压器对于正序电压的传变为幅值不变，角度转 30°；对于负序电压的传变为幅值不变，角度转 -30°(设变比为 1∶1)。由于经变压器后正、负电压的幅值不变，所以式(2.4.1)仍然成立。对于变比不为 1，变压器对正、负序电压传变的幅值比是相同的，式(2.4.1)仍成立。

对于变压器后发生三相故障时，计算的阻抗方向不变，只是包含了变压器及低压侧折算至高压侧的阻抗。因此,需增加相应阻抗定值阻抗角的大小。但采取增大相间距离Ⅲ段定值的方法可能会造成距离误动。所以本保护采取增加一个阻抗圆来保护此种情况,如图 2.4.16 所示。动作方程为:

$$90° < \mathrm{Arg}\frac{\dot{U}_{\varphi\varphi}-\dot{I}_{\varphi\varphi}Z_{set2}}{\dot{U}_{\varphi\varphi}-\dot{I}_{\varphi\varphi}Z_{set1}} < 270°$$

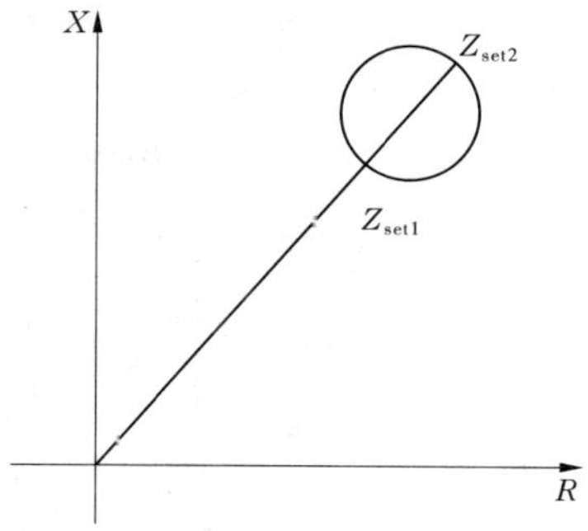

图 2.4.16　距离Ⅲ段增加一个阻抗圆的示意图

式中　Z_{set1}——原相间距离Ⅲ段的定值;

Z_{set2}——按保护下段线路故障发生整定。

因此,序阻抗动作区如图 2.4.17 所示。

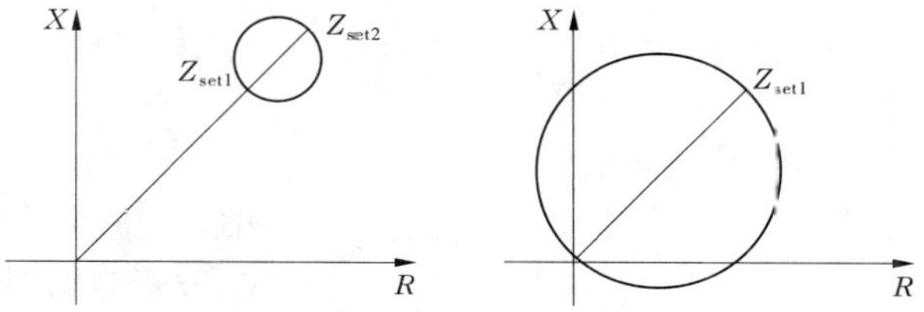

图 2.4.17　序阻抗动作区

当 $Z_{set2} \leqslant Z_{set1}$ 或序阻抗投退控制字为 0 时,序阻抗元件退出。

8.故障开放元件

(1)短时开放保护。相电流突变量启动元件 DI1,能灵敏反映各种不对称和对称故障,利用 DI1 短时开放保护 150 ms,150 ms 以后系统可能已引起振荡,采用不对称故障开放及对称故障开放保护逻辑。零序电流辅助启动及静稳破坏检测启动后,直接采用不对称故障开放及对称故障开放保护逻辑。

(2)不对称故障判别元件。不对称故障判别元件的基本出发点就是检测三相不对称度。阻抗元件在振荡时的不正确动作只是发生在两侧电势较大,δ 为 130°~180°的时刻,因此若振荡中心落在被保护线路上,距离保护要误动。

(3)对称故障开放元件。在启动元件开放 150 ms 以后或系统振荡过程中,如发生三相故障,则上述开放措施均不能开放保护,本装置中另设置了专门的振荡判别元件,即判别测量振荡中心的电压:

$$U_{os} = U_{\varphi\varphi}\cos\varphi_1$$

式中　φ_1——线电流线电压的夹角;

$U_{\varphi\varphi}$——线电压。

假定系统联系阻抗的阻抗角为 90°,则振荡时电流向量垂直于 E_M、E_N 的连线,与振荡中心电压同相,如图 2.4.18 所示。

在系统正常运行或系统振荡时,$U_{\varphi\varphi}\cos\varphi_1$ 恰好反映振荡中心的电压。在三相短路时,设线路阻抗角为 90°时,$U_{\varphi\varphi}\cos\varphi_1$ 是弧光电阻上的压降,三相短路时过渡电阻是弧光电阻，弧光电阻上压降小于5% U_N。实际线路阻抗角不为90°，因而可进行角度补偿，如图2.4.19所示。

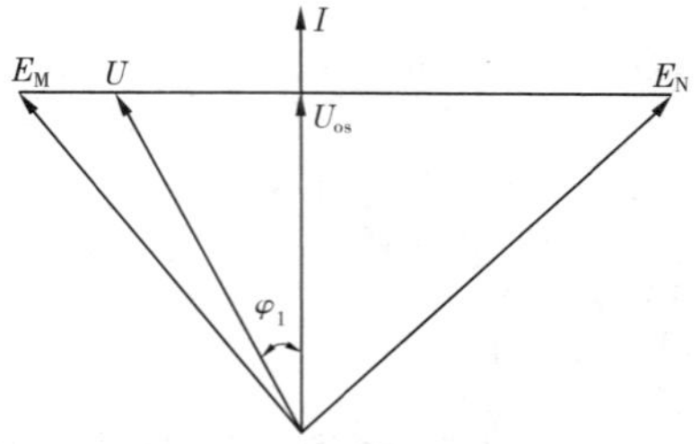

图2.4.18　系统电压相量图

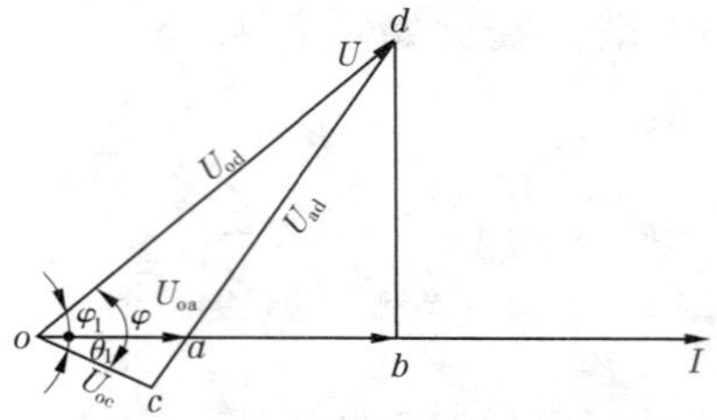

图2.4.19　短路电流电压相量图

图中 U_{od} 为测量电压，$U_{\varphi\varphi}\cos\varphi_1 = U_{ob}$，因而 U_{ob} 反映当线路阻抗角为90°时弧光电阻压降，实际的弧光压降为 U_{oa}，与线路压降 U_{ad} 相加得到测量电压 U。本装置引入补偿角 $\varphi_1 = 90° - \varphi_{s1}$，$\varphi_{s1}$ 为正序阻抗角，得到 $\varphi = \varphi_1 + \theta_1$，则 $U_{os} = U_{\varphi\varphi}\cos\varphi_1$，三相短路时，$U_{os} = U_{oc} \leqslant U_{oa}$，可见 $U_{\varphi\varphi}\cos\varphi_1$ 可反映弧光压降。

本装置采用的动作判据分两部分：

① $-0.03U_N < U_{os} < 0.08U_N$，延时150 ms开放。实际系统中，三相短路时故障电阻仅为弧光电阻，弧光电阻上压降的幅值不大于5% U_N。因此，三相短路时，该幅值满足判据，为了保证振荡时不误开放，其延时应保证躲过振荡中心电压在该范围内的最长时间，振荡中心电压为 $0.08U_N$ 时，系统角为171°，振荡中心电压为 $-0.03U_N$ 时，系统角为183.5°，按最大振荡周期3 s计，振荡中心在该区间停留时间为104 ms。装置中取延时150 ms已有足够的裕度。

② $-0.1U_N < U_{os} < 0.25U_N$，延时500 ms开放。该判据作为判据①的后备，以保证任何三相故障情况下保护不可能拒动。振荡中心电压为 $0.25U_N$ 时，系统角为151°，为 $-0.1U_N$ 时，系统角为191.5°，按最大振荡周期3 s计，振荡中心在该区间停留时间为373 ms，装置中取500 ms已有足够的裕度。

(4)延时开放元件。在系统发生故障时，若开放元件未动作，阻抗Ⅰ段按0.5 s，阻抗Ⅱ段按1.0 s延时开放动作。

(二)距离保护

1. 概述

装置设置了三段式相间距离保护及三段式接地距离保护。相间距离保护采用圆特性阻抗继电器，接地距离保护采用四边形特性阻抗继电器。

(1)在手合故障时设置了按阻抗Ⅲ段加速切除故障的功能，手合加速阻抗带偏移特性，重合后加速设置了可由控制字投退的加速Ⅱ段或Ⅲ段。在未投入加速时，考虑系统发生振荡时，如开放元件动作，Ⅰ段延时不小于0.03 s、其他段按正常延时出口；如开放元件未动作，Ⅰ段按0.5 s、Ⅱ段按1 s、Ⅲ段按1.5 s延时出口。

(2)距离保护在装置检测到TV断线时自动退出。带负荷的线路发生不对称故障，对侧跳闸后导致本侧非故障相负荷消失，距离保护利用该特征加速距离Ⅱ段(需将定值中控制字“不对称故障相继速动”投入)。

(3)对于双回线如末端发生故障时，要实现相继速动，需利用相邻线路的逻辑来加速距离Ⅱ段。装置设有一个允许相邻线路加速距离Ⅱ段的开出继电器和一个相邻线路允许本线加速距离Ⅱ段开入端子，用做双回线加速配合。动作判据为：①定值中控制字“双回线相继速动”投入；②本线路保护测出故障在距离Ⅱ段范围内；③装置启动后收到闭锁信号，其后又没收到闭锁信号；④在满足上述三个条件后经 20 ms 仍不返回，则本侧距离Ⅱ段加速动作。

(4)TA 断线时，零序电流将长时间存在；本保护启动后在无零序电压但零序电流持续 12 s 大于零序启动定值和 1 A 的较小者时，报警“TA 回路异常”，并闭锁各段。

(5)此外，本保护还设置了带延时的过流保护，仅在 TV 断线时由控制字选择投退，弥补 TV 断线时距离保护退出情况下装置无保护的缺陷。

2. 距离保护框图

距离保护框图如图 2.4.20 所示。

(三)零序电流(方向)保护

1. 概述

本保护设置了Ⅰ～Ⅳ段零序电流保护。全相运行时各段保护的投退由压板控制，每段都各由控制字选择经方向或不经方向元件闭锁，零序方向元件的电压门槛不小于 1 V、不大于 2 V。

1)TA 断线

断线时，零序电流将长时间存在；本保护启动后在无零序电压但零序电流持续 12 s 大于Ⅳ段定值 I_{04} 和 1 A 的较小者时，报警“TA 回路异常”，并闭锁各段。

2)$3U_0$ 极性

本保护采用自产零序电压 $3U_0$，即由软件将三相电压相加而获得 $3U_0$，供方向判别用，但在 TV 二次断线时设有控制字，可选择将受零序功率方向元件控制的各段退出，或将所有段改为无方向的零序电流保护。

3)零序辅助启动元件

当故障电流较小时，为防止突变量启动元件灵敏度不够，零序还设有零序辅助启动元件。零序辅助启动元件动作值为 $\min\{I_{01}, I_{02}, I_{03}, I_{04}\}$，其中 I_{04} 为零序Ⅳ段定值。手合于故障，零序所有段自动退出方向。

(4)TV 断线时，零序Ⅰ段延时 120 ms 出口。

2. 零序电流保护逻辑框图

零序电流保护逻辑框图如图 2.4.21 所示。

(四)三相一次重合闸

1. 概述

1)重合闸方式

装置利用装设于屏上的切换开关，可以实现三相重合闸、停用重合闸两种方式。

(1)三相重合闸方式：任何故障三相跳闸三相重合闸。

(2)停用重合闸方式：重合闸停用，重合回路被放电，不输出重合闸命令。重合闸不用时，应设置于停用方式。

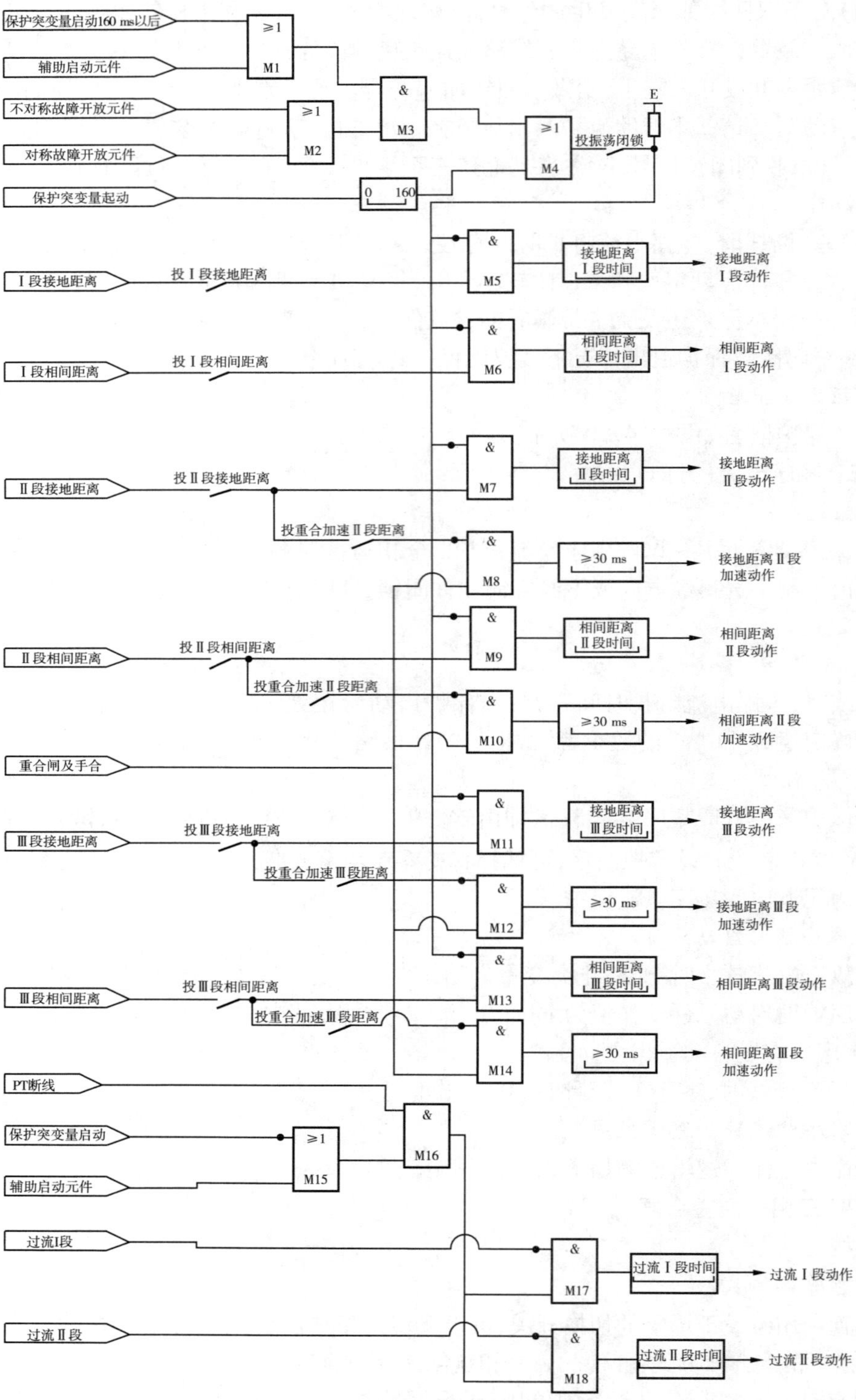

图 2.4.20　距离保护框图

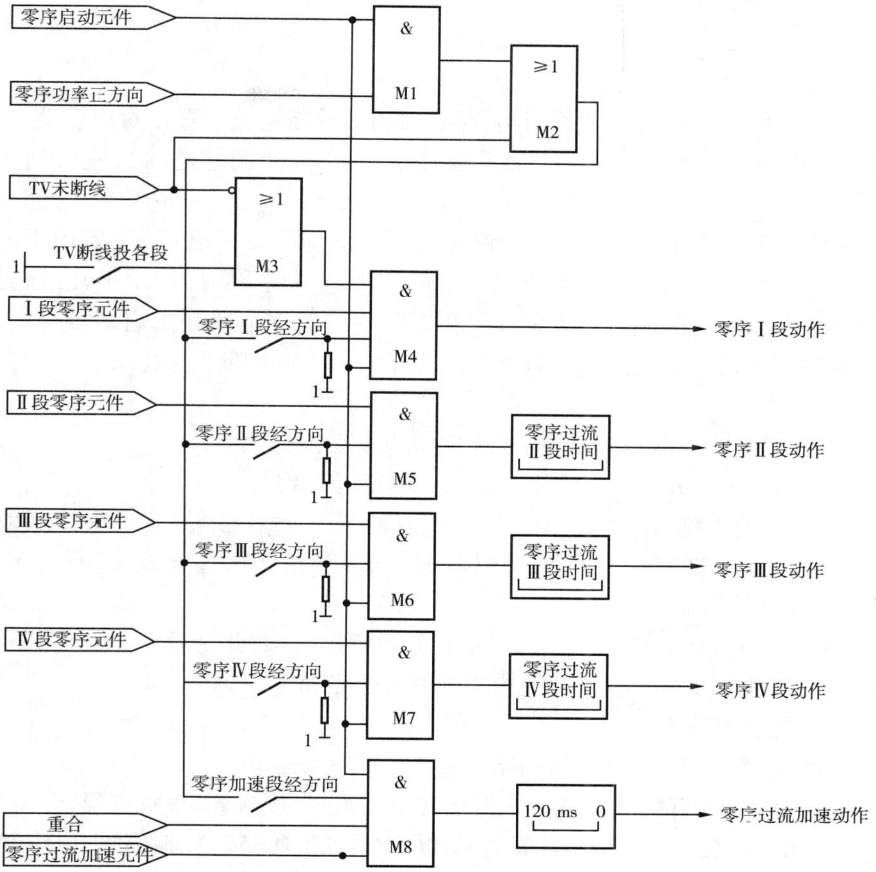

图 2.4.21 零序电流保护逻辑框图

2）重合闸的充放电

在软件中，专门设置了一个计数器，模仿自动重合闸中电容器的充放电功能。重合闸的重合功能必须在“充电”完成后才能投入，以避免发生多次重合。

在如下条件满足时，充电计数器开始计数：

(1)断路器在“合闸”位置，断路器跳闸位置继电器 TWJ 不动作；

(2)重合闸启动回路不动作；

(3)没有低气压闭锁重合闸和闭锁重合闸开入；

(4)重合闸不在停用位置。

充电时间为 15 s，充电满后装置面板上的“重合允许”信号灯点亮，放电后该灯熄灭。

在如下条件下，充电计数器清零：

(1)重合闸方式在停用位置；

(2)收到外部闭锁重合闸信号（如手跳闭锁重合闸等）；

(3)重合闸脉冲发出的同时“放电”；

(4)重合闸“充电”未满时，跳闸位置继电器 TWJ 动作或有保护启动重合闸信号开入；

(5)控制回路断线 10 s 后；

(6)TWJ 开入 30 s。

3)重合闸的启动

本装置设有两个启动重合闸的回路:保护启动以及断路器位置不对应启动。

(1)保护启动。内部设有跳闸启动重合闸开入(来自跳闸继电器),重合闸在这些触点闭合又返回时开始计时。

(2)断路器位置不对应启动。本装置考虑了不对应启动重合闸,主要用于断路器偷跳。考虑到许多新设计的电站不再使用传统的 6 个位置的 SK 操作手把,因而无法提供反映断路器在合后位置的触点。本装置仅利用跳闸位置继电器触点启动重合闸,二次回路设计必须保证手跳时通过闭锁重合闸开入端子将重合闸回路“放电”。

4) 重合闸的重合

重合闸启动后,在未发重合令前,程序完成以下功能:

(1)不断检测有无闭锁重合闸开入;若有,则充电计数器清零。

(2)不断检测有无跳闸启动重合闸开入和三相跳闸位置;若有确认无电流后,计时开始。

(3)主程序中,根据重合闸控制字设置的检同期和检无压等方式,进行电压检查,不满足条件时,重合计数器清零。

(4)若重合闸一直未能重合,等待一定延时后整组复归,此延时为 $2T_{CH}+1$ s。延时加 1 s 是考虑保护Ⅱ段延时动作,一侧Ⅱ段跳闸并有一定裕度。

5)重合闸的告警回路

本重合闸设置了以下几个告警回路:

(1)重合闸检查到有跳闸位置开入但仍有电流流过,则告警,报跳位异常。

(2)重合闸投检同期或无压方式,检查到抽取电压低于 $0.85U_{XN}$,则报抽取电压 TV 断线。

6)识别抽取电压的额定值、极性和相位

线路正常运行时识别抽取电压的额定值 U_{XN}、极性和相位,所以做试验时应模拟线路正常运行状态(时间大于 1 s)。重合过程中检无压门槛取为 $0.3U_{XN}$,有压时转为检同期方式,检同期有压门槛取为 $0.75U_{XN}$,增加偷跳启动重合控制方式。

2. 重合闸逻辑框图

重合闸逻辑框图如图 2.4.22 所示。

(五)手合同期模块

有手合同期开入,查为跳位;检同期过程中监视开关一直处在跳位。定值为 U_x 超前 U_a 的固有角度,自适应检无压或检同期,检查两侧电压,任一侧无压(<30 V)允许合闸,两侧有压($>0.7U_{XN}$)转为检同期,检同期过程中计算 U_x 与 U_a 之间的角度与固有角度之差小于 30°允许合闸。无压或同期延时固定为 0.5 s。连续 10 s 不能合闸,则返回。

为防止手合于故障,开关跳开后,手合开入未消失前再次合于故障上,设一手合记数器,满 10 s 后,方可开放手合功能。

手合记数器清零的条件:①手合启动后整组复归时;②开关为合位;③手合记数器未满时,又来手合开入;

如条件不满足,手合记数器加 1。

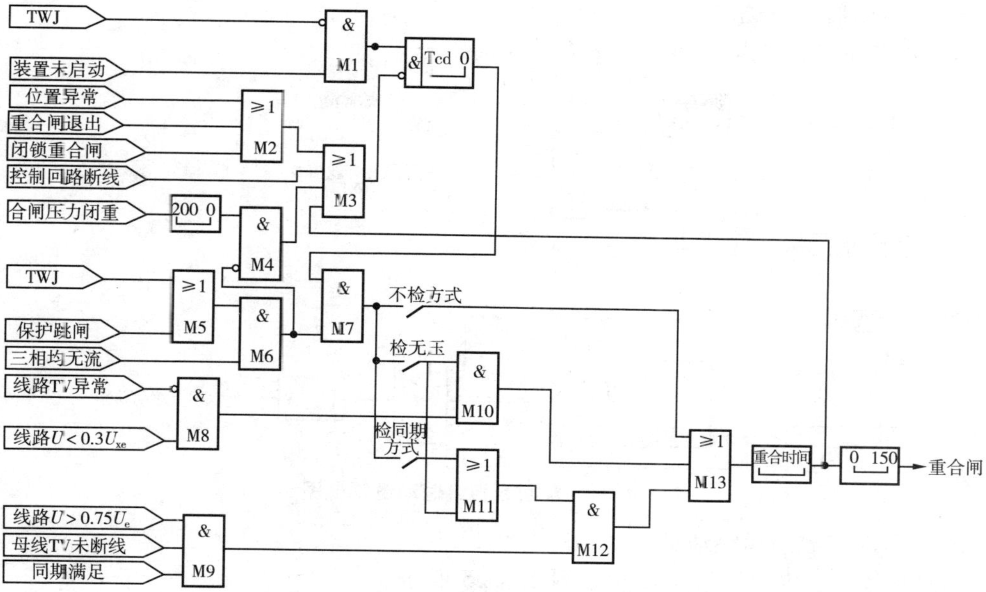

图 2.4.22　重合闸逻辑框图

（六）保护跳闸

保护跳闸逻辑框图如图 2.4.23 所示。

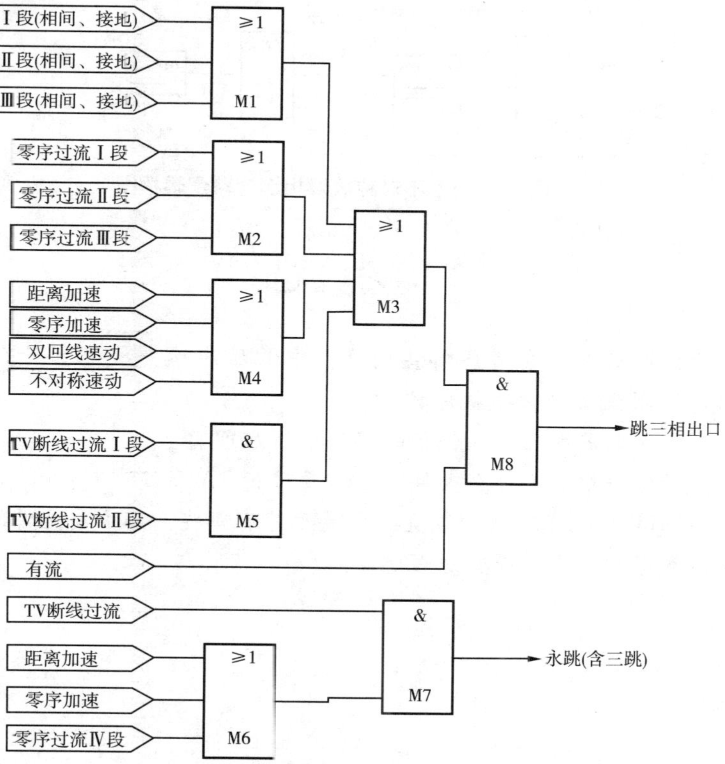

图 2.4.23　保护跳闸逻辑框图

(七) 双回线相继速动

双回线相继速动逻辑框图如图 2.4.24 所示。

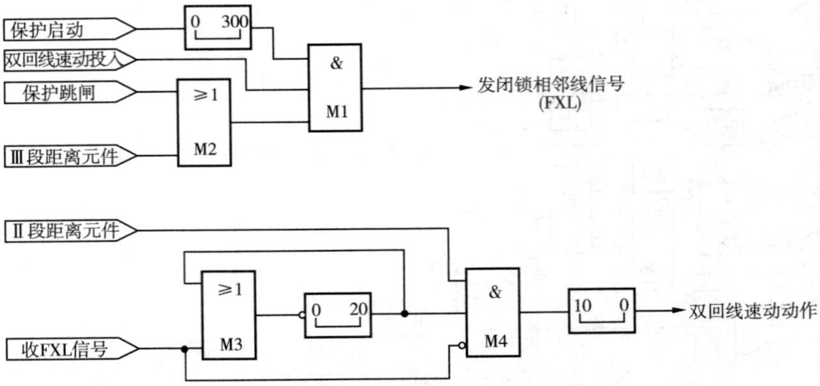

图 2.4.24　双回线相继速动逻辑框图

(八) 不对称故障相继速动

不对称故障相继速动逻辑框图如图 2.4.25 所示。

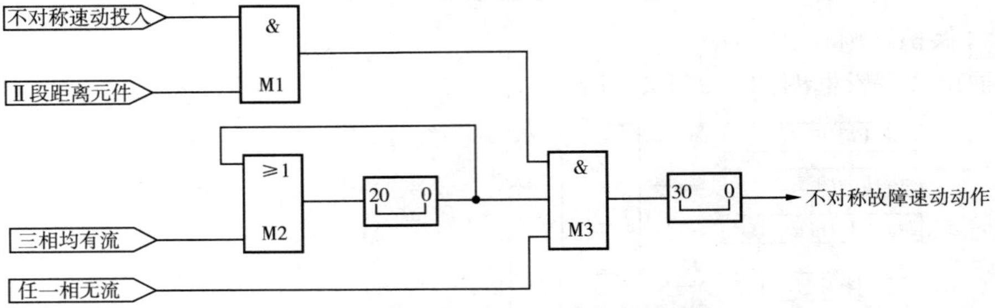

图 2.4.25　不对称故障相继速动逻辑框图

习　题

1. 配置微机线路保护要考虑哪些因素？中低压线路一般配置什么微机保护？110 kV 及以上线路一般配置什么微机保护？

2. 简述三段式电流电压方向保护的程序逻辑原理。

3. 电流差动保护中满足什么条件时不需要进行 TA 断线判断？

4. WXH－811 微机线路保护装置的主要元件有哪些？各主要元件的作用是什么？

5. 简述距离保护的程序逻辑原理。

第五章 微机变压器保护

教学目标 通过教学，使学生掌握电力变压器微机保护的种类、配置原则，WBH－812、WBH－813与WBH－814微机变压器保护装置的保护配置及各保护的程序逻辑原理。

教学重点 电力变压器微机保护的程序逻辑原理。

教学难点 比率差动保护电流平衡调整系数的意义与计算方法。

第一节 微机变压器保护的配置

电力变压器的微机保护的配置原则与常规保护的配置是基本相同，但是由于微机保护软件的特点，一般微机保护的配置较齐全、灵活。

中小型水电站主变压器的保护配置如图2.5.1所示。

主变压器配置的是WBH－810系列微机保护装置，适用于110 kV及其以下各种电压等级的双卷或三卷变压器。WBH－810系列微机变压器保护主要有WBH－812、WBH－813、WBH－814；WBH－812型装置完成变压器的主保护，采用二次电流自动调整相位的方法，并提供了可靠的励磁涌流判据，差动回路最多可接入4个分支电流；WBH－813型装置完成变压器一侧的后备保护和测控功能；WBH－814型装置完成变压器非电量保护，需要延时的非电量不需要外加延时继电器，由CPU延时出口。人机接口采用大屏幕、图形化、汉化、彩色液晶，十进制定值在线整定，实时显示主接线图、运行参数等。装置具有故障录波功能，并与COMTRADE格式兼容。支持IEC－60870－5－103通信规约，设有两组通信接口（双RS485、双RS232、双以太网）满足发电厂综合自动化系统的要求。

第二节 WBH－812微机变压器保护装置

一、保护典型配置

WBH－812装置的保护典型配置如表2.5.1所示。

表2.5.1 WBH－812装置保护典型配置

保护序号	保护名称	时限
1	比率制动	1
2	差流速断	1
3	TA断线	1
4	差流越线	1
5	中压侧过流	1
6	低压侧过流	1

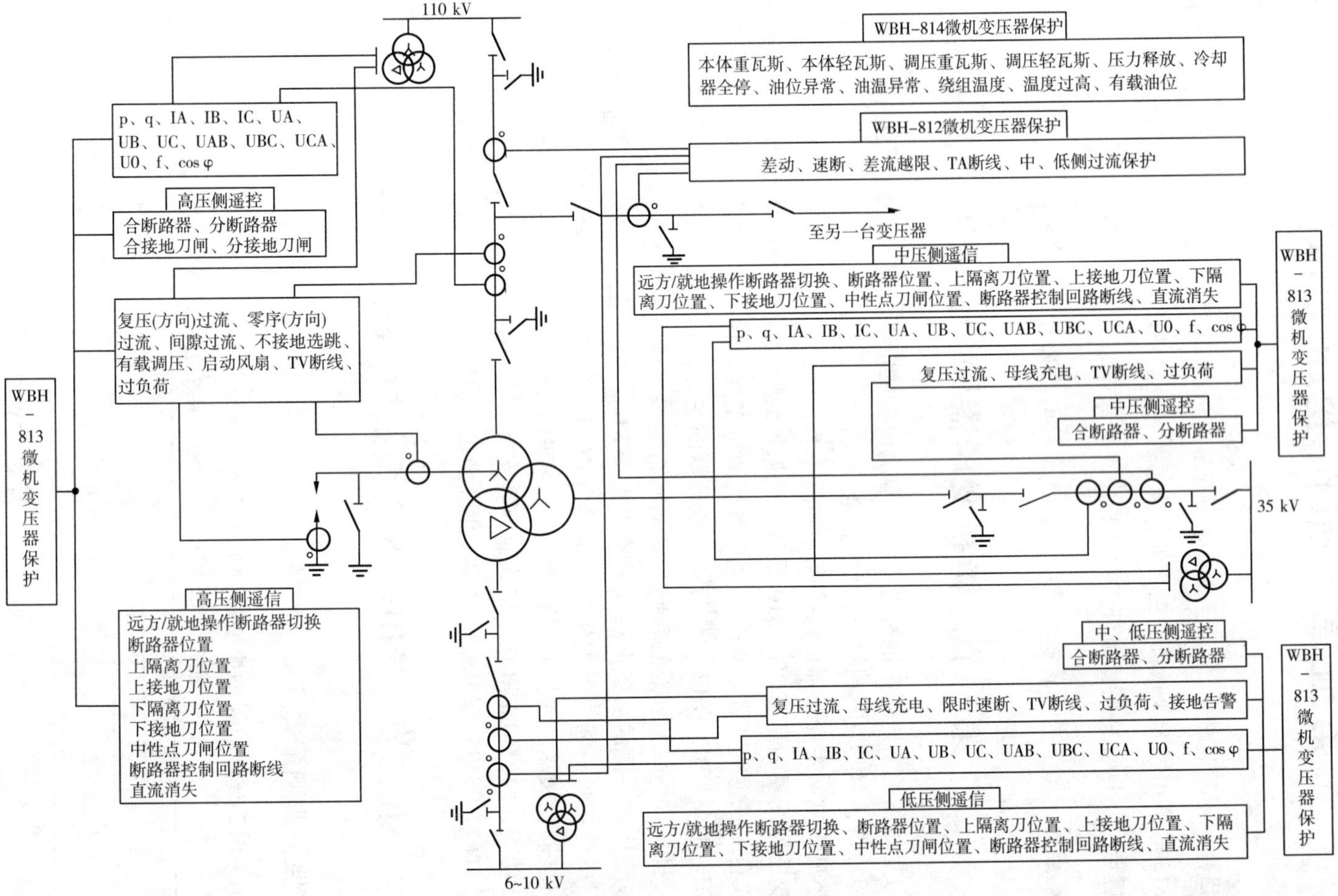

图2.5.1 中小型水电站主变压器的保护配置图

二、保护原理及判据说明

（一）比率制动式差动保护

比率制动式差动保护是变压器的主保护，能反映变压器内部相间短路故障、高压侧单相接地短路及匝间层间短路故障。

变压器保护装置最多可实现四侧差动，动作特性图如图 2.5.2 所示。

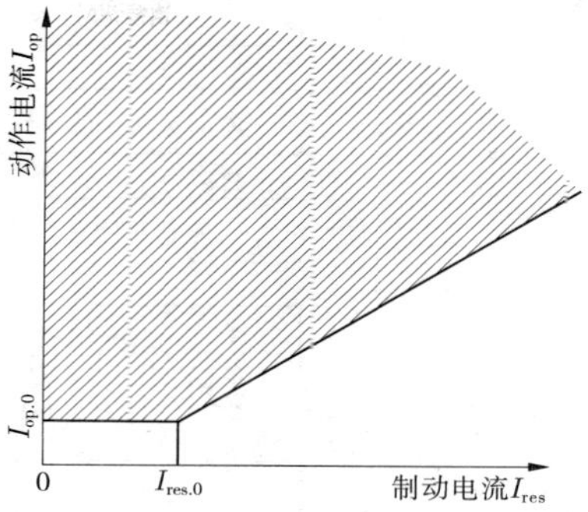

图 2.5.2　比率差动保护动作特性图

1. 比率差动原理

差动动作方程如下：

$$\begin{cases} I_{op} > I_{op.0} & (I_{res} \leqslant I_{res.0}) \\ I_{op} \geqslant I_{op.0} + S(I_{res} - I_{res.0}) & (I_{res} > I_{res.0}) \end{cases} \tag{2.5.1}$$

式中　I_{op}——差动电流；

$I_{op.0}$——差动最小动作电流整定值；

I_{res}——制动电流；

$I_{res.0}$——最小制动电流整定值；

S——比率制动系数整定值。

对于两侧差动：

$$I_{op} = |\dot{I}_1 + \dot{I}_2| \tag{2.5.2}$$

$$I_{res} = |\dot{I}_1 - \dot{I}_2|/2 \tag{2.5.3}$$

对于三侧及以上差动：

$$I_{op} = |\dot{I}_1 + \dot{I}_2 + \cdots + \dot{I}_n| \tag{2.5.4}$$

$$I_{res} = \max\{|\dot{I}_1|, |\dot{I}_2|, \cdots, |\dot{I}_n|\} \tag{2.5.5}$$

式中，$3 \leqslant n \leqslant 4$，$\dot{I}_1$、$\dot{I}_2$、…、$\dot{I}_n$ 分别为变压器各侧电流互感器二次侧的电流。判据式(2.5.1)为比率制动差动。

2. 励磁涌流判别

保护利用三相差动电流中的二次谐波分量作为励磁涌流闭锁判据。判别方程如下：

$$I_{op.2} > K_2 \cdot I_{op.1} \tag{2.5.6}$$

式中　$I_{op.2}$——A、B、C 三相差动电流中最大二次谐波电流；

K_2——二次谐波制动系数；

$I_{op.1}$——三相差动电流中最大基波电流。

该判据闭锁方式为“或”闭锁，即涌流满足式(2.5.6)，同时闭锁三相保护。

3. 比率制动式差动保护

比率制动式差动保护逻辑图如图 2.5.3 所示。

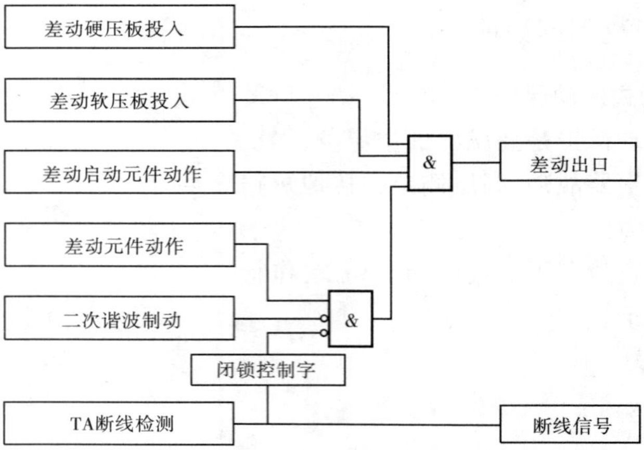

图 2.5.3　比率制动式差动保护逻辑图

4. 差流速断、差流越限保护逻辑图

当任一相差动电流大于差流速断整定值时瞬时动作于跳各侧断路器。

差流速断保护逻辑图如图 2.5.4 所示。

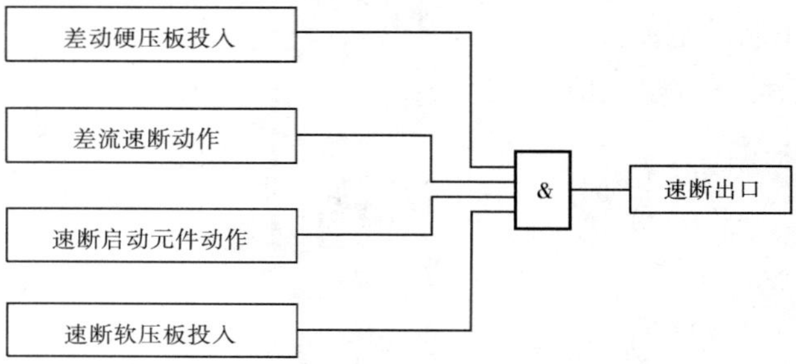

图 2.5.4　差流速断保护逻辑图

差流越限保护逻辑图如图 2.5.5 所示。

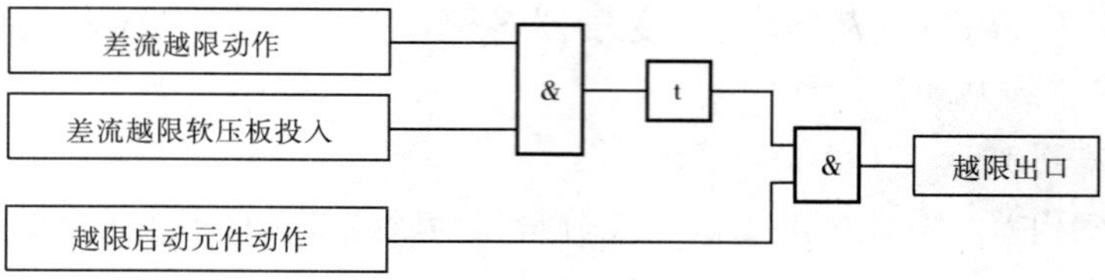

图 2.5.5　差流越限保护逻辑图

5. TA 断线判别

当三相电流都大于 0.2 倍的额定电流时，启动 TA 断线判别程序，满足下列条件认为 TA 断线：①本侧三相电流中至少一相电流不变；②最大相电流小于 1.2 倍额定电流；③任意一相电流为零。

6. 差动保护定值清单

差动保护定值清单如表 2.5.2 所示。

表 2.5.2　差动保护定值清单

定值名称	整定范围	说明
变压器比率差动保护		
额定电流	$(0.8 \sim 1.1)I_n$	
最小动作电流	$(0.21 \sim 1.0)I_n$	$I_{op.0}$
最小制动电流	$(0.5 \sim 1.2)I_n$	$I_{res.0}$
比率制动系数	0.3～0.7	S
二次谐波制动系数	0.15～0.2	K_2
差动第 1 侧平衡系数	0.1～4	
差动第 2 侧平衡系数	0.1～4	
差动第 3 侧平衡系数	0.1～4	
速断动作电流	$(3 \sim 10)I_n$	
TA 断线闭锁控制	0～1	1:闭锁　0:不闭锁
差流越限电流	$(0.1 \sim 1.0)I_n$	A
差流越限延时	0.1～10	s
以下为保护软压板		
比率制动差动投退	√:投入　×:退出	
差流速断投退	√:投入　×:退出	
差流越限投退	√:投入　×:退出	
TA 断线投退	√:投入　×:退出	

7. 差动保护电流平衡调整系数

常规变压器的差动保护，由于双绕组变压器采用 Y，dn 接线，高低两侧电流相位差 30°从而在变压器差动回路中产生较大的不平衡电流。为此要求两侧电流互感器二次侧采用相位补偿接线。由于微机保护软件计算的灵活性，允许变压器各侧的电流互感器二次侧都按 Y 形接线。当两侧都采用 Y 形接线时，在进行差动计算时由软件对变压器 Y 侧电流进行相位补偿及电流数值补偿。

用软件进行相位补偿后，由于各侧一次额定电流不等及各侧电流互感器接差动回路的变比不等，还必须对各侧计算电流进行平衡调整，才能消除不平衡电流对变压器差动保护的影响。

具体计算应根据变压器各侧一次额定电流、差动保护电流互感器变比，求出电流平衡调整系数 K_b，将 K_b 值当做定值送入微机保护，由软件实现电流自动平衡调整，消除不平衡电流影响。

平衡调整系数的计算过程：

(1) 求出变压器各侧的一次额定电流 I_{1N}

$$I_{1N} = \frac{S}{\sqrt{3}U_N} \tag{2.5.7}$$

式中　S——变压器额定容量；

U_N——本侧额定相间电压，有调压分接点的，应取中间抽头电压。

(2) 计算变压器各侧电流互感器二次计算电流

$$I_{2c}=\frac{I_{1N}}{K_n}K_{con} \tag{2.5.8}$$

式中　K_n——本侧电流互感器变比；

K_{con}——接线系数，Y 侧 $K_{con}=\sqrt{3}$，d 侧 $K_{con}=1$。

(3)计算电流平衡调整系数 K_b。首先规定以变压器高压侧的 I_{2c} 为基准，然后对其他各侧的电流互感器变比进行计算调整。调整系数按式(2.5.9)计算

$$K_b=\frac{I_n}{I_{2c}} \tag{2.5.9}$$

将式(2.5.7)、式(2.5.8)代入式(2.5.9)，求出低压侧调整系数整定值 K_{bl} 和中压侧调整系数整定值 K_{bm}：

$$K_{bl}=\frac{U_l K_l K_{con.h}}{U_h K_h K_{con.l}}$$

$$K_{bm}=\frac{U_m K_m K_{con.h}}{U_h K_h K_{con.m}}$$

式中，下标 h、l、m 分别表示高压侧、低压侧和中压侧。

由于微机保护取值是按二进制方式取值的，调整系数取值不是连续的而是分级的，因此按级差取值的调整系数 K_b 不可能使差动保护完全达到平衡。

另外，在 WBH－812 装置中，如果按上述的基准电流计算的平衡系数大于 4，那么要更换基准电流 I_b，直到平衡系数满足 $0.1<K_b<4$；如果无论怎么选取基准电流都不能满足 $0.1<K_b<4$ 的要求，建议使用中间变流器。

(二)过电流保护

变压器的中、低压侧发生区外故障时，由于后备保护装置直流电源故障而造成保护拒动时有发生，严重地威胁变压器的安全运行和电网的稳定，为了避免这种情况的发生。在变压器的中、低压侧各设一段过流保护，作为变压器的后备保护，该保护动作后作用于变压器各侧断路器。

1. 判据说明

当任一相电流大于保护动作电流整定值时，保护动作。

2. 过流保护的逻辑图

过流保护的逻辑图如图 2.5.6 所示

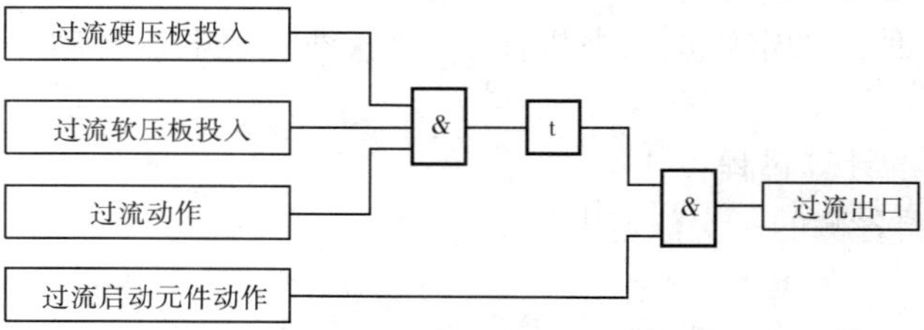

图 2.5.6　过流保护的逻辑图

3. 过电流保护定值清单

过电流保护定值清单如表 2.5.3 所示。

表 2.5.3　过电流保护定值清单

定值名称	整定范围	说明
	过流保护	
动作电流	$(0.2 \sim 10)I_n$	
延时时间	0.1 ~ 10 s	
	以下为保护软压板	
过流保护软压板	√:投入　×:退出	

第三节　WBH－813 微机变压器保护装置

一、保护典型配置

WBH－813 装置的保护典型配置如表 2.5.4 和表 2.5.5 所示。

表 2.5.4　高压侧(110 kV)后备保护的两种典型配置

保护类型	保护序号	保护名称	时限
高压侧后备保护(Ⅰ)	1	复压方向过流一段	1
	2	复压方向过流二段	1
	3	复压过流一段	1
	4	零序方向过流一段	1
	5	零序方向过流二段	1
	6	零序过流一段	2
	7	启动通风	1
	8	有载调压闭锁	1
	9	间隙零序	1
	10	TV 断线	1
	11	复合电压	1
高压侧后备保护(Ⅱ)	1	复压方向过流一段	2
	2	复压过流一段	1
	3	零序方向过流一段	2(零序电压闭锁)
	4	零序过流二段	2(零序电压闭锁)
	5	启动通风	1
	6	有载调压闭锁	1
	7	间隙零序	1
	8	TV 断线	1
	9	过负荷	1
	10	复合电压	1
	11	零序电压	1

表 2.5.5　中、低压侧后备保护的典型配置

保护类型	保护序号	保护名称	时限
中、低压侧后备保护（有源）	1	复方向过流一段	1
	2	复方向过流二段	1
	3	复压过流一段	1
	4	TV 断线	1
	5	过负荷	1
	6	复合电压	1
	7	零序电压(告警信号)	1
中、低压侧后备保护（无源Ⅰ）	1	复压过流一段	1
	2	复压过流二段	1
	3	复压过流三段	1
	4	TV 断线	1
	5	过负荷	1
	6	符合电压	1
	7	充电保护	1
	8	零序电压(告警信号)	1
中、低压侧后备保护（无源Ⅱ）	1	限时速短	3
	2	TV 断线	1
	3	过负荷	1
	4	复合电压	1
	5	充电保护	1

二、保护原理及判据说明

(一)相间后备保护

设有三段复合电压闭锁过流保护,各段电流及时间定值可独立整定,由整定控制字控制三段保护的投退。Ⅰ、Ⅱ段可带方向闭锁,由控制字选择,方向元件带有记忆功能以消除近处三相短路时方向元件的死区。复合电压闭锁过流保护可取三侧复合电压,任一侧复合电压动作均可启动过流保护动作。该保护由复合电压元件、相间方向元件及三相过流元件“与”构成,其中复合电压元件、相间方向元件可由软件控制字选择“投入”或“退出”,相间方向的最大灵敏角也可由软件控制字选择为 $-45°$(方向指向变压器控制字为1)或 $135°$(方向指向母线控制字为0)。

1. 复合电压保护

1)复合电压元件

复合电压动作后提供两对接点,用于启动其他侧复合电压闭锁的过流保护;同时也可

以用其他侧的复合电压启动本侧的复合电压启动元件(通过开入量)。该功能可通过控制字投退。

2)保护原理

复合电压元件由负序电压和低电压部分组成。负序电压反映系统的不对称故障,低电压反映系统的对称故障。

3)判据说明

下列两个条件中任一条件满足时,复合电压元件动作。

(1)$U_2 > U_{2op}$,U_{2op}为负序电压整定值。

(2)$U < U_{op}$,U_{op}为低电压整定值,U 为三个线电压中最小的一个。

4)复合电压的逻辑框图

复合电压的逻辑框图如图 2.5.7 所示。

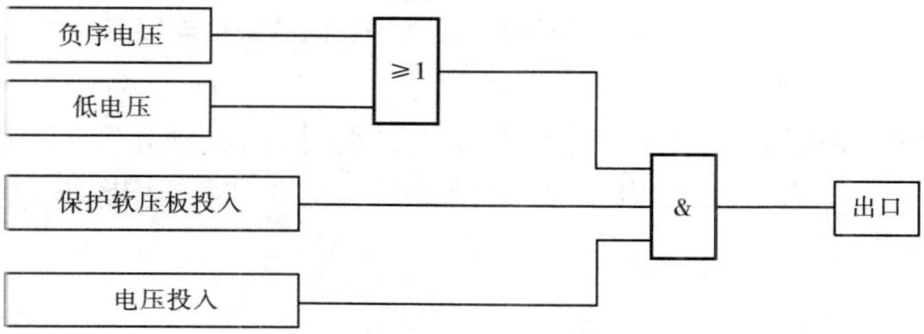

图 2.5.7　复合电压逻辑图

5)定值清单

复合电压保护定值清单如表 2.5.6 所示。

表 2.5.6　复合电压保护定值清单

定值名称	整定范围	说明
负序电压	5.0~20.0 V	U_{2op}
动作电压	30.0~100.0 V	U_{op}
以下为保护软压板		
复合电压软压板	√:投入　×:退出	

2.复合电压启动(方向)过流保护

1)判据说明

(1)过流元件。过流元件接于电流互感器二次三相回路中,当任一相电流满足下列条件时,保护动作。

$$I > I_{op}$$

式中　I_{op}——动作电流整定值。

(2)相间功率方向元件。方向元件的软件算法采用90°接线方式,动作判据为(以 I_A、U_{BC}为例):

$$R_e(\dot{U}_{BC} \cdot \hat{I}_A \cdot e^{j45^\circ}) > 0 \quad (灵敏角\ \varphi_{sen} = -45^\circ)$$

式中,R_e 表示取向量的实部。

2)TA 与相间方向元件间的极性连接

TA 与相间方向元件间的极性连接图如图 2.5.8 所示。

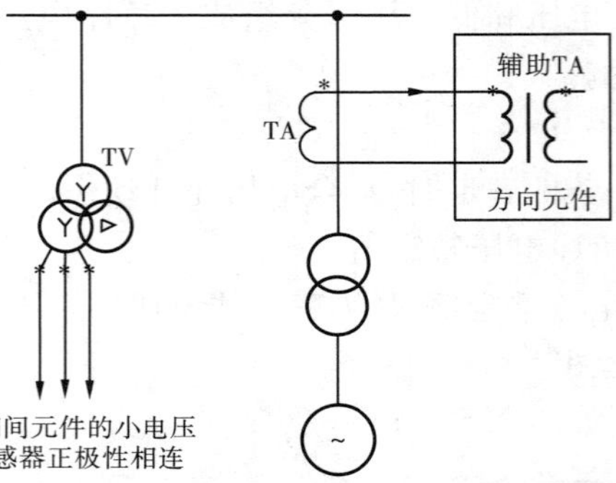

图 2.5.8 相间方向元件与 TA、TV 间的极性连接图

3)方向元件动作特性

当 TA、TV 极性接线符合相间方向元件接线原则时,以灵敏角 -45°为例,方向指向控制字为"1"时,灵敏角为 -45°;方向指向控制字为"0"时,灵敏角为 135°,动作区如图 2.5.9(a)、(b)所示。

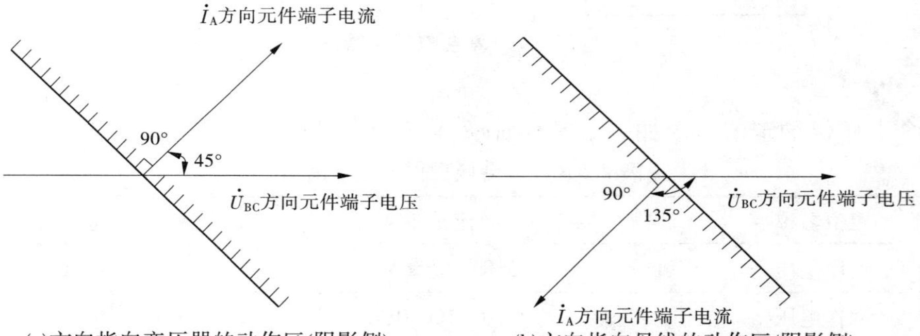

(a)方向指向变压器的动作区(阴影侧)　(b)方向指向母线的动作区(阴影侧)

图 2.5.9

4)复合电压方向过流保护逻辑框图

复合电压方向过流保护逻辑框图如图 2.5.10 所示。

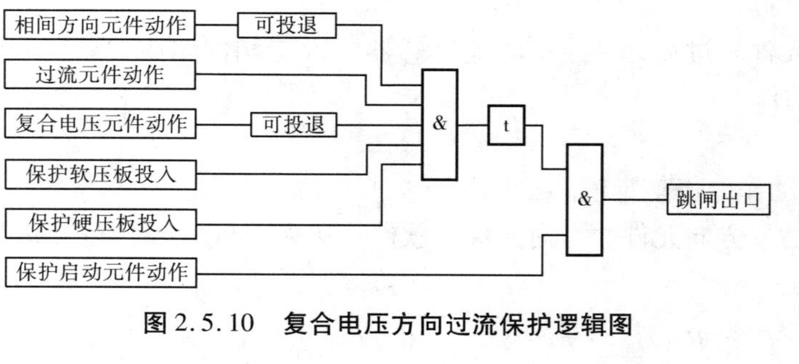

图 2.5.10 复合电压方向过流保护逻辑图

5)定值清单

复合电压启动(方向)过流保护定值清单如表2.5.7所示。

表2.5.7　复合电压启动(方向)过流保护定值清单

定值名称	整定范围	说明
动作电流	$(0.2\sim10)I_n$	I_{op}
延时时间 t_1	0.1～10 s	
延时时间 t_2	0.1～10 s	
方向投退控制	0～1	1:投入　0:退出
方向指向	0～1	1:指向变压器　2:指向母线
复合电压投退控制	0～1	1:投入　0:退出
复合电压选择控制	0～1	1:三侧　0:本侧
以下为保护软压板		
复压方向过流 t_1 软压板	√:投入　×:退出	
复压方向过流 t_2 软压板	√:投入　×:退出	

注:TV断线后:①复合电压取本侧时,自动退出复合电压闭锁;②复合电压取三侧时自动退出本侧电压判别;③自动退出方向。

(二)接地后备保护

对于110 kV及以上电压等级的变压器需要设置接地保护。本装置针对中性点直接接地运行、中性点不接地运行、中性点间隙接地运行三种接地方式均设有保护。

(1)中性点直接接地运行。对中性点直接接地系统,配置三段式零序(方向)过流保护。Ⅰ段和Ⅱ段均有两个时限,并可独立通过控制字选择经方向元件闭锁;Ⅲ段为一时限,不经方向元件。该保护由零序过流元件及零序功率方向元件"与"构成。其中,零序功率方向元件可由软件控制字整定"投入"或"退出",零序功率方向的指向可由软件整定为指向变压器或母线。

(2)中性点不接地运行。装置设有一段零序电压保护(或零序联跳),该保护动作后均跳主变各侧开关。

(3)中性点间隙接地运行。装置设有一段间隙零序过流保护,该保护动作后均跳主变各侧开关。对中、低压侧配置一段零序电压保护,用于单相接地故障时发告警信号。

1.零序(方向)过流保护

零序(方向)过流保护作为变压器或相邻元件接地故障的后备保护。

1)保护原理

由零序过流元件及零序功率方向元件"与"构成。其中,零序功率方向元件可由软件控制字整定"投入"或"退出",零序功率方向的指向可由软件整定为指向变压器或母线。

2)判据说明

(1)零序过流元件。零序方向过流保护的过流元件可用三相TA组成的零序回路中的电流,也可以用变压器中性点专用零序TA的电流。装置提供"动作电流选择"控制字以供用户选择,该控制字整定为“1”时,过流用自产零序电流;该控制字整定为“0”时,过流用专用零序电流。

(2)零序功率方向元件。零序过流保护的方向电流元件用自产零序电流。方向指向变压器控制字为“1”时,灵敏角为 -110°;方向指向母线控制字为“0”时,灵敏角为 70°。

动作判据:

$$R_e(3U_0 \cdot 3\hat{I}_0 \cdot e^{j110°}) > 0 \qquad (灵敏角\ \varphi_{sen} = -110°)$$

式中,R_e 表示取向量的实部。

零序方向元件的电流取自三相 TA 组成的零序回路中的电流,TA 的正极性端在母线侧;电压可以取三相 TV 组成的零序回路,也可以取 TV 开口三角电压。

3)TA 与零序方向元件间的极性连接

TA 与零序方向元件间的极性连接如图 2.5.11 所示。

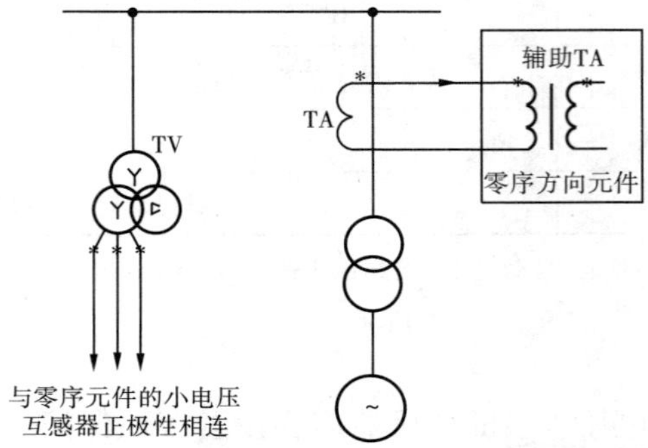

图 2.5.11　零序方向元件与 TA、TV 间的极性连接图

4)零序方向过流保护逻辑框图

零序方向过流保护逻辑框图如图 2.5.12 所示。

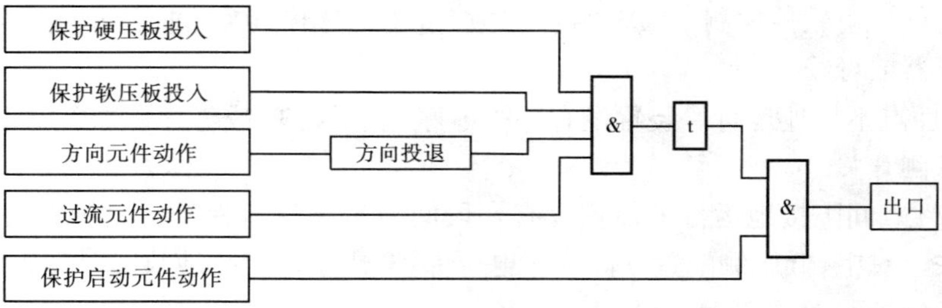

图 2.5.12　零序方向过流保护逻辑图

5)零序方向元件的动作特性

装置设有“方向指向”控制字,当 TA 极性接线符合上述接线示意图时,控制字指向设为“1”,方向灵敏角为 70° + 180°;方向指向设为“0”,方向灵敏角为 70°。方向元件的动作特性如图 2.5.13 所示。

6)定值清单

零序(方向)过流保护定值清单如表 2.5.8 所示。

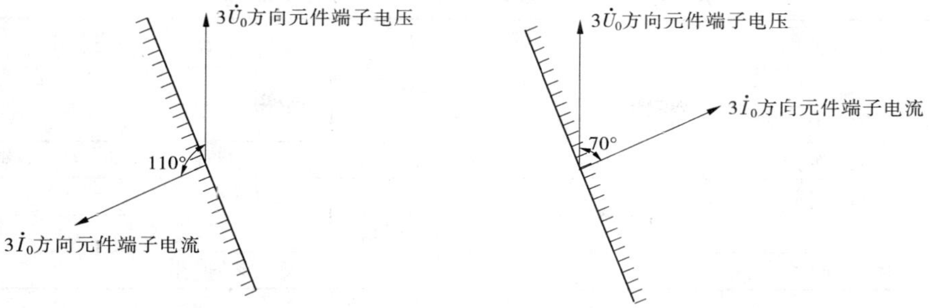

(a)方向指向变压器的动作区(阴影侧)　　(b)方向指向母线的动作区(阴影侧)

图 2.5.13

表 2.5.8　零序(方向)过流保护定值清单

定值名称	整定范围	说明
动作电流	$(0.2\sim10)I_n$	
延时时间 t_1	0.1 ~ 10.0 s	
延时时间 t_2	0.1 ~ 10.0 s	
动作电流选择	0 ~ 1	1:自产　0:中性点
方向电压选择	0 ~ 1	1:自产　0:中性点
方向投退	0 ~ 1	1:投入　0:退出
方向指向	0 ~ 1	1:指向变压器　0:指向母线
零序方向过流 t_1 软压板	√:投入　×:退出	
零序方向过流 t_2 软压板	√:投入　×:退出	

注:TV 断线后自动退出方向。

2. 零序电压保护

对中、低压侧配置一段过电压保护,用于接地故障时发告警信号。零序电压保护定值清单如表 2.5.9 所示。

表 2.5.9　零序电压保护定值清单

定值名称	整定范围	说明
动作电压	5.0 ~ 100.0 V	
延时时间	0.1 ~ 10.0 s	
以下为保护软压板		
零序电压软压板	√:投入　×:退出	

3. 零序联跳保护(零序电压)

零序联跳保护(零序电压)适用于变电站有两台或两台以上的变压器中性点接地运行系统,变压器中性点不接地运行的零序联跳保护由零序电压元件和开入量组成。中性点接地运行变压器通过零序电流动作后去启动另一台中性点不接地运行的变压器零序联跳保护。

零序联跳保护(零序电压)定值清单如表 2.5.10 所示。

表 2.5.10　零序联跳保护(零序电压)定值清单

定值名称	整定范围	说明
零序电流	$(0.2 \sim 10.0)I_n$	
零序电压	5.0 ~ 100.0 V	
接地选择	0 ~ 1	1:接地　0:不接地
延时时间	0.1 ~ 10.0 s	
以下为保护软压板		
零序联跳软压板	√:投入　×:退出	

4. 间隙零序电流保护

该保护适用于中性点装设放电间隙的主变压器,装置由零序电压元件和零序电流元件构成,零序电压取自母线 TV 二次开口三角侧,零序电流取自放电间隙处电流互感器。由间隙在击穿的过程中,零序电压和零序电流可能交替出现。当间隙电压元件或间隙电流元件动作后,保持一定时间。

间隙零序电流保护定值清单如表 2.5.11 所示。

表 2.5.11　间隙零序电流保护定值清单

定值名称	整定范围	说明
零序电流	$(0.1 \sim 10)I_n$	
零序电压	100 ~ 300 V	
延时时间	0.1 ~ 10 s	
以下为保护软压板		
间隙零序软压板	√:投入　×:退出	

(三)过负荷(有载调压闭锁、通风启动)保护

装置设有三个定值分别对应这三项功能,取最大相电流作为判别。装置给出一副通风启动接点,一副有载调压闭锁接点。

(1)过负荷(有载调压闭锁)定值清单如表 2.5.12 所示。

表 2.5.12　过负荷(有载调压闭锁)定值清单

定值名称	整定范围	说明
动作电流	$(0.2 \sim 10)I_n$	
延时时间	0.1 ~ 10 s	
以下为保护软压板		
保护软压板	√:投入　×:退出	

(2)通风启动定值清单如表 2.5.13 所示。

表 2.5.13　通风启动定值清单

定值名称	整定范围	说明
动作电流	$(0.2 \sim 2.0)I_n$	
返回电流	$(0.1 \sim 1.9)I_n$	
延时时间	0.1 ~ 10 s	
以下为保护软压板		
通风启动软压板	√:投入　×:退出	

（四）限时速断保护

变压器的中、低压侧各配置一段限时速断保护，在线路近端故障断路器拒动或母线故障时，以较短时限跳开本侧断路器，避免了因复压闭锁过流保护时限整定过长而烧坏变压器。限时速断保护定值清单如表 2.5.14 所示。

表 2.5.14　限时速断保护定值清单

定值名称	整定范围	说明
动作电流	$(0.2 \sim 10)I_n$	
延时时间	0.1 ~ 10 s	
以下为保护软压板		
限时速断软压板	√：投入　×：退出	

（五）母线充电保护

母线充电保护是一种限时电流速断保护，仅在对母线充电时短时投入。在检测到母线充电开入（断路器 HWJ）从 0 变至 1 时，短时开放母线充电保护，15 s 后自动退出母线充电保护。

1. 母线充电保护逻辑图

母线充电保护逻辑图如图 2.5.14 所示。

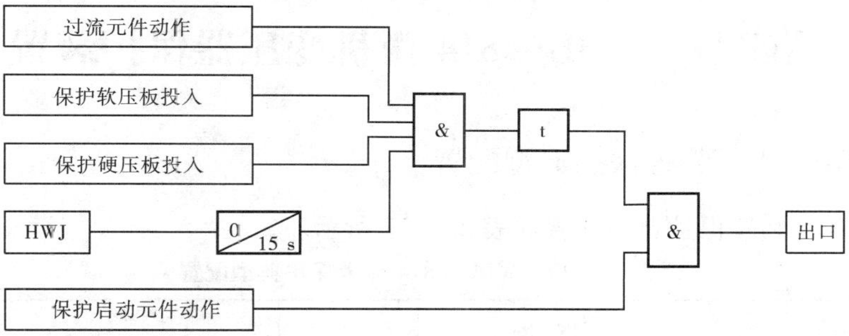

图 2.5.14　母线充电保护逻辑图

2. 定值清单

母线充电保护定值清单如表 2.5.15 所示。

表 2.5.15　母线充电保护定值清单

定值名称	整定范围	说明
动作电流	$(0.2 \sim 10)I_n$	
延时时间	0.1 ~ 10 s	
以下为保护软压板		
母线充电软压板	√：投入　×：退出	

（六）TV 断线保护

1. 保护原理

（1）判据：①负序电压大于 8 V，三相电流均小于 1.2 倍额定电流；②正序电压小于 30 V，且任一相电流大于 3/50 倍额定电流、三相电流均小于 1.2 倍额定电流。满足上述任一条件后延时 10 s 报母线 TV 断线，发出保护动作信号。

（2）当本侧 TV 检修或旁路代路时，为保证该侧后备保护的正确动作，需退出“本侧电压”压板，此时该侧后备保护的功能有如下变化：①复合电压闭锁（方向）过流保护自动解除本侧复合电压闭锁，只是经过其他侧复合电压闭锁（复合电压选三侧时）；②复合电压过流保护自动解除方向元件；③TV 断线检测功能解除；④本侧复合电压动作功能解除；⑤零序方向过流保护自动解除方向元件。

2. 定值清单

TV 断线保护定值清单如表 2.5.16 所示。

表 2.5.16　TV 断线保护定值清单

定值名称	整定范围	说明
额定电流	$(0.5\sim1.1)I_n$	
以下为保护软压板		
TV 断线软压板	√：投入　×：退出	

第四节　WBH－814 微机变压器保护装置

一、WBH－814 装置保护典型配置

WBH－814 装置保护典型配置如表 2.5.17 所示。

表 2.5.17　WBH－814 装置保护典型配置

保护序号	保护名称	时限	说明
1	本体重瓦斯	1	跳闸
2	调压重瓦斯	1	跳闸
3	压力释放	1	跳闸
4	温度过高	1	信号
5	调压轻瓦斯	1	信号
6	冷却器全停	1	延时
7	油位异常	1	延时
8	油温异常	1	延时
9	绕组温度	1	延时
10	本体轻瓦斯	1	信号

续表 2.5.17

保护序号	保护名称	时限	说明
11	备用 1	1	延时
12	备用 2	1	延时
13	备用 3	1	跳闸
14	备用 4	1	信号
15	备用 5	1	信号

注:①备用 1、备用 2 为可经 CPU 延时跳闸的保护;备用 3 为不经 CPU 立即跳闸的保护;备用 4、备用 5 为不经 CPU 立即发信号的保护。若增加了 1~10 的非电量保护,请选择相应的备用保护。②若某个非电量需要两个时限,请选择备用 1 或 2 作为第二时限。

二、保护原理

WBH-814 装置完成变压器所有的非电量保护。该装置可实现 15 路非电量保护,其中 8 路非电量保护可以通过 CPU 延时跳闸,所有的非电量保护都瞬时发跳闸或告警信号。需要延时跳闸的非电量保护请整定相应的出口位。非电量保护的逻辑图如图 2.5.15 所示。

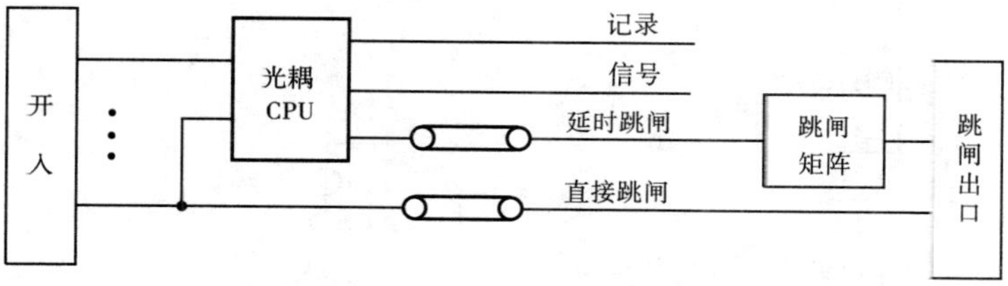

图 2.5.15 非电量保护逻辑图

习 题

1. 配置电力变压器微机保护要考虑哪些原则?举例说明配置哪些微机变压器保护?
2. WBH-812 装置配置了哪些保护?
3. 比率差动保护中的电流平衡调整系数有什么作用?如何进行计算?
4. 比率差动保护中是如何进行 TA 断线判别的?
5. WBH-813 装置配置了哪些保护?

第六章　微机水轮发电机保护

教学目标　通过教学,使学生掌握水轮发电机微机保护的种类、配置原则,掌握 WFB－821 与 WFB－822 微机发电机保护装置的保护配置与各保护的程序逻辑原理。

教学重点　微机水轮发电机保护的程序逻辑原理。

教学难点　水轮发电机微机保护的工作原理。

第一节　微机水轮发电机保护配置

水轮发电机的微机保护的配置原则与常规保护的配置是基本相同的,但是由于微机保护软件的特点,一般微机保护的配置较齐全、灵活。

中小型水轮发电机的保护配置如图 2.6.1 所示。

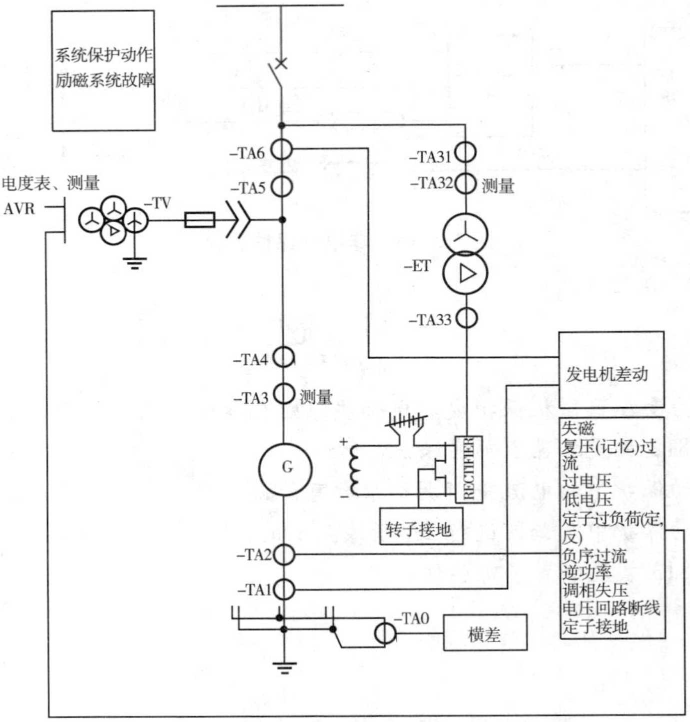

图 2.6.1　中小型水轮发电机的保护配置图

中小型水轮发电机的保护所配置的是 WFB－820 系列微机发电机保护装置,该系列分 WFB－821 和 WFB－822 两个装置。WFB－821 实现发电机差动保护功能,WFB－822

实现发电机除差动以外的其他保护及测量、控制功能,可配合 SJK－8000 水电厂综合自动化系统。

第二节　WFB－821 微机发电机保护装置

一、保护配置

WFB－821 装置配有几种保护:①发电机差动(两侧比率差动)保护;②TA 断线保护;③横差保护;④装置故障告警。

二、发电机比率制动式差动保护

比率制动式差动保护是发电机内部相间短路故障的主保护。

(一)保护原理

1. 比率差动原理

差动动作方程如下:

$$\begin{cases} I_{op} \geqslant I_{op.0} & (I_{res} \leqslant I_{res.0}\text{时}) \\ I_{op} \geqslant I_{op.0} + S(I_{res} - I_{res.0}) & (I_{res} > I_{res.0}\text{时}) \end{cases} \tag{2.6.1}$$

式中　I_{op}——差动电流;

$I_{op.0}$——差动最小动作电流整定值;

I_{res}——制动电流;

$I_{res.0}$——最小制动电流整定值;

S——比率制动特性的斜率。

各侧电流的方向都以指向发电机为正方向,如图 2.6.2 所示。

差动电流:$I_{op} = |\dot{I}_T + \dot{I}_N|$

制动电流:$I_{res} = |\dot{I}_T - \dot{I}_N|$

式中,T、N 分别为机端、中性点电流互感器(TA)二次侧的电流,TA 的极性如图 2.6.2 所示(根据工程需要,也可将 TA 极性端均定义为靠近发电机侧)。

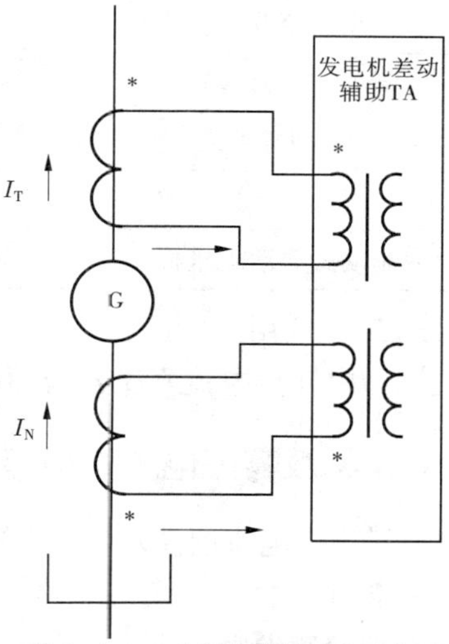

图 2.6.2　电流极性接线示意图

2. TA 断线判别

当任一相差动电流大于 0.15 倍的额定电流时启动 TA 断线判别程序,满足下列条件认为 TA 断线:

(1)本侧三相电流中至少一相电流为零;

(2)本侧三相电流中至少一相电流不变;

(3)最大相电流小于 1.2 倍的额定电流。

3. 保护逻辑框图

发电机差动保护逻辑框图如图 2.6.3 所示。

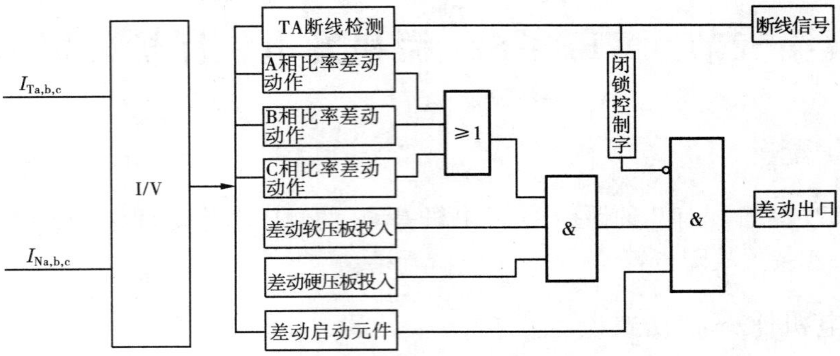

图 2.6.3 发电机差动保护逻辑框图

(二)定值清单

发电机比率制动式差动保护定值清单如表 2.6.1 所示。

表 2.6.1 发电机比率制动式差动保护定值清单

定值名称	整定范围	说明
发电机比率制动式差动保护		
最小动作电流	$(0.1\sim1.0)I_n$	$I_{op.0}$
最小制动电流	$(0.5\sim2.0)I_n$	$I_{res.0}$
制动特性斜率	0.3~0.7	S
TA 断线闭锁差动	0~1	1:闭锁 0:不闭锁
以下为保护软压板		
比率制动式差动软压板	√:投入 ×:退出	

(三)工程应用

机端和中性点电流互感器必须同型号、同变比。

三、高灵敏零序电流型横差保护

高灵敏零序电流型横差保护作为发电机内部匝间、相间短路及定子绕组开焊的主保护。

(一)保护原理

本保护检测发电机定子多分支绕组的不同中性点连线电流(即零序电流)$3I_0$ 中的基波成分,保护判据为:

$$I_{op}\geqslant I_{op.0} \tag{2.6.2}$$

式中 I_{op}——横差电流;

$I_{op.0}$——动作电流的整定值。

发电机正常运行时,接于两中性点之间的横差保护,不平衡电流主要是基波,在外部短路时，不平衡电流主要是三次谐波成分，为降低保护定值和提高灵敏度，保护中还增加有三次谐波阻波功能。横差保护瞬时动作于出口，当转子发生一点接地时，横差保护经延时 t 动作于出口，t 一般整定为 0.5 s。该方案的综合逻辑框图如图 2.6.4 所示。

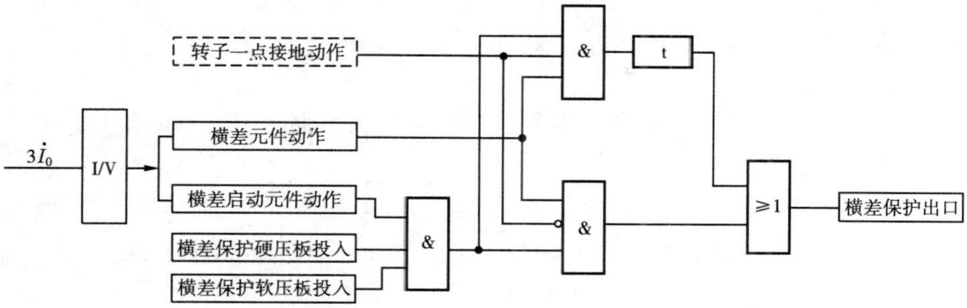

图 2.6.4　横差保护逻辑框图

(二)定值清单

高灵敏零序电流型横差保护定值清单如表 2.6.2 所示。

表 2.6.2　高灵敏零序电流型横差保护定值清单

定值名称	整定范围	说明
横差保护		
最小动作电流	$(0.1 \sim 1.0)I_n$	$I_{op.0}$
一点接地后延时时间	0.1 ~ 50 s	
以下为保护软压板		
横差保护软压板	√:投入　×:退出	

(三)工程应用

横差保护定值整定一般在保护投运前做升流试验时，由管理机测取不平衡电流，用线性外推法求出对应外部短路电流最大值（等于 $1/X''_K$，X''_K 取饱和值）时的 $I_{unb.1.max}$ 和 $I_{unb.3.max}$。$I_{unb.1.max}$ 为最大外部短路电流时横差 TA 二次侧输出端的基波零序不平衡电流；$I_{unb.3.max}$ 为最大外部短路电流时横差 TA 二次侧输出端（未经过三次谐波阻波器过滤的）三次谐波不平衡电流。

第三节　WFB－822 微机发电机保护装置

一、保护配置

WFB－822 装置配有：①速断（过流）保护；②复压（记忆）过流保护；③95% 定子接地保护；④转子一点接地保护；⑤定子过负荷（定、反时限）保护；⑥负序过流保护；⑦过电压保护；⑧低电压保护；⑨失磁保护；⑩逆功率保护；⑪调相失压保护；⑫非电量类保护（励磁消失、重瓦斯、轻瓦斯、温度、压力释放、油位过高、油位过低）；⑬装置故障告警；⑭遥测

（一个功率点）、遥信、遥脉、遥控及故障录波。

二、95%定子接地保护

作为发电机定子回路单相接地故障保护，当发电机定子绕组任一点发生单相接地时，该保护按要求的时限动作于跳闸或信号。

（一）保护原理

基波零序电压保护发电机从机端算起的85%～95%的定子绕组单相接地。

基波零序电压动作判据为：

$$|3U_0| > U_{op} \tag{2.6.3}$$

式中　$3U_0$——一般取中性点电压，如果中性点无TV，则取机端零序电压，需TV断线闭锁；

U_{op}——基波零序电压整定值。

95%定子接地保护逻辑框图如图2.6.5所示。

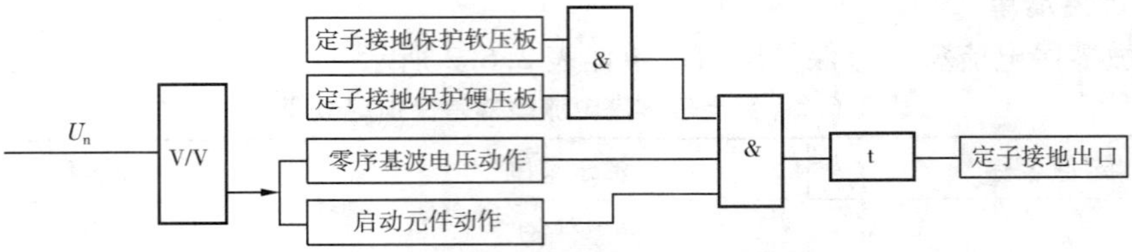

图2.6.5　定子接地保护逻辑框图

（二）定值清单

95%定子接地保护逻辑定值清单如表2.6.3所示。

表2.6.3　95%定子接地保护定值清单

定值名称	整定范围	说明
基波零序电压型定子接地保护		
基波电压	10～50 V	$U_{op.0}$
基波延时时间	0.1～10 s	
电压选择	0～1	0:取中性点电压 1:取机端电压
以下为保护软压板		
定子接地软压板	√:投入　×:退出	

三、转子一点接地保护

该保护主要反映转子回路一点接地故障。

（一）保护原理

主要通过采用测量有功功率消除测量回路中电感、电容对测量的影响，从而达到测出回路对地的实际电阻。其等效电路如图2.6.6所示。

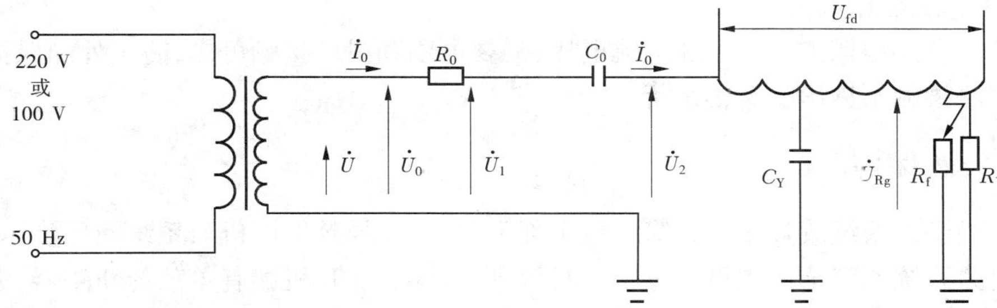

图 2.6.6　转子一点接地等效电路

R_0——外加电阻，实际值确定；

C_0——外加隔离电容，实际值确定；

C_Y——转子回路对地感应的电容，实际值不确定；

R_f——转子回路发生接地故障时引发故障的电阻；

R_Y——转子回路未发生接地故障时对地电阻（几千欧到兆欧级）。

保护原理分析，令

$$R_g = R_f / R_y$$

R_g 为实际测量的转子回路对地电阻值，测量范围 0～200 kΩ。

根据上面电路回路，由叠加原理，忽略直流回路影响，对 50 Hz 交流测量回路有：

$$P_{Rg} = U_{Rg} \cdot I_{Rg} = \frac{|U_{Rg}|^2}{R_g} = \frac{|U_2|^2}{R_g}$$

$$R_g = \frac{|U_2|^2}{P_{Rg}}$$

根据电容电感不消耗有功，即可测量出 P_{Rg}：

$$P_{Rg} = U_{Rg} \cdot I_{Rg} = \frac{|U_{Rg}|^2}{R_g} = \dot{U}_2 \cdot \dot{I}_0 = U_2 \cdot I_0 \cdot \cos\theta$$

θ 为 U_2 与 I_2 的相位角，测出 U_2、I_0 即可求出 R_g。

动作方程 $R_g < R_{set}$，延时动作于信号。在管理机上可实时显示转子接地电阻值和外加的交流电压测量值。

（二）定值清单

转子一点接地保护定值清单如表 2.6.4 所示。

表 2.6.4　转子一点接地保护定值清单

定值名称	整定范围	说明
转子一点接地保护		
接地电阻定值	1.0～50.0 kΩ	
延时时间	0.1～50 s	
以下为保护软压板		
转子一点软压板	√：投入　×：退出	

(三)工程应用

转子一点接地保护采用外加交流电压,需要电刷和滑环接触可靠,防止外加保护回路与励磁回路接触不良影响保护运行。

四、失磁保护

发电机励磁系统故障使励磁降低或全部失磁,从而导致发电机与系统间失步,对机组本身及电力系统的安全造成重大危害。对较小容量的机组,机端有单独的断路器,失磁保护采用静稳阻抗发信号,异步阻抗出口跳机端断路器的保护方案,直接针对发电机运行情况减少异常运行时对外部系统的影响,保护带 TV 断线闭锁。

(一)保护原理

失磁保护的主判据可由下述判据组成。

1. 静稳边界阻抗主判据

阻抗扇形圆动作判据匹配发电机静稳边界圆,采用0°接线方式(U_{ab}、I_{ab}),动作特性如图2.6.7所示,发电机失磁后,机端测量阻抗轨迹由图中第Ⅰ象限随时间进入第Ⅳ象限,到达静稳边界附近进入圆内。静稳边界阻抗判据满足后,至少延时1~1.5 s发失磁信号、压出力或跳闸,延时1~1.5 s的原因是躲开系统振荡。扇形与R轴的夹角为10°~15°,这是为了躲开发电机出口经过渡电阻的相间短路、以及躲开发电机正常进相运行。

需要指出的是:发电机产品说明书中所刊载的X_d值是铭牌值,用“X_d(铭牌)”符号表示,它是非饱和值,是发电机制造厂家以机端三相短路但短路电流小于额定电流的情况下试验取得的,误差大。为了防止失磁保护误动,在静稳扇形失磁保护判据的整定计算中采用的X_d值为:$X_d = X_d$(铭牌)/1.3。

2. 稳态异步边界阻抗判据

发电机凡是发生能导致失步的失磁后,总是先到达静稳边界,然后转入异步运行,进而稳态异步运行。该判据的动作圆为下抛圆,它匹配发电机的稳态异步边界圆。特性曲线如图2.6.8所示。

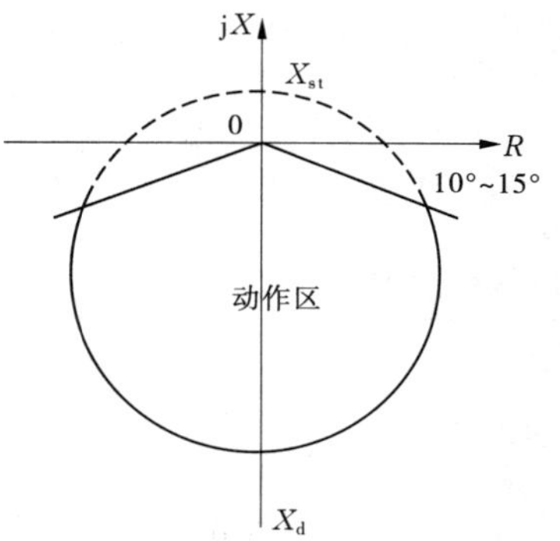

图2.6.7 静稳边界阻抗判据动作特性

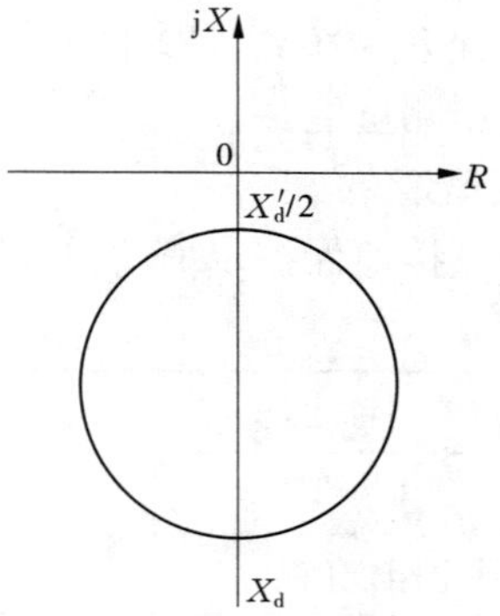

图2.6.8 异步阻抗特性曲线

考虑发电机失磁故障对机组本身和系统造成的影响,根据机组在系统中的作用和地位以及系统结构,本装置提供的失磁保护方案如图2.6.9所示。

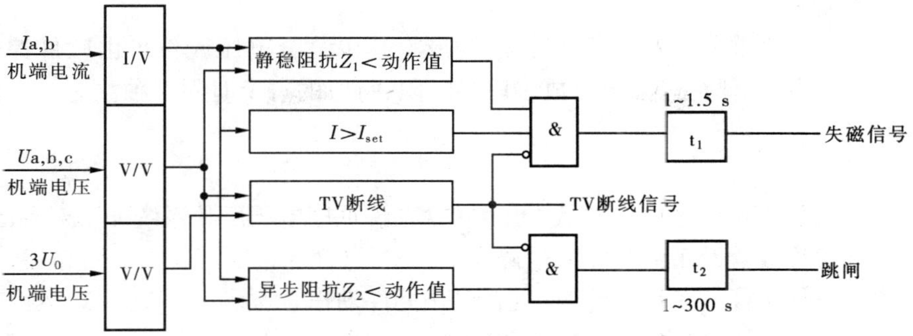

图 2.6.9　失磁保护逻辑框图

说明：由于失磁保护判据多，逻辑较复杂，为便于使方案逻辑清晰，失磁保护逻辑框图中保护硬压板、各段软压板及启动元件均未画出，实际逻辑中，保护硬压板、各段软压板及启动元件是存在的。

稳态异步边界圆的动作区远小于静稳边界扇形动作区。保护方案的特点是：全失磁或部分失磁失步，Z_1 < 动作值，经 t_1 = 1 ~ 1.5 s 延时发失磁信号，尚不跳闸，允许失磁发电机较长时间运行继续向系统输出一定有功，Z_2 < 动作值后经长延时 t_2 = 1 ~ 300 s 跳闸。框图中，虽然 Z_2 < 动作值经 t_2 延时单独跳闸，但不会发生因整定误差而在正常进相运行时误跳。

（二）定值清单

失磁保护定值清单如表 2.6.5 所示。

表 2.6.5　失磁保护定值清单

定值名称	整定范围	说明
失磁阻抗保护		
静态动作阻抗 Z_{1A}	1 ~ 20 Ω	
静态动作阻抗 Z_{1B}	5 ~ 50 Ω	
异步动作阻抗 Z_{2A}	1 ~ 20 Ω	
异步动作阻抗 Z_{2B}	5 ~ 50 Ω	
TV 断线闭锁投退	0 ~ 1	1：投入　0：退出
一段延时时间	0.1 ~ 10 s	
二段延时时间	0.1 ~ 10 s	
以下为保护软压板		
失磁保护一段软压板	√：投入　×：退出	
失磁保护二段软压板	√：投入　×：退出	

五、复合电压启动过电流保护

复合电压启动过流保护作为发电机的后备保护。

(一)保护原理

由复合电压元件及三相过流元件“与”构成。其中复合电压元件可由软件控制字选择“投入”或“退出”。保护可以配置成多段多时限,每段的每个时限都独立为一个保护。

1. 判据说明

1)复合电压元件

复合电压元件由负序过电压和低电压判据组成,负序电压反映系统的不对称故障,低电压反映系统对称故障及不对称相间故障。

下列两个条件中任一条件满足时,复合电压元件动作。

(1)$U_2 > U_{2op}$,U_{2op}为负序电压整定值;

(2)$U < U_{op}$,U_{op}为低电压整定值,U 为三个线电压中最小的一个。

2)过流元件

过流元件接于电流互感器二次三相回路中,保护可有多段定值,每段电流和时限均可单独整定。当任一相电流大于动作电流值时,保护动作。

2. 保护逻辑框图

复合电压启动过电流保护逻辑框图如图 2.6.10 所示。

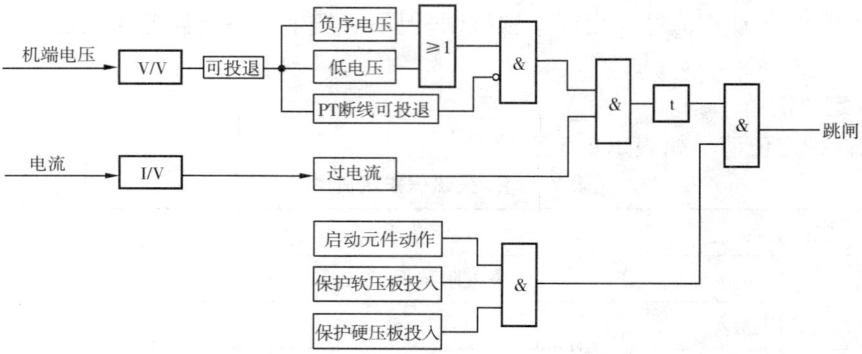

图 2.6.10 复合电压启动过电流保护逻辑框图

(二)定值清单

定值清单如表 2.6.6 和表 2.6.7 所示。

表 2.6.6 TV 断线控制定值清单

定值名称	整定范围	说明
复合电压		
负序电压	1 ~ 30 V	U_{2op}
低电压	30 ~ 100 V	U_{op}
TV 断线控制	0 ~ 1	见注
以下为保护软压板		
保护软压板	√:投入 ×:退出	

注:TV 断线控制:1:电压断线时,复合电压不再对电压进行判别,即认为复合电压不满足动作条件;0:电压断线时,复合电压仍然对电压进行判别,即认为复合电压满足动作条件。

表 2.6.7　复合电压过流保护定值清单

定值名称	整定范围	说明
复合电压启动过流保护		
动作电流	$(0.1\sim10)I_n$	I_{op}
延时时间 t_1	0.1 ~ 10 s	
延时时间 t_2	0.1 ~ 10 s	
复合电压投退控制	0 ~ 1	见注
以下为保护软压板		
t_1 时限软压板	√:投入　×:退出	
t_2 时限软压板	√:投入　×:退出	

注:复合电压投退控制:1:复合电压过流保护;0:过流保护。

六、复压记忆过流保护

复压记忆过流保护主要作为自并励发电机的后备保护。

(一)保护原理

由复合电压元件和三相过流元件构成。三相电流元件动作后,复合电压元件也同时动作,经“与”门启动时间元件;经延时 t 后动作于停机。在达到整定时间 t 之前若由于短路电流衰减,电流元件已返回,设置瞬时动作延时(10 s)返回功能,使电流动作后记忆一定时间,不会使保护装置中途返回。

(1)保护逻辑框图如图 2.6.11 所示。

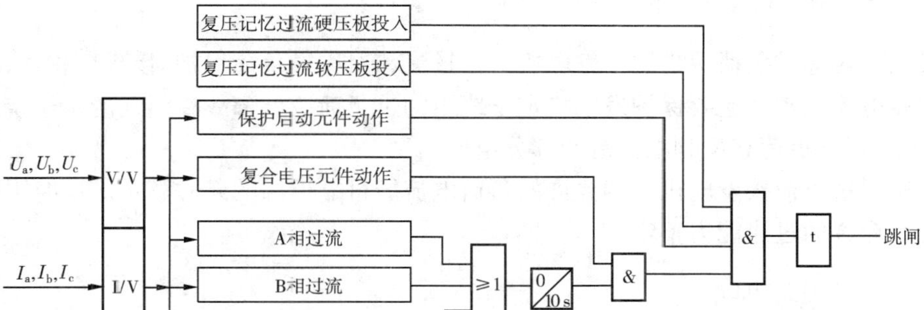

图 2.6.11　复压记忆过流保护逻辑框图

(2)判据说明。与复合电压启动过电流保护一致。

(二)定值清单

复压记忆过流保护定值清单如表 2.6.8 所示。

表 2.6.8　复压记忆过流保护定值清单

定值名称	整定范围	说明
复压记忆过流保护		
负序电压	1～30 V	U_{2op}
低电压	30～100 V	U_{op}
动作电流	$(0.1～10)I_n$	I_{op}
延时时间	0.1～10 s	t
以下为保护软压板		
复压记忆过流软压板	√:投入　×:退出	

注：复压过流保护和复压记忆过流保护在保护装置中只配置一个，由控制字选择确定是复压过流或复压记忆过流保护。

七、过流保护

过流保护可作为发电机故障或过负荷的灵敏启动元件及延时元件。保护判断三相电流中最大值大于整定值时动作。

八、速断保护

速断保护可作为消除差动保护死区或作为发电机机端相间短路的辅助保护。保护判断三相电流中最大值大于整定值时动作。

九、负序过流保护

负序过流保护可作为发电机不对称故障的保护或非全相运行保护(定时限)。

十、发电机对称过负荷保护

发电机对称过负荷保护用于发电机对称过流和对称过负荷保护，接成三相式，取其中的最大相电流判别。主要保护发电机定子绕组的过负荷或外部故障引起的定子绕组过电流，由定时限过负荷和反时限过流两部分组成。

定时限过负荷按发电机长期允许的负荷电流能可靠返回的条件整定。反时限过流按定子绕组允许的过流能力整定。

十一、过电压保护

过电压保护可作为过压启动、闭锁及延时元件。保护取三相线电压，当任一相线电压大于整定值，保护即动作。

十二、低电压保护

低电压保护可作为低压启动、闭锁及延时元件。保护取三相线电压，当任一相线电压小于整定值，保护即动作。

十三、调相失压保护

调相失压保护作为防止发电机调相运行中出现异常工况，造成机端电压下降，可能影响系统安全运行的保护，由经外部自动操作装置接点来闭锁的低电压元件构成。低电压元件取三相线电压，当任一线电压小于整定值，且闭锁元件满足条件保护即延时动作。

十四、非电量保护说明

非电量保护设有重瓦斯跳闸/告警、轻瓦斯告警、温度保护（带延时）跳闸/告警、油位过高跳闸/告警、油位过低跳闸/告警、压力释放跳闸/告警、励磁消失跳闸/告警；非电量插件独立完成 6 路非电量跳闸重动，在 CPU 停用或保护电源消失时仍能正确动作。

同时，本体插件将非电量信息输送给 CPU 插件，用于灯光信号、SOE 报告等信息的当地显示及网络传输。非电量跳闸时点亮装置面板非电量灯光，同时提供非电量跳闸擗动信号及中央信号接点；本体告警点亮装置面板告警灯光，同时提供告警中央信号接点。共 2 路遥信由装置内部向 CPU 插件输入，软件设“跳闸/ 告警”可选的非电量设有控制字，用于发送不同方式的 SOE 报告。

非电量跳闸出口由本体插件硬件直跳，CPU 仅执行信号及遥信功能。非电量保护动作后，装置自动打印动作信息且可通过通信将信息传至监控系统。

十五、装置故障告警

保护装置的硬件发生故障（包括定值出错、定值区号出错、开出回路出错），装置的 LCD 可以显示故障信息，并闭锁保护的开出回路，同时发中央信号。

习　题

1. 配置水轮发电机微机保护的原则是什么？举例说明如何配置水轮发电机保护。
2. WFB－821 装置配置了哪些保护？
3. WFB－822 装置配置了哪些保护？

第七章　微机继电保护装置运行管理

教学目标　通过教学,使学生掌握微机保护装置人机界面的特点及操作方法,掌握微机保护装置的运行维护,如装置的投运、装置的运行、装置检修的基本要求和装置动作后的处理等。

教学重点　微机保护装置人机界面的操作方法,微机保护装置的运行维护要求与方法。

教学难点　微机保护装置运行维护的具体应用。

第一节　人机界面及操作

一、人机界面及其特点

微机保护的界面与 PC 机几乎相同甚至更简单,它包括小型液晶显示屏、键盘和打印机。它把操作内容菜单结合在一起,使微机保护的调试和检验比常规保护更加简单明确。

液晶显示屏在正常运行时可显示时间、实时负荷电流、电压及电压超前电流的相角、保护整定值等,在保护动作时,液晶屏幕将自动显示最新一次的跳闸报告。

二、人机界面的操作

键盘与液晶屏幕配合可进行选择命令菜单和修改定值用。微机保护的键盘多数已被简化为7～9个键:+、-、→、←、↑、↓、RST(复位)、SET(确认)、Q(退出)。各个键的功能如下所述:

(一)"←"、"→"、"↑"、"↓"键

该4个键分别用于左、右、上、下移动光标、移动显示信息。如故障报告或保护动作事件内容较多时,可以用"↑"、"↓"键翻阅。在修改定值时,用"→"、"←"键将光标移在所要修改的数字上。

(二)"+"和"-"键

在修改定值时,用"+"、"-"键对数字进行增减。在有的保护中没有"+"和"-"键而用"↑"和"↓"键代替,从而节省了两个键。

(三)SET(确认)键

用于修改定值时,确认所修改的数字正确并退回上一级菜单或在翻阅菜单时确认某一命令。

(四)RST(复位)键

RST键:①用于整组保护复位。②在运行中整定拨轮切换定值时,选择了所需定值整定页号后,再按RST键,使程序运行在新定值区。除了上述两种功能,平时一般不应使用该键。

三、定值、控制字与定值清单

微机保护的定值都有两种类型：一类是数值型定值，即模拟量，如电流、电压、时间、角度、比率系数、调整系数等；另一类是保护功能的投入退出控制字，称为开关型定值。

四、保护菜单的使用

利用菜单可以进行查询定值、开关量的动作情况、保护各 CPU 的交流采样值、相角、相序、时钟、CRC 循环冗余码自检。

修改定值时，首先使人机接口插件进入修改状态，即将修改允许开关打在修改位置，并进入根状态——调试状态，再将各保护 CPU 插件的运行 - 调试小开关打至调试位，然后在菜单中选择要修改的 CPU 进入子菜单，显示保护 CPU 的整定值。

定值的拷贝，在多定值区修改时，可节省修改定值时间。先从原始定值区进入调试状态，再将定值小拨轮打到所需定值区并进行定值修改、固化。这样原本要修改的全部内容，现在只需进行某些内容的修改即可。

五、人机界面操作举例

下面以 WXH - 811 微机线路保护装置的人机界面操作为例进行说明。

（一）键盘与正常显示

WXH - 811 单元管理机人机接口采用大屏幕 320 × 240 彩色液晶显示屏，显示屏下方有一个 8 键键盘，显示屏右侧还有一个复归键。

键盘中各键功能如下：

（1）“↑”键：命令菜单选择，显示换行，或光标上移；

（2）“↓”键：命令菜单选择，显示换行，或光标下移；

（3）“→”键：光标右移；

（4）“←”键：光标左移；

（5）“ + ” 键：数字增加选择；

（6）“ - ” 键：数字减小选择；

（7）退出键：命令退出返回上级菜单或取消操作；

（8）确认键：菜单执行及数据确认；

（9）复归：复归告警及动作信号。

在装置上电或复位后，单元管理机将自动搜寻各个保护模块，并自动登记各模块中的保护定值配置信息及自检信息，在单元管理机内部建立全套保护配置表。

（二）初始画面

在装置上电或复位后，单元管理机将自动搜寻各个保护模块，并自动登记各模块中的保护定值配置信息及自检信息，在单元管理机内部建立全套保护配置表。

（三）主菜单

在初始画面下按下确认键将显示如图 2.7.1 所示：

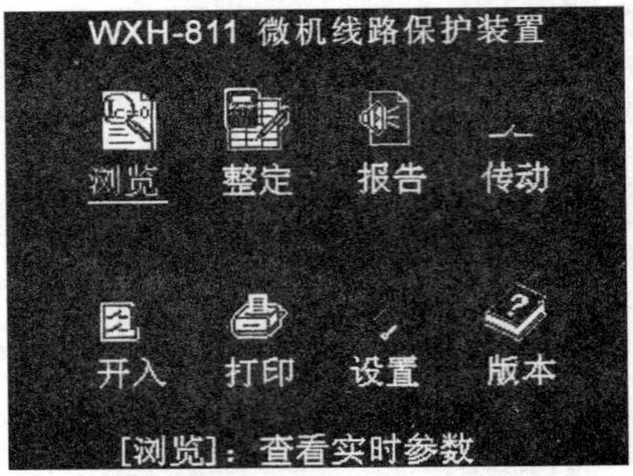

图 2.7.1

在每一级菜单中，当前选中的选项的图标及其下面的简短文字说明的背景色都变成高亮的蓝色并且文字说明的下方多加一个白色的下划线，按“↑”、“↓”、“→”、“←”键可以改变当前选项，而在显示屏最下方的显示区则显示当前选项的解释说明，例如：

[浏览]：查看实时参数。

主菜单采用树型目录结构，如图 2.7.2 所示：

在树型结构的每一级菜单中，按下“退出”键可以返回上一级父菜单，按下“确认”键可以进入下一级子菜单。

在菜单选项可显示数据过多的情况下将采用滚动显示的方法，显示屏的最右侧将出现“↑”和“↓”两个图标，按“↑”键及“↓”键使屏幕分别向上或向下滚动。如果屏幕右侧只出现“↓”图标则表示本屏为滚动显示的第一屏，如只出现“↑”则表示本屏为滚动显示的最后一屏。

全部主菜单共有 8 个选项，具体说明如下：

(1)浏览：查看实时参数。

(2)整定：查看及修改保护参数，包括定值区号设置、定值修改、保护软压板投退及出口矩阵的设置等。

(3)报告：事件报告处理，其中包括查看、清除动作报告及装置记录。

(4)传动：保护出口传动，其中包括按保护传动和按通道传动。

(5)开入：查看开入量状态，包括按硬压板查看和按开入位查看。

(6)打印：打印保护定值、保护软压板、保护实时运行参数、保护动作报告、装置记录、保护硬压板状态及出口矩阵等。

(7)设置：装置参数设置，包括设置密码、时钟、模块号、通信参数及通道系数等。

(8)版本：装置版本说明。

(四)主菜单功能使用说明

1. 浏览

查看实时参数用“↑”、“↓”键移动光标到“浏览”处如图 2.7.3 所示，按确认键后，首先应选择要查看的模块号如图 2.7.4 所示，按 +/- 键选择需查看实时参数的模块号确定模块号后按 ENTER 键，选择查看保护的参数如图 2.7.5 所示。

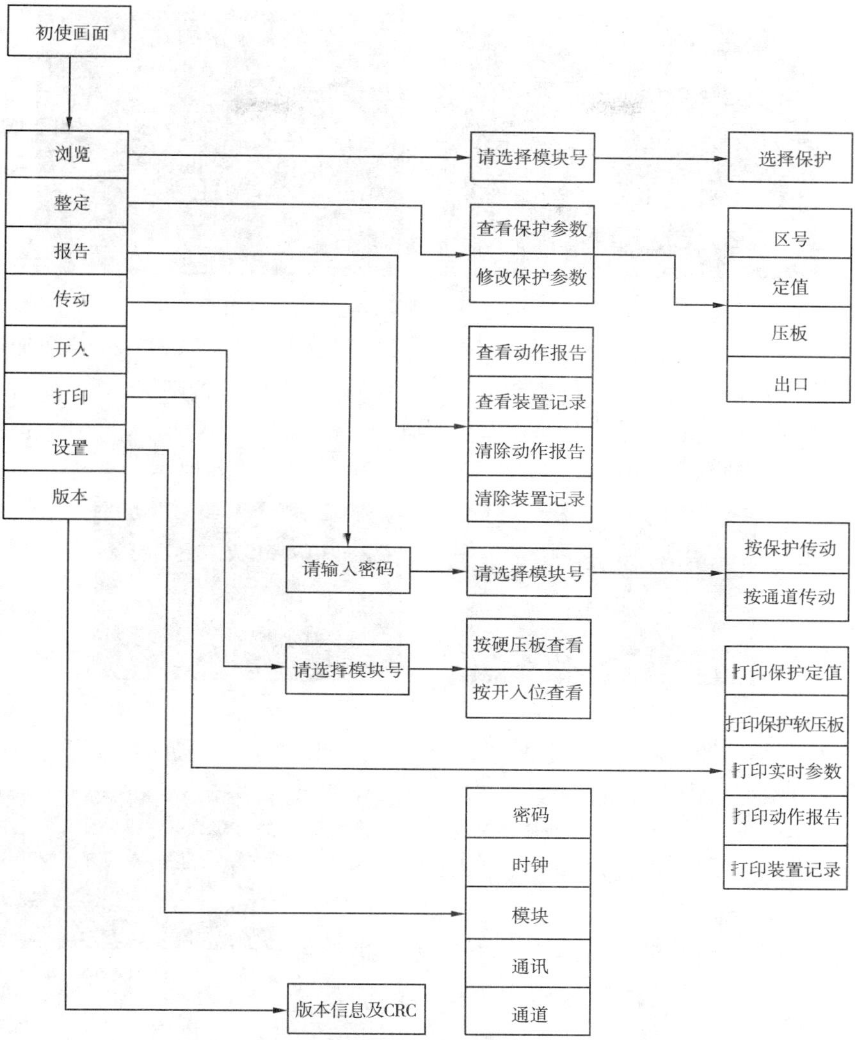

图 2.7.2　主菜单结构

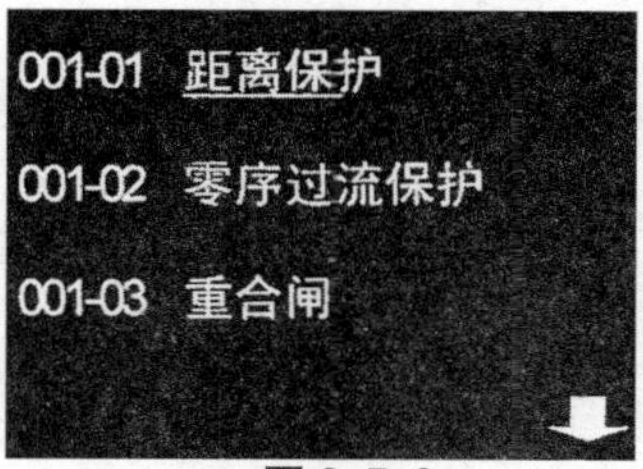

图 2.7.3

图 2.7.4

2. 整定

选定"整定"图标，如图 2.7.6 所示，按确认键，进入整定子菜单，然后可选查看和修改。查看和修改保护参数下面各有四个选项，进入到修改保护参数的各个子菜单内时需要密码确认，显示如图 2.7.7 所示。

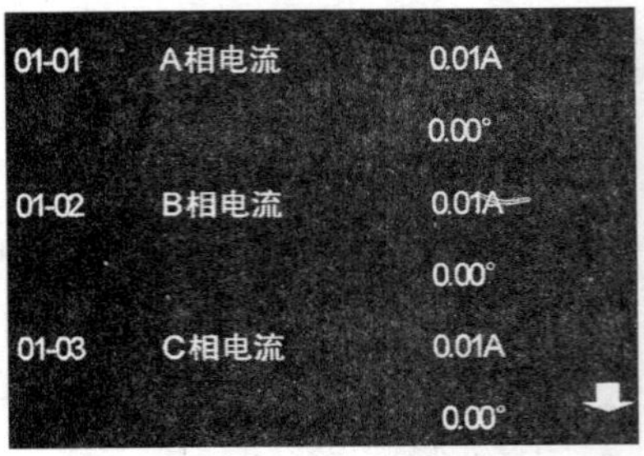

图 2.7.5

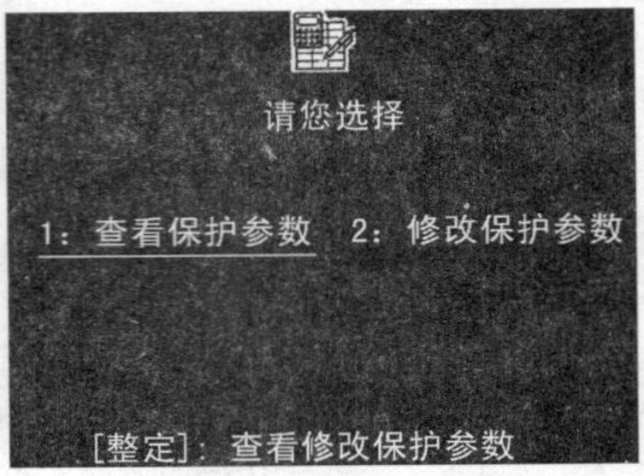

图 2.7.6

先用“←”、“→”键将光标移到想要修改的数字上，再按“ + ”或“ - ”号增加或减小原数值，直至输入正确密码，按确认键确定密码正确后方可进入，否则提示密码错误信息。

其中“区号”选项是选择某个保护模块具体一个定值区投入使用，每个保护模块一共有 0 ~7 共 8 个定值区可供切换。选定模块后，显示如图 2.7.8 所示。

图 2.7.7

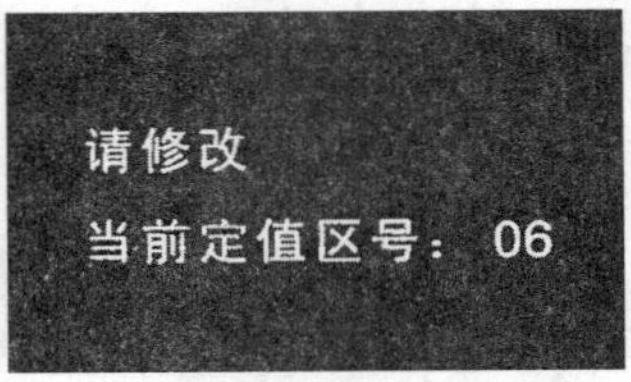

图 2.7.8

按“ +/ - ”键选择需切换的定值区号，按确认键会出现“OK，区号已修改！”的提示信息。

“定值”选项是用来查看修改某一个保护模块的某个定值区的某个保护具体某一项定值。首先需要选择模块，然后选择定值区，再选择保护。距离保护的所有定值如图 2.7.9 所示。

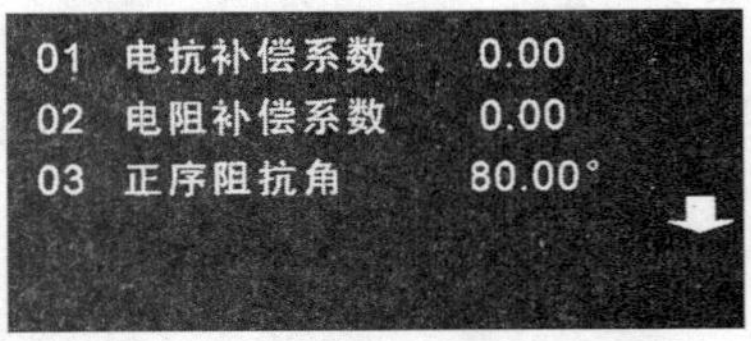

图 2.7.9

定值整定的基本思想是对单个位上的数值进行修改，即先用“←”、“→”键将光标移到想要修改的数字上，再按“ + ”或“ - ”号增加或减小原数值，直至出现你需要的数值。任何一个数值都可以修改为 0 ~9 中任一个数字。例如，将上述电抗补偿系数由 0.00 整定为 2.35，整定步骤如下：

用“→”键将光标移到第一个“0”处，按“ + ”键 2 次，“0”变为“2”；再用“→”键将光标移至第二个“0”处，按“ + ”键 3 次，“0”变为“3”；再用“→”键将光标移至第三个“0”处，按“ + ”键 5 次，“0”变为“5”，定值修改完毕。按“ ↓ ”键移至下一定值进行整定，待该保护全部定值整定完后，按确定键结束操作，此时单元管理机自动将定值发送到相应保护模块，显示定值已固化的提示信息，然后继续整定修改其他保护的定值。

“压板”选项是用来查看修改每个保护的软压板投退状态。压板投退状态的显示：“2 = 投入”，“1 = 退出”。通过“ + ”或“ - ”可以对压板的投退状态进行修改。

3. 报告

该选项用于动作报告处理，可以查看每一项动作事件报告，或者清除所有动作报告。

查看报告时首先选定要查看的“CPU 号”，选定后按“确定”，屏幕显示最后动作的报告序号。按“↓”可以查看报告动作值。通过“+”或“-”可以改变动作报告的序列号。

4. 传动

此菜单项可在装置调试时方便地进行保护传动试验。为确保保护装置安全运行，进入此菜单需要密码确认。密码通过后，需要选择具体的保护模块号及保护出口通道，才能进行传动试验。进行传动的出口通道的开或闭的状态显示屏幕上都有相应的提示信息。

5. 开入

此菜单用于查看某个保护模块开入量输入状态。

6. 打印

“打印”菜单主要用于打印定值清单、自检告警、动作报告、实时参数等信息便于查看及存档。

7. 设置

选中“设置”菜单，按确认键，出现如图 2.7.10 所示的子菜单。

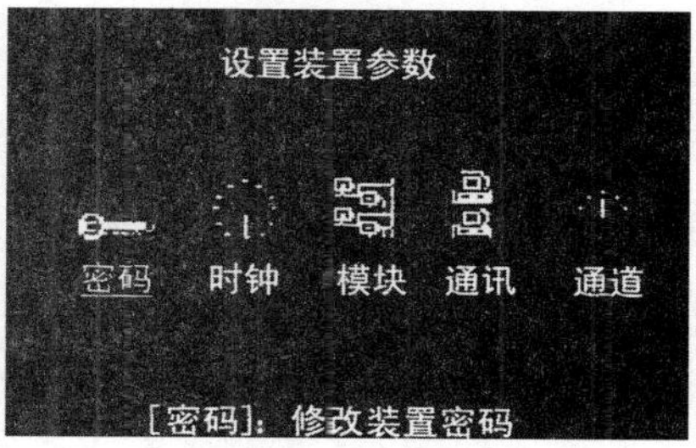

图 2.7.10

“密码”选项是用来修改保护装置的密码，首先需要输入原有密码，如原有密码输入错误，则不能修改密码。如原有密码输入正确，则可以输入修改后的新密码，输入完新密码，按确认键，装置会出现密码修改成功的提示。

“时钟”选项用来修改装置的实时时钟。用“←”、“→”、“↑”、“↓”键将光标移到年-月-日或时-分-秒，用“+、-”键改变数字，按退出键返回上一级菜单。

“模块”选项用来设定保护模块的模块号，此选项需要密码确认方可进入。

例如只有一个保护模块在运行，则进入此选项后，如图 2.7.11 所示。

模块号	地址	当前状态
1 001	01:00:2A:82:E6:00	运行正常
2 000	00:00:00:00:00:00	空白未用

图 2.7.11

模块后表示的是一个保护模块的标识，在不和其他保护模块重复的前提下可以自行设定 0~8 之间的任何值。地址是一个保护模块的物理地址，是唯一的且不能更改，地址值全为 0 则表示没有保护模块在运行。当前状态一共有 4 种：“运行正常”、“尚未设置”、“通信中断”、“空白未用”。

设定好模块号后按确认键，可以看到模块号已存储的提示信息。

通信菜单有密码保护，需确认后方可进入。此菜单主要用于设置装置子站地址，用于和监控系统相联时设定多机通信地址，如图 2.7.12 所示。

先用“←”、“→”键将光标移到想要修改的数字上，再按“+”或“-”号增加或减小原数值，直至输入完成，按确认键可以看到地址已修改的提示信息。

8. 版本

选择“版本”，按确认键，显示装置型号、软件版本、及软件编制日期，如图 2.7.13 所示。

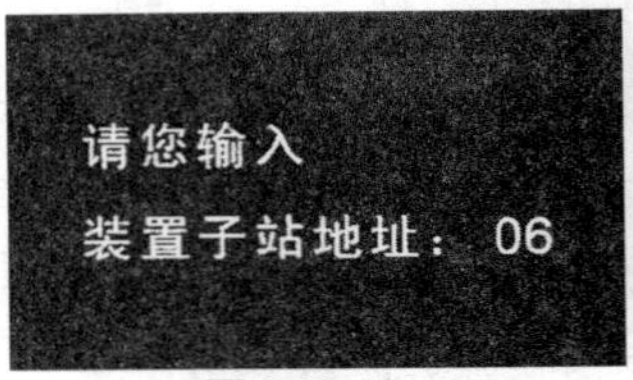

图 2.7.12

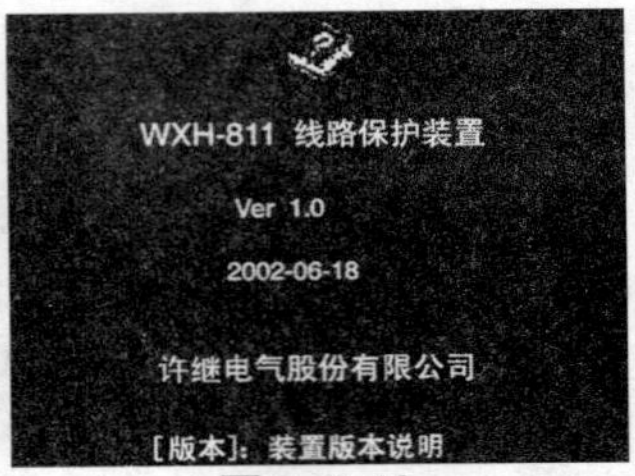

图 2.7.13

第二节　微机保护装置的运行维护

一、对继电保护维护人员的要求

对继电保护维护人员的要求如下：

(1)必须熟悉保护及二次回路接线；

(2)必须能熟练操作保护装置，熟悉保护各种输出信息；

(3)必须熟知每个保护的判据和现有定值；

(4)必须知道装置故障的一般维修方法；

(5)掌握装置的正常维护要点。

二、对运行人员的要求

对运行人员的要求如下：

(1)熟悉保护装置回路接线；

(2)熟悉保护面板各指示灯的意义；

(3)能操作保护出口回路压板、动作信息的复归；

(4)管理好打印机和打印报告，防止其卡纸和报告丢失，熟悉打印信息；

(5)了解保护装置现有定值；

(6)熟悉保护装置的运行环境要求。

三、保护装置的投运

(一)投运前装置的设置、检查

(1)校时。既可以在人机接口界面中，通过“时钟修改”进行校时，也可以在综合自动化环境下实现远方系统校时。

(2)定值检查。打印一份各模块的保护定值清单，核对无误后，存档。

(3)出口矩阵检查。打印一份各模块的出口矩阵清单，核对无误后，存档。

(4)保护软压板状态检查。打印一份各模块的软压板投退状态清单，核对无误后，存档。

(5)二次操作回路检查。该项检查利用实际断路器做传动试验。将屏上有关压板投入，屏端子排至断路器的操作电缆全部恢复正常，逐一对作用于跳闸的保护进行手动试验，对应的断路器应能正确跳开，操作回路指示灯指示正确；合上开关后，指示灯正确转换。在综合自动化环境下，通过遥控应能对各断路器进行跳合操作，对应于各种操作，后台屏幕显示应正确。若有异常，应仔细检查操作回路及操作电缆，确保投运前回路无错。

(6)模块号检查。装置出厂前模块号已正确设置，用户一般不宜修改。

(7)电站综合自动化系统子站地址检查。保护装置与综合自动化系统配合时，投运前应检查通信子地址的设置是否正确。保护装置在管理机中设置子地址号码，该号码应与综合自动化系统所管理的其他子系统号码无重复，否则与综合自动化系统无法通信。

(二)投入运行

(1)三相电压、电流相序及相位检查。系统工频电压、电流加入保护屏后，在负荷小于30%时，对所有加入保护屏的三相电流、电压进行相序及相位检查。

利用管理机的实时参数显示命令或打印实时参数命令，分别对各侧保护的电流、电压进行检查，同侧 U_a、U_b、U_c 间的角度差应为120°，且 U_a 超前 U_b，U_b 超前 U_c，符合正序关系；同侧 I_a、I_b、I_c 间的角度差应为120°，且 I_a 超前 I_b、I_b 超前 I_c，符合正序关系；各相电压、电流采样幅值乘以电压、电流互感器的变比与一次表计应一致；同名相电压、电流相差的角度应与系统功率因数角一致。如有不符，应仔细检查二次TA、TV极性有无接错以及从端子箱到屏端子排的二次电缆有无接错。

(2)差动保护差流检查。系统工频电压、电流加入保护屏后，通过管理机选择实时参数显示或打印实时参数，差动保护差流值小于3% I_n(I_n 为二次额定电流值)为正常，若差流值为大，应仔细检查回路及各侧平衡系数是否设置正确，如有问题应立即解决。

(3)对电压互感器开口三角的L、N线的校核。零序方向保护在系统发生接地短路时是否正确动作，还决定于电压互感器开口三角的接线是否符合保护装置的极性要求。对于WBH-800系列保护装置，以端子总是要求接入开口三角的极性端，U_L 端子总是要求接入开口三角的非极性端，而与电压互感器开口三角形哪端接地无关。

用户应根据有关规程或试验方法确定开口三角N(接地线)是极性端、还是非极性端。

(4)通过开口三角试验电压确定 $3U_0$ 极性的正确性。对于新建的变电所的电压互感器的极性校验，可在户外电压互感器端子箱和保护屏端子排处分别进行，测定二次绕组和开口三角绕组的各同名相之间电压，如开口三角a头接地(头指"*"侧，尾指非"*"侧)，则极性正确时所测电压值(当电压互感器二次和开口三角电压分别为57.7 V和100 V时)为：

$$\begin{cases} U_{Aa*} = 57.7\ \text{V} \\ U_{Bb*} = 86.4\ \text{V} \\ U_{Cc*} = 42.3\ \text{V} \end{cases} \tag{2.7.1}$$

若开口三角按a尾接地方式引出，极性正确时所测得电压值为：

$$\begin{cases} U_{Aa*} = 57.7\ \text{V} \\ U_{Bb*} = 138.2\ \text{V} \\ U_{Cc*} = 157.7\ \text{V} \end{cases} \tag{2.7.2}$$

电压互感器开口三角形按a头接地时的相量图如图2.7.14所示，电压互感器开口三角形按a尾接地时的相量图如图2.7.15所示。

利用开口三角试验电压的方法是在电压互感器端子箱处，首先查清楚N为接地端，

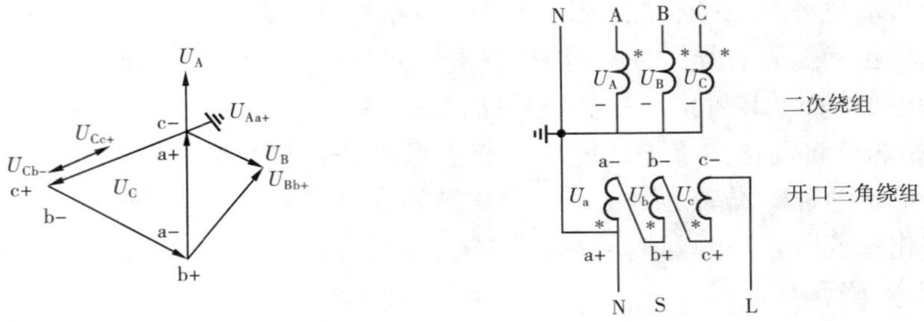

(a)相量图　　　　(b)接线图

图 2.7.14　电压互感器开口三角形按 a 头接地时的相量图

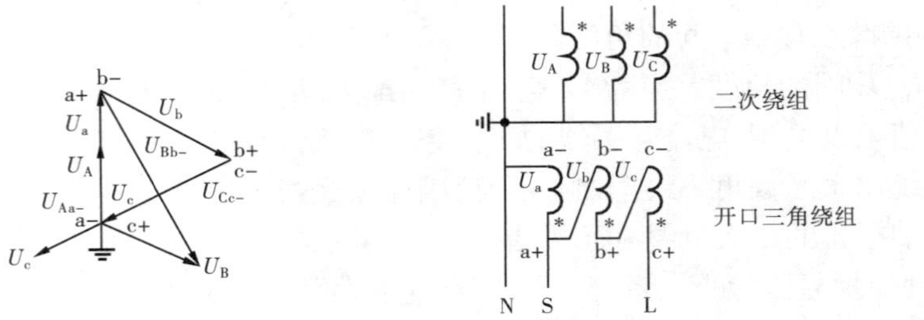

(a)相量图　　　　(b)接线图

图 2.7.15　电压互感器开口三角形按 a 尾接地时的相量图

然后在引出处断开“L”,而与“S”相连,即对外输出 S－N 电压,一直通过电缆及有关的中转屏,把电压互感器的 S－N 电压加到微机装置的 $3U_0$ 线圈上。若电压互感器开口三角形按 a 头接地接线如图 2.7.14 所示,则装置感受到的零序电压为:

$$3U_0 = U_a = \sqrt{3}U_A = 100\ \mathrm{V} \tag{2.7.3}$$

此时用打印实时参数命令打印出采样报告,$3U_0$ 应与 U_A 相位一致,幅值相差$\sqrt{3}$倍(屏的零序 U_L 端子($3U_0$ 极性端)与 U_a、U_b、U_c、U_n 中的 U_n 端子短接)。

若电压互感器开口三角按 a 尾接地接线如图 2.7.15 所示,则装置感受到的零序电压为:

$$3U_0 = U_a = \sqrt{3}U_A = 100\ \mathrm{V} \tag{2.7.4}$$

此时打印实时参数命令打印出采样报告,$3U_0$ 应与 U_A 相位一致,幅值相差$\sqrt{3}$倍(屏的零序 U_n 端子($3U_0$ 极性端)与 U_a、U_b、U_c、U_n 中的 U_n 端子短接)。

以上检查均无问题后,装置进入正式运行状态。

四、装置的运行

(一)装置正常运行信号

保护装置的运行指示灯(绿灯)有规律闪动(闪动频率约为 5 Hz),管理机液晶显示内容正确,无任何告警灯信息,电源插件上 +5 V、±15 V 及 +24 V 指示灯指示正常。

(二)保护动作信号及报告

每次保护动作,无论是否跳闸,均有信号指示,同时打印一份动作报告,在装置面板上相应的指示灯点亮,该指示灯一直保持点亮,直至信号被复归。

（三）定期打印检查

定期打印各 CPU 的采样报告及定值清单以便及时发现问题并更正。

五、其他注意事项

微机保护装置运行维护的其他应注意事项如下：

（1）运行中不允许轻意修改定值，按规定在修改定值时要先断开跳闸压板，输入固化定值后要等核对正确并恢复正常运行时，重新投入跳闸压板。

（2）保护全停，要先断开跳闸压板，再停直流电源，不允许用仅停直流的方法代替。

（3）运行人员不允许不按规定操作程序随意按动作装置插件上的键盘、开关。

六、检修基本要求

（一）检修时间

在装置无故障的情况下，建议 6 年免检修，每两年可作一次小修。

（二）小修内容

（1）检查电源。从装置端子上测量每套电源各个等级的电压，应符合技术条件中所给误差要求，对不合格电源应及时更换。

（2）输入通道检查。用户一般不宜修改此项内容。

（3）检查定值。打印定值清单，检查整定是否有误，必要时可对保护性能进行测试。

（4）出口检测。

（5）插件完好性检查。应保证各插件无损坏现象。

（6）校正时钟。

（三）大检修基本内容

（1）清洁处理。尤其对环境较差的场合，必须对机柜和插件内的污染进行清洁，以防爬电、短路等不良现象出现。注意对落灰不能用任何溶剂进行清洗。应先用电吹风机进行吹灰，然后用软毛轻刷，再吹净。

对机柜内背插座、端子只可用电吹风机吹，不能碰触任何物件，注意应在插件拔出状态下从后向前从上向下吹，以免灰尘落入插座孔内引起接触不良。

对柜子其他部位吹灰应先进行，对机箱吹灰应放最后。

（2）检查端子。用电讯螺丝刀对各端子螺丝全部拧一遍，注意用力必须适中，过大会压断接线。用手轻接小线应无松脱现象。用梅花螺丝刀对屏后竖排接线端子全部拧紧一遍。

（3）保护静态测试。

（4）小修中各项试验。

（5）保护联动试验。检查与保护装置接口的外围回路是否正确。

七、保护动作后处理

（1）收集和保存动作打印报告。保护动作后，打印机自动记录打印动作报告，记录动作类型、动作时间及动作参数。请保存好动作报告。

（2）复归信号。手动复归信号，可按装置面板上的复归键，复位该装置的面板指示灯及保护动作信息。

注意:保护装置正常运行期间若有保护动作,现场运行人员必须在详细记录保护动作信息后,方可复归该装置的面板指示灯及保护动作信息。

(3)若怀疑是不正确动作时,在复位前应做更多处理:①按表计监视该 CPU 提供观察的有关参数,并做记录;②随机打印一次实时运行参数;③该 CPU 复位一次后重复以上两项。

(4)集中所有报告、记录,分析动作原因。

(5)立即通知厂家并将报告记录传真至厂家进行分析。

即使是正确动作也应及时通知制造厂,使制造厂能掌握保护装置的运行资料。若遇误动或拒动,运行单位应立即与制造厂取得联系,并把尽可能多的资料返回制造厂,以便一起分析处理。

注意,保护动作后,需用户告诉厂家的内容有:①动作报告;②定值清单;③有关的 TA、TV 参数;④故障录波数据及波形;⑤故障前系统运行状况。

(6)双方确认后作出结论上报。

八、装置异常及紧急处理

在长期的运行中,由于受环境的影响或者因元器件寿命的分散性造成装置硬件故障,这时装置会自检出故障,同时自动发出装置故障信号;或出现运行指示灯不正常、显示器不正常等现象,此时应作以下紧急处理:

(1)退出有关保护的出口压板。

(2)保留全部打印数据,记录有关现象。

(3)查看自检是否正常,若不正常则可判断为 CPU 插件故障。

(4)若非 CPU 故障则可根据打印信息判断故障插件。

(5)确认打印机无输出后关机,根据判断用备用插件替换故障插件。

(6)若还有同样故障则应检查与该插件有联系的接线和端子。

(7)迅速处理故障插件。在适当的时候换回测试,确认已恢复正常使用,以保持良好的备用工作状态。

(8)若遇交流插件、出口插件故障或其他无法排除的故障,应及时与厂方联系。

(9)遇任何非预期现象时,在确认无报告输出后应及时复位一次,然后再处理。

(10)若打印机异常,而微机保护装置无异常时,不必停用保护装置,只需对打印机作适当处理。

习　题

1. 微机保护装置人机界面上一般有哪些操作键?各操作键分别有什么作用?
2. 微机保护有哪几种定值?
3. 对微机保护维护人员有哪些基本要求?
4. 对微机保护运行人员有哪些基本要求?
5. 微机保护装置如何进行投运?
6. 微机保护装置动作后该如何处理?
7. 微机保护装置出现异常后如何进行紧急处理?

附录1　常用文字符号

附录1.1　设备、元件文字符号

序号	元件名称	文字符号	序号	元件名称	文字符号
1	发电机	G	29	控制回路电源小母线	WC
2	电动机	M	30	闪光电源小母线	WF
3	变压器	T	31	复位与掉牌小母线	WR,WP
4	电抗器	L	32	预报信号小母线	WFS
5	电流互感器,消弧绕组	TA	33	合闸绕组	YO
6	电压互感器	TV	34	跳闸绕组	YR
7	零序电流互感器	TAN	35	继电器	K
8	电抗互换器(电抗变压器)	UR	36	电流继电器	KA
9	电流变换器(中间交流器)	UA	37	零序电流继电器	KAZ
10	电压变换器	UV	38	负序电流继电器	KAN
11	整流器	U	39	正序电流继电器	KAP
12	晶体管(二极管,三极管)	V	40	电压继电器	KV
13	断路器	QF	41	零序电压继电器	KVZ
14	隔离开关	QS	42	负序电压继电器	KVN
15	负荷开关	QL	43	电源监视继电器	KVS
16	灭磁开关	SD	44	绝缘监视继电器	KVI
17	熔断器	FU	45	中间继电器	KM
18	避雷器	F	46	信号继电器	KS
19	连接片(切换片)	XB	47	功率方向继电器	KW
20	指示灯(光字牌)	HL	48	阻抗继电器	KI
21	红灯	HR	49	差动继电器	KD
22	绿灯	HG	50	极化继电器	KP
23	电铃	HA	51	时间继电器,温度继电器	KT
24	蜂鸣器	HA	52	干簧继电器	KRD
25	控制开关	SA	53	热继电器	KH
26	按钮开关	SB	54	频率器	KF
27	导线,母线,线路	W,WB,WL	55	冲击继电器	KSH
28	信号回路电源小母线	WS	56	启动继电器	KST

续附录 1.1　设备、元件文字符号

序号	元件名称	文字符号	序号	元件名称	文字符号
57	出口继电器	KCO	69	重合闸后加速继电器	KCP
58	切换继电器	KCW	70	停信继电器	KSS
59	闭锁继电器	KL	71	收信继电器	KSR
60	重动继电器	KCE	72	气继电器体	KG
61	合闸位置继电器	KCC	73	负序电流滤波器	ZUN
62	跳闸位置继电器	KCT	74	失磁继电器	KLM
63	防跳继电器	KFJ	75	固定继电器	KCX
64	零序功率方向继电器	KWD	76	匝间短路保护继电器	KZB
65	负序功率方向继电器	KWH	77	接地继电器	KE
66	加速继电器	KAC	78	检查同频元件	TJJ
67	自动重合闸继电器	AAR	79	合闸接触器	KO
68	重合闸继电器	KRC			

附录 1.2　物理量下标文字符号

文字符号	中文名称	文字符号	中文名称
exs	励磁涌流	op	动作
φ	额相	set	整定
N	额定	sen	灵敏
In	输入	unf	非故障
out	输出	unb	不平衡
max	最大	unc	非全相
min	最小	ac	精确
Loa 或 L	负荷	m	励磁
sat	饱和	err	误差
re	返回	p	保护
A,B,C	三相(一次侧)	d	差动
a,b,c	三相(二次侧)	np	非周期
qb	速断	s	系统或延时
res	制动	a	有功
rel	可靠	r	无功
f	故障	w	接线或工作
[0]	故障前瞬间	k	短路
TR	热脱扣器	0	中性线或零序
Σ	总和	rem	残余
con	接线		

附录 1.3　常用系数

K_{re}——返回系数	n_{TV}——电压互感器电压变比
K_{rel}——可靠系数	K_{st}——同型系数
K_{b}——分支系数	K_{np}——非周期分量系数
$K_{s.min}$——最小灵敏系数	Δf_{s}——整定匝数相对误差系数
K_{ss}——自启动系数	K_{err}——10% 误差系数
n_{TA}——电流互感器电流变比	K_{co}——配合系数
K_{res}——制动系数	K_{con}——接线系数
K_{UV}——电压变换系数	K_{ur}——电抗变换系数
K_{UA}——电流变换系数	

附录2 短路保护的最小灵敏系数

保护分类	保护类型	组成元件		灵敏系数	说明
主保护	带方向和不带方向的电流保护或电压保护	电流元件和电压元件		1.3~1.5	200 km以上线路不小于1.3;50~200 km线路不小于1.4;50 km以下线路不小于1.5。对110 kV及以上线路,整定时间不超过1.5 s
		零序或负序方向元件		2.0	
	距离保护	启动元件	负序和零序增量或负序分量元件	4	距离保护第Ⅲ段动作区末端故障灵敏系数大于2
			电流和阻抗元件	1.5	线路末端电流应为阻抗元件精确工作电流2倍以上。200 km以上线路不小于1.3;50~200 km线路不小于1.4;50 km以下线路不小于1.5。整定时间不小于1.5 s
		距离元件		1.3~1.5	
	平行线路的横连差动方向保护的电流平衡保护	电流和电压启动元件		2.0	分子表示线路两侧均未断开前,其中一侧保护按线路中点短路计算的灵敏系数
				1.5	
		零序方向元件		4.0	分母表示一侧断开后,另一侧保护按对侧短路计算的灵敏系数
				2.5	
	高频方向保护	跳闸回路中的方向元件		3.0	
		跳闸回路中的电流和电压元件		2.0	
		跳闸回路中的阻抗元件		1.5	个别情况下灵敏系数可为1.3
	高频相差保护	跳闸回路中的电流和电压元件		2.0	
		跳闸回路中的阻抗元件		1.5	
	发电机、变压器、线路和电动机的纵联差动保护	差电流元件		2.0	
	母线的完全电流差动保护	差电流元件		2.0	
	母线的不完全电流差动保护	差电流元件		1.5	
	发电机、变压器、线路和电动机的电流速断保护	差电流元件		2.0	按保护安装处短路计算

续附录 2

保护分类	保护类型	组成元件	灵敏系数	说明
后备保护	远后备保护	电流电压及阻抗元件	1.2	按相邻电力设备和线路末端短路计算(短路电流应为阻抗元件精确工作电流 2 倍以上)
		零序或负序方向元件	1.54	
	近后备保护	电流电压及阻抗元件	1.3~1.5	按线路末端短路计算
		负序或零序方向元件	2.0	
辅助保护	电流速断保护		>1.2	按正常运行方式下保护安装出短路计算

注:①主保护的灵敏系数除表中注出者外,均按保护区末端计算。

②保护装置如反映故障时增长的量,灵敏系数为金属短路计算值与保护整定值之比;如反映故障时减少的量,则为保护整定值与金属性短路计算值之比。

③各种类型保护中接于全电流和全电压的方向元件,灵敏系数不做规定。

④本表未包括的其他类型保护装置,灵敏系数另作规定。

参 考 文 献

[1] 张保会,尹项根. 电力系统继电保护[M]. 北京:中国电力出版社,2005.

[2] 许建安. 水电站继电保护[M]. 北京:中国水利水电出版社,2000.

[3] 许建安,连晶晶. 继电保护技术[M]. 北京:中国水利水电出版社,2004.

[4] 马永翔,王世荣. 电力系统继电保护[M]. 北京:中国林业出版社,北京大学出版社,2006.

[5] 杨奇逊,黄少锋. 微机型继电保护[M]. 3 版. 北京:中国电力出版社,2007.

[6] 贺家李,宋从矩. 电力系统继电保护原理[M]. 3 版. 北京:中国电力出版社,1994.

[7] 林军. 电力系统微机保护[M]. 北京:中国水利水电出版社,2006.

[8] 许建安. 电力系统微机保护[M]. 北京:中国水利水电出版社,2003.

[9] 许继电气集团公司. SJK－800 综合自动化技术说明书.

[10] 陈德树. 计算机继电保护原理与技术[M]. 北京:中国水利电力出版社,1992.